细胞力学及力学生物学

Introduction to Cell Mechanics and Mechanobiology

原著者：〔美〕克里斯托弗·雷·雅各布斯
（Christopher R. Jacobs）

〔美〕海登·黄
（Hayden Huang）

〔美〕罗纳德·Y. 权
（Ronald Y. Kwon）

主　译：孙联文　杨　肖　吴欣童

科 学 出 版 社

北 京

图字：01-2020-5348 号

内 容 简 介

本书源于原著者在斯坦福大学开设的细胞生物力学课程，后经多次整理、编撰而成，已应用于世界各地多所高校。本书综合了细胞力学及力学生物学所广泛涉及的必要主题，将力学带入细胞生物学，阐述组织细胞行为的物理和力学原理，定量描述细胞检测、修饰，以及细胞对所处环境物理特性的响应。本书在前几章中介绍了固体力学、流体力学及统计力学为先导内容，后面章节内容主要包括单分子聚合物力学、聚合物网络力学、二维细胞膜力学、全细胞力学及力学生物学。

本书可作为生物医学工程、生命科学及相关专业高年级本科生和低年级研究生的教材或参考书，也可供对细胞力学生物学感兴趣的研究人员参考。

图书在版编目（CIP）数据

细胞力学及力学生物学 /（美）克里斯托弗·雷·雅各布斯等著；孙联文，杨肖，吴欣童主译. —北京：科学出版社，2023.2
书名原文：Introduction to Cell Mechanics and Mechanobiology
ISBN 978-7-03-074583-5

Ⅰ. ①细… Ⅱ. ①克… ②孙… ③杨… ④吴… Ⅲ. ①细胞动力学 ②生物力学 Ⅳ. ①Q27 ②Q66

中国版本图书馆 CIP 数据核字（2023）第 010281 号

责任编辑：刘 畅 韩书云 / 责任校对：严 娜
责任印制：吴兆东 / 封面设计：迷底书装

科学出版社 出版
北京东黄城根北街 16 号
邮政编码：100717
http://www.sciencep.com
北京中石油彩色印刷有限责任公司印刷
科学出版社发行 各地新华书店经销
*
2023 年 2 月第 一 版 开本：787×1092 1/16
2024 年 6 月第三次印刷 印张：23 1/4
字数：595 200
定价：198.00 元
（如有印装质量问题，我社负责调换）

译 者 名 单

前　言　　孙联文，杨肖

第1章　　杨肖，吴欣童，孙联文

第2章　　吴欣童，杨肖，孙联文

第3章　　李双，黄云飞，吴欣童

第4章　　王守辉，吴欣童，孙联文

第5章　　杨肖，丁东，吴欣童

第6章　　王守辉，李双，杨肖

第7章　　丁东，杨肖，孙联文

第8章　　吴欣童，杨肖

第9章　　吴欣童，孙联文

第10章　　黄云飞，杨肖，孙联文

第11章　　丁东，吴欣童，孙联文

著译者简介

原著第一作者简介：

Christopher Rae Jacobs（克里斯托弗·雷·雅各布斯），哥伦比亚大学教授、博士生导师。1994 年在斯坦福大学获得机械工程博士学位。2008 年加入哥伦比亚大学生物医学工程学院。雅各布斯教授实验室的科研目标是将先进的理论力学和现代分子生物学紧密结合，以研究细胞特别是骨组织细胞的机械响应。他们发现了骨组织细胞能够感知和响应的力学信号、研究了这些信号响应如何在细胞之间进行交流和整合，并深入探索了细胞力学信号转导的新机制。2015 年，他们通过实验与建模结合的手段确定了初级纤毛这种在几乎所有细胞类型中都存在的结构在体内外均是一种机械传感器，且纤毛轴和基底锚固的力学对理解纤毛的偏转模式很重要。有趣的是，纤毛本身及其在微管骨架上的锚定能够改变其结构以响应物理载荷，表明纤毛的结构具有适应性"重构"的能力。他们还深入研究了由初级纤毛启动的细胞内信号转导的机制，并从初级纤毛的生物力学行为及其特性的角度对此进行诠释。雅各布斯教授于 2018 年 7 月 6 日因病离世，他生前从联邦和州机构获得了超过 750 万美元项目资助及 950 余万美元的中心拨款，发表学术论文 100 余篇，出版著作 2 部。2014 年荣获美国机械工程师学会颁发的 Van C. Mow（毛昭宪）生物工程奖章。他编撰的这部《细胞力学及力学生物学》自 2013 年出版后两年内就被 35 门课程采用作为教材，来自世界各地的课程受教学生达 850 余名。

第一译者简介：

孙联文，北京航空航天大学教授、博士生导师。2001 年在中国协和医科大学获得医学博士学位，同年进入北京航空航天大学生物工程系（生物与医学工程学院前身）从事教学科研工作。曾担任副系主任/副院长，并曾赴德国柏林自由大学（访问学者）、英国伦敦大学学院（高级访问学者）留学。孙联文教授的研究领域为力学生物学、空间生理学与医学工程。其课题组基于医工交叉学科特色，主要开展失重性肌骨退化的机制及对抗措施研究，包括微重力下骨细胞力学感知/传导的变化及机制、运动/物理措施对抗肌骨退化的方法及其力学生物学机制。发表学术论文 80 余篇。承担国家自然科学基金面上项目/创新研究群体、国家重点基础研究发展计划（973 计划）、国家科技支撑计划等项目 10 余项，所开展的研究入选首批中国空间站航天医学实验领域项目。2016 年受聘为中国空间科学学会第九届理事会常务理事、空间生命专业委员会副主任委员。

译 者 序

　　生物力学是生物医学工程学科的重要组成和分支。近年来，其研究水平已从生物整体、系统和器官深入细胞，即将力学带入了细胞生物学。我于 2001 年获中国协和医科大学的临床医学博士学位，之后即来到北京航空航天大学开始从事细胞生物力学方面的研究，可谓是半路出家，边学边干，虽然有了不少的积累和收获，但一直自觉细胞生物力学尤其是力学相关方面的基础不够系统和扎实，指导学生时也无称手可推荐的参考书。美国哥伦比亚大学雅各布斯教授等主编的这本著作恰好较为系统地介绍了细胞生物力学所涉及的必要主题。因此，当得知雅各布斯教授希望能有中国学者将此书翻译成中文版本时，我便自告奋勇地承担了下来，也是期望借此督促自己系统地学习和总结。

　　本译著是译者课题组集体智慧的结晶。在翻译过程中，我们常常通过查阅文献、组内讨论及请教力学专家等途径以寻求专业达意的中文表述。许多研究生参与了翻译、录入和校对等工作，他们是张小雪、杜婉婷、王敏、刘理金、韩壮、田然、杨立群、童宇豪、江明雪、王贞贞、姜桂爽。在此一并表示衷心的感谢。

　　翻译历经数年，雅各布斯教授对此给予了充分的耐心。2018 年告之基本完稿时，我能明显感受到他回信里字里行间的喜悦。不承想此后不久就断了音讯，后获悉他因病离世。之后，我们进行了多轮校对，又因其他琐事拖延至今日，才得以完成他的心愿和我的承诺。我时常懊悔，我的拖沓终究使其成为一件憾事！

　　本译著已根据勘误表对原著进行了修正，对原著中存在的个别明显错误也进行了修改。由于译者才疏学浅，想必仍然存在不少疏漏之处，还恳请读者批评指正。

孙联文

2022 年 5 月

于北京航空航天大学

前　言

近年来，力学信号被普遍认为是诸多生物过程正常运转的关键。这使得一个新的研究领域——细胞力学生物学出现了，它融合了细胞生物学和力学领域中的各分支学科（包括固体力学、流体力学、统计力学、计算力学和实验力学）。细胞力学生物学试图揭示力学感知或改变细胞功能的原理，而本书旨在为多种学科背景的学生介绍组织与细胞行为的物理和力学原理。

本书来源于 2005 年作者在斯坦福大学首次开设的细胞生物力学课程。经过多次整理，作者使用了一系列课程笔记和章节节选进行授课。由于没有一本教材能够广泛涵盖必要的课程主题，有相似教学经历的教师也用这种方式进行教学，因此作者认为有必要撰写一本细胞生物力学领域的综合教学工具书。另一个撰写本书的原因是，多种力学知识（固体、流体、统计、实验及计算力学）虽然通常分属于不同的课程，但都聚焦于解决各种工程结构问题，而细胞力学则提供了一个融合这些知识的良好平台。本书的各位作者虽然背景不同，但都具有将力学工程引入细胞生物学的共识。

本书适用于生物工程专业和生物医学工程专业高年级本科生及低年级研究生，还包括非生物力学研究方向的学生。本书不要求读者具有深厚的生物学或力学基础，但要求其具有微积分、常微分方程和线性代数等适用于各工程领域与计算科学的数学基础。

细胞力学会涉及如大变形力学、非线性力学等高级概念，但本书的内容尽可能避免涉及研究生水平的数学理论，因此并不要求读者具有解决连续介质力学问题的高等数学运算能力。在本书中，对张量的计算——大变形力学的核心（在细胞力学中常见）是一个难点。例如，在活细胞力学参数测量中，为了简化数学推导过程，本书将张量用类似矩阵的形式表示，而没有使用指标符号（index notation）表示。这虽然不是严格的计算方式，无法达到专业力学计算的标准，但至少便于读者理解。

本书可分为第一部分原理和第二部分应用两部分，其章节安排方便教师根据学生水平和课时长短灵活授课。本书第 1 章为细胞及实验力学知识框架简介，第 2 章为细胞生物学综述。接下来为使学生理解并基本掌握固体、流体、统计、实验及计算力学知识，第 3~6 章对力学基本概念进行了一定深度的讲解。其中，第 3 章介绍固体力学包括刚体、可变形体力学及大变形力学。第 4 章介绍的流体力学是细胞力学中的重要部分，其中不仅涉及细胞质流动，还涉及流体作为物理信号对细胞力学生物学行为的调控。第 5 章探讨统计力学，描述了能量、熵和随机游走，以便于读者理解由多对象组成的系统行为。第 6 章介绍了细胞力学的实验方法，虽然这些方法常有更新，但在理论与实验的相互验证中不可或缺。

在介绍了第一部分基本原理之后，在第二部分应用中介绍了细胞力学。第 7~9 章中，每章首先介绍细胞生物学的一些知识，然后进行了相应的力学分析。第 7 章分别从连续介质和统计力学角度分析聚合物力学，并考虑了两者结合的情况。这些方法不仅应用于分析单根细胞骨架聚合物，还用于分析 DNA 等其他聚合物。第 8 章介绍高分子聚合物网络，关注了细胞骨架在调节细胞物理特性中的作用，如维持红细胞形状、限制细胞突出长度等。第 9 章从内部物质流动（扩散）及弯曲和拉伸力学两个角度对膜双分子层进行分析。最后两章关注力学生物学。第 10 章重点介绍细胞力的产生，以及相关的细胞黏附和迁移过程。第 11 章讨论细胞的力感知或力传导及胞内信号转导的过程。尽管最后两章没有涉及太多力学工程中的数学计算，但其却是细胞生物力学的重要组成部分。

考虑到学生不同的学科背景和跨学科特点，本书文末列出了正文中涉及的所有变量及其单位，明确指出了每个变量所在的章节及其含义。在每一章节中，作者都进行了"上下文"说明，以帮助读者能更好地阅读和理解。书中还包括三种类型的辅助阅读材料："扩展材料"鼓励读者深入思考并解决相关问题；"释注"是一些有趣的或值得关注的内容；"示例"提供详细的计算和解答。每章结尾列出了关键概念，而思考题可作为课后习题，参考文献可引导学生进一步深入学习。

本书最初基于 David H. Boal、Jonathon Howard 和 Howard C. Berg 所著的优秀教学著作章节。感谢 Roger Kamm、Vijay Pande 和 Andrew Spakowitz 多次为作者讲解并不吝分享其课程材料和讲义，尤其是 Kamm 博士还分享了他尚未发表的教材文稿。在他们的许可下，作者在第 4、5、7～9 章中借鉴了他们对一些问题的处理方法，并将其编入书中章节。感谢他们为改善世界各地学生的学习体验而乐意分享其杰出的工作成果。同样感谢审阅人 Roland R. Kaunas 和 Peter J. Butler，他们分享了自己细胞力学课程中的笔记。特别感谢这些前辈在作者之前所做的不懈努力，没有他们不可能完成此书。感谢本书的其他审阅人 Dan Fletcher、Christian Franck、Wonmuk Hwang、Paul Janmey、Yuan Lin、Lidan You 和 Diane Wagner 对本书手稿提出的宝贵意见与建议。同样感谢 Summers Scholl 和 Garland 公司的编辑与制作团队，他们给作者提供了难得的机会并给予精心指导。最后，感谢作者家人的理解和支持，作者在牺牲了很多与家人相聚的时间后，完成了本书的撰写。

Christopher R. Jacobs

Hayden Huang

Ronald Y. Kwon

目　　录

第 1 部分

原　　理

第1章　细胞力学概述

细胞是生命体最小、最基本的结构和功能单位。细胞生物学通过研究生理过程、细胞结构、细胞与外环境的相互作用来阐明细胞功能，已成为生物医学领域研究人类疾病的主要基础科学。迄今，对细胞生物学中基本问题的研究几乎都局限在生物化学范畴，主要通过分子和遗传学方法进行。病理过程可被视为生化信号传递的中断，分子与细胞表面受体的结合能实现细胞外信号对细胞功能的调节，基本细胞进程如细胞分裂被认为由多个生化事件驱使。因此，传统细胞生物学的核心课程都非常重视生物化学和结构生物学的讲授。

最近，在生物化学的分析背景下，人们对细胞功能和疾病的理解范式发生了转变。特别是，通过理解机械力的作用，对不同细胞进程及病理变化有了更为独到的见解。科学的快速发展表明，力学现象对一些基本细胞进程的正常运作至关重要，力学载荷可以作为胞外信号来调节细胞功能。此外，危及人类健康的几种主要疾病，如骨质疏松症、动脉粥样硬化和癌症等，均与力学感知和（或）功能障碍有关。由此，一个把力学和细胞生物学结合在一起的新学科出现了，即细胞力学生物学，它涉及细胞生物学中力的产生、传导、感知，并使细胞功能发生改变的方方面面。细胞力学生物学的研究将细胞生物学和生物化学与多个力学学科联系起来了，包括固体力学、流体力学、统计力学、实验力学和计算力学。

本章作为入门章节，主要目的是通过以下两方面激发读者对细胞力学和细胞力学生物学的钻研：①证明力在细胞基本和病理过程中的作用；②阐述细胞力学是如何以一种综合方式糅合多门力学课程而提供一个理想框架的。首先，通过提供细胞力学介导的生理病理过程的调研，在人类疾病的背景下引入细胞力学，且通过力学分析更好地理解这些过程。而后，提出细胞力学是引入固体力学、流体力学、统计力学、实验力学甚至计算力学原理的理想基础，并提出"细胞力学可能是21世纪应用力学的重大挑战"这一论点。最后，提出一个简单的模型问题：微吸管吸吮技术，细胞通过真空负压被部分地"吸"入细管。这个例子将帮助读者了解如何研究细胞力学，并展示如何用一个相对简单的研究方法解释细胞力学行为（以及这种行为如何支配细胞功能）。

1.1　细胞力学和人类疾病

在健康和疾病这两方面，大部分人认为生物医学的本质是生物或生物化学。这里当然也有一些例外，比如骨折、软组织创伤或手术修复时，在组织或者整体水平要考虑力学因素。此外，涉及力学的感觉器官如听觉和触觉时，力学敏感细胞的存在也不足为奇。反之，通常不认为细胞力学与癌症、疟疾或病毒感染相关——然而它们的确是相关的。不仅如此，令人惊讶的是，很多人类疾患的原因在一定程度上都与细胞力学有关。

例如，一些组织的正常功能，特别是骨（骨和软骨）和心血管系统（心脏和动脉），在很大程度上依赖于生理活动和环境（重力）所产生的力学负荷。需要明确的是，这里不单纯是指这些生理系统具有力学功能（如骨骼支撑身体和心脏泵血），还包括细胞水平上对机械力变化的主动响应，比如骨在某些特定区域的骨量增加而在另一些区域的骨量减少。在本章中，我们希望使读者相信，尽管力学因素的影响可能是微妙的或间接的，但其实际上已涉及生命活动的方方面面。

要理解人类健康和疾病，常常需要在细胞水平上理解生物力学和力学生物学，例如：

•如果骨组织细胞没有受到适当的力学刺激，骨形成将停止，而骨吸收开始。因此，在长时间太空飞行失重下，即使采用严格的运动训练计划，航天员也面临着严重的骨丢失。

•在冠状动脉疾病中，作用于内皮细胞的流体剪切应力在空间和时间上的变化与动脉粥样硬化斑块的形成有关。

•骨关节炎的发病机制是力学载荷变化引起的软骨细胞力学信号改变。

•肺泡上皮细胞和气道平滑肌细胞在呼吸过程中受到周期性拉伸力的调节，而空气传播的病原体引起的超敏反应会产生持续的过度收缩，继而导致哮喘发作。

•感染可以由病毒传递外源性遗传物质机械性地破坏细胞膜而引起。这是一个重要的问题，如果我们可以像病毒一样轻易地传递基因，就可以通过使细胞表达正确的序列（突变基因）从而治愈许多遗传疾病。而细胞膜实际上是一个极好的力学屏障。

•转移性癌细胞必须能在组织中迁移并远距离附着以扩散。某些癌症似乎优先转移到特定部位的原因仍然是一个谜。

•力学刺激在伤口愈合期间调节成纤维细胞的行为。此外，"正常"伤口的愈合和瘢痕组织的愈合之间存在差异。

•现在已经知道，力是调节成体细胞和胚胎干细胞组织特异性分化的关键因素。例如，在子宫内，胚胎心脏并不需要泵血，因此认为某些哺乳动物胚胎心脏的跳动更多的是为了心肌的塑造，而不是用于功能性泵血。

•出生后，大脑发育和血管生成均涉及细胞与其周围动态力学环境的相互作用。

•心血管疾病，如高血压和心力衰竭，往往是由长期的力学因素引起的。事实上，心脏肥大是对力变化最常见的响应之一。正常心脏肥大（运动产生）与病理性肥大（疾病产生）之间的区别仍不清楚。

•基本的细胞进程，如膜运输、胞吞和胞吐（细胞吞噬或释放物质的方式）、微管组装和解聚、肌动蛋白聚合和解聚、细胞-基质和细胞间黏附的动力学、染色体分离、着丝粒动力学（如细胞分裂过程中 DNA 的运动）、胞质蛋白和囊泡分类与转运、细胞运动、细胞凋亡（细胞程序性死亡）、侵入（细胞运动到非正常位置）和分化（细胞分化成为具有特定功能的表型），都至少部分地受到力学调控。

接下来，我们将更详细地描述其中的一些实例。

耳中的特化细胞使你产生听觉

究其本质，听觉是一个转导的过程（一个信号从一种类型转换成另一种类型即转导），声（压力）波形式的物理信号被转换成沿神经的电脉冲。耳内的力转导（输入信号是以力学为基础的转导）是通过一种叫毛细胞（hair cell）的特化细胞完成的。这种细胞具有被称为纤毛（cilia，单数形式为 cilium）的细小毛结构，纤毛从细胞顶端（顶部）的表面延伸到耳蜗腔内。内耳听骨振动产生的压力波形式的声音通过耳蜗中液体进行传播。

研究人员最近推论出了毛细胞内信号转导的重要机制。现已确认细胞骨架肌动蛋白纤维将纤毛的顶端与邻近纤毛的侧面相连接（图 1.1）。肌动蛋白丝锚定在跨膜蛋白上，后者形成被称为通道的小孔。这些通道通常是关闭的，但一旦打开，会允许小离子（在毛细胞是钙离子）顺浓度梯度通过。在静息状态下，细胞内的钙离子浓度（<1mmol/L）相对于细胞外极低。当声音传递到内耳时，振动会引起纤毛偏转，进而牵拉肌动蛋白丝，这种拉伸产生的张力传递到离子通道使通道开放。因此，当通道开放时，钙离子顺浓度梯度流入，胞内钙离子浓度增加。钙离子浓度的变化引起胞内信号蛋白分子的动力学改变，引发一系列的生化事件，最终导致细胞去极化和神经冲动。

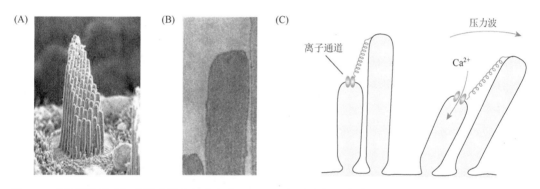

图 1.1　听觉是通过毛细胞的力学转导产生的。（A）耳蜗腔中的压力波使从细胞顶端表面延伸出的纤毛束发生偏转。（B）压力波引起的纤毛偏转使称为顶端连接的微小肌动蛋白束受到牵拉。（C）顶端连接与钙离子通道或孔相连，后者开放使得钙离子内流，最终产生神经冲动。（A 由 Dr. David Furness 提供；B 引自 Jacobs RA，Hudspeth AJ（1990）Symp. Quant. Biol. 55，547-561。已获得 Cold Spring Harbor Press 的许可。）

可以想到，力学在这一过程中非常重要。纤毛需要具有适当的力学特性来维持直立，同时要具有足够的柔韧性以在声波中发生偏转。肌动蛋白顶端连接需要足够坚固以打开离子通道，并具有适当的聚合物力学行为，以便能被纤毛的偏转所牵拉而不受热噪声影响（要注意的是，这是一些非常小的物体，悬浮于周围液体的分子会定期与它们相撞，由此所产生的一些力需要忽略）。本书中，我们的目标是构建一个基础并提出一个框架，以便有效地思考这些问题。

血流动力调控内皮细胞

血管不是被动输送血液的管道。它们反应灵敏，可以不断地改变其半径（在血管张力或血管扩张剂和血管收缩剂的影响下）和渗漏。血管内衬的细胞被称为内皮细胞。内皮细胞对循环系统产生的力非常敏感，包括流体剪切应力、（大）血管扩张产生的牵拉和跨壁压力差（血管内、外压力差）。内皮细胞的响应是多种多样的，它们可以改变形状以使其长轴与流动方向一致，改变自身的内部结构（细胞骨架和黏着斑），以及释放多种信号分子。这些反应有助于维持血流量和稳态（维持基本的生理环境）。有足够的证据表明血管的病理生理变化（如动脉粥样硬化）发生在力学信号中断的区域。

骨细胞需要力刺激来维持骨骼健康

负荷对骨骼健康至关重要。事实上，维持骨骼健康的重要因素之一是接受正常的力学刺激。当骨不负载时，骨将处于半废用（如久坐）或完全废用（如卧床或长期空间飞行）状态。已证实，在这些极端的情况下，骨丢失每月可高达总骨量的 1%～2%。即使不存在创伤或创伤可能较小时，骨折风险也会提高。这些脆性骨折或骨质疏松性骨折不仅会对个人造成伤害，也会引起公共健康问题，美国每年因此要花费数十亿美元。事实上，50 岁以上人群中，近一半的女性和超过四分之一的男性都发生过骨质疏松性骨折。髋部骨折是骨量减少最严重的后果，对于大多数患者而言，这是病情从失去行动能力、丧失独立性、住进医院到继发性疾病发病直至死亡的螺旋式恶化的第一步。令人震惊的是，在髋部骨折后 1 年内，50%的患者将无法独立行走，25%将被送进医院，20%将会死亡。

好消息是，物理负荷将会减少骨质流失，而某些运动效果比其他运动更好，芭蕾之所以比游泳好，可能是因为其涉及冲击负荷。事实上，有研究已经表明高水平运动员的骨形成往往发生在运动时受负荷最大的区域。作为对人类健康至关重要，同时也是令人关切的科学问题，骨组织细胞（主要是骨细胞和成骨细胞）通过协调细胞反应来感知和响应负荷的机制尚不清楚。有人提出，其感知机制可能涉及细胞骨架、黏着斑、黏着连接和膜通道，甚至膜本身的生物物理行为，确实有证据支持这些结构及许多其他结构都能感知力学信号，这样一来，似乎存在多个细胞感受器，可能构成一个冗余的系统。

肺部细胞感知牵张

在呼吸过程中，肺部组织会受到由基底膜膨胀和收缩引起的恒定振荡应力。这些力学信号被认为在维持肺功能和形态中起着重要作用。牵张可调控肺上皮细胞的生长、细胞骨架的重塑，以及信号分子和磷脂的分泌。当对患者实施肺部机械通气时，肺部所受的力学载荷会增加，这种力学负荷变化引起的细胞功能改变所导致的生理后果尚不清楚。

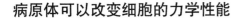

病原体可以改变细胞的力学性能

疟疾的发生是细胞水平上细微力学变化一个有趣的例子。疟疾是因为由蚊子传播的寄生虫（疟原虫）感染了红细胞（RBC）。疟原虫一生的大部分时间都存在于红细胞中，因此通常可以躲避免疫系统的攻击。由于被感染的红细胞可以被脾脏破坏，因此寄生虫通过诱导红细胞膜上表面黏附蛋白的表达，使被感染的红细胞黏性增加，使得红细胞可以黏附于血管壁上而避免被脾脏过滤清除。由于这类疟疾表面蛋白有许多种变异，因此免疫系统适应和清除这些被感染红细胞的速度很慢。可以设想，附着力的改变是很巧妙的，细胞会变得稍微黏一些，但不会过黏而导致血液凝固。实际上，红细胞的黏性增强产生的一种结果是红细胞偶尔会在小血管中聚集，导致出血。

其他病原体可以利用细胞的力学结构来获得优势

李斯特氏菌属的细菌同样通过隐藏在细胞内来逃避免疫系统的攻击。为了侵入其他细胞，这些细菌占据了细胞的部分肌动蛋白结构（细胞骨架的一部分）。肌动蛋白在细胞内聚合形成纤维，用来形成细胞骨架和锚定位点。细菌"坐"在生长的肌动蛋白聚合物的顶端，等待聚合物生长到足够长时将细菌推出细胞并进入相邻细胞。一旦宿主受到感染，细菌便可以扩散到宿主的整个身体，而不会暴露于免疫系统。为了实现这一过程，细菌必须有足够的力来突破两层细胞膜，而且其必须要"知道"坐在肌动蛋白丝的哪个位置才能被推动。这是分子机器合成领域被活跃研究的一个例证。

癌细胞需要爬行才能转移

癌症转移是指单个癌细胞从主肿瘤上脱离，进入血流，然后到达某个新位置后离开血管，开始在新位置生长的过程。癌细胞的转移是导致大多数癌症患者死亡的原因，但该过程的许多方面尚未被人们了解。细胞迁移是关键因素，其由诸如黏附、细胞内力产生等力学过程调控。在此过程中，各方面的变化（如细胞的迁移速度）通常与癌症的长期预后相关，但是其发生方式尚不清楚。黏附可能不仅对于癌细胞迁移至关重要，对于其在特定位置的归巢也很重要。并非所有的肿瘤细胞都以相同的方式转移。某些肿瘤将优先转移到特定区域或组织，这是否与肿瘤细胞在优先位点的选择性黏附或在其他位点的肿瘤细胞存活率会降低相关？目前尚不清楚。

整体上，实体肿瘤也表现出生理学的改变。肿瘤内的细胞不仅表现出增长（"失控"）的分裂速率，而且可以重定向血流（redirect blood flow）以使其自身更快地生长。此外，许多原发性实体瘤即使通常源自与周围组织相同的组织，其也比周围组织更硬。硬度的增加是否通过力学感知功能而改变癌细胞的功能尚不得知，但它确实具有临床用途，通过自我检查可以发现，许多浅表（如接近皮肤）的肿瘤是比周围组织硬的"肿块"或"隆起"。

病毒将其遗传物质转移到所感染的细胞中

当细胞被病毒入侵时，病毒的遗传物质必须要导入细胞中。目前发现有两种发生机制：内吞（胞吞）作用和膜融合。第一种方式，病毒表面的蛋白质（称为配体）与细胞表面的蛋白质（称为受体）结合以启动受体介导的胞吞作用。在这个过程中，病毒被细胞包裹，使病毒能递送其遗传物质并进行复制。该过程依赖于相互协同的一系列力学事件，包括黏附、膜挤压和细胞骨架力的产生，这些可能作为抑制病毒入侵的潜在治疗靶点。另外，鉴于病毒侵入细胞的高效方法，人们有兴趣了解这些力学过程以用于仿生学，如基于病毒将纳米颗粒递送到细胞中的方法。

> **释注**
> 　　膜融合是一种化学过程，细胞膜上出现一个孔洞，病毒和靶细胞的膜在这个孔洞处融合。这个过程的机制仍不清楚，可能不像内吞作用那样依赖力学过程，但必然发生一定程度的黏附和膜弯曲。

1.2　细胞是应用力学的重大挑战

在 20 世纪，应用力学的发展趋势是大尺度的结构分析。在建筑方面，应用力学取得了惊人的成就，如高层建筑和美丽的桥梁。建筑的原料从笨重的石头和砖块过渡到简洁的钢筋和玻璃。汽车、火车和飞机这些现代交通工具变革都是高效结构的杰出例子，只有在对其机械行为进行详细分析之后才能被创造出来，包括发动机、流线型、制动器、升力、动力、热等必须被表征，然后应用到一起。力学在人们登月和探索行星方面也发挥了重要作用。力学还是军事进步的关键（导弹技术、装甲、先进的飞机和无人机、机器人等）。然而，设计和建造这些惊人的结构所需的理论与分析在很大程度上已经成熟。例如，很多车身设计是基于计算分析，而不是基于新法则或新原理的发展。虽然应用力学在过去经历了巨大的发展，但最近却在一定程度上有所回缩。

细胞的全面力学分析非常复杂。它包括细胞骨架的一维线性元素、细胞膜的二维曲面壳体，还有三维的实体，以及潜在的压力效应和液-固相互作用。实际上，整个细胞是半固态、半液态的，我们称之为黏弹性。不仅如此，细胞"物质"的特性也会因施加力的频率而改变。最重要的是，细胞结构非常小，以至于热和熵效应可以在其力学中发挥重要作用，因此通常需要统计力学的分析框架来理解其行为。因此，就应用力学中所面临的关键新进展及潜在新观点的挑战而言，细胞力学无疑是其中最值得关注的问题。我们希望读者明白，虽然基础力学能够解释大部分问题，但仍有许多工作需要使用略微高级的力学分析来完成。

细胞力学的计算机仿真需要最先进的方法

细胞力学是应用力学中一个引人注目的挑战，同时也是计算力学中一个困难但很有助益的挑战。例如，多尺度建模涉及将宏观尺度的仿真与代表微观行为的仿真相耦合。对于细胞，可以模拟单个肌动蛋白和微管蛋白聚合物的行为，并将其与细胞骨架网络甚至整个细胞模型相耦合。细胞的全力学行为是固体力学、流体力学和统计力学的综合，因此可能会涉及多重物理公式。此外，还可能存在流体结构问题、接触，甚至非线性材料模型。因此，几乎所有高级计算力学领域在细胞力学中都有所应用。

1.3　模型问题：微吸管吸吮技术

本节，我们将以一个简单的模型问题来对本章进行总结，以使读者初步了解细胞力学的研究方法，以及从这些分析中能获得怎样的信息。微吸管吸吮技术是研究细胞行为应用最早的方法之一，利用微吸管吸吮技术，人们提出了一些关于细胞行为重要而令人称奇的见解。微吸管吸吮技术所涉及的仪器相对简单，实验分析也非常直观。在这里，我们介绍微吸管吸吮技术，目的在于使大家初步了解本书中对于问题处理的抽象程度和严格程度。

微吸管吸吮技术的典型实验装置

早期进行的一些对细胞膜的力学测量是使用微吸管吸吮技术进行的。这些测量在一定程度上是基于细胞是一个内部充满液体的小囊袋这一概念（使用红细胞可以排除细胞核的影响，因为红细胞没有细胞核）。微吸管吸吮技术的用途广泛，实验结果易于解释，因此一直是研究细胞力学（不仅仅是红细胞）重要的实验方法。如我们接下来即将所讲的，这些实验不仅能测量细胞膜的力学性能，还能研究整个细胞的力学行为。

微吸管是一种刚性管（通常为玻璃），其尖端逐渐变细，最尖端直径为几微米（在尖端附近，直径是恒定的）。整个微吸管是中空的，向内部（内腔）施加吸力（负压）。当微吸管尖端接近细胞时，施加抽吸力，则会形成封接，细胞将被吸入微吸管内，形成突出（图 1.2 和图 1.3）。负压的施加有多种方式，其中一种方法是用嘴施加吸力，这种方式可以更好地控制，研究人员通常在封接时采取这种方法。

另一种常见的方式是将微吸管与一根管子连接，后者与一个高度可控的充满水的容器相连通。在这种情况下，降低容器中液面的相对高度，使其低于细胞培养皿的液面水平，即可在微吸管内产生抽吸压力。理论上，施加的最小抽吸压力取决于容器中液面高度的最小变化（通常约为 0.01Pa）。实际上，这取决于容器中水蒸发而引起的漂移（这种控制方法的精度通常在 1Pa 左右）。一般情况下，这种方法可施加的最大压强等于大气压，因此能获得较大范围的力，为 10pN～100nN。

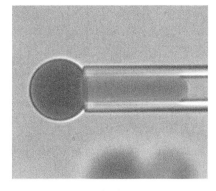

图 1.2　红细胞被吸入微吸管。
（由罗切斯特大学 Richard Waugh 提供。）

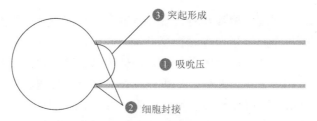

图 1.3　微吸管吸吮实验。将微吸管的吸头放置在细胞附近并施加吸力。在细胞和微吸管之间形成封接，
细胞突出进入微吸管。

细胞被吸入微吸管后，在微吸管内有三种形态，如图 1.4 所示。第一种是当细胞被吸入微吸管中的长度（L_{pro}）小于微吸管半径（R_{pip}）时，即 $L_{pro} / R_{pip} < 1$；第二种是细胞被吸入微吸管中的长度等于微吸管半径时，即 $L_{pro} / R_{pip} = 1$，此时突出呈半球形；第三种是当 $L_{pro} / R_{pip} > 1$ 时，被吸入的突出部分呈现为一个带有半球形冠的圆柱形，半球形冠的半径是 R_{pip}，半球形冠一旦形成，突出的半径就不会再改变。

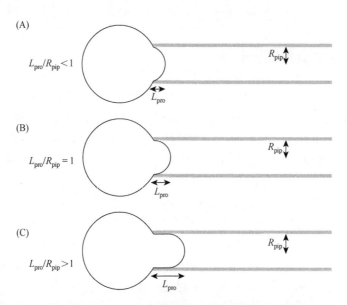

图 1.4　细胞被微吸管吸入的三种形态。（A）细胞被吸入微吸管的长度小于微吸管半径，即 $L_{pro} / R_{pip} < 1$；（B）$L_{pro} / R_{pip} = 1$，被吸入部分呈半球形；（C）$L_{pro} / R_{pip} > 1$，被吸入部分是具有半径为 R_{pip} 的半球形冠的圆柱形。

可以看出，第一种情况中细胞突出的几何半径大于 R_{pip}。

释注

　　微吸管吸吮技术在冬天更难实现。早期，研究人员进行微吸管吸吮实验时发现，在冬天漂移更明显。为什么？这是因为液体储层表面的蒸发速率更快了，冬季空气干燥使得蒸发速率更高。利用现代技术已经解决了这个问题。

液滴模型是一个可以解释一些吸吮实验结果的简单模型

早期，研究人员使用诸如中性粒细胞（白细胞的一种）进行微吸管吸吮实验时，注意到当微吸管内的压力超过一定阈值后，细胞会持续变形进入微吸管中（换句话说，细胞会迅速"冲入"微吸管）。这种现象导致了液滴模型的发展。在该模型中，假设细胞内部是均匀的牛顿黏性流体，且假定细胞膜是具有恒定表面张力的薄层且没有任何抗弯曲性，并且假定细胞和微吸管的内壁之间没有摩擦。

表面张力的单位为每单位长度上的力，也可以被认为是单位面积上的拉/伸力（应力）沿膜厚度的积分。例如，厚度为 d 的膜承受恒定的拉应力 σ，那么该膜的表面张力可用公式表示为 $n = \sigma d$。如果与细胞半径相比，膜非常薄，在分析时则可以忽略膜厚度，而仅考虑表面张力 n（图 1.5）。

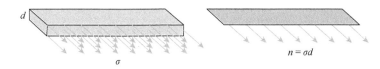

图 1.5 厚度为 d 的薄膜，承受恒定的拉应力 σ，当膜无限薄时，表面张力为 $n = \sigma d$。

为什么称这个模型为液滴模型？一滴黏性液体（如水）悬浮在另一种黏性较小的流体（如空气）中时，液滴的表面会有一层水分子薄层，由于表面的分子间作用力不平衡，因此会聚在一起形成表面张力。简而言之，每一个分子都会对其他分子产生吸引力，液滴内部的分子在每个方向上受到的拉力大致相等，所受合力几乎为零；而处于表面的分子受到了一个指向液滴内部的合拉力，使液滴形成球形，同时在表面形成一定的抗变形能力，即表面张力。这种表面张力可以使某些昆虫在水的表面行走。

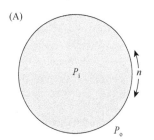

拉普拉斯定律应用于球形细胞

通过将细胞建模为液滴，可以利用拉普拉斯定律分析微吸管吸吮实验，因为这一定律可以将薄壁容器内外的压力差与容器壁内的表面张力关联起来。在第 3 章中，我们将利用以受力图进行的简单分析推导过程来对这一定律进行详细讨论。假设有一个球形的薄壁容器，半径为 R，容器内的压强为 P_i，容器外的压强为 P_o（图 1.6）。

如果将球体切成两半，则有两个大小相等、方向相反的合力作用在切平面上。首先是压力，其计算公

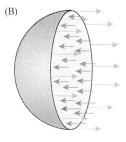

图 1.6 一个内部压力超过外部压力的球形容器，由膜表面张力 n 来实现力平衡（A）及受力图（B）。

式为 $F_p = (P_i - P_o)\pi R^2$。第二个力是壁的表面张力。如果表面张力为 n，则由表面张力产生的合力 F_t 为 $n2\pi R$（表面张力乘以施加张力的边缘长度，即圆的周长）。设定 $F_p = F_t$，我们得到拉普拉斯定律：

$$P_i - P_o = \frac{2n}{R} \tag{1.1}$$

请注意，我们将两个力设定为相等是因为假定液滴无加速度，在这种情况下，根据牛顿第二定律，压力和表面张力的和必须为零（方向相反，大小相等）。

> **释注**
> **杨和拉普拉斯的历史。** 拉普拉斯定律也被称为杨氏-拉普拉斯方程，以纪念托马斯·杨在1804年对液柱弯月面进行的最初定性观察，以及皮埃尔·西蒙·拉普拉斯随后引入的数学描述。有时拉普拉斯定律也被称为杨-拉普拉斯-高斯方程。

用拉普拉斯定律分析微吸管吸吮实验

通过将吸力与进入吸管的细胞形态相关联，我们可以使用拉普拉斯定律来分析微吸管吸吮实验。如图 1.7 所示，P_{atm} 是大气压强，P_{cell} 是细胞内的压强，P_{pip} 是微吸管内的压强，R_{cell} 是微吸管外细胞的半径，R_{pro} 是细胞突出的半径，L_{pro} 是细胞进入微吸管的突出长度，R_{pip} 是微吸管的半径。

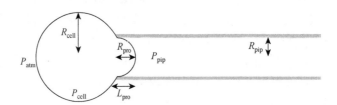

图 1.7　用于分析微吸管吸吮实验的物理量示意图。

对于细胞不在微吸管内的部分，从式（1.1）可知，

$$P_{cell} - P_{atm} = \frac{2n}{R_{cell}} \tag{1.2}$$

式中，n 是细胞的表面张力。对于突出即细胞微吸管内的部分，

$$P_{cell} - P_{pip} = \frac{2n}{R_{pro}} \tag{1.3}$$

合并式（1.2）和式（1.3），可得

$$P_{atm} - P_{pip} = \Delta P = 2n\left(\frac{1}{R_{pro}} - \frac{1}{R_{cell}}\right) \tag{1.4}$$

对于具有给定表面张力的细胞，式（1.4）将微吸管内外的压强差与细胞在微吸管内

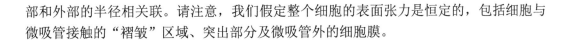

部和外部的半径相关联。请注意，我们假定整个细胞的表面张力是恒定的，包括细胞与微吸管接触的"褶皱"区域、突出部分及微吸管外的细胞膜。

如何测量表面张力和面积膨胀模量？

我们可以很容易地从式（1.4）计算出表面张力。一旦细胞被吸入微吸管的部分呈半球形（$L_{pro} = R_{pip}$）时，突出的半径也就等于微吸管的半径（$R_{pro} = R_{pip}$），那么

$$\Delta P = 2n\left(\frac{1}{R_{pip}} - \frac{1}{R_{cell}}\right) \tag{1.5}$$

压强 ΔP 可由实验操作者控制，R_{pip} 已知，通过光学显微镜可以测量细胞半径 R_{cell}，从而可以计算出表面张力 n。Evans 和 Yeung 使用不同直径的微吸管进行这个实验，检测到中性粒细胞的表面张力（约为 35pN/μm），发现表面张力大小与微吸管直径无关，这支持了该技术的有效性。在下一节中我们将讲到，如果细胞进一步变形，表面张力则会发生变化。

液滴被吸入微吸管的过程中，其表面张力保持恒定。实际上，细胞的行为并不像完美的液滴。细胞膜的面积会随着被吸入而增加，导致表面张力略有增加。单位面积应变上的张力增加量被称为面积膨胀模量（areal expansion modulus）。Needham 和 Hochmuth 用锥形微吸管吸入中性粒细胞来量化面积膨胀模量（图 1.8）。通过逐渐增加压力，使细胞进一步进入锥形微吸管，细胞表面积增加的同时保持恒定的体积（体积保持恒定被称为不可压缩性）。利用几何学方法测量细胞两端的半径 R_a 和 R_b、总体积 V 和表观表面积 A。显然，我们假定细胞的表面近乎平滑，忽略了一些小的褶皱和起伏。利用拉普拉斯定律计算表面张力如下：

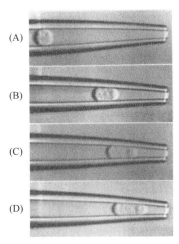

图 1.8　被吸入微吸管中的细胞。微吸管开口半径为 4μm。（A）将细胞吸入锥形微吸管中，使其恢复成静止的球形，然后施加正压力，将细胞沿着微吸管向尖端移动。（B）$\Delta P = 2.5Pa$，（C）$\Delta P = 5.0Pa$ 和（D）$\Delta P = 7.5Pa$ 时的细胞最终静止形态。[改编自 Needham D & Hochmuth RM（1992）Biophys J. 61，1664-1670.]

$$\Delta P = 2n\left(\frac{1}{R_a} - \frac{1}{R_b}\right) \tag{1.6}$$

根据公式 $V = 4/3\pi R_o^3$，细胞的"初始"半径 R_o 可以从体积计算出来（假定体积保持恒定），从而计算出"初始"的或未形变时的表观表面积 $A_o = 4\pi R_o^2$。随着锥形微吸管内压力逐渐增加，细胞进入微吸管，可以计算出面积应变 $(A - A_o)/A_o$ 和表面张力。将表

面张力和面积应变建立线性函数关系，面积膨胀模量可从斜率得出，为 39pN/μm。将拟合曲线推移到面积应变为零的情况时，可得到细胞未变形时的表面张力为 24pN/μm。

为什么表面张力对未变形的中性粒细胞很重要？因为中性粒细胞与红细胞类似，在血液中循环时需要挤过直径小于细胞本身的小毛细血管。当中性粒细胞挤过毛细血管时，细胞的形状从球体变成"香肠"形（即两端为半球形帽的圆柱体）。因为细胞内主要是液体，所以通常是不可压缩的，因此在形变时体积必然保持恒定。"香肠"形状的表面积大于同体积的球体，随着"香肠"半径的减小，表面积变得更大。然而，我们将在后面提到，生物膜是不可伸展的。那么，当中性粒细胞挤过小血管时，如何实现这种表面积的增加呢？

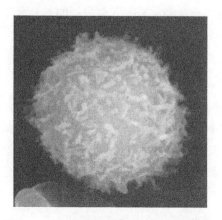

图 1.9　中性粒细胞的电镜照片。膜上的褶皱清晰可见。[改编自 Needham D & Hochmuth RM（1992）Biophys J. 61，1664-1670.]

从图 1.9 可以看出，中性粒细胞膜有许多微小褶皱。这意味着如果考虑所有的褶皱，中性粒细胞的"表观"表面积远小于其实际表面积。褶皱允许中性粒细胞在不增加膜表面积的情况下使其表观表面积增加（只要褶皱没有被完全展开）。细胞皮层的张力有着至关重要的作用：它使细胞保持球形的同时，在膜中形成褶皱。

细胞为什么会"冲入"微吸管？

液滴模型的建立，很大程度上是因为观察到一些细胞在施加大于临界压力，即使 $L_{pro} = R_{pip}$ 的任何压力后，就会出现"冲入"的现象。为什么液滴会出现这种情况？式（1.4）是平衡条件下的关系式，假设我们施加一个临界压力使 $L_{pro} = R_{pip}$，然后增加压强 ΔP，让我们来看看式（1.4）右边的式子会有什么变化。我们已经知道，对于液滴来说，n 是恒定的，且中性粒细胞在被吸入微吸管时，其表面张力也近似恒定，突出半径 R_{pro} 保持恒定，因为只要 $L_{pro} > R_{pip}$，半球形冠的半径都等于 R_{pip}，R_{cell} 不会增加，这就意味着细胞的体积在实验期间基本上保持恒定。因此，式（1.4）左边的数值增加了，右边的却没办法增加，等式无法满足平衡，导致了不稳定，因此细胞"冲入"微吸管。

细胞表现为弹性固体或液滴

微吸管吸吮实验是一种非常通用的测量细胞膜特性的技术，它可以施加很大范围的力，并且有利于力学分析。除了用来检测细胞膜的力学性质，微吸管吸吮技术在理解细胞力学中还具有更重要的作用，因为它们可以让人们容易地观察不同类型细胞的基本力学行为。例如，当研究人员对内皮细胞或软骨细胞进行实验时，发现在 $L_{pro} = R_{pip}$ 之后，细胞不会"冲入"微吸管。为什么？简单地说，这些细胞并不像液滴。随后的实验和分析表明，它们的力学行为更像弹性固体，不会出现"冲入"这种不稳定现象。因此，通过观察特定细胞在

$L_{pro} = R_{pip}$ 之后是否"冲入"微吸管，可以容易地识别其力学行为是更像液滴还是弹性固体。请注意，这种简单的分类方法仅在压力超过临界压力时才可行。如果实验在 $L_{pro} = R_{pip}$ 之前终止，则不能（如此容易地）识别出是弹性固体还是液滴行为，如图 1.10 所示。

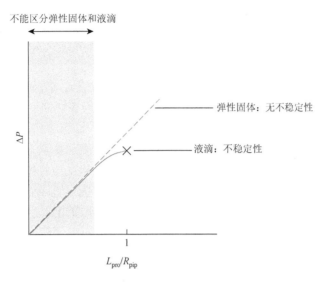

图 1.10　细胞行为如弹性固体（虚线）或液滴（实线）时的 ΔP 与 L_{pro} / R_{pip} 的函数关系。当 $L_{pro} / R_{pip} = 1$，像液滴的细胞不稳定而"冲入"微吸管，相比之下，细胞如果像弹性固体则不会出现这种不稳定现象。

重要概念

- 细胞力学生物学的研究将细胞生物学和生物化学与各种力学学科联系起来，包括固体力学、流体力学、统计力学、实验力学和计算力学。
- 很多人类重要疾病，如骨质疏松症、心脏病甚至癌症，从根本上都涉及细胞力学。
- 细胞力学是学习各种力学前沿方法的绝佳基础。
- 认识细胞力学行为对理论力学、计算力学和实验力学方面都提出了巨大挑战。
- 微吸管吸吮技术是研究细胞力学的一种早期、直观的方法。通过将细胞建模为液滴，我们可以使用拉普拉斯定律分析微吸管吸吮实验。
- 当细胞突出的半径等于微吸管半径时，液滴型细胞表现出不稳定性，之后细胞无法抵抗压力的增加而"冲入"微吸管。
- 通过在不稳定点观察微吸管中细胞的运动，可以区分具有不同力学行为的两种细胞：一种是由膜张力（类似于液滴）主导的细胞，另一种是表现为弹性固体的细胞。

思考题

1. 正如我们看到的，中性粒细胞等液滴型细胞被吸入微吸管，当突出的半径等于微吸管半径时，其变得不稳定。对于一个更近似于弹性固体的细胞，如软骨细胞来说，是否存在施加在细胞上的最大压力？此时的细胞将处于什么状态？

2. 在我们的分析中忽略了微吸管内部和细胞膜之间的摩擦力，这一假设是否合理？为什么？如果摩擦力很大，将如何影响微吸管吸吮实验的结果？

3. 通过改进经典的微吸管吸吮实验来解决具有液滴行为的细胞不稳定性，以测量细胞膜的力学行为。这种改进是通过锥形微吸管实现的（图 1.8）。这种方法中微吸管半径沿其长度变化，设定细胞两端的半径分别为 R_a 和 R_b，微吸管内压强为 P_a 和 P_b，从而建立起膜表面张力和微吸管内压强之间的关系。

4. 还有其他类似于细胞的结构可采用液滴模型。肺的支气管通道终止于被称为肺泡的小球囊。肺大约有 1.5 亿个肺泡，在呼吸过程中，肺泡在膈肌和胸壁肋间肌的作用下被填充和排空。吸气时，肺泡外的压强下降多达 200Pa，肺泡壁细胞层不断水合，因此，我们可以将它们看作被水包围的空气泡，并假设水的表面张力为 70dyn（达因）/cm（$1dyn = 10^{-5}N$）。那么，肺泡的半径是多少？实际上，肺泡的半径约为 0.2mm，之所以这么小是因为上皮细胞分泌的一种被称为表面活性物质的蛋白质降低了水的表面张力。如果确实如此，这种表面活性物质不足时就会导致婴儿呼吸窘迫综合征（IRDS）。那么，肺泡表面张力必须是多少才能保持肺泡膨胀？

5. 考虑支气管的末端有两个相邻的肺泡，空气可以容易地在它们及外界之间通过。如果它们具有相同的半径，则处于压力和表面张力间的平衡状态。如果有少量空气从一个肺泡移入另一个肺泡，会发生什么？能因此得出表面活性剂必须存在的原因吗？

参考文献及注释

Evans E & Yeung A（1989）Apparent viscosity and cortical tension of blood granulocytes determined by micropipet aspiration. Biophys. J. 56，151–160. *关于使用微吸管吸吮技术检测膜张力的一个早期报告。*

Hochmuth RM（2000）Micropipette aspiration of living cells. J. Biomechanics 33，15–22. *关于使用微吸管吸吮技术表征细胞和膜基本行为的一个典型综述。*

Huang H，Kamm RD & Lee RT（2004）Cell mechanics and mechanotransduction: pathways，probes，and physiology. Am. J. Physiol. Cell Physiol. 287，C1–11. *概述了力学感知信号及一些技术讨论，以及细胞力的相互作用力。*

Jacobs CR，Temiyasathit S & Castillo AB（2010）Osteocyte mechanobiology and pericellular mechanics. Annu. Rev. Biomed. Eng. 12，369–400. *关于力学和生物学如何相互作用并在细胞水平上调节健康和疾病骨的综述，包括大量在线资料作为补充。*

Jacobs J（2008）The Burden of Musculoskeletal Disease in the United States. Rosemont，IL. *这本专著详尽地收录了肌骨疾病的患病率，以及与之相关的社会和经济成本。*

Janmey PA & Miller RT（2011）Mechanisms of mechanical signaling in development and disease. J. Cell Sci. 124，9–18. *本文讨论了有关细胞感知局部硬度能力的已有知识，包括对疾病及其发展过程的讨论。*

Krahl D，Michaelis U，Peiper HG et al.（1994）Stimulation of bone growth through sports. Am. J. Sports Med. 22，751–157. *早期证据表明，体育锻炼负荷可促进骨形成。*

Malone AM，Anderson CT，Tummala P et al.（2007）Primary cilia mediate mechanosensing in bone cells by a calcium-independent mechanism. Proc. Natl. Acad. Sci. USA 104，13325–13330. *早期证据表明初级纤毛是骨组织细胞中的力学感受器。*

Needham D & Hochmuth RM（1992）A sensitive measure of surface stress in the resting neutrophil. Biophys. J. 61，1664–1670. *关于如何使用微吸管吸吮技术检测膜特性的一个早期示范。*

第 2 章　细胞生物学基础

我们谈及细胞力学时，最容易联想到的是"模型""数学计算"等，并且常常将细胞看作一种特别的材料，可以进行与惰性金属和塑性材料相同的测试。但在细胞力学中，力学与细胞生物学行为的相互作用也是同样重要的一部分。在第 1 章中，我们已经介绍过，前者被称为"生物力学"，后者则越来越多地被称为"力学生物学"。生物力学是力学的一个分支，强调生物结构的力学性能；力学生物学则关注力如何调控生物的生化过程，或是生物反应如何产生和调节物理力，是生物学的分支。但这种区分是人为的，并不适用于所有的情形，有时解决那些最具挑战的问题，需要的是对生物学和力学知识同等扎实的储备，缺一不可。

对细胞生物力学的研究，建立在对力学基本原则充分理解的基础上，同样，为了更加全面地理解力学生物学，则需要充分了解和学习生物学方面的基础知识，不仅包括细胞和分子生物学的基础知识，也包括一些相关的先进实验技术。期望通过本章的学习，读者不仅能够具备学习细胞力学的生物学基本背景知识，还能够掌握阅读现代生物科学文献和专著的基础知识。

1953 年，沃森和克里克提出 DNA 双螺旋结构，标志着现代生物学正经历一场变革。短时间内（相对于科学史来说），人类基因组测序和现代遗传学领域都取得了令人瞩目的成就。这场被称为"分子革命"的知识性爆炸催生了现代生物学或者说分子生物学。克雷格·文特尔（J. Craig Venter）——高通量方法研究基因及其调控的先驱奠基人之一（其创办的 Celera 公司参与了人类基因组计划），宣称"生物学世纪"即将开启。人们预言，当前生物学的重大进步将是继工业革命和信息革命之后的下一波社会变革。

2.1　细胞分子生物学的基本原理

生物学领域对描述要求既简洁又精确，因此非常注重专业术语的使用。例如，当肋骨上有一个极细微的断裂时，若这个位置靠近胸骨，则称其为*内侧*骨折（离身体的"中轴"比较近），若这个位置靠近身体两侧、胳膊或肩膀，则称其为*外侧*骨折。内侧和外侧这类术语，可以用来快速描述位置而不需要提及特定部位，类似于生活中常用的东、西、南、北这类词。

下面列举了一些与此类似的常用生物学术语，有些术语在本书中不一定会涉及，在此也一并进行介绍：

•**细胞培养**：指从生物组织中提取分离活细胞，并在体外保持细胞生长，在可控的实验条件下研究细胞的生理学行为。

•**体外**：在培养皿而非体内器官中，可理解为"在玻璃容器中"。

- **离体**：和体外的定义大致相同，有时指将整个组织放在培养皿中。
- **在体**：在生物体活体器官中，通常但不限于体内自然生长的部位。
- **原位**：在生物体器官中，指体内自然生长的部位。例如，在小鼠背部生长耳朵的实验是*在体*实验而不是*原位*实验。
- **氨基酸**：蛋白质的基本组成单位。
- **DNA**：脱氧核糖核酸，基因的"拷贝副本"及调控组件。
- **RNA**：核糖核酸，基因的"工作副本"，合成蛋白质的模板。
- **基因**：编码蛋白质的 DNA 序列。
- **启动子**：调控特定基因表达的 DNA 序列，大部分情况下处于被调控基因的附近。
- **探针**：与特定靶序列互补的 DNA 或 RNA 片段。探针与靶序列结合的过程称为"分子杂交"。

细胞的很多组分是由单体亚基构成的聚合物（表 2.1），而水和无机盐则是例外。水是细胞中含量最丰富的成分，约占细胞质量的 70%；无机离子则对细胞代谢和信号转导至关重要（"有机"化合物含碳元素，"无机"化合物不含碳元素）。这些成分在细胞对力的非惰性响应中至关重要：生物聚合物组成了细胞的物理结构，细胞的生物力学特性也依赖于这些聚合物的性质。有时，这些分子还负责信号传递，在此过程中，这些分子对力刺激的响应十分重要。我们将会在第 11 章具体介绍。

表 2.1　组成细胞生化成分的单体亚基及对应的聚合物

单体	高分子聚合物	备注
核酸	RNA、DNA	基因
氨基酸	肽、蛋白质	基因产物
脂肪酸	脂质	非基因编码
糖	多糖、碳水化合物	非基因编码

释注

无机碳化合物。有一些含碳化合物是无机的，如金刚石和石墨。含碳与否，并不是有机与无机的硬性区分规则。

蛋白质是氨基酸聚合物

通常情况下，蛋白质分子包含了许多（>50）个氨基酸。氨基酸短链或蛋白质片段称为肽。一个氨基酸主体结构通常由一个氨基（—NH_2）、一个碳原子和一个羧基（—COOH）组成（图 2.1）。中心的碳原子，称为 α-碳，其连接一个侧链。这些侧链的电荷、大小及相互作用的多样性决定了氨基酸的不同种类。此外，这些侧链的性质还能决定一段肽序列的亲水/疏水性，进而决定蛋白质的跨膜区域及定位。值得注意的是，生物体内只有 20 种常见氨基酸（尽管自然界中存在的氨基酸种类更多，还有一些是在实验室中人工合成的）。氨基酸依照一定序列或顺序进行组装，所构成的蛋白质在结构和功能上具有多样性。氨基酸的序列称为蛋白质的一级（1°）结构。

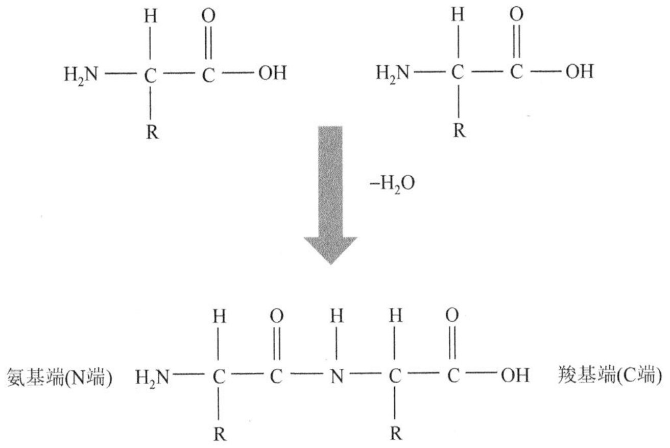

$$H_2N—\underset{\underset{R}{|}}{\overset{\overset{H}{|}}{C}}—\overset{\overset{O}{\|}}{C}—OH \qquad H_2N—\underset{\underset{R}{|}}{\overset{\overset{H}{|}}{C}}—\overset{\overset{O}{\|}}{C}—OH$$

$-H_2O$

氨基端(N端)　$H_2N—\underset{\underset{R}{|}}{\overset{\overset{H}{|}}{C}}—\overset{\overset{O}{\|}}{C}—\overset{\overset{H}{|}}{N}—\underset{\underset{R}{|}}{\overset{\overset{H}{|}}{C}}—\overset{\overset{O}{\|}}{C}—OH$　羧基端(C端)

图 2.1　多肽的化学结构。注意，主链结构相同，通过不同的残基区分氨基酸种类。

　　氨基酸是不对称结构，一端是氨基，另一端是羧基。氨基酸合成多肽和蛋白质后，这种方向性在肽和氨基酸中也保留下来，即一端与氨基端（N 端）相连，另一端与羧基端（C 端）相连。氨基酸组装时，羧基中的一个氧原子和两个氢原子（分别来自氨基和羧基）形成水分子，这一装配过程称为*脱水合成*或*缩合*。当这些键被破坏的反应中利用了一个水分子时，这一过程即称为*水解*。

　　蛋白质装配完成后，就可以基于电荷分布和空间的相互作用进行折叠。基于空间相互作用的蛋白质折叠，是由侧链的空间可活动性决定的。常见的局部折叠模式包括 α 螺旋（单个螺旋结构）和 β 折叠（主要是平面重复结构）（图 2.2），通常称为蛋白质的二

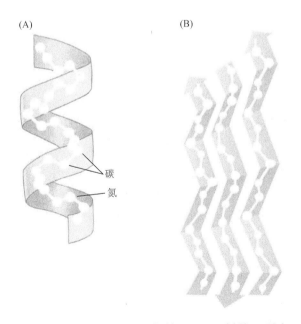

(A)　　　　　　　　(B)

碳
氮

图 2.2　蛋白质二级结构的两种折叠形式。（A）α 螺旋；（B）β 折叠。[引自 Alberts B，Johnson A，Lewis J et al.（2008）Molecular Biology of the Cell，5th ed. Garland Science.]

级（2°）结构，主要由氢键形成。蛋白质的总体折叠模式称为蛋白质的三级（3°）结构。蛋白质折叠模式对蛋白质的功能相当重要，因为蛋白质分子的局部形态/电荷分布决定了蛋白质可以与哪些分子发生相互作用。基于氨基酸序列来预测蛋白质的折叠模式，仍是一个未解决的问题，因为目前的计算模型只能处理短肽片段。最后，多个蛋白质分子的组合称为蛋白质的四级（4°）结构。分子动力学计算仿真能够获得蛋白质的二级和三级结构的信息，但运算量很大。四级结构的仿真对药物设计有很大帮助，但耗时更长。

蛋白质折叠和去折叠的力学是一个热门的研究课题。细胞中也可能会发生蛋白质去折叠。蛋白质对抗去折叠的能力决定了蛋白质分子的"硬度"，而许多信号通路则由蛋白质的去折叠而激活，这部分内容将在后面的章节进行讨论。了解蛋白质的电荷和空间排列及折叠机制，在生物学和力学生物学中都很重要。

示例 2.1：什么因素决定了一个蛋白质分子折叠的难度？

考虑侧链在蛋白质折叠和去折叠中的作用：假设一个不带极性侧链的长蛋白质分子，若想将它卷曲起来，需将相邻氨基酸之间的键弯曲，因此需要费一些力。

如果让蛋白质的全部氨基酸带上相同的电荷，折叠会因此变得更简单还是更难呢？

其次，假定一个不带电荷的、极性折叠的蛋白质，若在其中引入疏水侧链使侧链的大部分聚集在折叠的蛋白质中，并将蛋白质置于水环境中，这个蛋白质是更难还是更容易去折叠呢？在第一种情况下，与不带电荷的蛋白质相比，具有相同电荷的蛋白质更难折叠，这是相同电荷相斥的缘故。此时，蛋白质的去折叠不仅要克服氨基酸之间键的弯曲，还要克服电荷的排斥。

在第二种情况下，与带有极性侧链的蛋白质相比，带有疏水侧链的蛋白质更难去折叠，因为疏水基团在水环境下更易于聚集，这会使基团之间更难分离，从而使蛋白质更难展开。

DNA 和 RNA 是核苷酸聚合物

核苷酸是组成遗传聚合物 DNA（脱氧核糖核酸）和 RNA（核糖核酸）的单体。从它们的命名就可以推断，RNA 中的主链是核糖，而 DNA 中的主链是脱氧核糖。这两种物质中都有一个名为*碱基*的侧基，因为它在水环境中能与氢结合。DNA 和 RNA 都含有 4 种类型的碱基，即胞嘧啶（C）、鸟嘌呤（G）、腺嘌呤（A），以及 DNA 中的胸腺嘧啶（T）或 RNA 中的尿嘧啶（U）。互补的碱基之间可以形成氢键：C 和 G，A 和 T（DNA）或 U（RNA）。当两条长核酸具有互补序列时，可以结合形成双螺旋结构（图 2.3）。尽管在细胞中，核酸具有很多种功能，但其首要功能是在细胞分裂过程中通过碱基序列的复制及装配储存遗传信息（图 2.4）。

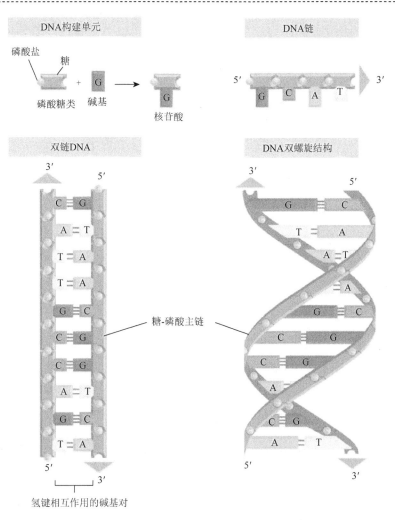

图 2.3　结合形成双链 DNA 聚合物的不同尺度的分子单元（从核苷酸的组分到组装后的双螺旋结构）。
[引自 Alberts B，Johnson A，Lewis J et al.（2008）Molecular Biology of the Cell，5th ed. Garland Science.]

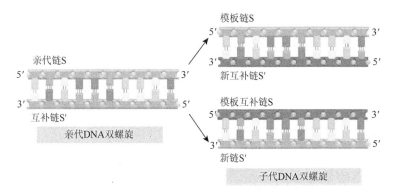

图 2.4　复制是 DNA 的关键属性，它使得遗传信息能够传递。亲代链 S 和互补链 S′分离，合成新的（子代）S 链和 S′链。[引自 Alberts B，Johnson A，Lewis J et al.（2008）Molecular Biology of the Cell，5th ed. Garland Science.]

核酸聚合物解聚同样需要力。首先，为了节约空间，DNA 通常紧紧缠绕在组蛋白的周围。其次，由于 DNA 具双螺旋结构，其分子上存在扭转力，以便在 DNA 复制和转录时解开（使转录更迅速）。再次，DNA 的激活有时依赖于两个基因片段的结合或相互作用，这种结合或相互作用可能会在片段相距过远时消除，DNA 的双螺旋结构在某种程度上缩短了片段间的距离。因此，理解 DNA（或 RNA）的作用机制需要对分子的力学行为有一定的了解。

> **扩展材料：DNA 和 RNA 的方向性**
>
> 用数字 1'~5' 标记糖链中的每一个碳。相邻的环之间，通过一个磷酸基彼此相连。与蛋白质类似，这个磷酸基团将一个核苷酸单体的 5' 碳和另一个核苷酸单体的 3' 碳共价连接，这使得核苷酸及核酸链具有了方向性。由磷酸基团连接的 5' 碳的聚合体末端称为 5' 端。基因序列一般与从 5' 端到 3' 端的碱基相对应。很多核苷酸参与的生化反应也有方向性，如本章后面将会提到的聚合酶链反应。

多糖是糖的聚合物

细胞的另一种聚合物是多糖——一种众所周知的（甜的）能量来源。糖在结构上的作用也很重要。地球上最丰富的有机分子就是植物细胞壁中的纤维素，咀嚼蔬菜会发出"嘎吱嘎吱"声，蔬菜的这种脆和木材的强度都源自纤维素。此外，很多蛋白质被糖类修饰后都具有了不同的功能。单个糖分子称为单糖，低聚糖可以分为二糖、三糖等，大分子的糖聚合物称为多糖。所有的糖及由糖形成的复杂多聚体都称为碳水化合物。与蛋白质类似，单糖之间的键也是通过脱水或水解来连接及分解的。

脂肪酸既能储存能量，也参与结构合成

最后介绍脂肪酸，脂肪酸分子是由一个末端带有羧基的富烃链构成的。最初，我们将脂肪或脂类看作一种比糖类更为富集的能量来源。当脂类的碳水化合物尾部被破坏时，每单位质量脂肪产生的能量比糖类多出好几倍。脂肪酸在细胞的生化和结构功能方面也起到了很大的作用。尽管脂肪酸并不会像核酸、氨基酸或单糖一样形成线性的聚合物，但会聚合形成球状或片状的结构，如细胞膜。细胞膜不仅可以分隔细胞的内部和外部，还能维持细胞形状。由于脂肪和水互不相溶，要使细胞变形就需要对抗脂肪的相互聚集，因此脂肪酸也参与了细胞对外部力（机械阻力）的响应。

DNA-RNA-蛋白质的对应关系是现代细胞生物学的核心

正如本章开头所提到的，我们对细胞生物学的关注不仅局限于细胞的结构，还包括了细胞受机械力刺激时的分子响应。在细胞受到力学载荷时，除了发生分子变形，还会

发生哪些变化呢？在不同的细胞中，不同类型的机械刺激会激活不同的信号通路。机械力刺激会改变细胞的蛋白质合成过程及蛋白质运输的目的地。为了理解这个问题，我们首先需要知道细胞内蛋白质的合成及调控过程。下面我们将简单回顾一下分子细胞学的主要内容，即细胞的遗传物质与蛋白质合成之间的联系。

20 世纪 50 年代左右，DNA 的结构被发现，人们了解到，细胞的遗传信息储存于 DNA 核酸序列中，这依赖于 DNA 结构的两个重要特性。第一是复制，DNA 双链被分开并作为模板，互补的碱基序列进行配对，最后形成两个相同的 DNA 链拷贝。

第二个重要性质是，特定的核酸序列可以指导氨基酸的合成，并合成特定的蛋白质。DNA 中包含特定序列信息的区域称为*基因*（图 2.5）。从基因合成蛋白质一般需要两个步骤。第一步是合成与基因互补的高分子聚合物 RNA，这个过程称为转录。转录后，RNA 携带序列"信息"离开，这种类型的 RNA 称为*信使* RNA 或简称为 mRNA。mRNA 与*核糖体*对接，核糖体再依据 mRNA 序列形成特定序列的多肽，这个过程称为*翻译*（图 2.6）。mRNA 链上相邻的三个碱基为一组，称为*密码子*，每个密码子对应一种氨基酸（表 2.2）。区分转录与翻译的一种有效方法是，转录采用相同的"字母表"，即 DNA 和 RNA 的碱基序列，而翻译则是从碱基序列到氨基酸序列的转换，是另一种不同的"字母表"。1958 年，弗朗西斯·克里克（Francis Crick）（DNA 结构的发现者之一）将从 DNA 到 RNA 再到蛋白质的这种信息传递命名为分子生物学的中心法则。

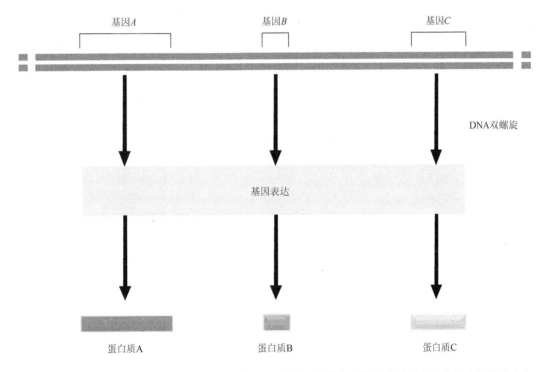

图 2.5　基因是编码特定蛋白质的序列信息单位。这种基因和蛋白质的对应关系称为分子生物学的中心法则。[引自 Alberts B，Johnson A，Lewis J et al.（2008）Molecular Biology of the Cell，5th ed. Garland Science.]

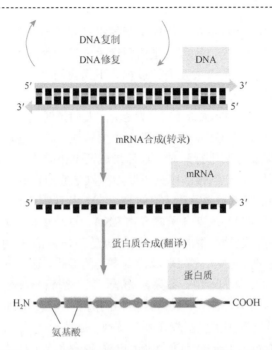

图 2.6　转录是由 DNA 生成 mRNA 的过程；翻译是由 mRNA 生成蛋白质的过程。[引自 Alberts B，Johnson A，Lewis J et al.（2008）Molecular Biology of the Cell，5th ed. Garland Science.]

表 2.2　20 种常见氨基酸和它们的密码子序列。其中有三个终止密码子。注意密码子中信息的"冗余"。

氨基酸名称	氨基酸名称缩写	密码子
丙氨酸（Ala-alanine）	A	GCA GCC GCG GCU
精氨酸（Arg-arginine）	R	AGA AGG CGA CGC CGG CGU
天冬氨酸（Asp-aspartic acid）	D	GAC GAU
天冬酰胺（Asn-asparagine）	N	AAC AAU
半胱氨酸（Cys-cysteine）	C	UGC UGU
谷氨酸（Glu-glutamic acid）	E	GAA GAG
谷氨酰胺（Gln-glutamine）	Q	CAA CAG
甘氨酸（Gly-glycine）	G	GGA GGC GGG GGU
组氨酸（His-histidine）	H	CAC CAU
异亮氨酸（Ile-isoleucine）	I	AUA AUC AUU
亮氨酸（Leu-leucine）	L	UUA UUG CUA CUC CUG CUU
赖氨酸（Lys-lysine）	K	AAA AAG
甲硫氨酸（Met-methionine）	M	AUG
苯丙氨酸（Phe-phenylalanine）	F	UUC UUU
脯氨酸（Pro-proline）	P	CCA CCC CCG CCU
丝氨酸（Ser-serine）	S	AGC AGU UCA UCC UCG UCU
苏氨酸（Thr-threonine）	T	ACA ACC ACG ACU
色氨酸(Trp-tryptophan)	W	UGG
酪氨酸（Tyr-tyrosine）	Y	UAC UAU
缬氨酸（Val-valine）	V	GUA GUC GUG GUU
终止密码子（stop）		UAA UAG UGA

可能有人会提出疑问，细胞为什么需要 RNA，为什么不能由 DNA 模板直接合成蛋白质？事实上，整个基因组 DNA 链只有 5%～10% 为编码基因，这些编码区域称为外显子（图 2.7）。非编码的区域称为内含子，它们的具体功能现在并不完全清楚，但已知的是一些内含子对基因的选择性拼接起着至关重要的作用，还有一些内含子被认为作用于 DNA 折叠。我们可以将 mRNA 看作一个包含目的基因的压缩包，能在不干扰原始模板的情况下进行蛋白质翻译。此外，从一个 DNA 模板可以产生多个 mRNA，这提高了蛋白质的合成效率。

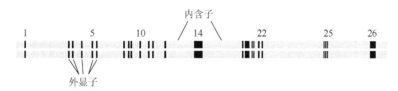

图 2.7　外显子（黑色）是编码氨基酸序列的序列单位，通常是一个完整基因的片段。[引自 Alberts B，Johnson A，Lewis J et al.（2008）Molecular Biology of the Cell，5th ed. Garland Science.]

释注

　　核酸和氨基酸的组合学。我们知道，碱基对有 4 种，常见的氨基酸有 20 种，每个氨基酸需要由一个三联体密码子决定。但三联体密码子有 64 种可能的组合，而氨基酸只有 20 种，因此，大部分氨基酸可以由不止一个的三联体密码子决定。除此之外，有三个三联体密码子并不编码氨基酸，是"终止"密码子，这种密码子一般出现在蛋白质的最后；标志着蛋白质开始合成的"起始"密码子对应甲硫氨酸，但甲硫氨酸也可以出现在肽或蛋白质的中间位置，因此不是所有的甲硫氨酸都表示新基因的起始。

　　编码氨基酸的密码子中，常有一些信息的"冗余"（表 2.2）。有时，同一个氨基酸对应的多个密码子之间，只有最后一个碱基不同，这看似是一种信息的冗余，但这种信息的多样性可以在发生常见错误时，起到对突变的保护作用，使关键的氨基酸不被错误地翻译。

示例 2.2：转录和翻译

　　分子生物学的中心法则，由一个编码基因开始，以一种蛋白质的合成结束（图 2.8）。假设一个 DNA 序列是一个不包含内含子的基因：5′-ATACCCTATGAACAGATGAACC-3′，这个序列的互补链序列及合成的肽是什么？

　　互补链为：3′-TATGGGATACTTGTCTACTTGG-5′。注意模板链与互补链的 3′ 和 5′ 是相反的，这是非常重要的，如果方向不相反，那么模板链和互补链则不会形成互补结合。由原始链的 5′ 端寻找起始密码子，然后每三个分成一组：5′-ATACCCT ATG AAC AGA TGA ACC-3′，以 TGA 为终止密码子，可以得到 Met-Asn-Arg 这个氨基酸序列。当然，大部分蛋白质比这个示例肽链要长得多。

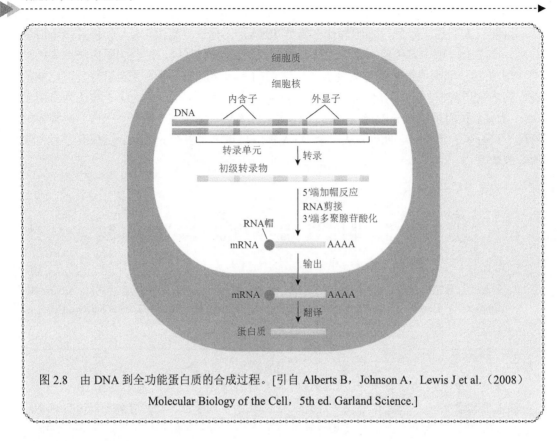

图 2.8　由 DNA 到全功能蛋白质的合成过程。[引自 Alberts B，Johnson A，Lewis J et al.（2008）Molecular Biology of the Cell，5th ed. Garland Science.]

表现型是基因型的表现形式

细胞中基因的集合称为*基因组*。除了少数例外，一个特定的机体中所有的细胞都具有相同的 DNA 序列，即相同的基因，称为相同的*基因型*（不含细胞核和 DNA 的红细胞及生殖细胞除外）。不同的个体具有不同的基因型，但在同一个机体中，肝细胞和骨细胞的基因是相同的，那么为什么会出现差异呢？相同基因型的不同表现，是特定基因在特定时间被转录或*表达*的结果。1911 年，威廉·约翰森（Wilhelm Johannsen）提出"*表现型*"一词，与"基因型"相对，用来描述细胞或有机体的行为或特性。在发育或某些修复过程中，细胞会改变它们的表现型，变得更加特化，这个过程称为*分化*。

祖细胞可以分化成多个不同的细胞类型，从而获得不同的表型。具有分化成多种类型潜力的细胞称为*专能干细胞*或*多能干细胞*。多能干细胞可以分化成三个胚层（内胚层、中胚层和外胚层）中的所有细胞，而专能干细胞只能分化成有限种类的细胞。在一个有机体中，能够分化成任何细胞类型的细胞称为*全能干细胞*。能够分化成特异的细胞类型，也可以仅分裂但不分化的祖细胞称为*干细胞*。胚胎干细胞（一般从囊胚中获得）和成体干细胞（从不同的组织获得，包括骨髓、脐带血、脂肪和肌肉）在再生医学和组织工程领域都获得了广泛的研究。目前，干细胞研究领域面临的一个关键问题是，在获得所需的细胞之后，这些细胞如何在原有的组织中有条件地发挥功能。例如，如果需要替换局部组织，那么新生成的细胞必须与宿主细胞结合为一体，并保持合适的强度和持久性以

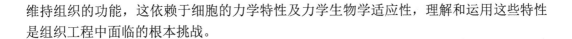

维持组织的功能，这依赖于细胞的力学特性及力学生物学适应性，理解和运用这些特性是组织工程中面临的根本挑战。

> **释注**
>
> **RNA 经修饰后成为成熟 mRNA**。新转录的 mRNA 在翻译成蛋白质之前，常要进行转录后的修饰。例如，3′端的 mRNA 经常需要增补 poly（A）尾，它允许蛋白质复合物与 mRNA 结合。这些蛋白质复合物将内含子剪切下来，留下外显子进行翻译。有时，这种蛋白质也可能剪切掉一些内含子两侧的外显子，形成蛋白质变体，这种修饰称为可变剪接。

> **扩展材料：表现型是复杂多变的**
>
> 　　与基因型相比，细胞的表现型更难定义。在很多种情况下，表现型只是一种长期共识。令人困惑的是，细胞行为会在胞外环境改变的情况下随着时间产生变化。从某种程度上来说，表现型的改变和分化意味着细胞的一种长时间变化，而不是对外界刺激的简单响应。也就是说，当外界刺激持续相当长的时间，就可能导致表现型的改变。例如，在骨中，负责新骨形成的细胞称为成骨细胞，在各种生理信号的作用下，一个成骨细胞也有可能并不生成骨，但它仍旧是成骨细胞。有时，一个成骨细胞被包埋在它所形成的骨中并静息之后，就分化成了另一种细胞类型——骨细胞。
>
> 　　细胞是否已经充分改变其行为，并分化成了另一种细胞类型，这是很难确定的。在某种意义上，这些改变必须是不可逆和永久的。但在一些情况下，细胞会丢失其分化的表现型标记，这个过程称为*去分化*。有些生物能够再生四肢，这个过程被认为是诱导了去分化过程。有时，骨细胞可以被诱导形成骨组织，这是否意味着它又去分化形成了成骨细胞呢？有时，细胞会丢失原本细胞类型的分化标志，它们去分化了吗？这些问题，尽管在字面上很好表述，但很难科学地定义，常基于功能性来进行定义，并且在不同领域也常会有所争议。

转录调节是基因型与表现型不同的原因之一

　　细胞调节其行为的一种方法是选择性地转录某些基因并控制转录的频率。RNA 聚合酶是负责将 DNA 转录成 RNA 的酶，它的活性是通过与*启动子*的结合来调节的，启动子通常是邻近一个特定基因的编码序列（编码氨基酸序列的区域），在与 RNA 聚合酶结合后启动转录。为了调控细胞的功能和行为，细胞并不是简单地对所有基因进行转录的上调或下调（增加或减少），而是需要在不影响其他基因转录的情况下控制特定基因的转录。DNA 结合蛋白称为*转录因子*，能识别特定的基因序列并调节 RNA 聚合酶的结合。基于细胞功能的复杂性，转录因子的排列方式也很多。事实上，大多数基因需要转录因子复合物来形成蛋白质簇以产生转录物。而最终，转录因子本身也由基因编码产生，因此转录因子自身也受到转录调控。

细胞器行使多种功能

细胞内部并不是一团简单的液体，其中包含了许多具有特定功能的不同种类的亚细胞结构。1884 年，卡尔·默比乌斯（Karl Möbius）（不是"默比乌斯环"的默比乌斯）通过与器官的类比，将这些结构命名为*细胞器*。此前讨论蛋白质合成时，已经涉及了一些重要的细胞器——细胞核、核糖体、高尔基体和内质网。表 2.3 列举了真核细胞中主要的细胞器及其功能。

表 2.3　一些真核细胞的细胞器和基本功能。表中列举的功能为一般功能，但在某些情况下，它们也会参与其他功能。

细胞器	基本功能
细胞核	贮存 DNA，转录发生的地点
核糖体	负责将 mRNA 翻译成蛋白质
线粒体	通过葡萄糖代谢生成 ATP 产生能量；有自己的母系 DNA
内质网	蛋白质翻译、翻译后修饰和蛋白质折叠的地点
高尔基体	蛋白质翻译后修饰及进行蛋白质分类；对分泌蛋白很重要
溶酶体	降解蛋白质和糖类；降解细胞质中的游离酶
囊泡	胞内运输和交换

中心法则对细胞力学及力学生物学的重要性体现在以下几个方面。

第一，支撑细胞结构的蛋白质并不会预先存在于细胞中，而是经过非常复杂的、持续的过程在细胞中合成。细胞通过基因的指令合成氨基酸和蛋白质，因此，与建筑物的框架结构不同，细胞的骨架结构总是在不断地变化和重建，任何破坏骨架重建的因素都会引起细胞性能的显著变化。

第二，细胞会通过改变它们的表达模式对一些信号进行响应，包括机械力，这在力学生物学领域尤为重要。细胞的表现型部分依赖于细胞受到的机械刺激。细胞的表现型如何对力学刺激作出响应是一个很有趣的问题——细胞会发生形态的改变，提高或降低一些蛋白质的水平，改变细胞整体行为（包括细胞的迁移、细胞活性及增殖等）。为了在分子层面上研究这些细胞响应，我们则需要知道检验哪些指标。在了解中心法则之后，我们可以考虑以下几种思路：mRNA 水平的检测可以找出被激活的基因，蛋白质水平的检测可以作为 mRNA 检测的补充——一般情况下，已知 mRNA 发生改变后会进行相应蛋白质的测定，因为蛋白质由 mRNA 翻译而来，我们通过中心法则知道，想改变蛋白质浓度，需要先改变 mRNA。

第三，确定细胞感知和响应力的准确机制是一个难点。例如，目前，尽管我们已知拉伸刺激细胞会使特定基因的 mRNA 表达和蛋白质合成上调，但这种上调现象如何产生仍旧未知。目前关于其中的机制有很多的假设，包括蛋白质和核酸会被力作用直接导致去折叠，细胞膜被弯曲等。如果我们能对其中的上调通路有大致的了解，那么基于中心法则，我们就可以有一个更明确的目标。

释注

　　蛋白质经常需要一些最终修饰。 为了完善蛋白质的功能，很多蛋白质在翻译后需要进一步修饰，这称为 *翻译后修饰*。修饰可能包含二硫键的形成（将两个距离较远的蛋白质组分结合）或者非氨基酸基团的连接，如糖类、脂类和磷酸基团等。在翻译后修饰时，蛋白质通常在高尔基体和核糖体中被折叠形成二级和三级结构。在实验中，通常会用 X 射线晶体学来确定蛋白质结构。

释注

　　细菌没有细胞核。 细菌是原核细胞，即没有细胞核的细胞。真核细胞有细胞核及很多细胞器。原核细胞一般是单细胞，通常不会形成复杂的生命体。最初，人们认为原核生物的细胞内没有细胞器，但是现在发现在原核细胞中也有一些细胞器（如核糖体）。原核细胞的 DNA 通常是一个被称为质粒的单闭合环。

2.2　受体是细胞的初级化学传感器

　　受体是能与特定靶分子或配体结合的蛋白质，通过开启胞内生化信号级联反应的形式开启细胞响应。通常，受体以跨膜的形式存在于细胞膜上，但有时也存在于胞质内或核膜上。膜受体具有一个或多个疏水的跨膜域（图 2.9）。利用 X 射线晶体学或基于蛋白质序列的计算模拟可以预测受体的特定结构。当然，受体与配体的结合存在巨大的多样性。一个细胞能通过增多或降低表面受体的数量来改变其对相应配体的灵敏性，这种调节往往发生在受体被激活的过程中，形成一种反馈机制。当细胞识别出一小部分特定配体后，通常会产生更多相应的受体，这是一个正向的反馈循环，使得细胞能够高效、敏感地识别多种胞外信号。

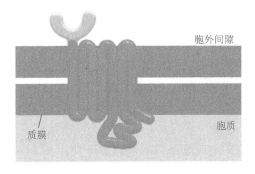

图 2.9　受体一般包含几个跨膜域，胞外部分与靶物质或配体结合，胞内部分则启动细胞内信号转导或其他形式的细胞调节形式。[引自 Alberts B，Johnson A，Lewis J et al.（2008）Molecular Biology of the Cell，5th ed. Garland Science.]

细胞对所处环境适应后，并不会对每一个可能的信号都保留大量的受体，但同时也不会牺牲灵敏性。反之亦然，当某一受体的数量众多时，细胞可能会选择性地降低对这种信号的灵敏度。受体被激活后，可能发生内化，不再与配体结合。当受体被反复激活时，会降低自身敏感性，减少与配体的结合。这是细胞的一种调节机制。一个受体要想维持正常功能，其必须在与配体结合后发生变化，从而使该信息得以传播。这种变化由生化信号介导，而这涉及的范围更为广泛，并不仅仅局限于受体。

生化信号介导细胞间通信

细胞的信号转导同时包含时间和空间范围的信息传递，这是细胞调节细胞行为及与其环境相互作用的基础。时间信息流（temporal information flow）是指在信号级联通路中，事件发生的上下游关系——什么事件先发生，什么事件随后发生。空间信息流（spatial information flow）则是指分子的扩散、转运、跨膜或隔离（sequestered）。细胞中的信息流动通过分子信息载体的移动实现，我们称之为生化信号——因为它们行使信息载体的功能。当然，信息也有可能通过物理途径来转导，如电场和机械力，这些物理信号在细胞生物学的很多方面都是不可或缺的，但近来才引起关注。物理信号转导和细胞力学生物学在第 11 章将会有更详细的叙述。在此之前，我们主要讨论的是传统的生化信号通路。

胞间信号转导有多种不同的发生机制

胞外的生化信号是细胞感知所处环境和发生响应最重要的通路之一，对于协调单个细胞的行为至关重要——这个过程使细胞可以组装（当然不是简单地组装）成组织、器官，甚至是生物体。*激素*是一种影响细胞行为的物质，通常在非常低的浓度下就会起到剧烈的作用。与其他生化信号不同的是，激素必须由特定器官分泌并通过循环作用到机体，如肾上腺素、甲状旁腺素、胰岛素、褪黑素及性激素（如雌激素和睾酮）。*细胞因子*与激素不同的是，其不由一个特定器官产生。细胞因子介导细胞间通信，并影响邻近的细胞群，尽管有时也能产生系统层面的效应。细胞因子不仅对成年机体的功能非常重要，同样也是发育过程中细胞间的主要调控介质。根据作用的空间影响程度，细胞外信号可以分为三类：影响整个机体的信号称为*内分泌*信号，调控邻近细胞的信号称为*旁分泌*信号，调控自身行为的信号称为*自分泌*信号（图 2.10）。当然，细胞不可能为自己选择信号，因此几乎所有的自分泌信号同时也是旁分泌信号。

信号转导是将一种化学（物理）信号变成或转导成另一个化学（物理）信号的过程。一个胞外生化信号到达细胞膜，然后被转导成一个胞内信号，这是最常见的一种信号转导类型（图 2.11）。绝大多数的细胞外信号通过膜上受体被转导。受体与配体结合后，受体的胞内域通常会产生构象改变。这种构象改变可能通过结构变化来提高酶活性，或通过暴露隐藏的蛋白质结合位点而被激活。信号分子被激活后，离开细胞膜，在细胞内进行信号转导，开启被称为*信号级联*的一系列复杂生化反应。

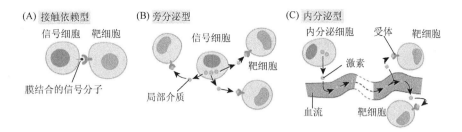

图 2.10　不同的胞间信号通信机制。（A）细胞与细胞可接触或不接触。（B）自分泌和旁分泌信号通过
细胞分泌可溶化学物质进行。图中描述的是旁分泌信号转导，释放信号的细胞与靶细胞是不同的细胞。
（C）内分泌信号包括特定器官细胞产生的可溶性化学物质释放到体内循环。[引自 Alberts B，
Johnson A，Lewis J et al.（2008）Molecular Biology of the Cell，5th ed. Garland Science.]

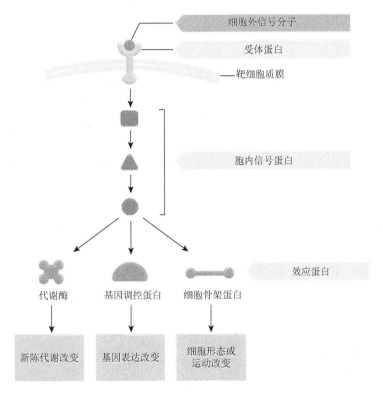

图 2.11　一个胞外信号（或配体）与受体结合后，受体的胞内区域会发生一定的构象变化，启动胞内信
号级联。最终能改变细胞的新陈代谢、基因表达、形态或移动。[引自 Alberts B，Johnson A，
Lewis J et al.（2008）Molecular Biology of the Cell，5th ed. Garland Science.]

释注

　　神经递质是一种特殊的胞外细胞间信号。其介导了神经元之间及神经元与相
邻细胞间的通信。神经递质主要在神经突触间极短的距离内发挥作用。固醇类是
细胞外信号的另一个典型种类，具有疏水性，使其可以跨过细胞膜与胞质或核上
受体结合。

小分子第二信使介导细胞内信号转导

胞内信号通路被激活后，第二信使能迅速生成，快速在细胞内扩散，激活靶分子后会恢复低浓度基线水平。第二信使传递信息的效能，与它被激活时迅速升高的能力，以及激活后恢复低浓度水平的能力直接相关，可以类比为第二信使的"信噪比"：激活时的高浓度水平是"信号"，而静息时的低浓度水平则是"噪声"。此外，低浓度分子被激活后，在浓度升高时会更快地扩散。因此，第二信使常参与非常活跃的细胞进程，在被激活后，第二信使可能会被从胞内移除、隔离或降解来使浓度降低。离子通道是第二信使一个可能的靶点，离子通道被激活后会继续激活下一个蛋白质信号分子，如蛋白激酶（下面会讨论）或其他反应进程。

第二信使有三类：①不能自由通过脂质膜的分子，如胞内钙离子（Ca^{2+}）和环核苷酸[如环磷酸腺苷（cAMP）及环磷酸鸟苷（cGMP）]。②疏水分子，通常与膜相结合，主要由磷脂的代谢产物组成，由于疏水分子的不溶性，它们的靶分子通常是细胞膜上的蛋白质，典型的疏水第二信使包括甘油二酯（DAG）和三磷酸肌醇（IP_3）。③一些可溶解的气体，如一氧化氮（NO）和一氧化碳（CO），是强效的第二信使，它们能够跨越细胞膜在细胞质中快速扩散。

胞内钙离子信号转导是目前被研究最多的，同时也是被了解得最多的一类第二信使通路。胞内钙离子会被泵出细胞或储存在内质网（ER）中（在肌肉细胞中则是肌质网结构），还有一小部分存在于线粒体中，因此胞质中的钙离子浓度通常维持在一个较低的水平。通过多种机制，胞内的钙离子浓度可以实现瞬时升高。在胞外信号的刺激下，细胞膜上的钙离子通道可以使胞外钙离子进入细胞质。同样，胞内钙库中的钙离子也会通过离子通道被释放（图 2.12）。通过耗竭（移除钙离子）或通过荧光标记（图 2.13），可以很容易地对胞内钙离子变化进行研究。

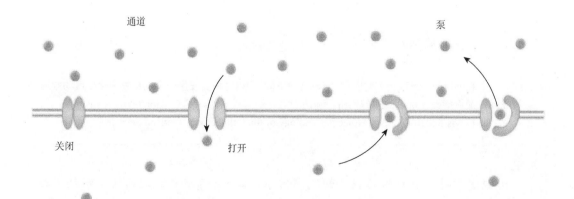

图 2.12　通道和泵都是一类能调节第二信使穿过胞质膜和胞内膜（区别不同胞内细胞器）的蛋白质或蛋白质复合体。通道负责顺浓度梯度的运输，泵与之相反（逆浓度梯度）。因此泵需要 ATP 转换成 ADP 来供能。

(A) 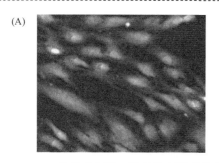　　(B)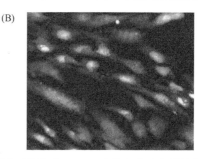

图 2.13　Fura-2 染色的细胞，发射荧光强度代表钙离子的浓度。（A）中的细胞处在基线状态；（B）中的细胞被钙离子激动剂刺激。钙离子信号转导能够通过光学进行观察，因此是最易懂的一种第二信使系统。

扩展材料：钙离子通道

　　钙离子通道可以分为 IP_3 受体和雷诺丁受体两类。之前提到过，IP_3 是一种从细胞膜上被释放到细胞质中的疏水第二信使。雷诺丁受体则对钙离子浓度具有敏感性，形成了一个高度敏感的正反馈循环：胞内钙离子浓度极小的提升就能够使胞内钙库迅速释放大量的钙离子。钙离子浓度的升高是瞬时的，有时被称为波动或震荡，通常只维持几秒，之后钙离子会被泵出细胞外或重新进入钙库为下一次的震荡做准备。钙离子被认为能够调节一些下游蛋白质的活性，其中最广为人知的就是钙调蛋白。钙调蛋白继而又能调节其他的酶蛋白，这些酶蛋白又被称为钙调蛋白依赖性蛋白激酶（或钙调蛋白激酶）。

大分子信号级联更加具有特异性

　　包含大分子和蛋白质的信号级联与第二信使系统相比更慢一些，但更具有特异性。为了了解这种信号级联的过程，我们需要了解一些必需的复杂术语。一些信号分子和效应蛋白的活性在被*磷酸化*或加入了磷酸基团之后会有所改变。通常，磷酸基团由一些高能物质，如 ATP 提供。磷酸化是一个可逆的过程，会诱发构象改变，使蛋白质从非活化状态变为活化状态。相反，一些蛋白质在磷酸化之后，也可以从活化状态变为非活化状态。使其他蛋白质磷酸化的酶称为*激酶（磷酸化酶）*，而将蛋白质去磷酸化的酶称为*磷酸酶*（图 2.14）。磷酸化一般出现在蛋白质特定的三个氨基酸残基上：酪氨酸、丝氨酸或苏氨酸。"酪氨酸激酶"是将磷酸基团加在特定酪氨酸残基上的酶。蛋白激酶信号转导具有强大的多样性和特异性。在人体中，已经发现了超过 500 种激酶。激酶的靶分子，也许自身就是一种激酶，需要磷酸化激活，这些称为激酶激酶。同样还有激酶激酶激酶，但因为表述比较烦琐，所以称为 3-激酶、4-激酶等。

　　蛋白质-蛋白质信号级联过程，相比于如受体结合这种小事件，引起的生化响应更为强烈。这可以通过受体水平的正反馈循环或级联本身的催化反应（单个蛋白质能够反复地催化下游反应以放大信号）来实现。这种胞内信号放大的过程具有很重要的意义，有时会使得细胞对极小的胞外信号十分敏感。蛋白质-蛋白质信号转导通路是至关重要的，它允许细胞内部发生错综复杂的信号级联，以实现细胞多种复杂功能（图 2.15）。

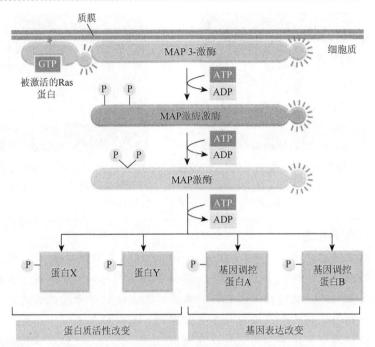

图 2.14　通过连续的蛋白质磷酸化实现的信号级联或信号网络比第二信使信号转导要慢，但更具有特异性。信号级联的最终目的可能是调控蛋白质活性或改变基因表达。磷酸基团可以由 GTP 或 ATP 提供。MAP 激酶是丝裂原活化蛋白激酶。[引自 Alberts B，Johnson A，Lewis J et al.（2008）Molecular Biology of the Cell，5th ed. Garland Science.]

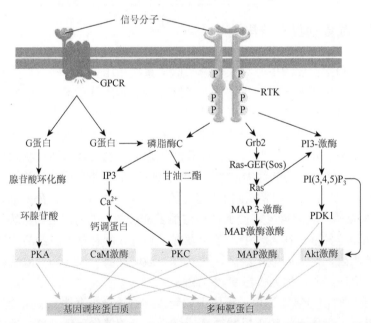

图 2.15　胞内信号转导网络是极其复杂的。它们包含正负反馈、交叉作用甚至冗余。尽管该原理图中信号通路的细节超出了本书的范围，但它包含了典型的细胞调控，以及细胞敏感特异性响应过程中的大部分主要信号系统。[引自 Alberts B，Johnson A，Lewis J et al.（2008）Molecular Biology of the Cell，5th ed. Garland Science.]

释注

　　什么是雷诺丁？ 雷诺丁受体，因它与雷诺丁有非常高的亲和度，并受其调控而得名。然而，雷诺丁是一个只出现在植物中的有毒植物碱，在细胞生理学中并不发挥任何作用。之所以以雷诺丁命名是因为初次提纯该受体时使用了雷诺丁，这是一次意外。

释注

　　为什么细胞内的信号分子是"第二信使"？ 将胞内信号分子称为第二信使，源于胞外信号是"一级信使"，细胞将一级信息通过信号转导转换成二级信息。

扩展材料：蛋白质需要形成复合物进行信号转导

　　衔接（转接）蛋白自身不具有任何酶催化活性，但是需要它们与其他蛋白结合以激活蛋白。例如，它们可与蛋白质上特定位点结合，引发蛋白质构象改变，从而暴露出磷酸化作用的特定残基。这对仅在形成多蛋白复合体时才能发挥功能的蛋白来说很重要。蛋白质复合体形成后可能被转运到细胞的其他区域或者被降解。衔接蛋白的存在，是细胞信号特异性的另一层调控机制。

受体利用多种机制来开启信号转导

　　如前文所讲，受体作为信号转导的媒介，介导了细胞接收胞外信号和细胞复杂信号通路的激活响应。信号转导过程和受体胞内域起始信号通路之间存在许多分子相似性。依据作用机制，受体可以分为以下几类。

　　第一类是受体酪氨酸激酶，其是一种跨膜蛋白，有一个或多个跨膜域。胞外域负责识别及结合特定配体，与配体结合后，胞内域产生构象改变。和许多受体一样，受体酪氨酸激酶是由两个蛋白质组成的二聚物，只在相应配体存在时，二聚物才能稳定形成，胞内域的酪氨酸会自磷酸化（胞内域尾部接触），开启细胞内信号级联响应。从这一点能够证明，特定的信号通路的激活依赖于特定的受体。

　　第二类膜受体由 G 蛋白偶联受体（GPCR）组成。它们包含 7 个跨膜域，顾名思义，每一个跨膜域都与 G 蛋白相连。与配体结合之前，G 蛋白偶联受体与鸟苷二磷酸（GDP）相连，处于非活化状态。与配体结合后，受体作为鸟苷酸交换因子（GEF），用一个鸟苷三磷酸（GTP）替换 GDP，以此活化 G 蛋白。活化的 G 蛋白从受体中分离，活化下游靶目标。G 蛋白中的疏水作用域使其保持与膜结合，因此，不足为奇，G 蛋白的靶蛋白也是膜结合蛋白。GPCR 同样可以活化第二信使信号通路，包括由 G 蛋白活化磷酸二酯酶和磷酸酶产生的 IP_3 与 DAG，以及通过与膜结合的腺苷酸环化酶活化产生的 cAMP 和 cGMP。GPCR 甚至能够通过打开细胞膜上钙离子通道来使胞内钙离子升高。

　　整合素是一类特殊的受体，同样可以作为细胞与其外界环境相连的连接结构（尽管它们不是唯一有此功能的受体，但是被研究得最多）。整合素的配体一般是细胞外的基质蛋白，如胶原、纤连蛋白和层粘连蛋白。除了能够提供细胞与外环境之间的机械连接，整合素也可以通过整合素的相关激酶来活化胞内信号通路，以合成与募集更多的整合素，最终装配形成*黏着斑*。在许多细胞类型中，整合素同样也是一个重要的细胞存活、增殖及分化的信号。同样，整合素对于细胞感知机械应力的过程也十分重要，这是一种由外向内的整合素信号通路，与由内向外的信号通路相反。在由内向外的信号通路中，细胞质中的信号通过暴露或隐藏整合素的配体结合域来调控其与配体的结合。

2.3　实验生物学

日益发展的实验技术促进了细胞生物学的发展。多种不同的手段可以帮助我们了解细胞的内部工作原理，帮助我们了解一些未知的东西。接下来我们将简单介绍一下这些实验手段中的基本术语，这将有助于细胞力学相关文献的阅读。

在实验生物学中，由于细胞和亚细胞结构非常微小，因此常使用显微镜来观察。许多细胞力学的研究同样需要显微镜，具体如下。

- **透镜**：一个被用于改变光路的光学元件。凸透镜聚集光束，凹透镜分散光束。
- **分辨率**：能够被分辨的两个点光源（艾里斑）之间的距离（光学显微镜的分辨率大多为 $0.1\sim1\mu m$）。
- **波长**：光线电磁波中相邻两个波峰之间的距离（光学显微镜的波长大多为 400～900nm）。
- **折射率**：光束在不同介质中传播速度的比值（如光从空气进入水中）（显微镜的常见折射率是 1～1.5）。
- **噪声**：不需要的信号，无论该信号是否包含实际数据。

通过观察细胞，就能得到惊人的信息量。1609 年，伽利略（Galileo）制造了复式显微镜，其包含了一个凹-凸透镜。利用这些早期简单的仪器，罗伯特·胡克（Robert Hooke）（他提出了描述弹性形变的胡克定律）与安托万·范·列文虎克（Antoine van Leeuwenhoek）描述了树皮中的微观活体结构，称之为*细胞*。尽管一些与细胞力学相关的特性能够通过观察发现，但是由于组成细胞的结构几乎是透明的，因此简单的光学显微镜作为细胞生物学的研究工具，其作用局限于观察。细胞的形态是圆的，铺展的，还是像海星一样有许多突起——这是细胞力学中的一个主要因素，铺展的细胞能在接触的表面施加更大的力。细胞的形态能够揭示细胞的移动趋势或对力的响应，细胞也会沿着力平行排列或垂直排列。

此外，细胞的主动进程（如细胞迁移）、结构成分（如细胞支撑骨架的密度）等部分信息能够通过稍加改进的光学仪器得以观察，但其他的则需要更精密的技术。

光学技术能够清楚地展现细胞

由于细胞很薄，普通的光源难以成像，因此许多显微技术是通过增加对比度实现的。

有许多不同的方法可以实现对比度的增加（图 2.16），每一种方法都有不同的特点和用途。相差显微镜[1953 年，物理学家弗里茨·泽尼克（Frits Zernike）因发明相差显微镜被授予诺贝尔奖]基于样本的微小相移增加光学图像的对比度，解决了因细胞太薄而不能在普通白色光源（或明场）下直接观察的问题。光源发出的光在到达样本之前，先经过一个环状的掩模、透镜或*聚光器*，然后再经过样本、放大物镜和目镜。这样，就有了两个焦平面，物镜的焦平面成像于观察者的视网膜上，这与普通标准显微镜中的图像相同。此外，聚光器在显微镜内部生成一个掩模的图像，通常出现在物镜的多个透镜中（图 2.17）。相差显微镜的物镜还有第二个掩模，这个掩模与聚光器的掩模是相反的。当显微镜光路调整正确时，图像会正好聚焦于物镜中的掩模上。简单来说，物镜的掩模是一个环，聚光器的掩模是一个环形狭缝。当相差显微镜上没有样品时，光路会被其中一个掩模完全遮挡，放上样本后，光由于衍射和折射发生轻微弯曲，使光子通过物镜。相差显微镜的图像与普通明场显微镜相比，对比度有了极大的增加。相差图像呈现的物体，其亮或暗并不依赖于物体的光密度，而是依赖于它们的相差。通常，一个结构相差成像后，本身会是暗的，但被一个光圈包围。进行细胞培养时，几乎无一例外地会用到相差显微镜来进行观察。微分干涉显微镜（DIC）利用偏振光在物体周围产生更亮的光圈，进一步增加对比度。

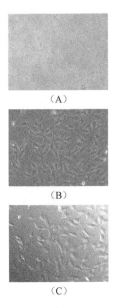

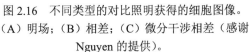

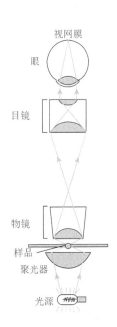

图 2.16　不同类型的对比照明获得的细胞图像。（A）明场；（B）相差；（C）微分干涉相差（感谢 Nguyen 的提供）。

图 2.17　典型光学显微镜的光学原理图。在相差成像中，聚光器和物镜中均放置一个掩模。[引自 Alberts B，Johnson A，Lewis J et al.（2008）Molecular Biology of the Cell，5th ed. Garland Science.]

但是，基本的光学技术还是受到诸多限制，包括难以区分细胞中的不同部分，一些结构如微管等，无法被观察到。

荧光能在低背景下显示细胞

有一些分子，在被特定波长的光照射时，电子会吸收入射光子能量，跃迁到更高的能量级，表现出特定类型的激发光。在跃迁过程中，会有一些能量以热能的形式损失（类似的情况是，为了将一个球扔到屋顶，你需要把球扔得比屋顶更高，球才能最终落回屋顶）。短时间后，电子就会衰减回到它原来的能量级，这个衰减过程会伴随着新光子的产生，新光子的波长更长，能量更低。这种分子被称为荧光分子，荧光分子与显微镜技术结合后，可以用于检测细胞的结构和生理进程。

荧光显微镜是为了激发细胞内具有荧光特性的分子而设计的。细胞内有一些内在分子能发出荧光（称为*自发荧光*），但是这样的分子很少。通常，荧光分子都是由外部引入细胞内的，这些分子被称为*荧光团*或*荧光染料*。如前文所述，当分子吸收某一频率光子（称为激发），并在一个更低的频率（称为发射）释放时，就会产生荧光。利用这个过程，可以用某一波长的光照射样品，并在另一个波长上进行观察，获得高对比度的图像。

典型的荧光显微镜（epifluorescence microscope）通常使用同一个物镜进行照射和观察（前缀 epi 意思是"旁边"，指在样品的同一侧照射和观察）。高强度的激发源（汞灯、发光二极管或激光器）通过滤波形成一个以最大吸收波长为中心的，或者靠近吸收波长的光波窄带。光被一个二向色分束镜反射到样品后，以一个更长的波长发射荧光，再通过二向色分束镜返回物镜。发射光滤波器能够滤除染料发射波长周围不同波长的光，从而改善图像（图 2.18）。通过这种方法，高质量的荧光图像背景呈现黑色，具有相当高的信噪比。

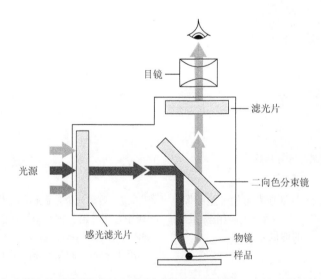

目镜

滤光片

光源

二向色分束镜

感光滤光片

物镜

样品

图 2.18　典型的荧光显微镜的光路原理图。深色的光路是激发光路，光的波长较短，样品的荧光团吸收激发光子，并以发射波频率将光子释放。[引自 Alberts B，Johnson A，Lewis J et al.（2008）Molecular Biology of the Cell，5th ed. Garland Science.]

扩展材料：二向色分束镜改变波长的反射率

二向色分束镜是荧光显微镜的核心。它在临界波长反射光，临界波长以上的光可以透过。它允许照明光和样品的发射光通过同一个目镜，但只分离发射光用于观察。

释注

细胞骨架和细胞核的荧光成像。细胞骨架是细胞的一个基本结构，肌动蛋白丝可以利用纤丝状肌动蛋白（F-actin）抗体或其他化合物，如鬼笔环肽（一般需要连接荧光分子）通过免疫荧光法观察到。鬼笔环肽能特异结合肌动蛋白（鬼笔环肽标记及免疫荧光标记肌动蛋白的方法都需要先将细胞固定，但鬼笔环肽的染色速度更快，因此它被广泛应用于肌动蛋白染色中）。微管和中间丝没有通用的荧光染色试剂，需通过免疫荧光或转染的方法进行标记。细胞核有多种染色标记试剂：DAPI（4′, 6-二脒基-2-苯基吲哚）和碘化丙啶用于固定后的细胞核染色具有很好的效果。烟酸己可碱（Hoechst）是一种可透过细胞的荧光染料，可用于活细胞标记，但是核标记物一般都具有细胞毒性，不能用于长时间（几天）的细胞观察。其他的结构（线粒体）也可以使用不同的化合物进行标记，这里不进行详细列举。

荧光团能够突出结构

荧光显微镜能够用来检测细胞内的特定结构。特定的化合物附着于仅与胞内特定蛋白质结合的分子上，可以确定蛋白质的分布。常用的方法是免疫荧光法，在免疫荧光法中，需要能特异结合目标蛋白质的抗体，该抗体（称为一抗）可以与荧光分子相结合。细胞与抗体孵育后，未结合的抗体被清洗去除。利用荧光显微镜检测时，只有被荧光抗体特异标定的蛋白质才能够被观察到，由此可以得到蛋白质的分布情况及一定程度的数量信息。除此以外，当一抗不连接荧光分子时，可以使一个具有荧光基团的二抗与一抗相连。这个过程同样可以放大信号，因为单个一抗分子上可以有多个二抗与之相连（图 2.19）。

图 2.19　使用第二抗体可以使荧光团或其他可视基团只需要与一个抗体结合。除此之外，信号也可以得到放大，因为单个一抗上能结合多个二抗。[引自 Alberts B，Johnson A，Lewis J et al.（2008）Molecular Biology of the Cell，5th ed. Garland Science.]

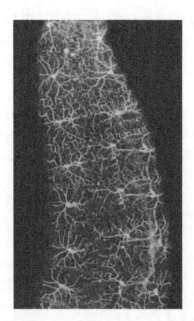

图2.20 果蝇的神经元荧光显微图像：插入的*GFP*基因由启动子驱动发光，仅在特定神经元细胞中发出荧光。通过这种方式，GFP可以用来监测活细胞和组织的功能。

[引自 Alberts B，Johnson A，Lewis J et al.（2008）Molecular Biology of the Cell，5th ed. Garland Science.]

荧光团具有探测功能

荧光显微镜不仅能够用来观察细胞的结构，还能提供有关细胞活性的信息。可以将通过特殊设计的荧光基团与细胞特异结合。例如，最初在维多利亚多管发光水母（*Aequorea victoria*）中提取到了绿色荧光蛋白（GFP）。很多荧光化合物是人工合成的，因此很难将它们导入活细胞中。绿色荧光蛋白的基因序列被测定后，实现了将该荧光基因导入非荧光细胞，使非荧光细胞通过自身的合成机制合成荧光。通过这种方法，活细胞也能通过荧光显微镜很容易地被观察到（图2.20）。当然，通过构建更为强大的人工基因可以使一般的蛋白质变成可发出荧光的蛋白质，用以确定蛋白质在细胞中的位置及运输。

此外，还可以将靶基因启动子构建于GFP的上游，这样就可以实时监测靶基因的转录。通过对原始GFP进行基因突变，已经获得了具有不同荧光特性的荧光蛋白。经过钱永健（Roger Tsien）的开拓性研究，目前已获得青色（CFP）、黄色（YFP）和红色（dsRED）荧光蛋白，并且它们的种类还在增加（近来，出现了以"水果"命名的荧光标记物，如mCherry、mBanana等）。

除了实现对比度的增强，荧光染料还可以改变自身性质以响应所处环境的改变。发光蛋白质（最初也是从水母中分离的）的荧光强度可以随着钙离子浓度的变化而变化。我们之前提到，钙离子是细胞重要的第二信使，实时了解活细胞中的钙离子浓度可以更深入地了解细胞的代谢和信号转导过程。另一种类似的钙离子染料Fura-2，同样由Roger Tsien发现。当其与钙离子相连时，吸收波长的变化会导致荧光的产生。此外，指示其他离子、pH，甚至电压的荧光报告染料也已经被开发出来。

示例2.3：荧光的应用

此处列举一些利用荧光显微镜研究细胞或亚细胞生物学的原因，以及一些使用荧光的缺点。

利用荧光标记感兴趣的细胞结构，可以在不受细胞其他部分干扰的情况下对结构进行成像。与相差显微成像同时对多个细胞结构成像不同，荧光显微镜只能看到荧光标记的部分。利用特定的染料标定可以从荧光图像获得定量结果。但是，荧光标记技术耗时、昂贵，较难获得，并且仅有少数的荧光标记物能够用于活细胞。

原子力显微镜能够获得细胞的力学特性

原子力显微镜（AFM）是扫描隧道显微术（STM）的衍生物，利用探针尖端和样品之间的物理接触代替隧道电流。通过将尖端拖过样品或重复轻敲样品来获得图像。AFM也可以对细胞施加微小的力来研究细胞的力学行为及对机械刺激的响应。AFM 是一个测量细胞硬度简洁、有效的方法，我们将在第 6 章中详细讨论。

凝胶电泳能够分离分子

假设对细胞进行拉伸后，想要知道影响细胞迁移的某种特定蛋白的合成是否发生了改变。其中一个方法是在细胞拉伸后，裂解细胞，然后测量细胞裂解物中目标 RNA 或蛋白质的含量；另一个方法是构建一段能将荧光基因与蛋白质启动子相连的基因，将基因插入细胞（化学的、物理学的或病毒的方法）。启动子活化后发出荧光，可获得荧光图像。但是，任何一种方法都需要对目标分子进行分离、纯化或定量。

凝胶电泳常用于将 DNA、RNA 和蛋白质从混合物中分离出来（根据它们的分子质量）。样本被动通过水凝胶聚合物，一定时间内，移动快的分子（通常是小分子）比移动慢的分子（通常是大分子）在凝胶中移动得更远。分子的被动运动由外部施加的电场驱动，电场产生的力与分子所带电荷成比例（图 2.21）。核苷酸（RNA 和 DNA）的糖链结

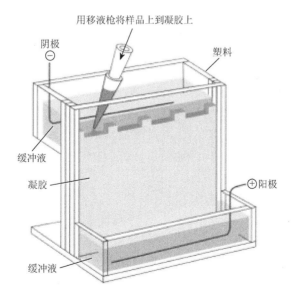

图 2.21　常见的十二烷基硫酸钠-聚丙烯酰胺凝胶电泳（SDS-PAGE）系统。[引自 Alberts B，Johnson A，Lewis J et al.（2008）Molecular Biology of the Cell，5th ed. Garland Science.]

构中带负电荷（来自磷酸盐），因此它们向正极移动。而蛋白质可能带有正电荷、负电荷或者不带电荷，因此蛋白质通常在如十二烷基硫酸钠（SDS）这种超强的去垢剂中被覆盖上负电荷后在凝胶中移动。SDS 处理也会屏蔽蛋白质内部的电荷，使蛋白质二级或三级结构的键丢失，进而使得蛋白质去折叠或*变性*。

在凝胶电泳前蛋白质变性的另一个目的在于消除蛋白质结构对电泳速度的影响。蛋白质在凝胶中的迁移速度与其如何通过凝胶聚合物网络相关，蛋白质迁移时受到的拉力也与其在凝胶网络中的横截面积有关。尽管通常来说，越大的蛋白质横截面积越大，但是在迁移中，蛋白质的大小和摩擦力之间的关系并不绝对，因为大的蛋白质分子可能被折叠成非常紧密的小结构，相反，较小的，但折叠不紧密的蛋白质的迁移速度更慢。在变性条件下，蛋白质去折叠成线性结构，此时的迁移速度与分子质量成反比。也就是说，这意味着变性条件（如 SDS）下的凝胶电泳是根据蛋白质分子质量分离蛋白质。值得注意的是，在核苷酸凝胶中也有类似的限制条件——一个环形质粒 DNA 的体积比包含相同碱基对的线性 DNA 要小（实际上，你可能会得到多个条带）。因此，在 DNA 通过凝胶前需要首先将 DNA 线性化。

绝大多数凝胶使用两种聚合物之一形成水凝胶网络。高密度的*丙烯酰胺*凝胶用来分离蛋白质和较小的核苷酸聚合物。有许多易于使用的聚丙烯酰胺凝胶电泳（PAGE）系统，通常将凝胶置于两个玻璃或塑料板之间，使电流直接通过凝胶。通常，这些凝胶系统垂直放置，样品从顶端负极向底端正极移动。高分子核苷酸（超过几百碱基对）在低密度的琼脂糖凝胶中被分离。琼脂糖凝胶是水平放置的，因为聚合琼脂糖凝胶无法支撑自身质量。为了保持凝胶的水合状态，将凝胶浸没在缓冲液中，一个更大的电流通过凝胶和缓冲液。在自动化系统中，利用微小的毛细管进行凝胶电泳，能够大大增加通量，但是多数分子生物学实验室中还是使用标准的琼脂糖凝胶电泳和 SDS-PAGE。

释注

　　抗体可以用来检测和识别蛋白质。抗体能与特定蛋白质片段（*抗原*）结合，抗原包含一段感兴趣的序列（*表位*）。从动物血液中分离的多克隆抗体已经用于人体注射以识别靶蛋白。多克隆抗体能与靶蛋白上的多个表位结合。通过动物单一免疫细胞培养获得的单克隆抗体，仅能识别单个特定的抗原表位。多克隆抗体具有更好的放大作用（更多的抗体附着于同一个靶位），但是实验结果变数较大。单克隆抗体与靶蛋白结合时受到限制，但实验重复性更高。

观察凝胶分离产物的多种方法

大多数凝胶运行系统允许多个样品在相邻的凝胶通道中同时电泳。通常会利用一个通道作为标准分子质量条带，通常是一个已知分子质量的蛋白质或核苷酸的混合物。这个标准品通道能够分离清晰的条带，通过条带的迁移距离换算分子质量。样品经过凝胶电泳后，特定距离的条带与特定的分子质量对应。因此，通过凝胶电泳，切割已知分子质量的片段条带，解聚包裹条带的凝胶，可以达到分离特定分子质量样品的目的。这个过程称为*预备凝胶实验*，目的是确定未知样品的分子质量。在*分析*凝胶实验中，就要对样品进行可视化。在一些情况下，将凝胶浸泡于染料，对通道中的所有蛋白质和核苷酸进行染色或荧光染色。但有时，则需要更具有特异性的检测。将特异性结合目标分子的指示剂（蛋白质通常使用*抗体*，核苷酸通常使用*探针*）连上荧光探针可以采用放射自显影的方式进行观察，化学放光需要将样品暴露在高强度 X 射线下通过胶片或数字相机来检测。

抗体或探针与靶分子的结合需要数小时的反应，但电泳水凝胶结构无法支撑如此久的时间。因此这时需要第二个步骤——*印迹*。在这一步中，样品垂直离开凝胶平面，固定于尼龙或硝化纤维膜上。在这一步中，样品的迁移同样可以由电泳驱动，也可以使大量水通过凝胶来完成（图 2.22）。DNA 印迹法以其发明者 Edwin Southern 命名，叫作

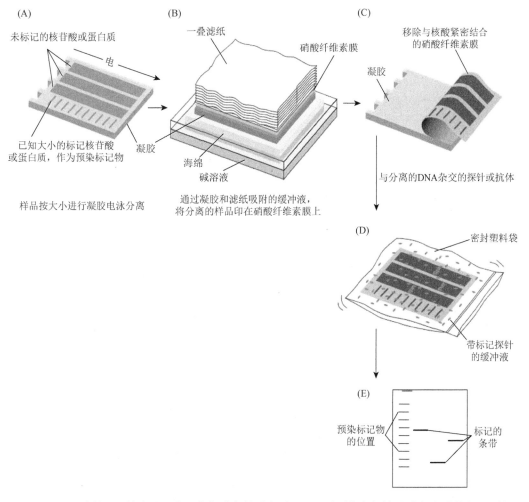

图 2.22　DNA 放射显影的步骤。为了使凝胶中的蛋白质可见，需要将它们转移或印迹到膜上。尽管可以通过电泳实现转移，但仅用浸水的滤纸同样可以达到这个目的。转移完成之后，将膜和带有标记的抗体或核苷酸探针一起孵育，通过染色或荧光染色就可以观察到目标蛋白质或核苷酸片段。[引自 Alberts B，Johnson A，Lewis J et al.（2008）Molecular Biology of the Cell，5th ed. Garland Science.]

Southern blotting。1977 年，在斯坦福发明的 RNA 印迹法被命名为 *Northern* blotting。依照此传统，后续发展的蛋白质印迹法被命名为 Western blotting，DNA 结合的蛋白质印迹被称为 Southwestern blotting。尽管没有 Eastern blotting，但在日本发明的脂质印迹法被命名为 far-Eastern blotting。

扩展材料：抗体在生物学中的应用

为什么抗体在实验生物学中具有很多用途？抗体是有"灵活"结合位点的蛋白质，这些蛋白质通常被图示为"Y"形。抗体的结合位点通常以被称为表位的肽序列为靶点，一般来源于外源生物（如某些病毒上的表面蛋白）。当外源生物体入侵人体时，人体的免疫系统产生抗体，与外源生物的关键表面蛋白结合，使蛋白质失活。因为外源生物的种类众多，所以免疫系统需要产生能识别多种表位而不识别自身蛋白质的抗体（所以抗体攻击的是有害多余的部分而不是自身蛋白质。但在一些情况下，我们并不希望这种免疫现象发生。例如，器官移植后，免疫系统会因为器官来源于异体而产生抗体攻击它，这时通常会使用免疫抑制剂）。有些情况下，会发生免疫错误。例如，在自身免疫病中，免疫系统会产生对抗自身组织的抗体，引起一系列并发症（红斑狼疮就是自身免疫功能障碍的典型例子）。

PCR 以指数形式扩增特定的 DNA 区域

1983 年，卡雷·穆利斯（Kary Mullis）发明了聚合酶链反应（PCR），重新定义了现代生物学。PCR 技术极大地提升了核酸检测能力。在现代生物实验室中，PCR 技术几乎无所不在。PCR 的重要发明使穆利斯获得了为数不多的技术创造（而非科学发现）方面的诺贝尔奖。PCR 技术的核心是利用天然的细胞 DNA 聚合酶，在体外而不是在细胞核内复制 DNA。一条 DNA 新链被合成后，又成为后续 DNA 合成的模板，这种连锁反应使得 DNA 数量以指数增长，因此 PCR 甚至能检测出原始样品中单个 DNA 分子。PCR 的实现需要两个关键因素：与 DNA 聚合酶结合的引物及热稳定的 DNA 聚合酶。

如果对所有的 DNA 都进行 PCR 扩增，那就无法体现 PCR 技术的作用。实际上，PCR 技术的优势在于，能选择性地扩增目标 DNA 序列（如一个特定基因）。这是依靠 DNA 聚合酶的特殊性质实现的，尤其是，DNA 聚合酶只在单链 DNA 已经具有部分双链结构的位置添加核苷酸。双链 DNA 在复制时会分离成两个单链，DNA 聚合酶向新合成的互补链的 3′端添加互补碱基，形成新的双链，这个过程称为*延伸*。与被复制的 DNA 结合，并能启动 DNA 聚合酶的互补 DNA 片段称为引物。在细胞分裂期间，有专门的酶制备引物，并使得整个 DNA 链复制，而在 PCR 过程中，设计的引物仅与特定的 DNA 区域相连，只扩增特定的 DNA 片段。因为 DNA 聚合酶只从引物的 3′端开始向 5′端的方向增加新的碱基对，所以引物具有方向性。也就是说，*正向引物*与靶 DNA 的上游（在 5′端的方向）特定互补，开始沿着 DNA 模板合成一个互补 DNA 长链。*反向引物*与靶 DNA 的下游特异互补。每一次循环扩增的结果是得到双倍的由引物指导合成的片段。简而言之，被扩增的片段会得到指数级增长，数量远超其他的 DNA 序列（图 2.23）。

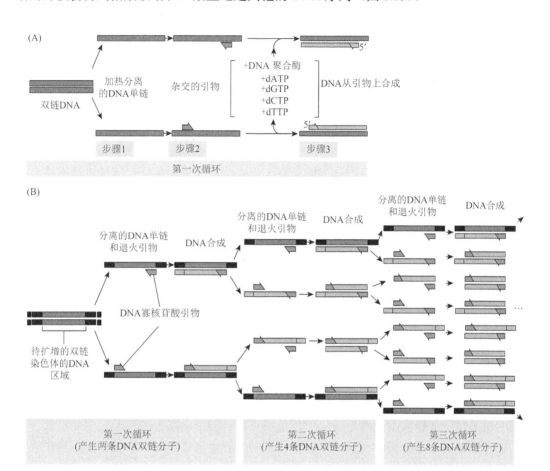

图 2.23　典型聚合酶链反应（PCR）中 DNA 扩增示意图。正向和反向的引物位于片段的两侧，使片段随着循环扩增而呈指数增长，而其他的片段呈线性增长。因此，引物依附的 DNA 片段浓度迅速超过了其他片段。[引自 Alberts B，Johnson A，Lewis J et al.（2008）Molecular Biology of the Cell，5th ed. Garland Science.]

　　20 世纪 70 年代，科学家开始利用 DNA 聚合酶来复制 DNA，但是由于 DNA 聚合酶只能向单链 DNA 添加碱基对，因此最初通过加热达到*熔解*或*变性*的温度（一般是 95℃）使 DNA 双链分离，再降温到 65℃（*退火温度*）进行延伸。其中的问题是，每一次升高到熔解温度，所有的 DNA 聚合酶都会变性，只能人工重新添加，这种方法非常烦琐和受限。后来科学家发现，嗜热细菌能在高温环境下生长，因此，嗜热菌中一定含有能耐高温的 DNA 聚合酶，这个问题因此得到了解决。现今最常用的 DNA 聚合酶 *Taq* 聚合酶就是从水生栖热菌中提取出来的，它是一种出现在温泉或深海喷泉的细菌，现代 PCR 技术因此得到发展。从原理上来说，利用 PCR 技术，只要简单地将样品、DNA 聚合酶、正反引物和大量的 DNA 单体在反应管中混合，在高温和低温之间快速交替就可以完成扩增，一个称为*热循环仪*的装置由此被发明。在热循环仪中，随着反应的进行，靶 DNA 片段以指数级增长，直到某种试剂被耗尽。

2.4　生物学实验设计

力学和生物学之间最显著的差异之一就是生物系统的多样性。就细胞来说，其中看似无止境的调节和控制系统会令工程师望而生畏。人类的基因数量约为 40 000 个，意味着细胞内有差不多数量的蛋白质发生着相互作用（考虑到替代剪切和翻译后修饰，蛋白质的种类还会更多）。尽管在某种细胞中，并不是所有的蛋白质都会同时表达，但蛋白质的相互作用也远超纸笔计算所能达到的程度。此外，不同于大部分宏观的机械系统，在分子层面，只有很少的一部分能够通过探针被检测或直接观察到。因此，多数关于细胞生物力学和力学转导的研究仅局限于整体细胞行为的某一方面。因此，目前对特定因素的作用及认知的研究占据了主导地位，正如一篇名为"X 以 Z 依赖的方式控制 Y"的科学论文所提出的，抑制或促进 Z 的表达能够影响 X 对 Y 的调节。而目前大部分细胞的功能和结构仍旧未知，使上述情况进一步加剧。当然也正是因为如此，才使我们急切地想对细胞及其多样化的工作方式进行研究。但是，生物学和力学的实验方法与结果分析存在着根本性的不同。在细胞力学研究中，对于同一个问题，不同的实验得到不同答案的情况并不罕见。例如，通过不同技术和方法获得的细胞硬度估计值小到 100Pa，大到 1MPa。测量方法的不同、细胞的不同、培养条件的不同等，都使得对这些结果的解释变得更加困难。

力学实验的目的往往是尽可能还原真实情况。例如，对一种材料进行表征时，研究人员希望尽可能还原真实的物理、化学及机械环境。但细胞所处的环境是非常精细、复杂的，使得还原工作变得异常困难。工程师最初开始研究细胞时，尝试在一个典型的、三维多相、可视的细胞理化环境模型中进行，但是需要控制的变量太多，因此他们有时会对这些实验结果在复杂情况下（如整个有机体）的适用性产生怀疑，但他们应该意识到，细胞生物学中许多重要见解都来自简化的实验。

简化实验有效的同时也有局限

简化论是指先了解系统的基础结构，再预测总体行为呈现的宏观现象的过程。简化实验在设计时要尽可能去除复杂因素，同时保留研究的关键因素。例如，在研究 DNA 复制时，通常只在试管中再现生化反应，而不需要再现整个细胞环境。事实上，目前的细胞培养技术也是基于简化的细胞外环境——用塑料或玻璃平板（有时铺有黏附分子）替代了组织基质和基板。细胞培养基通常为促进细胞的繁殖和活性而设计，有时会牺牲一些真实性和一致性。培养基中常用牛血清促进细胞繁殖，其中牛血清不仅用于牛的细胞培养，也用于小鼠、大鼠及人源的细胞培养。

这些简单的实验系统也能获得重要发现。现代医学和生物学中的很多发现来源于实验室的细胞培养实验。但就本质而言，一个基于经济方式设计的、直接获得结果的简化系统，其科学性是受限的。当复杂因素重新被引入时，简化实验的发现是否仍然适用——这是简化实验所没有考虑到的。验证简化实验中的发现在细胞或有机体中是否适用，与最初的发现同样重要。已有研究报道，对实验室小鼠有效的治疗和药物，在人体中并不同样起作用，这说明一个具有代表性的生物体环境并不一定会比简化实验系统产生更好的结果。因此，我们还是将简化实验系统作为复杂事件的*模型*。当然，模型只对于某种在现实中一定会出现的情况才有作用。但情况往往是，实验室中对细胞进行的实验处理，在生物体中可能永远都不会发生。同样，生物体内发生的事情并不一定能在细胞培养中实现（例如，肝炎病毒可以在机体中大量感染和复制，而在细胞培养中却很难实现）。后一种情况很少被考虑，因为针对整个生物体的随机试验困难、昂贵，并且可能承担很高的道德负担。因此，设计合适的模式实验系统、认识其中的局限性，通过理性逻辑与事实，以及直觉与个人经验，对科学实验的成功来说都至关重要。

简单实验系统研究的另一个优势在于可以使研究者更易于理解*机制*。这个概念通常与*描述性*实验相对应。这是一个很微妙的观点，因为所有的科学问题最终都会涉及描述某件事。然而，还有一种不言而喻的观点，认为了解事情是如何发生的比仅仅描述事情的发生更好。特定的力学刺激可能促进干细胞分化成特定的细胞类型，这是描述性的，但确定其中的受体则为阐明机制提供了基础。了解特定行为或响应背后的机制，让我们离控制响应并最终达到治疗的目的更近了一步。

对于某种被提出的，或是假设性机制的研究，往往是通过对某种实验模型进行一种或一系列的干预来进行的。例如，给定机械力刺激导致细胞分化的例子，我们假定某个特定受体起了作用，如果去除该受体的细胞在相同的机械刺激下没有分化，并且实验得到了重复验证，那么就能支持这种假说，但不是证实。另一个方法是通过生化阻断剂来抑制特定的通路或者靶分子。目前，已经存在不同程度特异性的，针对激酶、磷酸酶、胞内和胞外受体、离子通道和其他类型信号分子的阻断剂。"阻断抗体"能够特异结合靶蛋白，并抑制其功能——通常通过干扰配体的结合位点实现。最近发展起来的一种干预方法是小抑制性 RNA（siRNA）的使用。细胞受到某些病毒攻击时，会合成与外源进入的双链 RNA 短片段互补的 RNA 作为防御响应，siRNA 由此被发现。这些 RNA 片段与靶 mRNA 结合，并打上标记使其降解。已知的基因序列在转录后被中断，由此干扰（或敲除）某种蛋白质的合成。

如果特定蛋白质或信号事件被阻断后，细胞对刺激的响应消失，这就有力地证明了被阻断的过程参与了刺激和响应的通路，这个过程在力学响应中是*必要*的。更深一层，如果通过外源补充，响应又重新出现，甚至在缺失原始刺激的情况下也发生响应，在这种情况下，该过程在响应中就是*充分*的。通路中的一个步骤同时是充分和必要的，这是一个强有力的证据。虽然这是目前生物学和生物医学工程在研究力学转导问题时的策略模式，但还是要认识到其中的不足。例如，当一个新的阻断剂被发现时，对其可能结合的每种分子都进行测试是不切实际的。因此，通常仅通过几个对照实验来评估阻断剂的效力和特异性。阻断也不是完美的——siRNA 并不能完全敲除蛋白质的表达，不同的细胞类型、不同的片段设计、不同的 siRNA 引入细胞的方式，都会导致抑制程度的不同。

从信号转导的本质来说，对其中的每个因素进行独立的讨论并不完全准确。如果机械力刺激诱导的干细胞分化能通过去除化合物 A 被阻断，并在无力学刺激时通过过表达化合物 A 得到恢复，我们也许可以得出：化合物 A，而非机械刺激，充当了分化过程中的必要（及充分）因素（如果可以同时证明力学刺激上调了化合物 A 的表达，那这就可能是信号转导的起点）。这种线性的方法在短期内是有用的，但太过简化。打个比方，主要部件（发动机的火花塞）和非主要的必要部件（引火开关）之间没有区别，就工程目的而言，前者比后者用处更大，但在没有进行深入全面的实验研究之前，无法区分出这两者的重要性。此外，有时会存在两个或更多的通路环节，它们都是必要且充分的，并且不存在重叠，但都参与了相同的过程，这些环节通常发生于通路的早期（上游）或晚期（下游）。

现代遗传学提高了原位研究的能力

简化论的方法是强大的，尤其对潜在分子靶点的发现非常有用。然而，这些模型具有限制性，并且人们总是会担心，实验室观察到的现象是否会发生在生物体中。现代遗传学给我们提供了解决这些问题的其他方法。例如，从基因组 DNA 中移除（敲除）特定基因创造出转基因动物（典型的是小鼠），如果（某种蛋白敲除后）转基因动物表现出了某种预期功能的丧失，那么该蛋白质的功能就可以得到进一步确定。

通常基因敲除的动物会存在功能损伤，但并不致命。*位点特异性重组酶*（SSR）的方法能够克服全基因敲除的局限。与全基因方法中将生物体所有细胞的某种基因全部敲除不同，SSR 技术可以只敲除特定组织或细胞中的基因。最常用的 SSR 系统是依赖于*循环重组酶*（Cre）的 *Cre-Lox* 方式。Cre 是从一类能够感染细菌的病毒中分离出来的，能够识别靶基因或基因片段并将之删除。通过人工构建片段，将 Cre 置于特定启动子下游，并递送进动物体内，可以使 Cre 仅在启动子活化的细胞中被表达。将 Cre 限制在特定的组织和细胞中的启动子是可行的，科学家甚至可以通过控制给药，在期望的时间诱导启动子激活，表达 Cre。通过研究缺失某种蛋白质后动物功能的丧失，可以推断蛋白质的功能。通过*补救实验*（rescue），将删除的基因重新引入，使功能得到恢复，能够提供更具说服力的证据（这与细胞实验中的必要和充分实验类似）。包括以上方法在内的技术已经引发遗传学的变革，使得简化实验系统得出的见解得到了转化和验证。

生物信息学让我们使用大量的基因组数据

过去十年中，计算机技术高速发展，令人瞩目。信息革命使得科学家利用计算机进行计算和传输大量信息的能力得到了提升。在生物学中，人类基因组测序通过大规模、高通量生物技术获得了海量的数据。整个有机体的基因组测序，曾经认为是不可实现的，现在已经相对常规（现在单人基因组测序的价格是 20 万美元，与基因组测序工程时的百

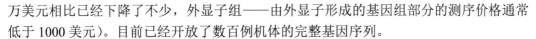

万美元相比已经下降了不少，外显子组——由外显子形成的基因组部分的测序价格通常低于 1000 美元）。目前已经开放了数百例机体的完整基因序列。

微阵列芯片技术使得研究者可以确定生物样品（细胞、组织，甚至机体）在给定时间表达哪些基因及 mRNA 序列。新型质谱仪能够鉴定一个细胞合成的成百上千种蛋白质。大量生物信息的出现及利用计算机进行分析的技术催生了一个新的领域——*生物信息学*。

在基因信息或*基因组学*中，在基因组数据库对一个特定序列进行搜索，能极大地简化引物/探针的设计。通过增加或删除序列片段，获得功能的新增或丢失突变，可以让我们解析某种蛋白质的工作机制。通过查找同源序列，可以鉴别出具有相似结构和功能的蛋白质。功能注释能够快速鉴别某一基因在机体或调控信号转导通路中的作用。与基因测序类似的高通量蛋白质测序构成了*蛋白质组学*的基础，这个研究领域的益处正开始逐渐显现。蛋白质组学作为一个崭新的领域，不仅是一种支持传统方法的工具，也逐渐成为一种推进和检验某种独特假设的示范方法。推测在未来，大规模的、基于信息的方法可能会持续催生更多重要的见解和工具。

系统生物学是整合而非简化

生物信息学引领了现代生物学中另一个新领域的发展——系统生物学。系统生物学强调整合而非简化。21 世纪伊始，系统方法开始整合生物网络中所有内在复杂的相互作用，而不是将其简化成简单的独立部分。由于生物网络具有高度的相互联结性，因此人们预期通过模拟来识别表现。这些表现是网络自身的特性，并不能通过任何单独部分的行为来理解。生物医学信息学的数据库及生物信息操控工具也是系统生物学重要的促成技术。系统分析也被应用于 DNA 微阵列的基因表达模式、质谱法测出的蛋白质表达、细胞和组织中所有小分子代谢物的分析，以及激酶/磷酸酶信号级联和调控网络的动力学模拟中。传统的简化系统的工具被应用到系统学中。例如，将细胞系统性地暴露于多种化学阻断剂或 siRNA 阵列，再利用系统生物学进行分析。尽管系统生物学预测分析的实例很少，且从中并不产生治疗的方法，但我们得清楚，大部分细胞生物学只能根据复杂的网络行为来理解。

生物力学和力学生物学是一体的

生物学家和工程师处理问题的方法存在差异。习惯上，生物学家倾向于使用经验性的检测手段，并与统计学分析相结合。但在阐明调控通路时，力学的方法又是重要的。由于样品的差异性，生物学家重视严格的实验方法和重复实验。与之相反，工程学方法更倾向于计算，工程师更重视能够应用于分析和模拟的长期存在的物理定律。研究生物力学/力学生物学，两种方法都是可行的。不是所有力学生物学问题都能建立模型，也不是所有生物力学的方面都可以通过实验测量，解决这类问题的关键在于找出两者之间的联系，尝试建立两者之间的桥梁。

重要概念

- 力学生物学研究的是细胞受力学刺激时的生物学响应。
- 从结构上来说，聚合物影响细胞的各部分结构。蛋白质是氨基酸聚合物。DNA 和 RNA 是核苷酸聚合物。多糖是糖的聚合物。脂肪是脂肪酸的聚合物。
- 分子生物学的中心法则表明，DNA 转录形成 mRNA，mRNA 翻译形成蛋白质。
- 细胞器在细胞生理过程中发挥重要作用，有一些细胞器还参与蛋白质的合成和修饰。
- 受体是跨膜蛋白质，它能接受细胞外信号，起始胞内信号转导通路。
- 第二信使在细胞中传递信息的速度很快，且作用广泛。蛋白质信号级联更具有特异性，但速度慢。
- 显微镜可被用于细胞观察。很多荧光技术也被用于辅助细胞行为检测。
- 凝胶电泳可用来将分子分离，用于后续对不同生物聚合物的分析。
- 生物学实验更偏向于简化、力学、基于假设。工程学方法更偏向于定量，是对生物学方法的补充。

思考题

1. 描述拉伸细胞所导致的某种基因转录发生的改变，其中涉及钙离子信号通路。要求不一定基于真实的信号通路，但必须涉及本章讲述的内容。

2. 在进行细胞微丝骨架染色观察时，在某处观察到一根纤维丝，但可能有两根纤维的存在。使用 40 倍、折射率为 1.3 的油镜，能分辨两根相邻纤维丝之间的最短距离是多少？

3. 已知某基因能被力学刺激激活。但是 1h 力学刺激后检测其 mRNA 的浓度，并没有任何变化，请列出发生这种情况的可能原因。

4. 一些信号通路会包含多个相连的蛋白质，在某些刺激下，有些蛋白质参与了响应，而另一些没有参与响应。现在想要检测两种蛋白 X 和 Y 是否在特定时间点参与了响应。假设在没有显微镜观察的情况下，如何利用实验方法来确定？

5. 以下是 1997 年 *Science* 一篇文章（275，1308 - 1311）的摘要："小三磷酸鸟苷酶（GTPase）Rho 参与了外界刺激，如在溶血磷脂酸（LPA）的作用下，成纤维细胞中应力纤维和黏着斑的形成。"Rho 激酶被 Rho 活化，可能介导了一些 Rho 相关的生物效应。利用显微注射将 Rho 激酶的催化域注射进血清饥饿状态下的 Swiss 3T3 细胞，会诱导应力纤维和黏着斑的形成。而将非催化域、Rho 结合域或普列克底物蛋白（pleckstrin）同源域注射进细胞，则会抑制 LPA 诱导的应力纤维和黏着斑的形成。因此，Rho 激酶似乎是通过 Rho 信号诱导应力纤维和黏着斑形成的。为了帮助理解，请先明确一下概念：Swiss 3T3 细胞是小鼠的一种成纤维细胞；显微注射使用特定的微量注射器，类似于日常用注射器的针头，能将化学物质直接注射到细胞中。不要担心不理解 pleckstrin 同源域（指的是与 pleckstrin 序列几乎相同的一部分蛋白质序列）。同样，也不要担心不了解 LPA 的功能，只需关注上文 LPA 的作用。

（a）简单阐述作者提出的假设及他们的验证过程。

（b）如果能够测量细胞硬度，LPA 处理的细胞和非 LPA 处理的细胞，哪种会硬一些？

（c）为什么作者要使细胞处于无血清饥饿状态？

（d）如果不考虑条件资源限制，在进一步验证假设的实验中，你会加入哪些控制变量？

6. 如果你想检测一种特定蛋白质的表达，并且可以获得一些分子的示值读数。假设拉伸细胞 1h 后，SSP（拉伸感应蛋白质）的含量会增多。

（a）如何用实验证实该假设？

（b）如果实验发现了 SSP 升高，但是你的同事却检测到细胞拉伸后，SSP 的 mRNA 含量下降，这与检测的时间有关吗？

7. 一个基因突变使得其所产生的蛋白质中一个氨基酸被置换，如天冬氨酸（Asp）被谷氨酸（Glu）所替代。（可以通过查阅文献来确定这些氨基酸的侧链具体是什么。）

（a）蛋白质结构会有何不同，如果不同，蛋白质的折叠会完全一样吗？为什么？

（b）接下来，如果你抓住蛋白质的两端，试图把它拉开，发现 Glu 突变的蛋白质更"硬"（更难伸展）。这会影响蛋白质信号转导的能力吗？如果影响，是如何影响的？

8. 如果我们想要研究 JP（间隙连接蛋白）和 JPAP（JP 结合蛋白）两种蛋白的相互作用。我们知道这些蛋白质位于相邻或黏附的细胞之间，在细胞边界间相连，当细胞受到力学刺激时，JPAP 会与 JP 解离。但我们并不清楚，JPAP 从 JP 解离后，JP 是否会离开细胞边缘。请描述利用荧光标记的 JPAP 和 JP 确定 JP 在力学刺激时是否会离开细胞边缘的实验方法。

9. 通过以下关于蛋白质 N 的实验结果，请判断蛋白质 N 的磷酸化是必要条件还是充分条件，抑或根据以下结果无法判断基因的下调。请注意，我们不知道 N 在通路中的位置，但在正常条件下，力学刺激也会提升蛋白质 N 的磷酸化。

机械刺激→钙离子升高→基因 1 上调→基因 2 下调。

（a）机械刺激下，N 的磷酸化被某种化学物质抑制。基因 1 未上调，基因 2 下调。

（b）没有机械刺激时，直接向细胞注入磷酸化蛋白质 N 可诱导蛋白质 N 的磷酸化，基因 2 下调。

（c）机械刺激下，某种化学物质抑制钙离子变化，蛋白质 N 表现出增加的磷酸化，但基因 2 没有下调。

10. 讨论以下描述："想合成所有可能存在的含 300 个氨基酸的多肽链，将需要比宇宙中存在的更多的原子。"考虑到宇宙的大小，你认为这个说法正确吗？由于对原子进行计数比较棘手，因此请从质量的角度考虑问题。可观测的宇宙的质量约为 10^{80}g，误差可能在一个数量级左右。假设一个氨基酸的平均质量为 110Da，那么所有可能的含 300 个氨基酸的多肽的质量是多少？比宇宙的质量更大吗？

11. 通常认为蛋白质复合体是由亚基（即单独合成的蛋白质）组成而不是一种长的蛋白质，因为前一种方式更易产生正确的结构。

（a）假设蛋白质合成时，每 10 000 个氨基酸中会加入一个错误氨基酸。计算蛋白质合成一个大蛋白质或蛋白质亚基，正确装配的核糖体比例是多少。假设核糖体由 50 个蛋白质组成,每个蛋白质含 200 个氨基酸,蛋白质亚基无论合成正确与否,被装配进核糖体的概率相同。[一个多肽被正确合成的概率 P_c,等于每次操作的正确率分数 f_c 的操作次数 n 的幂次方,即 $P_c = (f_c)^n$。错误率为 1/10 000,$f_c = 0.9999$。]

(b)正确和错误的亚基以相同的概率被装配的假设正确吗?为什么?该假设对(a)的计算会产生怎样的影响?

12. 如果每摩尔人类 DNA 合成时需 20%的半胱氨酸(缩写为 C),那么 A、G 和 T 的物质的量百分比各是多少?

13. 所有的小胞内介质(第二信使)都是水溶性的并且能通过胞质自由扩散(说明该说法的真假并解释原因)。

14. 细胞以类似于人类通信的方式进行通信。指出以下人类交流方式类似于自分泌、旁分泌、内分泌或突触信号传递中的哪种,并简单地阐述理由。

(a)电话沟通。

(b)在鸡尾酒会上的沟通。

(c)广播通知。

(d)自言自语。

15. 为什么细胞中已存在的蛋白质对信号产生响应的时间只需几毫秒到几秒,而需要使基因表达改变的反应却需要几分钟到几小时?

16. 如果想扩增图中两段序列之间的 DNA,请在列出的引物中选择可用的 PCR 引物。

要扩增的DNA

5′-GACCTGTGGAAGC ———————— CATACGGGATTGA-3′
3′-CTGGACACCTTCG ———————— GTATGCCCTAACT-5′

引物

(1) 5′-GACCTGGAAGC-3′   (5) 5′-CATACGGGATTGA-3′
(2) 5′-CTGGACACCTTCG-3′   (6) 5′-GTATGCCCTAACT-3′
(3) 5′-CGAAGGTGTCCAG-3′   (7) 5′-TGTTAGGGCATAC-3′
(4) 5′-GCTTCCACAGGTC-3′   (8) 5′-TCAATCCCGTATG-3′

17. 一个典型的哺乳动物细胞体积约为 $1000\mu m^3$,胞内蛋白质浓度为 200mg/ml。使用蛋白质免疫印迹法,可以检测 100μg 总蛋白中 10ng 的特定蛋白质。假设该蛋白质分子质量为 100kDa。

(a)要得到 100μg 总蛋白质,需要多少细胞?

(b)每个细胞需含有多少目的蛋白质才能通过蛋白质免疫印迹检出?

18. 化学诱变剂处理细胞后,分离出两个突变体。在蛋白质原先为缬氨酸的位点,一种突变为丙氨酸,另一种突变为甲硫氨酸。再次利用诱变剂处理两种突变细胞,获得原先缬氨酸位点突变为苏氨酸的突变体。假设所有突变都只涉及单核苷酸变化,推算出突变位点缬氨酸、甲硫氨酸、苏氨酸和丙氨酸的密码子。能否仅用一步获得缬氨酸到苏氨酸的突变?

参考文献及注释

Alberts B，Johnson A，Lewis J et al.（2008）Molecular Biology of the Cell，5th ed. Garland Science. *分子生物学综合性书籍，详尽地讲述了转录和翻译过程，以及细胞的功能和结构，不仅可以作为第 2 章的参考文献，也可为本书很多部分提供参考。*

Lodish H，Berk A，Kaiser CA et al.（2007）Molecular Cell Biology，6th ed. W. H. Freeman. *另一本很好的分子生物学书籍。实际上，关于分子生物学的参考书籍很多，在不同的学习阶段可以选择适用的书籍。*

Mullis KB & Faloona FA（1987）Specific synthesis of DNA *in vitro* via a polymerase-catalyzed chain reaction. Methods Enzymol. 155，335–350. *尽管先前已有文章报道了 PCR 的用途，其仍应看作描述 PCR 反应的原始文献。PCR 技术后来被迅速采用。*

Periasamy A（2001）Methods in Cellular Imaging. Oxford University Press. *一篇关于细胞生物学中全面介绍成像技术的文献。*

Watson JD（2001）The Double Helix：A Personal Account of the Discovery of the Structure of DNA. *由诺贝尔奖得主撰写的关于 DNA 双螺旋结构发现的自传式描述。*

第 3 章　初级固体力学

在细胞力学中，理解细胞力学特性的方法有很多种。本章将对固体力学的基本知识进行综述，首先从刚体力学开始，进而考虑固体小变形的情况，对几种简单载荷加载方式进行讨论，包括轴向、扭转和弯曲载荷，之后将介绍大变形情况的力学相关的简单知识，更全面的讲解并不在本章范围之内。

3.1　刚体力学和受力图

什么是"刚体"

在本节中，我们仅考虑特定物体的力学变化，不考虑化学、辐射或其他变化。力学变化可以描述为多种情况的叠加，如实体的平移、旋转、形变。如果忽略实体形变，仅考虑平移和旋转，也可以从中获得很多信息。例如，只需知道作用在实体上的力，我们就可以知道它的加速度；反之亦然。

首先，我们假设所有物体都是刚体，也就是不会发生形变。这种假设仅适用于检验力平衡或近似分布情况，如果在精确求解时，这种假设则会导致荒谬的结论。后文将会提到应力，即表面受到的作用力除以力的作用面积。假设一个理想刚体小球撞击一个理想刚性平板，此时由于接触点面积为零，接触点上的应力为无穷大。接下来，我们将暂时忽略这些情况，关注更加广泛的力平衡计算问题。

受力图是一种非常有用的工具，但未被充分利用

受力图可以描绘实体、实体的一部分或实体集上所有外力的作用，因为牛顿运动定律（Newton's law of motion）不仅适用于整体，还适用于我们所关注的各个组件及所关注的子结构。受力图分析的基本过程如下：①确定所要研究的组件或组件集合，虚拟出边界，②假想将该组件从整体的结构或系统中分离出来，同时③确定假想边界上的外力，用于代替外部环境的作用力。施加在假想边界条件上的外力可能是已知的固定的力，也可能是未知的内力。因此，问题的关键在于确定边界，以获得所需要的力。我们将发现，变形力学中的固体力学平衡基本方程和流体力学中的纳维-斯托克斯方程（Navier-Stokes equation），都是受力图的分析结果。目前我们将暂时忽略形变，关注简单离散的力学问题。

受力图分析的第一步是确定受力

确定分离组件上的受力情况是非常重要的。确定准确的虚拟边界，把需要分析的对象从较大的系统中分离出来，才能获得正确的结果。假设一种情形：一个细胞在平板上缓慢爬行，在后方留下一个细胞的伸展，把细胞往回拉（图 3.1）。假设运动非常缓慢，速度可忽略不计（速度为常量 0）。

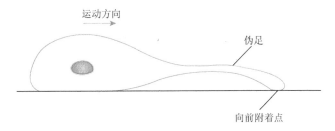

图 3.1　爬行细胞可以向前拉动自己。细胞正在从左向右爬行。它延伸出伪足，把自己向前拉动。

首先画出虚拟边界，分离出研究对象（细胞），构建受力图。然后单独画出细胞及作用在虚拟边界上的力，这些力使细胞保持不动（图 3.2）。

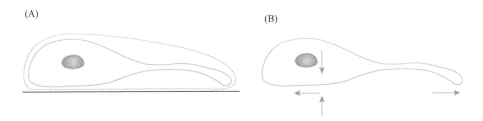

图 3.2　细胞周围的假想边界（A）和受力图（B）。细胞内的箭头代表重力。

此时易发生的一个错误是把细胞延伸端的力指向细胞——错把延伸部位的张力想象成向内拉细胞。我们需要记住，受力图边界上的作用力是代替外在环境的。细胞延伸端的力，是平板作用于细胞的力，是与细胞内部张力大小相等、方向相反的反作用力。因为细胞处于恒速运动（或静止）状态，所以在细胞基底处必然有一个力与之平衡（根据牛顿第一定律和第二定律，加速度为零时，合力为零）。向下和向上的力分别是细胞的重力和底面对细胞的反作用力。这些都是细胞所受的外力，重力是地球对细胞施加的，反作用力是基底对细胞施加的。

通过运动方程可以确定力的作用效果

画完受力图，就可以应用牛顿第二定律（$\Sigma F = 0$，如果是加速运动，则 $\Sigma F = ma$）和力矩平衡法则[$\Sigma M = 0$，或 $\Sigma M = I\alpha$，其中 I 是（质量，或第一）转动惯量，α 是旋转时的角加速度]进行分析。如果实际情况允许发生加速运动，我们会在受力图中用惯性矢量和惯性扭矩标示所有的影响因素。但在典型的细胞尺度上，惯性力通常很小，可被忽略。

实体的各部分都可以画受力图进行分析

在上一个例子中，细胞和基底是分开的，因此很容易确定它们之间的力。即使实体内部并没有明显的边界，但受力图对于确定某个实体"内部"的力也是非常有用的。我们可以在任何位置甚至在实体内部画虚拟边界来确认内部的受力，如聚合物网络的受力情况，这个例子将在后文详述（图3.3）。

如果想通过网络整体的受力得到其中单体的受力，同样可以通过构建受力图来实现。首先还是需要画出虚拟边界（图3.4）。

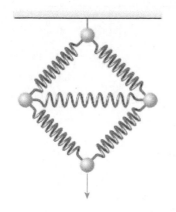

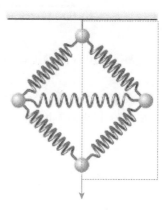

图3.3　一个聚合物网络示意图。聚合物单体用弹簧表示，弹簧连接在铰链上，可以自由旋转。通过聚合物网络上的总体受力来计算聚合物单体上的内力。

图3.4　穿过聚合物网络内部的假想/虚拟边界。

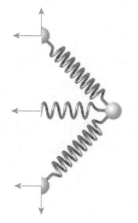

图3.5　在图3.4网络中分离出来的结构。通过边界的作用力分别作用在上下铰链和中间的弹簧上。

我们之所以选择这个边界，是因为该聚合物网络具有对称性，而且这个边界还穿过处于中心的聚合物单体，我们将计算通过该中心单体的力。首先，将边界内的部分分离出来，用力来代替边界以维持平衡状态（图3.5）。

还有一些需要注意的地方。首先，利用网络的左半部分画受力图同样可行，所得到的结果相同。其次，我们把所有的水平力指向左边，通过简单的观察可以得出，中间的单体是受压的，因此水平力指向右边更加合理，但这并不会产生太大影响，力的指向往左，分析结果会得到一个负值，意味着力确实是从左向右施加的。

现在可以应用力平衡和力矩平衡原理对这个自由

体进行分析。我们知道，下边一个铰链自上向下的作用力的大小是原作用力的一半（由对称性可知，另一半的力施加在网络的左半部分）。此外，中间单体上的力是斜向上的单体水平分力的两倍。但我们无法确定这些力的大小，称其为静不定问题。不过，我们还可以建立另一个受力图——对于给定结构来说，有多种受力体分析方法。具体来说，分离每个铰链都可以获得一些信息（图 3.6），即在每个小球上的水平力和竖直力之和为零。利用这些信息，加上简单的几何信息，我们可以很容易地解决问题。

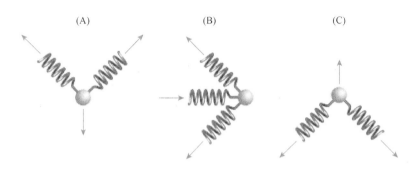

图 3.6　下铰链（A）、中间铰链（B）和上铰链（C）的受力图。注意我们已改变了图 3.5 的中间聚合物的受力方向来更好地反映其受压本质。

3.2　可变形体力学

刚体力学不适用于分析可变形体

通过假设一个结构的各个部件为刚体，我们可以获得该结构的许多力学行为特征，但是这种方法具有局限性，我们无法得到该结构内部的力学分布，此时我们需要考虑形变的问题。坚硬物体的形变从直观上不太好理解，但事实上，即使是最坚固的材料在受到载荷时也会发生形变。

刚体力学考虑的是一个结构的受力和位移，由于假设各个组成部件都是刚体，因此不需要考虑材料的力学性能。当我们放宽刚体的假设，开始考虑材料形变时，关于力学原理的理解又可以更进一步。但仅仅利用力和形变并不足以描述材料变形，一个结构的力学行为取决于两种特定的因素：组成材料种类及形状。试想一种类似游泳池跳板的悬臂梁，跳板端刚度的增加可以通过两种方法实现：使用刚度更大的材料或增加跳板的厚度。根据结构的受力情况，需要依据某种方式将力和位移进行缩放。首先，我们将定义按比例缩小的力（应力）和位移（应变）。

机械应力类似于压强

首次接触"应力"这个概念时可能会有困惑。直觉上很难想象力在"流动"且遍及一个结构。从概念上讲，应力就是力分布在一个区域上的抽象概念。之前讲到压强时，

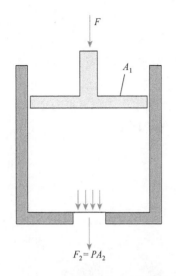

图 3.7 容器中装满液体，活塞接触的表面积为 A_1。活塞上的力 F 由容器中的液体支撑，液体承受的压强为 $P = F/A_1$。底部面积为 $A_2 < A_1$ 的区域，承受较小的压力 $F_2 = PA_2 = F(A_2/A_1)$。

我们已经对分布的力有了直观理解。想象一根管子充满流体，比如气体或液体，力 F 施加于活塞挤压内容物上（图 3.7）。

将力 F 除以活塞面积 A_1，可以得到内容物的压强，即 $P = F/A_1$。进一步，假设在管子底部有一个排气阀或开了一个口，受压的液体就会在其表面施加一个力。活塞表面分布的压力在排气阀形成一个合力。这个力与压强的大小及活塞面积成正比，$F_2 = PA_2$。可以很直观明确地想到，面积不变时，压强越大，力越大；压强不变时，面积越大，力也越大。

我们可以想象在液体内部，到处都存在由压强产生的分布作用力。比如，液体内部的一个平面 A_3，作用在这个平面上的力 $F_3 = PA_3$（由液体施加的，不管平面的方向如何）。因此，压强不止局限于活塞或排气阀处，而是存在于内部任何位置。我们将压强定义为，无论截面方向和位置如何，完全浸没在液体中的任意小的假想截面单位面积上的力。

正应力垂直于目标区域

现在，我们将压强的概念类比到固体结构上，看看会得到什么结果。假想一个简单圆柱体，其上承担一个载荷。假设圆柱体是均匀的，那么载荷产生的力在圆柱体内部横截面上是均匀分布的。从圆柱底部往上看，横截面上的力是均匀分布的。和压强一样，我们可以想象有一个垂直于圆柱的长轴截面（图 3.8），截面上的力是均匀分布的，类比压强，可定义*应力* σ，即单位面积上的力为

$$\sigma = \frac{F}{A} \tag{3.1}$$

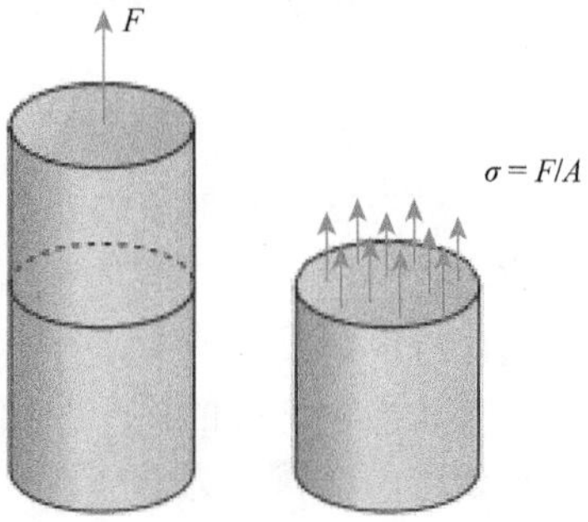

图 3.8 作用力 F 施加于圆柱体，圆柱体两端之间任意垂直于长轴的截面都受到内部正应力 F/A。

这个应力垂直作用于作用面，称为*正应力*。根据惯例，图 3.8 所示的拉应力被定义为正值，压应力被定义为负值。可以发现，压强与应力的正负定义是相反的。

> **释注**
> **拉应力是正的。** 由于大多数材料测试的文献均关注拉伸测试，故一般定义拉应力为正。

应变代表载荷作用下物体长度变化的归一值

　　正如我们把应力定义为力除以作用面积，我们将*应变 ε* 定义为物体长度的变化除以其初始长度。同样以图 3.8 中受拉圆柱为例，设圆柱初始长度为 L。当施加载荷后，圆柱延伸了一个微小长度（ΔL），圆柱的总长度变为 $L + \Delta L$（图 3.9），则将应变定义为

$$\varepsilon = \frac{\Delta L}{L} \qquad (3.2)$$

　　正应力（即与作用力同轴）引起的应变叫作正应变。应变是两种长度的比值，因此没有量纲，经常表达为百分比应变（$\Delta L/L \times 100$）或微应变（$\Delta L/L \times 1\,000\,000$）。同样要注意，应变方向与应力方向相同（拉力时，应力为正；压力时，应力为负）。

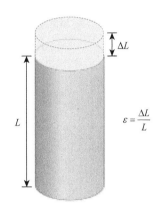

图 3.9　与图 3.8 中相同的圆柱体，受到同样载荷（载荷未画出）时沿着圆柱体轴向伸长。伸长量（ΔL）与圆柱初始长度（L）的比值为应变。

但杨氏模量只是几种弹性模量中的一种，其他的还有体积模量（bulk modulus）和剪切模量（shear modulus）等。

材料的应力-应变曲线反映材料的刚度

通过简单的单轴圆柱体受力的例子，我们定义了应力和应变。在分析更复杂的例子之前，我们首先要了解应力与应变的关系，这有助于理解材料的性能。圆柱体受到轴向拉伸载荷时，将圆柱顶端形变和所施加载荷的关系记录下来。假设圆柱体的材料特性是均匀的（均质），表现为一种弹性材料，而且在所有方向上的材料性能是一致的（各向同性）。尽管我们直接测量到的是圆柱顶部的位移和受力，但可以计算出应力（$\sigma = F/A$）和应变（$\varepsilon = \Delta L/L$），并绘制出应力和应变的关系曲线（图3.10）。

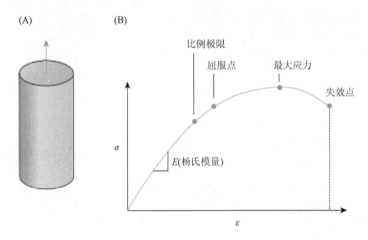

图3.10 图（A）所示为载荷模式，图（B）所示为应力-应变关系曲线。应变较小时，应力-应变关系近似为一直线；这一段称为线性区域，其斜率代表刚度，或称弹性模量。随着载荷增加，材料的应力-应变曲线会依次通过比例极限（线性区域的末端）、屈服点（卸载后变形不可恢复）、最大应力和失效点。

对各种尺寸和形状的圆柱，曲线的整体轮廓都是相同的。很多材料的应力-应变关系曲线近似为一条直线，这种材料称为线性（或线弹性）材料。直线的斜率称为材料的杨氏模量。在胡克定律（Hooke's law）中，这个比例常数就是线性方程 $\sigma = E\varepsilon$ 中的 E（物理系的同学会发现这与弹簧模型中的一维胡克定律 $F = kx$ 是相似的）。随着载荷的增加，应力会达到*比例极限*，材料不再表现为线性。断裂点的应力称为材料的*最大应力*或*强度*。采用应力-应变关系曲线代替力和位移关系曲线的好处就是不会受结构尺寸的影响。

示例3.1：细胞骨架蛋白的伸展

现在我们可以来建立细胞骨架蛋白的简单模型。将细胞骨架视为简单的棒状结构，研究其刚度，但我们感兴趣的并不是材料的刚度，而是聚合物结构整体的轴向刚度，以使我们对细胞结构组分的力学性能有一个直观理解。刚度受到聚合物材料特性和几何尺寸的影响。在表 3.1 中，EA 是结构刚度（单位长度）的相关度量值。

表 3.1　细胞骨架轴向刚度

组分	R/nm	A/nm^2	E/(N/m^2)	EA/N
微管	12.5	492	1.9×10^9	0.94×10^{-6}
中间丝	5.0	79	2.0×10^9	0.16×10^{-6}
微丝	3.5	38	1.9×10^9	0.72×10^{-7}

注：R. 半径；A. 横截面积；E. 杨氏模量。

应力和压强不同，应力具有方向性

应力和压强的一个关键区别就是方向。正如前文所述，液体中任一点的压强都与方向无关，在液体中的给定点，竖直和水平方向上的压强是相同的。相反，应力与方向密切相关，在圆柱体受到轴向载荷的例子中，竖直方向的应力是 F/A，水平方向上没有载荷，因而水平方向上的应力为零。这是由于液体中的分子在载荷下可以流动并改变内力分布的方向，但固体中的分子与其周围的分子结合得更紧密，在载荷下并不会重新分布。在数学上，压强是标量，取决于所测的位置（受力、位移、应力和应变也是如此）。力和位移是矢量（既有大小又有方向），具有方向性。应力和应变取决于力和位移的方向，因此也具有方向性。然而，应力和应变更加复杂，因为其不仅取决于力和位移的方向，还取决于受力面（或位移）的方向。要确定一个应力分量，我们必须知道相对于受力面方向（垂直于面的矢量）的力的方向。应力和应变在数学上被称为*张量*。

剪切应力——力与作用面相互平行时的应力

在之前圆柱体受力的例子中，切面的力垂直于平面，产生*正应力*。如果我们在圆柱上施加垂直于长轴的力（即平行于平面），会产生何种应力呢？再试想一个远离加载区域的虚拟截面的情况。和之前一样，这个力是均匀分布在截面上的，但现在，这些小的分布力与平面平行，而不是垂直于平面（图 3.11）。我们称其为*剪切应力*：

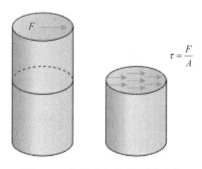

图 3.11　当载荷与作用平面方向平行时，产生剪切应力。

$$\tau = \frac{F}{A} \tag{3.3}$$

通常情况下，我们获得的圆柱截面可以是任意方向的。如果选择一个与圆柱轴线斜交的平面，这个平面上分布的力就是平行力和垂直力的混合。因此，一般情况下，应力是正应力和剪切应力的混合（图 3.12）。

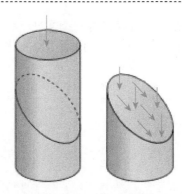

图 3.12　圆柱体受正向载荷，其中任一切面均同时受切向和正向应力（因为向量可分解为平行和垂直于平面的分量）。即使载荷是剪切应力和正向力的组合时，这个结论同样成立。

剪切应变描述的是由剪切应力产生的形变

用来衡量剪切应力产生的形变量，称为剪切应变。在计算正应变时，我们把圆柱顶部的位移（代表长度变化）除以圆柱初始长度，类似地，我们可以将剪切应变定义为横向位移除以初始的垂直长度，或 $\gamma = \delta/L$。由于这是剪切应力的结果，位移的方向垂直于初始长度（图 3.13）。与正应变一样，剪切应变也没有量纲，常表示为百分比应变或微应变。

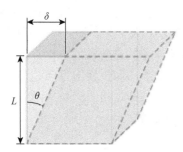

图 3.13　剪切应变由侧向位移（δ）除以初始法向长度（L）得到。

为了更好地说明剪切应变，我们假想一个矩形体。矩形体的底部固定，上部受剪切力，假设由于剪切应力（有时称其为"纯剪切"）的施加，顶面各点产生的位移为 δ。剪切应变就是 δ 和 L 的比，即 $\gamma = \delta/L$。此外，剪切应变也与矩形底部直角的减少量相关，记为 θ，$\delta/L = \tan\theta$。当 $\delta \ll L$ 时，$\tan\theta \approx \theta$，$\theta$ 为弧度。根据胡克定律，我们可以得到小角度下剪切应力和剪切应变与剪切模量 G 之间的关系：

$$\tau = G\gamma = G\theta \tag{3.4}$$

利用剪切应力关系模型分析薄壁圆筒的扭转

我们利用剪切应力和应变来分析一个实例。一个薄壁圆筒的一端固定，另一端施加力矩载荷（图 3.14）。

薄壁圆柱壳体的半径为 R，施加的扭矩为 M。在扭矩的作用下，薄壁圆柱壳体将沿长度方向扭曲。整体的变形与内部的应变相关，位移和应变的关系就是所谓的*动力学*问题。通过测量末端的扭转角 θ 来表示发生了多少扭转。在材料应变相同的情况下，长的薄壁筒比短的薄壁筒有更大的扭转角。用薄壁筒表面平行于长轴的一条线的旋转角（也就是剪切应变 γ）来表示扭转角。我们先考虑表面上一点的位移 δ：

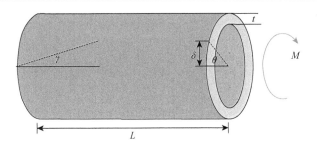

图 3.14　薄壁圆筒的扭矩使壳体发生扭转。我们可以切开壳体，将其看作平面矩形进行近似计算。

$$\delta = \theta R \tag{3.5}$$

式（3.5）即薄壁筒圆周上一点的位置方程，继而得到剪切应变：

$$\gamma = \frac{\delta}{L} = \frac{\theta R}{L} \tag{3.6}$$

式中，L 是圆筒的长度。

接下来，我们将力矩与扭转角建立联系。和轴向载荷相似，合力（力矩）是薄壁筒末端所有应力的合作用力。力矩 $M = \tau A R$，R 是薄壁圆筒的半径（壳体厚度与半径 R 相比很小，此处忽略），τ 是薄壁圆筒末端面积为 A 的区域上的剪切应力。面积 $A = 2\pi R t$，其中 t 是圆柱的厚度（重申 $t \ll R$）。所以，

$$M = \tau 2\pi R^2 t \tag{3.7}$$

变换形式得到剪切应力

$$\tau = \frac{M}{2\pi R^2 t} \tag{3.8}$$

利用材料模型的方程（3.4）和 3.6$\tau = G\gamma$ 得到

$$\theta = \frac{\gamma L}{R} = \frac{ML}{2G\pi R^3 t} \tag{3.9}$$

实体圆柱的扭转可以看作一系列半径连续增加的同心壳体的扭转

现在考虑实心圆柱的例子。我们需要分析圆柱上各点的力的变化，可以通过把圆柱分解成一系列薄壁圆筒进行求解，然后将这些圆筒的结果叠加起来（图 3.15）。

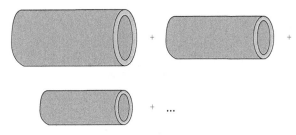

图 3.15　实心圆柱可以近似看作不同尺寸的多个薄壁壳体的集合。每个壳体的半径为 r，厚度为 dr（小写代表微元厚度）。

从动力学开始分析，关注应变是如何随圆筒半径变化的。从上面薄壁圆筒的分析可以得出，在给定扭转角的条件下，剪切应变（及剪切应力）和半径 R 线性相关[式（3.5）和式（3.6）]，现在我们将公式中的半径常量 R 替换为变量半径 R，剪切应变则变成了 R 的函数：

$$\gamma(R) = \frac{\theta}{L} R \tag{3.10}$$

对于薄壁圆筒中一个厚度元来说，$t = \mathrm{d}R \ll R$，薄壁管中的剪切应力为

$$\tau(R) = G\gamma = \frac{G\theta R}{L} \tag{3.11}$$

乘以薄壁壳体的横截面积（沿着扭矩施加之处），得到壳体受到的净力矩微分方程：

$$\mathrm{d}M = \tau 2\pi R^2 \mathrm{d}R = \frac{2G\theta \pi R^3 \mathrm{d}R}{L} \tag{3.12}$$

要得到整个圆柱所受力矩，需要对每个壳体所受力矩进行积分：

$$M = \int_0^R \mathrm{d}M = \int_0^R \frac{2G\theta \pi R^3}{L} \mathrm{d}R = \frac{G\theta \pi R^4}{2L} \tag{3.13}$$

式（3.13）也可以用*极惯性矩 J* 来表示：

$$J = \int_A R^2 \mathrm{d}A = \int_0^R 2\pi R^3 \mathrm{d}R \tag{3.14}$$

它表示一个尺寸已知的截面抵抗扭转的能力。这样我们可以得到式（3.13）更紧凑的表达式：

$$M = \frac{GJ\theta}{L} \tag{3.15}$$

注意，此结果仅适用于圆柱体，如果柱体截面不是圆形，而是矩形或正方形，这个动力学假设就不成立。原来的横截平面不仅在层间滑动，而且会发生形变（不再保持为平面）。这种沿着长轴方向发生的形变称为翘曲，即使在小形变下也会发生。

示例 3.2：细胞骨架蛋白的扭转

我们希望得到典型细胞骨架蛋白扭转时的大概结构刚度。虽然不可能直接将轴向结构刚度和扭转刚度进行比较，但是通过数量级的对比，可以获得一些直观的认知。参数 GJ 包含了材料性能和结构性能的信息（表 3.2）。等效剪切模量很难通过实验测得，但是我们可以用 G 代替 E，其数值在同一数量级内。此外，假设骨架纤维是实心圆柱，尽管对于微管来说，真实情况并非如此，但我们还是采用同一数量级的合理近似。读者可以对其中存在的误差进行计算。通过这种简化计算可以得知，相比之下，轴向变形的力比扭转力更重要，因为后者的数量级相对低很多。

表 3.2　细胞骨架扭转刚度

成分	R/nm	J/nm^4	$G/(\mathrm{N/m}^2)$	$GJ/(\mathrm{N \cdot m}^2)$
微管	12.5	38 400	1.9×10^9	73×10^{-24}
中间丝	5.0	980	2.0×10^9	2.0×10^{-24}
微丝	3.5	230	1.9×10^9	0.44×10^{-24}

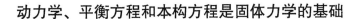

动力学、平衡方程和本构方程是固体力学的基础

利用现阶段我们了解的力学知识，可以解决一个更有挑战性的问题——梁的弯曲。应用我们已知的知识背景和定义来进行分析。其中一定会应用到固体力学的三个基本关系：动力学、平衡方程和本构关系。尽管我们还没有对这三个基本关系进行明确的阐述，但在之前的简单例子中，我们一直在使用这些方程。实际上，在所有的力学问题中都需要囊括这三个基本要素，若再补充边界条件，就可以进行求解。在这个简单的例子中，我们将先依次对这三个要素进行分析，再将它们应用到一般介质力学问题的研究中，这有助于我们的理解。

> **释注**
> 　　**细胞骨架的多聚体通常发生小应变**。经过简化的梁形变被适用于欧拉-伯努利梁理论。特别是对于长杆结构，其剪切变形相比于弯曲产生的位移非常小。细胞骨架这种长杆状的聚合物结构能够很好地满足这些假设。

梁的动力学方程就是应变-位移关系

所有的力学问题都需要建立位移和应变的关系。在之前轴向拉伸和扭转例子中，这种关系简单明确。对于梁的情况，则有些复杂。考虑这样一个梁，其承受弯矩，发生了弯曲（图 3.16）。

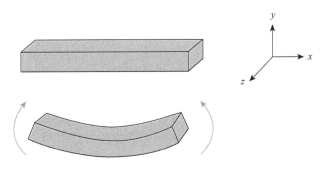

图 3.16　梁承受弯矩载荷的示意图。

通过形变的情况能确定动力学问题，我们对形变做三个简化假设。首先，假设所有 y-z 平面在形变后仍为平面。换言之，y-z 平面可以发生旋转，但是不会发生使平面形状改变的形变，这个假设有时叫作"平截面保持平面"假设。其次，假设平面只发生旋转，但彼此间不发生滑动。换言之，我们忽略平面间的剪切效应。最后，假设由于梁形变，y-z 平面发生了旋转，但是与梁中的原平行于 x 轴的任意假想线保持垂直。这三个假设可充分定义梁中每个点的形变。此外，只要知道梁中心轴的位移，就可以充分定义整个梁

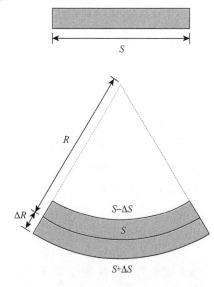

图 3.17 长为 S，厚度为 $\pm\Delta R$ 的梁的一小部分。

的形变状态。如此，梁的问题就变为一个确定 y 方向位移的一维问题，可表示为 $w(x)$。接下来，我们需要通过位移 $w(x)$ 的方程来确定应变。

为了解决这个问题，需要确定梁形变的伸展量或应变，即形变前平行于 x 轴的直线的应变。我们先关注形变梁上的一小部分（图 3.17），研究其上的三条线——上表面线、下表面线和梁的中轴线。若此部分足够小，这些线形变后的形状可近似看作圆弧（位于被称为密切圆的圆上，可通过曲线上任一点的最佳拟合圆来唯一确定）。将中轴线形变后的半径设为 R，上表面曲线半径为 $R-\Delta R$，下表面曲线半径为 $R+\Delta R$。假设此部分梁的中心线初始长度为 S，在变形过程中，中轴线既没有延长也没有缩短，换言之，中轴线的应变为零，因此常被称为中性轴。同心圆弧的周长与半径的比是恒定的，

$$\frac{S+\Delta S}{R+\Delta R}=\frac{S}{R} \tag{3.16}$$

式（3.16）可变形为

$$\frac{\Delta S}{S}=\frac{\Delta R}{R} \tag{3.17}$$

这个 $\Delta S/S$ 的值就是前文中线段的长度变化除以其初始长度，也就是应变。其中 ΔR 是 y 方向假想线到中性轴的距离。如果我们将坐标系建立在中性轴上，则梁的应变可简单地表示为

$$\varepsilon(y)=\frac{y}{R} \tag{3.18}$$

前文之所以没有对"中轴线"的定义加以说明，是因为在此处可以更好地理解它的含义，当然表述为中性轴会更加合适。关于中性轴对称的上下截面，"中轴线"和"中性轴"是重合的，但一般的情况下并不是这样。

值得注意的是，半径 R 并不是常量，而是关于位移 $w(x)$ 的函数。为了求解方程，我们必须得到这个因变量的明确表达式。梁的局部*曲率*是 $1/R$，也就是 κ。在微积分计算中，我们知道，给定曲线的局部斜率是其一阶导数，而局部曲率是其二阶导数。因此，应变就是位移的二阶导数与中性轴距离的乘积：

$$\varepsilon(y)=\frac{y}{R}=y\kappa=y\frac{\mathrm{d}^2\omega}{\mathrm{d}x^2} \tag{3.19}$$

梁的平衡方程就是应力-力矩关系

推导梁-弯曲方程的下一步，是利用平衡方程找出截面的力矩和其上各点应力的关系。我们首先对分布在梁内部的力，即应力（图 3.18），进行直观的分析。梁内侧受压变短，

外侧受拉变长，通过横截面的梁应力呈线性变化。在内侧，应力为负或受压，而在外侧，应力为正或受拉，中性轴上的应力为零。这种线性变化的应力导致弯矩 M 产生。

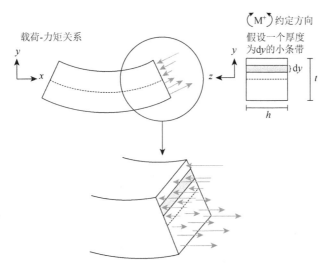

图 3.18　梁末端的合力矩是应力在梁的厚度上的积分。

假想一个穿过梁的 x 位置上任一点的横截面。对于 y-z 平面上一条长为 dy、宽为 h 的小条带，应力作用于条带上产生的力矩等于其上的合力乘以力臂。力臂可参考任意点计算，但在本例中，最适合的参考点是我们设定在中性轴上的坐标系的原点。同时，我们还要定义力矩的正负，可随意定义，可以设置梁的内截面向上弯时的力矩为正（如图 3.18 中所示），也可定义另一个方向为正，但要注意保持一致，否则就会出现无法消去的负值。在分析时最好是形成标注正负的习惯。在本例中，下表面的应力为正（拉应力），上表面为负（压应力）。可知小条带上的力矩 $dM = -y\sigma(y)h\mathrm{d}y$。总的力矩大小就是所有小条带上力矩的积分，即

$$M = \int_{-t/2}^{t/2} \mathrm{d}M = \int_{-t/2}^{t/2} y\sigma(y)h\mathrm{d}y \qquad (3.20)$$

本构方程就是应力-应变关系

分析的最后一部分是本构方程，即表达应力-应变关系的方程。本构方程是材料如何变形的基本描述。在本例中，假设有一个简单的线弹性材料，由胡克定律可知：

$$\sigma(y) = E\varepsilon(y) \qquad (3.21)$$

通过动力学、平衡方程和本构方程的分析，我们完成了理论分析部分。接下来就是将三者结合分析。将应力-应变关系[式（3.21）]代入平衡方程[式（3.20）]，可以得到

$$M = E\int_{-t/2}^{t/2} y\varepsilon(y)h\mathrm{d}y \qquad (3.22)$$

再代入应变-位移关系[式（3.19）]，得到

$$M = E\int_{-t/2}^{t/2} y^2 \frac{\mathrm{d}^2\omega}{\mathrm{d}x^2} h\mathrm{d}y \tag{3.23}$$

由于 ω 不依赖于 y，可从积分中提出来，最终得到一个力矩和曲率的关系方程：

$$M = E\int_{-t/2}^{t/2} y^2 h\mathrm{d}y \frac{\mathrm{d}^2\omega}{\mathrm{d}x^2} = EI\frac{\mathrm{d}^2\omega}{\mathrm{d}x^2} \tag{3.24}$$

其中，

$$I = \int_{-t/2}^{t/2} y^2 h\mathrm{d}y \tag{3.25}$$

惯性二次矩衡量的是抗弯性能

注意式（3.25）中的积分 I 是一个仅与横截面几何形状相关的常数函数，称为*截面二次矩*、*惯性二次矩*或*惯性面积矩*，通常用来衡量截面的几何形状对梁的抗弯性能的贡献。注意，与极惯性矩 J 不同，计算惯性二次矩时须参考力矩施加的方向。因此，经常通过增加下标来表示：

$$I_y = \int_{-t/2}^{t/2} y^2 h\mathrm{d}y \text{ 与 } I_x = \int_{-t/2}^{t/2} x^2 h\mathrm{d}x \tag{3.26}$$

曲率和力矩的关系系数 EI，可以用来度量由材料刚度和几何尺寸共同构成的抗弯能力，称其为*抗弯刚度*。

> **示例 3.3：细胞骨架蛋白的弯曲**
>
> 细胞中时常会出现简单弯曲的情况。细胞骨架是细胞中关键的支撑结构，组成细胞骨架系统的结构成分包括微管、中间丝和微丝。利用细胞骨架组成纤维的杨氏模量和半径，我们可分别估算三种骨架纤维的弯曲刚度（表 3.3）。同样，此处忽略微管的中空形状。
>
> 表 3.3　细胞骨架弯曲刚度
>
> | 成分 | R/nm | I/nm^4 | E/(N/m^2) | EI/(N·m^2) |
> |------|------|------|------|------|
> | 微管 | 12.5 | 19 175 | 1.9×10^9 | 364×10^{-25} |
> | 中间丝 | 5.0 | 491 | 2.0×10^9 | 10×10^{-25} |
> | 微丝 | 3.5 | 118 | 1.9×10^9 | 2×10^{-25} |
>
> 与扭转相同，相比于轴向力，弯曲力的数量级非常低。也就是说，细胞骨架在弯曲和扭转时相对柔软，而在轴向上刚度较大。其在一定程度上与弹簧或绳子相似，难以拉伸，但是容易弯曲和扭转。可以发现，在三种细胞骨架中，微管最抗弯（扭），微丝最接近于弹簧，中间丝介于二者之间。在后面的分析中将会发现，柔性高分子聚合物，如肌动蛋白，其周围分子的热力学行为会影响其柔性，进而影响轴向行为特性。

悬臂梁问题可通过一般的梁方程求解

现在我们利用掌握的方法来解决一个梁弯曲问题。*悬臂梁*问题是一个经典例子，梁的一端被固定，另一端受到一个力载荷（图 3.19）。

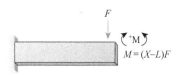

图 3.19 悬臂梁一端固定，另一端受垂直力载荷。

如前文所述，梁的横向位移控制方程为

$$\frac{\mathrm{d}^2 \omega}{\mathrm{d}x^2} = \frac{M(x)}{EI} \tag{3.27}$$

式中，M 是 x 的函数，E 和 I 是常量。设梁的长度为 L，由梁末端作用力 F 产生的力矩等于力乘以力臂，即 $M(x) = (x-L)F$。这是右端的受力情况，那左端的边界条件是怎样的呢？显然，左端位移为零，即 $w(0) = 0$，且它是固定的，故斜率也为零，即 $\mathrm{d}w(0)/\mathrm{d}x = 0$。求解方程

$$\frac{\mathrm{d}^2 \omega}{\mathrm{d}x^2} = \frac{(x-L)F}{EI} \quad \omega(0) = \frac{\mathrm{d}\omega(0)}{\mathrm{d}x} = 0 \tag{3.28}$$

对式（3.28）进行二次积分，得

$$\omega = \frac{F}{EI}\left(\frac{x^3}{6} - L\frac{x^2}{2} + C_1 x + C_2 \right) \tag{3.29}$$

代入边界条件：$\omega(0) = 0 \Rightarrow C_2 = 0$，得

$$\frac{\mathrm{d}\omega(0)}{\mathrm{d}x} = 0 \Rightarrow C_1 = 0 \tag{3.30}$$

得出

$$\omega = \frac{F}{EI}\left(\frac{x^3}{6} - L\frac{x^2}{2} \right) \tag{3.31}$$

从梁方程求屈曲载荷

细胞骨架生物力学中的另一个重要问题，即屈曲问题，可通过梁方程进行分析。考虑梁受轴向载荷的情况（图 3.20）。

与之前的圆柱受力问题不同，现在我们关注的是梁在 y 方向上的形变（而不是 x 方向）与顶端轴向载荷之间的关系。同样，先考虑形变梁的一小部分（图 3.21）。

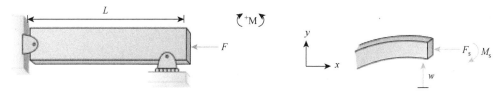

图 3.20 受轴向载荷的梁。　　　　图 3.21 图 3.20 所示的梁中一个小片段的受力图。

从受力图中可以发现，我们已经用力替换了梁的右侧，需要增加一个等效力和力矩，即 F_s 和 M_s。由平衡原理可知，截面上的力 F_s 等于梁顶端的力 F。由于这个力与力 F 作用在不同直线上，故产生了力矩 $F_s y$ 以使受力平衡，作用在纵切面上的力矩 $M_s = -Fy$。梁的方程为

$$\frac{\mathrm{d}^2\omega}{\mathrm{d}x^2} = \frac{M(x)}{EI} = \frac{F\omega}{EI} \qquad (3.32)$$

该方程的求解比式（3.28）的难度稍大，我们需要找到一个方程，在二次求导之后得到原方程，满足该条件的方程为

$$\omega(x) = C_1 \sin(kx) + C_2 \cos(kx) \qquad (3.33)$$

且需满足边界条件 $y(0) = 0$，$C_2 = 0$，由此可得

$$\frac{\mathrm{d}^2\omega}{\mathrm{d}x^2} = \frac{F\omega}{EI} = -C_1 k^2 \sin(kx) \qquad (3.34)$$

代入式（3.32），可得

$$C_1\left(k^2 - \frac{F}{EI}\right)\sin(kx) = 0 \qquad (3.35)$$

式（3.35）的解之一为 $k = 0$ 或 $y(x) = 0$。这个平凡解对应于梁仍保持竖直状态的情况，稍后我们再讨论此种情况。如果 k 不为零，则 k 为

$$k = \pm\sqrt{\frac{F}{EI}} \qquad (3.36)$$

为满足第二个边界条件 $y(L) = 0$，则有

$$C_1 \sin\left(L\sqrt{\frac{F}{EI}}\right) = 0 \text{ 或者 } L\sqrt{\frac{F}{EI}} = n\pi \qquad (3.37)$$

$n = 1$

$n = 2$ ...

图 3.22　梁最早的两阶弯曲模式对应的变形方式。

n 取一个整数则对应一个解，分别对应一种弯曲*模式*（图 3.22）。

注意式（3.36）的所有解与 C_1 的值无关。最小力对应的弯曲模式是 $n = 1$ 时的情况，此时对应的力为

$$F_b = \frac{\pi^2 EI}{L^2} \qquad (3.38)$$

其称为*欧拉屈曲临界压力*。如果载荷 $< F_b$，梁保持竖直，此时的方程解为 $y(x) = 0$，这是一个稳定解。换言之，如果梁稍微偏离平衡位置 $y(x) = 0$，最终它还会回到 $y(x) = 0$ 的状态。另外，如果 $F > F_b$，$y(x) = 0$ 的解是不稳定的，梁会屈曲变形。利用临界压力分析，我们可以通过测量生物聚合物可达到的最长尺寸来求出其 EI 值。

轴向载荷会产生横向应变

在前文对轴向形变进行分析时，我们忽略了一个重要现象，就是在对棒状结构进行轴向拉伸时，并不是所有的形变都只发生在轴向，棒的横截面方向宽度会减小。这种效

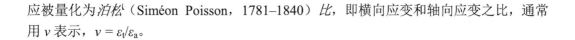

应被量化为*泊松*（Siméon Poisson，1781–1840）*比*，即横向应变和轴向应变之比，通常用 v 表示，$v = \varepsilon_t / \varepsilon_a$。

从简单案例分析得到一般连续方程

通过前面一些简单问题的分析，我们已经建立对力学的一些直观认识，接下来，我们将整理这些方程的一般形式。当然，我们要做一些简化假设，具体而言，连续介质力学尤其适用于小形变下的线弹性材料问题，其局限性在于细胞的力学特征远不同于线弹性极限微元结构的力学特征。本章并不会涵盖弹性小形变理论的所有内容（在机械工程系，这部分内容需要一个学年的课程来完成，而板和壳的线弹性微元理论又需要一个学年的课程）。目前，我们旨在让读者更加熟悉这些计算工具，但很多内容还需要补充。

如前文所述，连续介质力学问题有三个重要部分：动力学、平衡方程和本构方程。下面，我们依次对其进行讲解。

平衡方程揭示应力状态

在讨论应力和平衡方程时，我们首先介绍应力的相关符号系统。在前文的例子中，我们将应力的概念定义为给定测量面上的力的平均分布，其中测量面的位置是明确给出的。现在我们将依据 x、y、z 直角坐标系建立一个广泛适用的定义和符号系统（general definition and notation system），利用测量面的法向向量指明面的方向。

接下来定义 $\boldsymbol{S}_x$ 指示的合力（图 3.23）。x 表示所选取的测量面，其法向向量指向 x 轴正方向。矢量 $\boldsymbol{S}_x$ 可以分解为三个分量，即 S_{x_x}、S_{x_y}、S_{x_z}。因此，在这个面上，可能有三种可能的应力，分别与 $\boldsymbol{S}_x$ 的三个分量对应。我们采取双下标符号指示应力的各个分量，下标

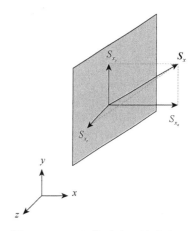

图 3.23 y-z 平面假想切面上的力。

的第一个字母代表测量面，第二个字母代表作用在面上的内力方向。通过以上的定义，我们就能在直角坐标系中定义一个明确的应力分量。对于一个垂直于 x 方向的横切面来说，

$$\sigma_{xx} = \lim_{A \to 0} \frac{S_{x_x}}{A} \tag{3.39}$$

与此类似，x 横切面上的其他应力分量为

$$\tau_{xy} = \lim_{A \to 0} \frac{S_{x_y}}{A} \text{ 且 } \tau_{xz} = \lim_{A \to 0} \frac{S_{x_z}}{A} \tag{3.40}$$

对于垂直于 y 的横切面有

$$\tau_{yx} = \lim_{A \to 0} \frac{S_{y_x}}{A}, \sigma_{yy} = \lim_{A \to 0} \frac{S_{y_y}}{A} \text{ 且 } \tau_{yz} = \lim_{A \to 0} \frac{S_{y_z}}{A} \tag{3.41}$$

对于垂直于 z 的横切面有

$$\tau_{zx} = \lim_{A \to 0} \frac{S_{z_x}}{A}, \tau_{zy} = \lim_{A \to 0} \frac{S_{z_y}}{A} \text{ 且 } \sigma_{zz} = \lim_{A \to 0} \frac{S_{z_z}}{A} \tag{3.42}$$

确定一致的符号系统之后，我们试着从平衡方程中获得应力的信息。需要记住，平衡状态是指力的状态。具体来说，对于非加速运动物体，其上合力为零。想象一个一般固体中的一小块材料，分析微元上的受力（图 3.24）。假设微元的尺寸为 dx、dy、dz，每个面上都承受一个正应力和两个剪切应力。但由于微元非常小，我们可以将一个远离原点的面上的力近似为邻近面上的力及其导数的函数。取泰勒级数的第一项

$$S_{x_x}(x + dx) = S_{x_x}(x) + \frac{dS_{x_x}(x)}{dx} dx \tag{3.43}$$

对 x、y、z 方向上的力求和：

$$\sum fx = 0 \Rightarrow \left(-S_{x_x} + S_{x_x} + \frac{dS_{x_x}}{dx} dx \right) + \left(-S_{y_x} + S_{y_x} + \frac{dS_{y_x}}{dy} dy \right) + \left(-S_{z_x} + S_{z_x} + \frac{dS_{z_x}}{dz} dz \right)$$

$$\sum fy = 0 \Rightarrow \left(-S_{x_y} + S_{x_y} + \frac{dS_{x_y}}{dx} dx \right) + \left(-S_{y_y} + S_{y_y} + \frac{dS_{y_y}}{dy} dy \right) + \left(-S_{z_y} + S_{z_y} + \frac{dS_{z_y}}{dz} dz \right) \tag{3.44}$$

$$\sum fz = 0 \Rightarrow \left(-S_{x_z} + S_{x_z} + \frac{dS_{x_z}}{dx} dx \right) + \left(-S_{y_z} + S_{y_z} + \frac{dS_{y_z}}{dy} dy \right) + \left(-S_{z_z} + S_{z_z} + \frac{dS_{z_z}}{dz} dz \right)$$

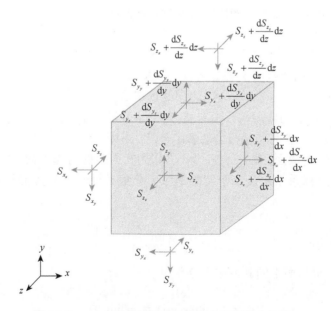

图 3.24 一个与坐标轴同向的微元上所有的力分量。

所有圆括号中的前两项相消。然后每一行都除以微元体积（d*x*d*y*d*z），将其简化为

$$\frac{\left(\dfrac{\mathrm{d}S_{x_x}}{\mathrm{d}x}\right)}{\mathrm{d}y\mathrm{d}z}+\frac{\left(\dfrac{\mathrm{d}S_{y_x}}{\mathrm{d}y}\right)}{\mathrm{d}x\mathrm{d}z}+\frac{\left(\dfrac{\mathrm{d}S_{z_x}}{\mathrm{d}x}\right)}{\mathrm{d}y\mathrm{d}z}=0$$

$$\frac{\left(\dfrac{\mathrm{d}S_{x_x}}{\mathrm{d}x}\right)}{\mathrm{d}y\mathrm{d}z}+\frac{\left(\dfrac{\mathrm{d}S_{y_x}}{\mathrm{d}y}\right)}{\mathrm{d}x\mathrm{d}z}+\frac{\left(\dfrac{\mathrm{d}S_{z_x}}{\mathrm{d}z}\right)}{\mathrm{d}x\mathrm{d}y}=0$$

$$\frac{\left(\dfrac{\mathrm{d}S_{x_y}}{\mathrm{d}x}\right)}{\mathrm{d}y\mathrm{d}z}+\frac{\left(\dfrac{\mathrm{d}S_{y_y}}{\mathrm{d}y}\right)}{\mathrm{d}x\mathrm{d}z}+\frac{\left(\dfrac{\mathrm{d}S_{z_y}}{\mathrm{d}z}\right)}{\mathrm{d}x\mathrm{d}y}=0$$

$$\frac{\left(\dfrac{\mathrm{d}S_{x_z}}{\mathrm{d}x}\right)}{\mathrm{d}y\mathrm{d}z}+\frac{\left(\dfrac{\mathrm{d}S_{y_z}}{\mathrm{d}y}\right)}{\mathrm{d}x\mathrm{d}z}+\frac{\left(\dfrac{\mathrm{d}S_{z_z}}{\mathrm{d}z}\right)}{\mathrm{d}x\mathrm{d}y}=0$$

（3.45）

可以发现，上式的每一项都有微分域。每种情况中，微分域都与分子的导数无关。因此，我们改写得到

$$\frac{\mathrm{d}}{\mathrm{d}x}\left(\frac{S_{x_x}}{\mathrm{d}y\mathrm{d}z}\right)+\frac{\mathrm{d}}{\mathrm{d}y}\left(\frac{S_{y_x}}{\mathrm{d}x\mathrm{d}z}\right)+\frac{\mathrm{d}}{\mathrm{d}z}\left(\frac{S_{z_x}}{\mathrm{d}y\mathrm{d}z}\right)=0$$

$$\frac{\mathrm{d}}{\mathrm{d}x}\left(\frac{S_{x_y}}{\mathrm{d}y\mathrm{d}z}\right)+\frac{\mathrm{d}}{\mathrm{d}y}\left(\frac{S_{y_y}}{\mathrm{d}x\mathrm{d}z}\right)+\frac{\mathrm{d}}{\mathrm{d}z}\left(\frac{S_{z_y}}{\mathrm{d}y\mathrm{d}z}\right)=0$$

$$\frac{\mathrm{d}}{\mathrm{d}x}\left(\frac{S_{x_z}}{\mathrm{d}y\mathrm{d}z}\right)+\frac{\mathrm{d}}{\mathrm{d}y}\left(\frac{S_{y_z}}{\mathrm{d}x\mathrm{d}z}\right)+\frac{\mathrm{d}}{\mathrm{d}z}\left(\frac{S_{z_z}}{\mathrm{d}y\mathrm{d}z}\right)=0$$

（3.46）

圆括号中的微分域是各个力分量的法向面，这样我们就得到了应力的定义。此时，平衡方程可表述为下列简洁形式：

$$\frac{\mathrm{d}\sigma_{xx}}{\mathrm{d}x}+\frac{\mathrm{d}\sigma_{yx}}{\mathrm{d}y}+\frac{\mathrm{d}\sigma_{zx}}{\mathrm{d}z}=0$$

$$\frac{\mathrm{d}\sigma_{xy}}{\mathrm{d}x}+\frac{\mathrm{d}\sigma_{yy}}{\mathrm{d}y}+\frac{\mathrm{d}\sigma_{zy}}{\mathrm{d}z}=0$$

$$\frac{\mathrm{d}\sigma_{xz}}{\mathrm{d}x}+\frac{\mathrm{d}\sigma_{yz}}{\mathrm{d}y}+\frac{\mathrm{d}\sigma_{zz}}{\mathrm{d}z}=0$$

（3.47）

示例 3.4：应力的对称性

　　通过对无穷小微元的受力分析，我们可以得到应力的另外一个重要性质。注意平衡方程是要求合力为零得到的结果。那么力矩如何呢？我们知道，对于一个非加速物体，任意轴上的力矩和一定为零。在本例中，我们来计算穿过微元中心的 *x* 轴方向的力矩（图 3.25）。

合力矩为

$$\sum M_x = 0 \Rightarrow 2S_{y_z} + 2S_{z_y} = 0$$

或 $S_{y_z} = S_{z_y}$。对于应力来说，有

$$\iint \sigma_{zy} \mathrm{d}x\mathrm{d}y = \iint \sigma_{yz} \mathrm{d}x\mathrm{d}y \quad 或 \sigma_{zy} = \sigma_{yz}$$

对于 y 轴和 z 轴，类似可得

$$\sigma_{xy} = \sigma_{yx} \text{ 和 } \sigma_{zx} = \sigma_{xz}$$

对于任何非加速的物体，这种对称性是应力的重要特征。因为 σ_{yx}、σ_{zx} 和 σ_{zy} 并不包含其他的信息，所以其通常分别用 σ_{xy}、σ_{xz} 和 σ_{yz} 来表示。

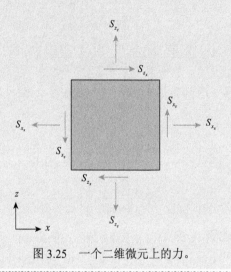

图 3.25　一个二维微元上的力。

动力学描述应变和位移的关系

什么是应变呢？表征应变和位移关系的方程就是动力学方程，同时也是应变的正式定义。与前文中的简单例子不同，一个物体的形变可以利用通用方程来描述。假设在一个指定的 x、y、z 直角坐标系中有一个可变形体，物体上的一点在 x、y、z 方向上分别发生给定位移 u、v、w。

我们首先来定义正应变。假想一个发生微小形变的物体，我们在未形变的物体内定义一段测试线，看看在形变中它如何变化（图 3.26）。我们将依次分析测试线段的所有可能变形和方向变换。首先假设测试线段在 x 轴方向，测试线段的两端分别为 A 和 B，可以独立发生位移。

现在我们要计算测试线段的伸长量。通常情况下，这个伸长量是 u、v 和 w 的函数。但在形

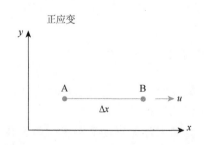

图 3.26　物体中 x 方向上的一条假想线段。

变很小的情况下，测试线段的变形主要由 u 控制，这种情况下的应变是*无限小*或*小变形*应变，称为*柯西应变*。线段的伸长量为 u_A-u_B，那么线段的平均应变就是其长度变化除以初始长度 $(u_A-u_B)/(x_A-x_B) = \Delta u/\Delta x$。那么，初始长度趋于零时的应变则可定义为线段任意点上的应变，测试线段初始长度趋近于零时的平均应变为

$$\varepsilon = \lim_{\Delta x \to 0} \frac{\Delta u}{\Delta x} \qquad (3.48)$$

可以发现，这也是导数的定义。为了明确我们关注的是初始方向为 x 轴向的测试线段上 x 方向的位移，我们利用两个下标指示应变分量：

$$\varepsilon_{xx} = \frac{\mathrm{d}u}{\mathrm{d}x} \qquad (3.49)$$

与此类似，在 y 和 z 方向上，

$$\varepsilon_{yy} = \frac{\mathrm{d}v}{\mathrm{d}y}$$
$$\varepsilon_{zz} = \frac{\mathrm{d}w}{\mathrm{d}z} \qquad (3.50)$$

接下来我们分析剪切应变。参考正应变的定义，我们可以将剪切应变定义为

$$\varepsilon_{xy} = \frac{\mathrm{d}v}{\mathrm{d}x} \qquad (3.51)$$

这种方法也许存在一定的合理性，但是其中存在一个问题，即这种方式定义下的应变并不是对称的，因为通常情况下，

$$\frac{\mathrm{d}v}{\mathrm{d}x} \neq \frac{\mathrm{d}u}{\mathrm{d}y} \qquad (3.52)$$

将应变定义为对称式将会简化很多计算，因此将剪切应变定义为

$$\varepsilon_{xy} = \frac{1}{2}\left(\frac{\mathrm{d}v}{\mathrm{d}x} + \frac{\mathrm{d}u}{\mathrm{d}y}\right) \qquad (3.53)$$

这个公式具有对称性，显然，$\varepsilon_{xy} = \varepsilon_{yx}$，$\varepsilon_{xz} = \varepsilon_{zx}$，且 $\varepsilon_{yz} = \varepsilon_{zy}$。

为了区别正应变和剪切应变，有时用 γ 来表达剪切应变分量。符号 γ 代表纯剪切或纯扭转例子中的工程应变。它与连续体应变 ε 相差一个系数 2，即

$$\gamma_{xy} = 2\varepsilon_{xy},\ \gamma_{xz} = 2\varepsilon_{xz},\ \gamma_{yz} = 2\varepsilon_{yz},\ \gamma_{xy} = 2\varepsilon_{xy},\ \gamma_{xz} = 2\varepsilon_{xz},\ \gamma_{yz} = 2\varepsilon_{yz}$$

用本构方程或应力-应变关系解释材料的特性

如何将应变和应力联系起来呢？如前文所述，表征应力-应变关系的方程是本构方程，本构方程能够反映材料的特性，不同的材料具有不同的本构方程。在本章之前的内容中，我们介绍了一维的胡克定律，即 $\sigma = E\varepsilon$。现在，我们试着演绎胡克定律来描述三维、各向同性的、xy 线弹性固体的材料特性。之前，我们已经通过一些简单的例子描述了胡克定律的三个部分。我们利用 $\sigma = E\varepsilon$ 描述单轴变形，利用泊松比 $\varepsilon_i = -v\varepsilon_a$ 描述产生的横向

收缩，利用 $\tau = G\gamma$ 描述剪切变形。现在，我们将试着找出胡克定律的通用形式。假设我们已知一组应力，包含三个正应力和三个剪切应力，是否能解出 6 个应变？换言之，用于与应力相乘的 36（即 6×6）个系数分别是多少？注意，我们假设材料的几个应力分量为零，这样通过系数乘以应力获得应变的难度就有所降低。因为我们描述的是线性材料，所以可以在新定义的符号系统中分别分析，然后将这些性质相加。从前文例子和对杨氏模量的定义可知，当我们假设其他应力为零，仅施加一个正向应力时，同方向应变对应的系数为 $1/E$。由此我们可得到其中的三个系数。

现在我们看看从泊松比中能得到什么信息呢？如果应力施加在 x 轴方向，可知 y 和 z 方向上的正应变是 x 方向上正应变的 $-\nu$ 倍，这样我们又得到 6 个系数。对于剪切应变来说，我们知道，若施加一个纯剪切应力，正应变和其他方向上的剪切应变均为零，这样我们又得到 24 个为零的系数。最后，我们知道剪切应变和剪切应力的比例系数为 $1/G$，从而获得最后三个系数。因此得到方程的一般形式如下：

$$\varepsilon_{xx} = \frac{1}{E}[\sigma_{xx} - \nu\sigma_{yy} - \nu\sigma_{zz}], \quad \gamma_{xy} = (1/G)\tau_{xy}$$

$$\varepsilon_{yy} = \frac{1}{E}[-\nu\sigma_{xx} + \sigma_{yy} - \nu\sigma_{zz}], \quad \gamma_{xz} = (1/G)\tau_{xz} \tag{3.54}$$

$$\varepsilon_{zz} = \frac{1}{E}[-\nu\sigma_{xx} - \nu\sigma_{yy} + \sigma_{zz}], \quad \gamma_{yz} = (1/G)\tau_{yz}$$

注意在式（3.54）中有三个材料常数（E、ν、G），其中两个是相互独立的。剪切模量 G 可以用杨氏模量 E 和泊松比 ν 来表示，即 $G = E/2(1+\nu)$，因此有

$$\varepsilon_{xx} = \frac{1}{E}[\sigma_{xx} - \nu\sigma_{yy} - \nu\sigma_{zz}], \quad \tau_{xy} = \frac{E}{2(1+\nu)}\gamma_{xy}$$

$$\varepsilon_{yy} = \frac{1}{E}[-\nu\sigma_{xx} + \sigma_{yy} - \nu\sigma_{zz}], \quad \tau_{xz} = \frac{E}{2(1+\nu)}\gamma_{xz} \tag{3.55}$$

$$\varepsilon_{zz} = \frac{1}{E}[-\nu\sigma_{xx} - \nu\sigma_{yy} + \sigma_{zz}], \quad \tau_{yz} = \frac{E}{2(1+\nu)}\gamma_{yz}$$

这些方程可以转换为用应变来表达应力：

$$\sigma_{xx} = \frac{E}{(1+\nu)(1-2\nu)}[(1-\nu)\varepsilon_{xx} + \nu\varepsilon_{yy} + \nu\varepsilon_{zz}], \quad \tau_{xy} = \frac{E}{2(1+\nu)}\gamma_{xy}$$

$$\sigma_{yy} = \frac{E}{(1+\nu)(1-2\nu)}[\nu\varepsilon_{xx} + (1-\nu)\varepsilon_{yy} + \nu\varepsilon_{zz}], \quad \tau_{xz} = \frac{E}{2(1+\nu)}\gamma_{xz} \tag{3.56}$$

$$\sigma_{zz} = \frac{E}{(1+\nu)(1-2\nu)}[\nu\varepsilon_{xx} + \nu\varepsilon_{yy} + (1-\nu)\varepsilon_{zz}], \quad \tau_{yz} = \frac{E}{2(1+\nu)}\gamma_{yz}$$

连续介质力学中用向量符号使方程更简洁

固体力学的连续方程的书写非常烦琐，因此出现了多种简洁的表达方式。其中最广泛使用的是*沃伊特符号*或*向量符号*系统，其中的应力和应变分量可以整理为向量：

$$\sigma = \begin{Bmatrix} \sigma_{xx} \\ \sigma_{yy} \\ \sigma_{zz} \\ \tau_{xy} \\ \tau_{xz} \\ \tau_{yz} \end{Bmatrix} \text{和} \quad \varepsilon = \begin{Bmatrix} \varepsilon_{xx} \\ \varepsilon_{yy} \\ \varepsilon_{zz} \\ \gamma_{xy} \\ \gamma_{xz} \\ \gamma_{yz} \end{Bmatrix} \tag{3.57}$$

使用这种符号表达可以使式（3.55）的应力-应变关系简化为

$$\begin{Bmatrix} \sigma_{xx} \\ \sigma_{yy} \\ \sigma_{zz} \\ \tau_{xy} \\ \tau_{xz} \\ \tau_{yz} \end{Bmatrix} = \frac{E}{(1+v)(1-2v)} \begin{bmatrix} 1-v & v & v & 0 & 0 & 0 \\ v & 1-v & v & 0 & 0 & 0 \\ v & v & 1-v & 0 & 0 & 0 \\ 0 & 0 & 0 & \dfrac{1-2v}{2} & 0 & 0 \\ 0 & 0 & 0 & 0 & \dfrac{1-2v}{2} & 0 \\ 0 & 0 & 0 & 0 & 0 & \dfrac{1-2v}{2} \end{bmatrix} \begin{Bmatrix} \varepsilon_{xx} \\ \varepsilon_{yy} \\ \varepsilon_{zz} \\ \gamma_{xy} \\ \gamma_{xz} \\ \gamma_{yz} \end{Bmatrix} \text{或} \sigma = C\varepsilon$$

$$\tag{3.58}$$

和

$$\begin{Bmatrix} \varepsilon_{xx} \\ \varepsilon_{yy} \\ \varepsilon_{zz} \\ \varepsilon_{xy} \\ \varepsilon_{xz} \\ \varepsilon_{yz} \end{Bmatrix} = \begin{bmatrix} \dfrac{1}{E} & \dfrac{-v}{E} & \dfrac{-v}{E} & 0 & 0 & 0 \\ \dfrac{-v}{E} & \dfrac{1}{E} & \dfrac{-v}{E} & 0 & 0 & 0 \\ \dfrac{-v}{E} & \dfrac{-v}{E} & \dfrac{1}{E} & 0 & 0 & 0 \\ 0 & 0 & 0 & \dfrac{2(1+v)}{E} & 0 & 0 \\ 0 & 0 & 0 & 0 & \dfrac{2(1+v)}{E} & 0 \\ 0 & 0 & 0 & 0 & 0 & \dfrac{2(1+v)}{E} \end{bmatrix} \begin{Bmatrix} \sigma_{xx} \\ \sigma_{yy} \\ \sigma_{zz} \\ \tau_{xy} \\ \tau_{xz} \\ \tau_{yz} \end{Bmatrix} \text{或} \varepsilon = D\sigma \tag{3.59}$$

释注：使用拉梅常量简化胡克定律公式

　　式（3.58）可以表示为更紧凑的形式：

$$\begin{Bmatrix} \sigma_{xx} \\ \sigma_{yy} \\ \sigma_{zz} \\ \tau_{xy} \\ \tau_{xz} \\ \tau_{yz} \end{Bmatrix} = \begin{bmatrix} \lambda+2\mu & \lambda & \lambda & 0 & 0 & 0 \\ \lambda & \lambda+2\mu & \lambda & 0 & 0 & 0 \\ \lambda & \lambda & \lambda+2\mu & 0 & 0 & 0 \\ 0 & 0 & 0 & 2\mu & 0 & 0 \\ 0 & 0 & 0 & 0 & 2\mu & 0 \\ 0 & 0 & 0 & 0 & 0 & 2\mu \end{bmatrix} \begin{Bmatrix} \varepsilon_{xx} \\ \varepsilon_{yy} \\ \varepsilon_{zz} \\ \varepsilon_{xy} \\ \varepsilon_{xz} \\ \varepsilon_{yz} \end{Bmatrix}$$

其中

$$\lambda = \frac{Ev}{(1+v)(1-2v)}$$

且有

$$\mu = \frac{E}{2(1+v)}$$

式中，μ 和 λ 称为拉梅常量。

扩展材料：坐标系旋转

我们所用的向量记法只是一种符号系统。我们把应力和应变的分量表示为向量，可以便于计算。但应力和应变不是数学向量。我们知道，向量是同时具有大小和方向的量，如力、变形和速度。这意味着向量在坐标变换中仍保持大小和方向不变，也就是说，在不同的坐标系统中，向量的分量之间存在特定的关系。假设我们有两套（正交）坐标系统，一个用向量 x、y 和 z 表示，而另一个用 x'、y' 和 z' 来表示（x、y、z、x'、y'、z' 称为基础向量）。同时，定义向量间夹角为 $\theta_{xx'}$、$\theta_{xy'}$ 等。那么旋转矩阵 Q 可以定义为

$$Q = \begin{bmatrix} \cos(\theta_{xx'}) & \cos(\theta_{xy'}) & \cos(\theta_{xz'}) \\ \cos(\theta_{yx'}) & \cos(\theta_{yy'}) & \cos(\theta_{yz'}) \\ \cos(\theta_{zx'}) & \cos(\theta_{zy'}) & \cos(\theta_{zz'}) \end{bmatrix}$$

通过乘以矩阵 Q，旧坐标系统中的任何向量都可以在新的坐标系统中表达。也就是说，如果 x、y、z 坐标系中的向量为 P，则 x'、y'、z' 系统中的 P' 可表示为 $P' = QP$。将遵守这种坐标变化法则的量定义为向量，这也是向量的正式定义。但是，应力和应变这两个"向量"并不遵从这一法则。实际上，应力和应变是另一种更为普遍的数学量，即*张量*，张量的正确变换法则需要通过矩阵来表示，如

$$\sigma = \begin{bmatrix} \sigma_{xx} & \sigma_{xy} & \sigma_{xz} \\ \sigma_{yx} & \sigma_{yy} & \sigma_{yz} \\ \sigma_{xz} & \sigma_{yz} & \sigma_{zz} \end{bmatrix} \text{ 以及 } \sigma' = Q^{\mathrm{T}} \sigma Q$$

在本书中，我们不会用到张量或张量数学计算，而是用矩阵计算来实现运算的目的，但我们要记住应力和应变等数学量实际上是张量。在 3.3 节中，我们将根据连续体力学中的名称定义一些新的物理量，读者可以对此做一些扩展阅读。

应力和应变可用矩阵表示

当使用向量表达应力和应变时，可以利用矩阵方程的形式简化三维胡克定律。应力和应变的每个分量都由双坐标轴下标指示，因此用矩阵来描述应力和应变更为准确，即*矩阵符号*：

$$\sigma = \begin{bmatrix} \sigma_{xx} & \sigma_{xy} & \sigma_{xz} \\ \sigma_{yx} & \sigma_{yy} & \sigma_{yz} \\ \sigma_{zx} & \sigma_{zy} & \sigma_{zz} \end{bmatrix} \text{ 以及 } \varepsilon = \begin{bmatrix} \varepsilon_{xx} & \varepsilon_{xy} & \varepsilon_{xz} \\ \varepsilon_{yx} & \varepsilon_{yy} & \varepsilon_{yz} \\ \varepsilon_{zx} & \varepsilon_{zy} & \varepsilon_{zz} \end{bmatrix} \tag{3.60}$$

这种表示方法有助于应力和应变的计算，以及新关系式的建立。记住，不管是哪种符号系统，包含的信息都是相同的（由于对称性的关系，矩阵中 9 个分量中的三个是冗余的）。接下来，我们通过主应力和主应变的计算来认识矩阵符号的优势。

主应力方向上的剪切应力为零

在线性代数中，一个对称的正矩阵一定有一个相关的特征向量。也就是说，一个向量乘以一个未知矩阵，可以得到相同的向量乘以一个标量，即

$$Av = \varphi v \tag{3.61}$$

式中，v 是*特征向量*；φ 是*特征值*。

通常，一个 3×3 矩阵有三个特征向量/特征值。从线性代数可知，主应力就是*特征方程*的解：

$$|A - \varphi I| = \det \begin{bmatrix} A_{11} - \varphi & A_{11} & A_{13} \\ A_{21} & A_{22} - \varphi & A_{23} \\ A_{31} & A_{32} & A_{33} - \varphi \end{bmatrix} \tag{3.62}$$

式中，I 为单位矩阵（对角线元素为 1，其余为 0），这其实是一个三阶多项式方程。应力的三个特征值称为主应力，记为 φ_1、φ_2 和 φ_3。类似地，主应变记为 ε_1、ε_2 和 ε_3。对于各向同性材料，应力和应变的特征向量的排列相同，称为主方向 v_1、v_2 和 v_3。我们之所以称其为主应力或主应变，是因为它们不随坐标系统而改变，也就是说，不管如何设定坐标轴，对于给定的形变，主应力和主应变总是相同的。同样，主方向也不会改变。如果你在对角方向上抓住一个正方形物体并拉它，这个正方形物体会变形成风筝形，在任何坐标系中，总有一个主应力方向是风筝的长轴方向。

> **释注**
>
> 　　"特征值"一词从何而来？"特征"是一个德文词汇，意为"自己"，意味着"固有的、内在的"。

主方向具有一些特别的、有用的属性。三个主方向是彼此互相垂直或相互*正交*的，意味着它们可构建一个直角坐标系，并且可以把原有的直角坐标系从 x、y 和 z 轴转换到 v_1、v_2 和 v_3。如此转换坐标系后，应力和应变矩阵也会发生变化以符合新的坐标系，应力矩阵中非对角线上的分量变为零，对角线上的分量即主应力。换言之，在由主应力方向确定坐标系中，σ 为

$$\sigma = \begin{bmatrix} \sigma_1 & 0 & 0 \\ 0 & \sigma_2 & 0 \\ 0 & 0 & \sigma_3 \end{bmatrix} \tag{3.63}$$

这个特殊的性质意味着，不管应力状态多么复杂，总存在一个坐标系，能够只保留下正应力，而使所有剪切应力均为零。甚至可以说，只要指定主应力和主方向，就足以充分定义应力状态，对于应变也是如此。

示例 3.5：主应变

假设我们在一张弹性膜上培养细胞以研究细胞对基底拉伸的响应，现在需要分析弹性膜的变形。设定三个标记点，初始坐标为（0,0）（1,0）和（0,1），膜形变后，三点坐标分别变为（0,0）（1.015,0.005）和（0.005,1.015）。那么应变是多少？主应变和主方向如何？

我们首先计算应变。设置标记点的初始坐标使计算变得简便，我们有（0,0）到（1,0）和（0,0）到（0,1）两条线段，初始长度均为1。首先来分析正应变，初始线段在 x 方向上延长了 1.5%，所以 $\varepsilon_{xx} = 0.015$。其在 y 方向上也有 0.5% 的位移，所以 $\varepsilon_{xy} = 0.005$。同样地，$\varepsilon_{yy} = 0.015$ 且 $\varepsilon_{yx} = 0.005$。

$$\varepsilon = \begin{bmatrix} 0.015 & 0.005 \\ 0.005 & 0.015 \end{bmatrix} \tag{3.64}$$

为了求主应变，我们先要算出 ε 的特征值。

$$\varepsilon v_a = \varepsilon_a v_a \tag{3.65}$$

式（3.65）是关于应变 ε、主应变 ε_a 和主方向 v_a 的特征方程。注意我们可将方程变换为

$$(\varepsilon v_a - I \varepsilon_a v_a) = 0 \tag{3.66}$$

进而可整理为

$$(\varepsilon - I \varepsilon_a) v_a = 0 \tag{3.67}$$

对于非零的 v_a（特征向量），式（3.67）一定成立，且括号中的量不可逆。因此，$(\varepsilon - I \varepsilon_a) = 0$，即

$$\begin{vmatrix} 0.015 - \varepsilon_a & 0.005 \\ 0.005 & 0.015 - \varepsilon_a \end{vmatrix} = 0 \tag{3.68}$$

通过代数运算可知

$$0.000225 - 0.03\varepsilon_a + \varepsilon_a^2 - 0.000025 = \varepsilon_a^2 - 0.03\varepsilon_a + 0.0002 = 0 \tag{3.69}$$

方程的两个根是 $\varepsilon_1 = 0.02$ 和 $\varepsilon_2 = 0.01$，即两个主应变是 2% 和 1%。那么，这些主应变在什么方向上呢？我们需求解主方向。对于每个 ε_a，我们依次代入特征方程：

$$\varepsilon v_a = \varepsilon_a v_a$$

可知，对应于 ε_1 的特征向量为（1,1），对应于 ε_2 的特征向量为（1,-1）。我们知道，在求解特征向量时，任意特征向量都可能按比例放大或缩小，且得到的向量仍是特征向量。因此，我们既可以规定特征向量的长度，也可以设定特征向量的分量为任意值（此处为了计算方便，我们设置值为1，或者，可以设定特征向量为单位向量）。

可以发现，我们得到的特征向量与坐标系成 45° 角。通过逆时针旋转坐标系，得到一个新的坐标系，如下所示：

$$x' = \frac{1}{\sqrt{2}}\begin{Bmatrix} 1 \\ 1 \end{Bmatrix}, y' = \frac{1}{\sqrt{2}}\begin{Bmatrix} 1 \\ -1 \end{Bmatrix} \tag{3.70}$$

旋转矩阵（见扩展材料，坐标系旋转，见第81~82页）为

$$Q = \begin{bmatrix} \cos\left(\dfrac{-\pi}{4}\right) & \cos\left(\dfrac{-3\pi}{4}\right) \\ \cos\left(\dfrac{\pi}{4}\right) & \cos\left(\dfrac{-\pi}{4}\right) \end{bmatrix} = \begin{bmatrix} \dfrac{\sqrt{2}}{2} & -\dfrac{\sqrt{2}}{2} \\ \dfrac{\sqrt{2}}{2} & \dfrac{\sqrt{2}}{2} \end{bmatrix} \tag{3.71}$$

在这个新坐标系中，

$$\varepsilon = \begin{bmatrix} 0.02 & 0.0 \\ 0.0 & 0.01 \end{bmatrix} \tag{3.72}$$

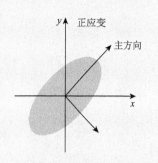

图 3.27 应变椭圆显示正应变方向。在本例中，较大的应变在（1, 1）方向，较小的应变在（1, -1）方向。

应变椭圆（图 3.27）显示了主应变的方向，并且可以看出最大和最小正应变发生在主方向上。

3.3 大变形力学

在力学中，如果变形太大，就无法进行无限小近似处理，此时问题就成为*大变形体/有限变形力学*。细胞的变形有时非常大，可达到 5%~10%，我们将讨论这种大变形如何量化（动力学），暂不讨论平衡（应力）和本构模型。

> **释注**
>
> **关于符号的说明**。通常，未变形的矢量用大写 X 来表示，变形后的矢量用小写 x 表示。在这里，我们改变符号用以区别 "x" 和 x 坐标轴。

用变形梯度张量来描述大变形

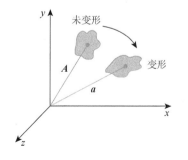

图 3.28 将一个普通物体未变形时的形状定义为矢量集 A，变形后的形状定义为矢量集 a。

以一个物体为例（图 3.28），未变形时，物体内的每个点可以用矢量 A 来描述，发生变形后，新构型则用矢量 a 来描述。

这是一种通用的方法，可以描述任何变形。但需满足几个简单条件，如没有孔洞或裂纹且变形是光滑的。考虑未变形构型中的一个微小线段 dA，变形后为 da。利用泰勒级数展开来近似变形，注意我们忽略了高阶项，用近似矩阵方程将两者相关联：

$$d\boldsymbol{a} = \boldsymbol{F}d\boldsymbol{A} \tag{3.73}$$

此处 $\boldsymbol{F}$ 称为变形梯度：

$$F = \frac{\partial a}{\partial A} = \begin{bmatrix} \dfrac{\partial a_x}{\partial A_x} & \dfrac{\partial a_x}{\partial A_y} & \dfrac{\partial a_x}{\partial A_z} \\[3mm] \dfrac{\partial a_y}{\partial A_x} & \dfrac{\partial a_y}{\partial A_y} & \dfrac{\partial a_y}{\partial A_z} \\[3mm] \dfrac{\partial a_z}{\partial A_x} & \dfrac{\partial a_z}{\partial A_y} & \dfrac{\partial a_z}{\partial A_z} \end{bmatrix} \tag{3.74}$$

F 的用途非常广泛，可以说是所有大变形动力学的基础，这里我们将描述几个特别相关的应用实例。

> **释注**
>
> 　　**大变形力学中的术语/专门用语**。Clifford Truesdell 和 Walter Noll（Truesdell 的研究生）在其 1965 年经典论文 *The non-liner field theories of mechanics*（"力学的非线性场理论"）中对大变形力学的大部分符号和术语做了介绍。近来，Noll 认为"变形梯度"（deformation gradient）有时会产生误导，建议将其替换为"换位梯度"（transplacement gradient），并且在 Truesdell 和 Noll 的后续研究中均采用了换位梯度一词，但变形梯度这一说法还是被各种文献广泛使用。

拉伸是另一种变形的几何度量方法

"应变"被很自然地用以量化变形，但并不是唯一的一种方法，根据实际应用条件的不同，还存在其他几种变形度量方法。另一个常用的变形度量方法是*拉伸*。拉伸的概念很简单，如果某个物体被拉长为原来的 2 倍，我们称其拉伸为 2，如果没有发生变化，则拉伸为 1。拉伸的量化指标是拉伸比 λ，即变形后的长度与初始长度的比值，而应变是说与初始长度相比变化了多少倍。在无穷小变形的符号系统中

$$\varepsilon = \frac{\Delta L}{L}, \lambda = \frac{L + \Delta L}{L} \tag{3.75}$$

在大变形符号系统中

$$\lambda = \frac{|\mathrm{d}a|}{|\mathrm{d}A|} \tag{3.76}$$

与应变有正应变和剪切应变之分不同，拉伸比只是用来描述特定微小线段的正变形。通过拉伸可以得到*伸长比*（$\lambda-1$），伸长比与应变的概念相似却不同。拉伸测量的是一个感兴趣的线段，线段可以旋转和变换。在示例 3.25 中，坐标（0，0）和（0，1）间的初始测试线段变形为（0，0）和（1.015，0.005）之间的新线段。我们把该线段的应变分解为 ε_{xx} 和 ε_{xy} 分量。但拉伸不需要分解描述，只要通过矢量及变形梯度 F 来描述线性片段的变化。对于上述变形，拉伸比稍大于 1.015，拉伸比和应变两种度量之间的差别很小。但对于大变形来说，两种度量得到的结果则相差较大。如果变形后的线段终点为（1.5，0.5），此时 ε_{xx} 等于 0.5，$\varepsilon_{xy} = 0.5$，但拉伸比为 1.58，伸长比为 0.58。虽然两者在许多数学运算上是相似的（如主方向的确定），但仍是两个不同的物理量。

任何特定线性片段都可以定义拉伸比，我们可以选择与坐标轴之一方向相同的 $\mathrm{d}\boldsymbol{A}$ 或 $\mathrm{d}\boldsymbol{a}$。但最为有用的一个办法就是将线段方向定义为与拉伸主方向一致。当我们忽略刚体运动时，主方向上的变形是完全正向的（无剪切）。这些拉伸被称为主拉伸（λ_1、λ_2、λ_3）。如果主方向与坐标轴一致，变换梯度矩阵 $\boldsymbol{F}$ 会呈现出特定形式，即对角线上为主拉伸，其他元素为零。

$$\boldsymbol{F} = \frac{\partial \boldsymbol{a}}{\partial \boldsymbol{A}} = \begin{bmatrix} \lambda_1 & 0 & 0 \\ 0 & \lambda_2 & 0 \\ 0 & 0 & \lambda_3 \end{bmatrix} \tag{3.77}$$

三个主拉伸可以完全描述变形，且非常简洁，因此用主拉伸表示的力学特性方程在大变形的本构模型中非常常见。

大变形应变可用变形梯度来定义

> **释注**
>
> **右柯西-格林应变张量**。在连续体力学中，$\boldsymbol{C}$ 称为右柯西-格林变形张量。称之为"右"，是因为在极分解过程中，变形矩阵位于旋转矩阵的右侧。

应变衡量的是一个物体的变形程度。在大变形力学中，实际上有多个物理量可以用来衡量应变。这里我们只涉及其中一种，即格林-拉格朗日应变，它可以看作小变形应变加上附加项。用矩阵 $\boldsymbol{F}$ 来表示格林-拉格朗日应变，为

$$\boldsymbol{E} = \frac{1}{2}(\boldsymbol{F}^{\mathrm{T}}\boldsymbol{F} - \boldsymbol{I}) \tag{3.78}$$

$\boldsymbol{F}^{\mathrm{T}}\boldsymbol{F}$ 为一特定数学量，表示为 $\boldsymbol{C} = \boldsymbol{F}^{\mathrm{T}}\boldsymbol{F}$。

$\boldsymbol{C}$ 与局部拉伸相关，就前文提到的小测试线段而言，$\mathrm{d}\boldsymbol{a}^2 = (\mathrm{d}\boldsymbol{A})\boldsymbol{C}(\mathrm{d}\boldsymbol{A})$，并且 $\boldsymbol{C}$ 具有一些重要性质：它的轨迹（对角线之和）与主拉伸的平方和相等，且其行列式与主拉伸的平方的结果相同。直观地看，格林-拉格朗日应变就是度量局部拉伸 $\boldsymbol{C}$ 与 1 差别的大小。用变形来具体表示格林-拉格朗日应变：

$$
\begin{aligned}
E_{xx} &= \frac{\mathrm{d}u}{\mathrm{d}x} + \frac{1}{2}\left[\left(\frac{\mathrm{d}u}{\mathrm{d}x}\right)^2 + \left(\frac{\mathrm{d}v}{\mathrm{d}x}\right)^2 + \left(\frac{\mathrm{d}w}{\mathrm{d}x}\right)^2\right] \\[2mm]
E_{yy} &= \frac{\mathrm{d}u}{\mathrm{d}y} + \frac{1}{2}\left[\left(\frac{\mathrm{d}u}{\mathrm{d}y}\right)^2 + \left(\frac{\mathrm{d}v}{\mathrm{d}y}\right)^2 + \left(\frac{\mathrm{d}w}{\mathrm{d}y}\right)^2\right] \\[2mm]
E_{zz} &= \frac{\mathrm{d}u}{\mathrm{d}z} + \frac{1}{2}\left[\left(\frac{\mathrm{d}u}{\mathrm{d}z}\right)^2 + \left(\frac{\mathrm{d}v}{\mathrm{d}z}\right)^2 + \left(\frac{\mathrm{d}w}{\mathrm{d}z}\right)^2\right] \\[2mm]
E_{yx} = E_{xy} &= \frac{1}{2}\left(\frac{\mathrm{d}u}{\mathrm{d}y} + \frac{\mathrm{d}v}{\mathrm{d}x}\right) + \frac{1}{2}\left(\frac{\mathrm{d}u}{\mathrm{d}x}\frac{\mathrm{d}u}{\mathrm{d}y} + \frac{\mathrm{d}v}{\mathrm{d}x}\frac{\mathrm{d}v}{\mathrm{d}y} + \frac{\mathrm{d}w}{\mathrm{d}x}\frac{\mathrm{d}w}{\mathrm{d}y}\right) \\[2mm]
E_{xz} = E_{zx} &= \frac{1}{2}\left(\frac{\mathrm{d}u}{\mathrm{d}z} + \frac{\mathrm{d}w}{\mathrm{d}x}\right) + \frac{1}{2}\left(\frac{\mathrm{d}u}{\mathrm{d}x}\frac{\mathrm{d}u}{\mathrm{d}z} + \frac{\mathrm{d}v}{\mathrm{d}x}\frac{\mathrm{d}v}{\mathrm{d}z} + \frac{\mathrm{d}w}{\mathrm{d}x}\frac{\mathrm{d}w}{\mathrm{d}z}\right) \\[2mm]
E_{xz} = E_{zx} &= \frac{1}{2}\left(\frac{\mathrm{d}v}{\mathrm{d}z} + \frac{\mathrm{d}w}{\mathrm{d}y}\right) + \frac{1}{2}\left(\frac{\mathrm{d}u}{\mathrm{d}y}\frac{\mathrm{d}u}{\mathrm{d}z} + \frac{\mathrm{d}v}{\mathrm{d}y}\frac{\mathrm{d}v}{\mathrm{d}z} + \frac{\mathrm{d}w}{\mathrm{d}y}\frac{\mathrm{d}w}{\mathrm{d}z}\right)
\end{aligned}
\tag{3.79}
$$

注意，每个应变分量包含了一个与小应变对应的项和一个代表非线性大变形的高阶项。对于线性各向同性变形来说，高阶项为零，此时格林-拉格朗日应变和小变形应变是相同的。

示例 3.6：大变形的主应变

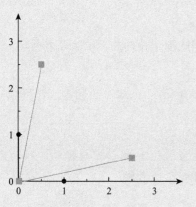

图3.29 两条测试线初始状态的构型（黑）和变形后的构型（灰）。

仍然以示例 3.5 中的拉伸为例，但是这次我们会施加更大的拉伸。同样，三个标识点的初始坐标为 $(0,0)$、$(1,0)$ 和 $(0,1)$。施加变形后，标识点坐标变为 $(0,0)$、$(2.5,0.5)$ 和 $(0.5,2.5)$。计算变形的主应变和主方向。

尽管与之前的例子相似，但此时变形不再是小变形，如图 3.29 所示（注意，前例中由于变形过小，因此无法绘出）。图中，黑线代表未变形的线段，蓝线代表变形后的线段。可以看到测试线前后差异较大，因此我们需要用到有限变形的方法。

首先构建 F。我们已知变形前后测试线段的构型，

$$d\boldsymbol{A}_1 = \begin{Bmatrix} 1 \\ 0 \end{Bmatrix}, d\boldsymbol{A}_2 = \begin{Bmatrix} 0 \\ 1 \end{Bmatrix}, d\boldsymbol{a}_1 = \begin{Bmatrix} 2.5 \\ 0.5 \end{Bmatrix}, d\boldsymbol{a}_2 = \begin{Bmatrix} 0.5 \\ 2.5 \end{Bmatrix} \quad (3.80)$$

并且 $d\boldsymbol{a} = \boldsymbol{F}d\boldsymbol{A}$，因此

$$\begin{Bmatrix} 2.5 \\ 0.5 \end{Bmatrix} = \begin{bmatrix} F_{11} & F_{12} \\ F_{21} & F_{22} \end{bmatrix} \begin{Bmatrix} 1 \\ 0 \end{Bmatrix}, \begin{Bmatrix} 0.5 \\ 2.5 \end{Bmatrix} = \begin{bmatrix} F_{11} & F_{12} \\ F_{21} & F_{22} \end{bmatrix} \begin{Bmatrix} 1 \\ 0 \end{Bmatrix} \Rightarrow \boldsymbol{F} = \begin{bmatrix} 2.5 & 0.5 \\ 0.5 & 2.5 \end{bmatrix} \quad (3.81)$$

已知 F 后，可以计算出格林-拉格朗日应变（E）：

$$\boldsymbol{E} = \frac{1}{2}(\boldsymbol{F}^{\mathrm{T}}\boldsymbol{F} - \boldsymbol{I}) = \begin{bmatrix} 2.75 & 1.25 \\ 1.25 & 2.75 \end{bmatrix} \quad (3.82)$$

求解主应变，我们需要解出 E 的特征值。利用示例 3.5 中的相同方法，我们得到主应变为 1.5 和 4.0，且主方向为 $(1,-1)$ 和 $(1,1)$。

较大的主应变与初始坐标系成 45° 角，此方向上的应变大小为 400%，在其正交方向上的应变为 150%。如果我们将坐标系逆时针旋转 45°，得到新的 E，为

$$\boldsymbol{E} = \begin{bmatrix} 4.0 & 0 \\ 0 & 1.5 \end{bmatrix} \quad (3.83)$$

注意此处剪切应变为零。

大变形梯度可以分解为旋转和拉伸分量

　　F 可以表示为极分解形式：

$$F = RU \tag{3.84}$$

　　此处 **R** 是一个*标准正交*矩阵，即该矩阵是*标准正交*的，其所有的行或列都是成对正交的（矩阵自乘得 1，与其他矩阵相乘得零），或者说其是正交的，抑或行列式值为 1。**R** 的性质满足旋转矩阵的特性，例如扩展材料（3.2 节）中讨论的坐标系旋转 **Q**。**R** 代表了物体的刚体旋转，是 **F** 的分量，其不会引起变形或应变，但如果提前不知道主拉伸的方向，**R** 也要作为积分项。另一项 **U**，表示物体的变形。

　　U 是 **F** 的右分解项，也可以将 **F** 表达为 **VR**，此时拉伸分量 **V** 位于分解式左侧。虽然旋转矩阵 **R** 是相同的，但 **U** 和 **V** 不同，因为矩阵运算的顺序很重要（其不可交替）。

　　如图 3.30 所示，一个立方体先逆时针旋转 45°，然后拉伸为初始边长的 2 倍。或者可以先拉伸立方体的一边为其初始长度的 2 倍，再将其逆时针旋转 45°。其中旋转的过程是相同的，材料拉伸也是相同的，但是拉伸张量不同。在先旋转的情况下，立方体是沿 45°直线拉伸的，而在先拉伸的情况下，拉伸是水平方向的。

　　如果我们在此分析中引入平移，就得到任意机械变形的通用数学变换——一般变形可以表示为平移、旋转和单一变形。

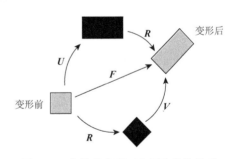

图 3.30　物体的变形可分解为先拉伸后旋转，或先旋转后拉伸。两种情况下的旋转是相同的，但拉伸是不同的。

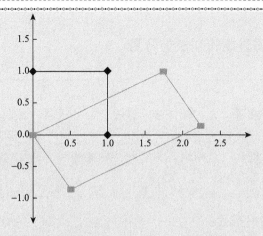

图 3.31　方框的初始构型（黑）和变形后的构型（灰）。

参照示例 3.6，可从上式中构建 $\boldsymbol{F}$：

$$\boldsymbol{F} = \begin{bmatrix} 1/2 & \sqrt{3} \\ -\sqrt{3}/2 & 1 \end{bmatrix} \tag{3.86}$$

在某种情况下，我们可以通过先解出 $\boldsymbol{U}$ 来提取旋转。我们可以看到 $\boldsymbol{C} = \boldsymbol{F}^{\mathrm{T}}\boldsymbol{F}$ 同样等于 $\boldsymbol{U}^2$，$\boldsymbol{R}^{\mathrm{T}}$ 是 $\boldsymbol{R}$ 的逆矩阵（通常对于旋转矩阵，$\boldsymbol{R}$ 的此性质成立；读者可通过第 81～82 页的扩展材料"坐标系旋转"中的 $\boldsymbol{Q}$ 来自行验证）。如果幸运的话，我们会得到 $\boldsymbol{U}$。可知，

$$\boldsymbol{F}^{\mathrm{T}}\boldsymbol{F} = \begin{bmatrix} 1 & 0 \\ 0 & 4 \end{bmatrix} \tag{3.87}$$

根据上式很容易求得 $\boldsymbol{U}$（注意拉伸不可为负值）：

$$\boldsymbol{U} = \begin{bmatrix} 1 & 0 \\ 0 & 2 \end{bmatrix} \tag{3.88}$$

现在可以求解 $\boldsymbol{R}$，已知 $\boldsymbol{F} = \boldsymbol{R}\boldsymbol{U}$，

$$\boldsymbol{F} = \begin{bmatrix} 1/2 & \sqrt{3} \\ -\sqrt{3}/2 & 1 \end{bmatrix} = \begin{bmatrix} \cos\theta & -\sin\theta \\ \sin\theta & \cos\theta \end{bmatrix} \begin{bmatrix} 1 & 0 \\ 0 & 2 \end{bmatrix} \tag{3.89}$$

由此算出 $\cos\theta = 1/2$，即 θ 为 $60°$ 或 $-60°$（弧度 $\pm\pi/3$）。其正弦值为负，故 $\theta = -60°$。注意，当 $i = x, x', y$ 或 y' 时，$\cos\theta_{iz} = 0$，因为 z 轴在这个二维问题中是不动的。此外，还需注意 $\cos\theta_{xy'} = \sin\theta$，因为 x 轴和 y 轴间成 $90°$ 角，且唯一的旋转轴是 z 轴。

如果采用之前的方法计算特征值，我们将得到主拉伸为 1 和 2。同时还可以基于 $\boldsymbol{U}$ 得到主拉伸方向，分别为 $0°$ 和 $90°$。但要注意的是，这些主拉伸方向并不是初始坐标系中的方向，而是以 $\boldsymbol{U}$ 为参考，此时旋转的因素已经被去除。在示例 3.6 中，给出的主方向是参考原始坐标系的，因为示例 3.6 中并没有发生旋转。

那么到底旋转了多少呢？通过 $\boldsymbol{R}$ 可知变形体顺时针旋转了 $60°$。因此现在我们知道了变形的具体形式，先把正方体一边拉伸到原来的 2 倍，另一边不变，然后顺时针旋转 $60°$。主方向是 $-60°$ 和 $30°$（即把 $0°$ 和 $90°$ 方向顺时针旋转 $60°$）。

3.4 结构单元由它们的形状和加载模式定义

这些固体连续介质力学的方程是相当普遍适用的,并且是复杂的。但许多结构单元却有着非常简洁的方程,因为其中已经对单元及单元所受载荷的维度进行了一些简化假设。在前文对固体力学的概述中,已使用了许多简化单元来阐述我们的理论(拉压杆、扭转杆和梁),并且经过简化假设,知道了如何推导出关于力和位移的特定方程,这比一般连续方程的推导要简单许多。下面列出了一些*结构单元*和对应的假设,以及由此得到的控制方程的阶数。

桁架:承受轴向载荷的一维直线单元,只发生轴向变形;二阶。

梁:承受横向载荷的一维直线单元,只发生弯曲变形;四阶。

壁:承受面内载荷的二维平面结构,只发生面内变形;二阶。

板:承受横向载荷的二维平面结构,只发生弯曲变形;四阶。

膜:承受面内载荷的二维曲面结构,只考虑膜平面内的变形;二阶。

壳:承受横向载荷的二维曲面结构,只发生弯曲变形;四阶。

重要概念

- 无加速度的物体所受外力和力矩的和为零。作用在任意闭合边界上的力与力矩和为零,这是受力图分析的前提。
- 对于可变形体,应力是对力的归一化度量,与压强类似。
- 应变是变形的归一化。
- 应力和应变有正、剪两种。
- 连续介质力学包含三个基本关系:动力学、本构方程及平衡方程。
- 欧拉-伯努利梁理论描述的是细长梁上微小横向变形,且仅针对纵向应力。
- 细胞骨架蛋白受到轴向拉伸时刚度大,但在受扭转和弯曲时柔软。
- 圆柱体在承受超过欧拉屈曲载荷的轴向压缩时会塌缩。
- 在大变形体力学中,不再假定应变为无穷小。
- 变形梯度是大变形动力学的基础度量,包含了物体的旋转和变形。
- 格林-拉格朗日应变是大变形应变常用的度量方法,除此之外也存在其他的度量方法。

思考题

1. 一个中空圆筒(不能近似为薄壁壳体)的外径为 R_o,内径为 R_i,体积为 V_1,圆筒的材料剪切模量为 G。圆筒的一端固定,另一端施加力矩 M,引起角度为 θ 的扭转。另一个圆柱由同样的材料构成(剪切模量为 G),外径为 r_o,体积为 V_2,受到与圆筒同样的载荷，圆柱体的扭转角为 $\theta/2$。用上述参数求解内径 r_1 的表达式。

2. 一个圆柱体由剪切模量分别为 G_1 和 G_2 的两种材料构成，圆柱体半径 $0 \leq R \leq R_1$ 的部分由剪切模量为 G_1 的材料构成，半径 $R_1 \leq R \leq R_0$ 的部分由剪切模量为 G_2 的材料构成。计算整个圆柱扭转时的净有效剪切模量 G。

3. 如果一个任意形状的物体全部没入水中，且不触碰任何其他表面（如容器底部），在物体表面有何种压力？物体所受净压力为多少？（即若计算出物体表面所有的压力之和，合力是什么方向？）请写出理由。

4. 有两种材料，材料 A 的弹性模量为 E_1，材料 B 的弹性模量为 E_2，且 $E_2 = 10E_1$。两种材料构成体积为 $1m^3$ 的正方体，并在其上表面均匀施加 1kN 的载荷（下方由刚性面支撑）。计算下列情况下的应变（用 E_1 表示）：

（a）立方体完全由材料 A 构成。

（b）立方体完全由材料 B 构成。

（c）立方体由材料 A 和 B 各 50% 构成，水平地分成上下两层（界面与载荷垂直）。

（d）立方体由材料 A 和 B 各 50% 构成，垂直地分成左右两层（界面与载荷平行）。

（e）立方体由材料 A 和 B 各 50% 构成，由 $1cm^3$ 的立方体交替排列而成（竖直方向和水平方向均像棋盘一样排列）。

5. 有一种桌面平衡玩具（如下图），看上去似乎会掉落，但平衡力的存在会使其保持平稳。即使轻推也只会使其前后晃动。请画出此系统静止时的受力图，并指明所有的信息，包括力的作用点和相对大小等。

6. 试想建造仅由一个柱状体支撑的桌子。假设桌面是平衡对称的，且以圆柱为中心。规定桌子高度和柱状体矩形横截的周长，但是可以改变矩形的纵横比（邻边长度比值）。

（a）如果假设矩形边长为 a 和 b，a 和 b 满足何种关系时，柱状体受的应力（大小）最小，并简要证明。

（b）设 $a + b = 20cm$，桌面质量为 10kg，柱状体材料的弹性模量 $E = 10GPa$（与木头刚度相似），如果桌子以（a）中的方式安装，即在承受最小应力的条件下，柱状体会发生多大应变？此时忽略柱状体自身质量。

（c）实际上在（b）中，柱子的应变很小，所以你可以忽略这部分变形。那么，如果有人坐在桌边，将椅子斜靠在桌子边缘。模拟此情形，可假设一个 70kg 质量块如下图所示摆放。假设质量块和桌子间无摩擦力，如果柱状体的剪切模量是 5GPa，计算桌面的侧向（水平）位移。忽略桌面的变形，柱子的方位会对结果产生影响吗？

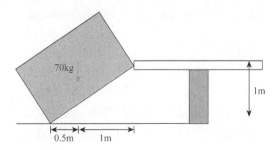

70kg

0.5m   1m   1m

7. 仍然假设问题 6 中的情形，我们用支柱支撑桌子时，通常并不希望桌面来回扭转，因此希望支柱抗扭转阻力最大。现在，我们用一个圆柱体来支撑桌子，圆柱体以桌子中心对称，高 1m（忽略力矩加载时的高度变化）。

用塑料（$G = 100$MPa）来建造圆柱，要求在 100N·m 的转矩下，最大扭曲角为 0.01 弧度。

（a）你可以从一系列外径不同，但壁厚度均为 1cm 的塑料管子中选择。请计算出满足涉及要求的最小外径圆管，精确到厘米。提示 1：使用 MATLAB/Excel/计算器来计算不等式。提示 2：如果计算结果不能满足设计要求时不要四舍五入。

（b）你还可以从一系列相同材料的实心圆柱中选择，找到满足设计要求的最小尺寸（精确到厘米），然后计算圆柱截面与（a）中截面的面积比。通过该比例的计算，扭转载荷在哪个位置受到的对抗最多？

8. 假设细胞是一个充满增压液体的薄壁球体，求出膜上的应力和细胞质压强的关系。

9. 在计算细胞骨架蛋白的 GJ 时（表 3.2），我们忽略了微管是中空的。假设微管内径为 11nm，请计算中空微管的 G 和 GJ。对比其中的误差，判断之前对于 G 和 GJ 的数量级的估算是否合理？

10. 在表 3.2 中，我们将杨氏模量 E 估算为剪切模量 G，假设实际的泊松比为 0.3，其中的误差有多大？对数量级的估算是否可接受？假设泊松比为 0.0 或 0.5 时结果又如何？

11. 计算截面直径为 D 的圆柱梁的二次扭矩 I。可用柱面坐标系计算。

12. 计算截面外直径为 D，内直径为 D_0 的圆柱梁的二次扭矩 I。可用柱面坐标系计算。

13. 为什么微管的中空结构是有益的？利用之前问题的答案，计算一个外直径和内直径分别为 14nm 和 11.5nm 的中空微管与相同外径的实心微管的质量比和抗弯刚度比。以蛋白质获得抗弯刚度（用最少质量的蛋白质获得最大刚度的结构）的方式，哪种效率更高：一个实心微管还是多个空心的微管？

14. 证明 $J = I_x + I_y$。

15. 玻璃微吸管的弯曲经常被用来感知细胞或分子水平的力。微管的尖端弯曲时类似于线性弹簧，遵循胡克定律。请计算半径为 0.25μm，长为 100μm，杨氏模量为 70GPa 的玻璃微吸管顶端的弹簧常数。弹簧常数可通过增加吸管的长度或减少半径来降低。弹簧常数在吸管长度加倍后如何变化，半径减半后如何变化呢？

16. 假设一个悬臂梁末端受到单一横向载荷，直至断裂。假设构成梁的材料的拉伸断裂应力比压缩断裂应力小。梁会在何时发生破坏？如果材料的破坏应力是 σ_f，那么顶部的破坏载荷是多少？

17. 一根梁的末端可自由旋转，在中点处承受单点载荷，求解该梁的平衡方程。

18. 我们已经求解过基座可自由旋转的梁屈曲载荷，如果梁的端部被钳制住，此时的屈曲载荷是多少？请通过对称参数来计算，不需要解出梁方程。

19. 求解梁方程，其上作用分布载荷为 QN/m，支撑点可自由旋转。

20. 我们经常关注结构中的能量，因为该能量与变形相关，或者称为应变能。求应变能的一个方法是计算应变能密度（单位体积的应变能）在结构上的积分：

$$\mathrm{d}w = \frac{1}{2}\sigma\varepsilon$$

其中应力和应变的乘积是对应分量相乘。利用以上方法，推导梁的应变能为

$$\mathrm{d}w = \frac{1}{2}E(y\kappa)^2 = \frac{1}{2}E\left(y\frac{\mathrm{d}^2w}{\mathrm{d}^2x}\right)^2 = \frac{1}{2}E\left(\frac{y}{R}\right)^2$$

21. 用一句话描述连续介质力学中的三个基本关系：动力学、本构方程和平衡方程。

22. 利用第 20 题中的结果证明一个被弯成发卡结构的梁（180°）的应变能是 $\dfrac{E\pi I_y}{2R}$。

23. 假设一个应变状态为 $\sigma_x = \sigma$，$\sigma_y = -\sigma$，且 $\sigma_z = 0$，证明此状态为纯剪切状态，并利用杨氏模量和泊松比推导剪切模量。

24. 考虑一个受到双轴应力状态下的膜，即 $\sigma_{xx} + \sigma_{yy} = \sigma$，$\sigma_{zz} = 0$。我们可以定义双轴应变为 $\varepsilon_b = \varepsilon_{xx} + \varepsilon_{yy}$。试用 E 和 ν 来表示双轴模量 $E_b = \sigma/\varepsilon_b$。并计算膜的微分部分中 ε_b 与面积变化率的关系。

25. 注意在示例 3.5 和示例 3.6 中的位移——大位移是小位移的 100 倍，但 E 并不是 ε 的 100 倍。这是为什么？如果忽略 E 中的二阶项，结果如何？

参考文献及注释

Fung YC（1977）A First Course in Continuum Mechanics. Prentice-Hall. *杰出教材，介绍了无穷小流体和固体连续介质力学，其中有对张量分析的明晰介绍。*

Malvern LE（1969）Introduction to the Mechanics of a Continuous Medium. Prentice-Hall. *关于大变形力学的综合经典教材，其中的数学推导深入且严谨。*

Timoshenko SP & Goodier JN（1934）Theory of Elasticity. McGraw Hill. *关于小变形弹性力学的经典教材。包含易于理解的对梁、板和扭转的分析方法。*

Truesdell C & Noll W（1919）The Non-Linear Field Theories of Mechanics. Springer. *一本开创性著作，首次定义了一套统一的大变形力学的标准概念和符号方法。目前已绝版，第三版参考了 Truesdell 教授的个人笔记，并进行了一些修正。术语更新的过程及修正理由可见于 Noll（卡梅隆大学）的网站（http://www.math.cmu.edu/~wn0g/noll）。*

第4章 初级流体力学

流体（力学）在维持正常细胞生理功能和调节病理过程中发挥着重要作用。许多生理过程依赖于细胞外的液体流动，以运输来自不同位置的营养物质和代谢废物。此外，由流体产生的力学载荷，如压力、流体剪切应力可以作为对细胞的有效调节信号。细胞主要由液体组成，因此在细胞内部，流体力学也会影响多种进程，如与细胞运动或胞内运输相关的过程。流体力学对于理解细胞力学生物学的许多方面至关重要。因此在本章，我们将简要介绍流体力学原理。与前两章相同，本章也是较为初级的知识，不能涵盖流体力学的整个领域，目的是使读者对流体力学原理有基本的了解，以便在后续章节中能更好地把握与流体静力学和动力学相关的内容。例如，帮助我们理解流体产生的力调控细胞的力学传导过程（11.1 节）和一些细胞力学的实验方法（6.3 节）。本章内容包括基本的流体静力学和动力学、纳维-斯托克斯方程、牛顿流体和非牛顿流体的区别及流变学分析，在本章最后将进行量纲分析。

4.1　流体静力学

我们从流体静力学的基本介绍开始，流体静力学有时又称作水静力学（hydrostatics），是流体力学的一个分支学科，研究的是流体在静止状态下的力学。静止状态下的流体被假定呈现出所处容器的形状（该性质通常用于界定一种物质是流体还是固体），并且对所接触的表面产生作用力，这种由液体重力产生的力可以理解为流体压力。

重力引起的静水压

我们由一个装满水的圆柱形玻璃容器引入静水压的概念。由于水具有质量，因此水的重力会对玻璃容器底部施加一个力。假设容器的横截面积为 A，容器内水的高度为 h，水的密度为 ρ（图 4.1），那么施加在容器底部的作用力是 F，其计算公式为

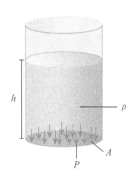

图 4.1　玻璃杯底部承受的静水压。圆柱形玻璃杯内水的高度是 h，玻璃杯的横截面积是 A，水的密度是 ρ，压强是 P。

$$F = \rho g A h \tag{4.1}$$

其中 g 是重力加速度。在这种情况下，F 向下作用于容器底部。正如在 3.2 节讨论的，压强是受力面单位面积在垂直方向受到的力。基于该定义和式（4.1），压强为

$$P = F / A = \rho gh \tag{4.2}$$

低静水压

高静水压

图 4.2 倒立疗法中人体倒挂示意图，这种方法曾用于缓解患者背部疼痛。倒挂时，足部和头部血管的细胞由于其上方接触的液体高度变化，受到的静水压也会改变。

这个压强被称为*静水压*，是由静态流体在重力作用下产生的压强。由式（4.2）可以看出，作用于容器底部的静水压与液体的高度成正比。广泛意义上，细胞或机体受到的静水压取决于其上方接触的液体高度。细胞和机体受到的静水压会有很大的差别。例如，水生生物处于不同深度时受到的静水压不同。一个人倒挂时（图 4.2），足部的血管细胞受到的静水压会减小，而头部的血管细胞受到的静水压会增大。

静水压是各向同性的

在上一节中，圆柱形容器中的水会对容器的底部施加压力，那容器侧面的情况呢？设想容器中无限小的一块立方体液体，由于液体是静止的，根据平衡原理，立方体各个面的压强必须是相等的。因此，静止液体中的压强是*各向同性*的。我们设置一个坐标系，垂直于容器底部的为 z 轴，平面与之平行，在给定的平面 x-y 内的任意一点，不管路线或距离如何，压强都是相同的。微吸管吸吮技术典型的实验装置可以作为体现该原理的一个实例，在 1.3 节中介绍过这个装置。在该装置中，为了在微吸管顶端获得负压，用一个充满液体的导管连接一个微吸管和一个蓄水容器（图 4.3）。在这种情况下，压强的大小仅取决于蓄水容器和微吸管顶端液面的高度差，与导管在 x 和 y 方向上穿过的路径无关。

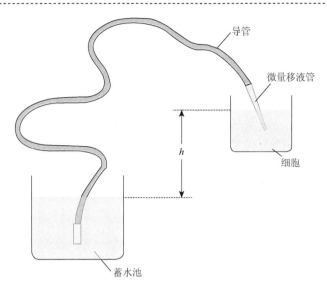

图 4.3　微吸管吸吮技术装置图。微量移液管顶端的负压仅取决于蓄水容器和微吸管顶端液体表面的高度差（h），而与导管横向经过的具体路径无关。

　　静水压的各向同性意味着，在充满液体的容器中，水除了对容器底部施力，还会对容器侧面施力。设想一个接触容器侧面的小液体单元（图 4.4），这个液体单元受到的玻璃容器施加的力与周围液体施加的力相等。如果玻璃容器突然被移除，该液体单元就会因力的平衡被破坏而被冲走。

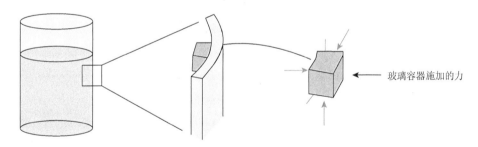

图 4.4　与容器侧面接触的液体单元受到玻璃容器的作用力和其周围液体的作用力。在这种情况下，玻璃容器的作用力对抗液体单元周围液体的作用合力，阻止加速度的产生。如果玻璃突然被移走，液体就会流动，圆柱状的液体就会散开。

通过积分计算静水压合力

　　上节中我们提到，静水压是各向同性的，充满液体的容器的底部和侧面都受到来自液体的力。由于压力取决于深度，因此容器侧面的压强分布并不相同：接近水面的地方压强小，接近容器底部的压强大。我们可能会问，如何计算作用于容器侧面的合力呢？此时，需要进行如下的积分计算。

示例 4.1：流体施加于竖直壁上的力

设想这样一种情况，一个敞口的、长方形培养瓶或生物反应器，完全注满培养液至顶部。瓶壁竖直，高度为 h，宽度为 w，计算液体施加于生物反应器侧壁的力。

作用于一个小的流体元的压强 $P = \rho g z$，其中 z 是水面到该流体元的垂直距离，假设表面的压强为 0，这表明我们此时使用的是表压力。对于沿瓶壁一个高度为 dz、宽度为 w、处于深度 z 的极小条状区（图 4.5），其合力为

$$dF = \rho g z dA$$

式中，

$$dA = w dz$$

可以得到总的力为

$$F = \int dF = \int_{z=0}^{h} \rho g z w dz = \frac{\rho g w h^2}{2}$$

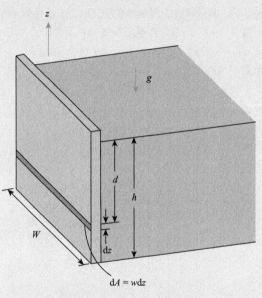

图 4.5　充满液体的细胞培养瓶单侧壁图示。

4.2　牛顿流体

现在来关注流体动力学。之前我们将流体归类为一种能适应其容器形状的物质，更精确的定义是：流体是一种在剪切应力下发生连续变形的物质。不同类型的流体在剪切应力下发生变形的方式各不相同。*牛顿流体*是一种以成比例于剪切力的剪切率发生速率变化的流体（图 4.6）。设想两个平板之间有一层很薄的流体，以恒定的速度 V_0 移动平行平板中的上平板，并固定下平板，产生一个恒定的剪切应力。这会生成一个*稳定*的流动，换句话说就是速度场不随时间变化。在平板之间，y 轴方向的流体速度呈线性变化，在 $y = 0$ 处，速度为 0，在 $y = h$ 处，速度为 V_0。这个流体速度的分布称为*流动剖面*。在线

性流动剖面中，上平板会受到一个恒定的剪切应力以维持该流动剖面。对于牛顿流体，这个剪切应力为

$$\tau = \mu \frac{\partial u}{\partial y} \tag{4.3}$$

式中，τ 是剪切应力，μ 是黏度系数，u 是流体速度，y 是垂直于 u 方向的一个方向。u 关于 y 的导数称为*剪切率*或*速度梯度*。常量 u 代表*动力黏度*，单位是 $\mathrm{kg}/(\mathrm{m \cdot s})$。通过之后 4.3 节的学习，我们将会发现式（4.3）是一个牛顿流体更为一般的本构关系。

根据式（4.3），我们可以确定平板腔中剪切应力的大小为

$$\tau = \mu \frac{V_0}{h} \tag{4.4}$$

通过式（4.4），我们可以发现，在给定的剪切应力下，流体变形的快慢是由流体黏度决定的。例如，在相同的剪切应力下，在相同大小的间隙中，高黏性流体（如蜂蜜）的速度要比低黏性流体（如水）慢得多。或者说，对于像蜂蜜一样的流体，需要更大的剪切应力才能以期望的速度 V_0 移动上层的平板。

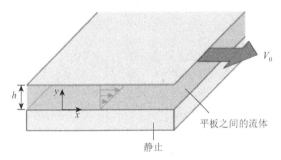

图 4.6　两个平板之间的流体。下平板静止，上平板以速度 V_0 向右移动（x 轴正向）。牛顿流体形成一个线性流动剖面，以及正比于剪切率的剪切应力。在这种情况下，剪切率是 V_0/h。

释注

　　无滑移条件。 在线性流动剖面的例子中，接触平板的流体与平板的速度相同。这个条件称为无滑移条件，它规定与固体表面直接接触的流体和固体表面以相同的速度移动，不能沿固体表面滑动。一个日常生活中无滑移条件的例子，是风扇叶片上的灰尘——无论风扇以多快的速度旋转，灰尘都会留在原位。

流体遵循质量守恒

流体和固体一样遵循质量守恒。对于不可压缩流体，质量守恒意味着进入一个固定容量的体积流量必须等于输出的体积流量，即

$$V_{\mathrm{in}} A_{\mathrm{in}} = V_{\mathrm{out}} A_{\mathrm{out}} \tag{4.5}$$

式中，V_{in} 是所有流进流体的平均速度；A_{in} 是流进截面积；V_{out} 和 A_{out} 分别是流出时的平

均速度和截面积（图 4.7）。V 与 A 的乘积称为体积流率。不可压缩流体的密度为常数，流体的体积与质量成正比，根据质量守恒定律，流进和流出的体积流量保持不变。质量守恒定律是流体力学最有用的概念之一，它解释了为什么一个直径逐渐减小的管道内部流体的流速会逐渐增加。在 4.3 节中，我们会发现，这个关系将是求解纳维-斯托克斯方程的关键。

> **释注**
>
> **小溪和河流。** 日常中一个质量守恒定律的例子就是小溪和河流的水流速度。在河道的深水区（横截面积大），水流趋于缓慢，而浅水区的水流则会快速移动。

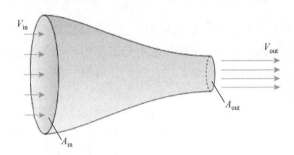

图 4.7　进入一个固定容量的流体的体积流量必须与离开该容量的体积流量相同。对于不可压缩流体，流体速度与面积的乘积必须是常数。在这幅图中，因为出口的横截面积 A_{out} 比入口的面积 A_{in} 更小，因此流出的流体必须比流进的流体流速更快。

流体流动可分为层流或湍流

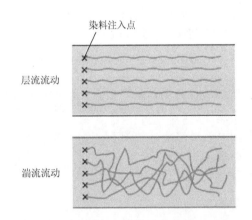

图 4.8　层流和湍流。层流流动稳定和流畅，有完整的流线（可能是弯曲或笔直的，也可能随时间变化）。湍流会呈现出混合和断裂的流线，并且具有时间依赖性。

首先，有必要先了解层流和湍流的概念。一般来说，湍流可以概括地表述为混乱和不规则，并伴有某种程度的随机性和（或）随意性的流动；层流则是不被扰动的流动。从日常经验中可以对这两种不同的流动有一些直观的认识。例如，将一种黏稠的液体（如蜂蜜或某种油）倒入一个盘子通常会获得层流；稍稍打开水龙头，水流透明时通常是层流（假设没有充气装置），继续开大水龙头则会引发湍流，此时的水流伴有搅拌和混合等湍流的特点（图 4.8）。

更为正式的定义是，层流是没有任何内部对流混合的流动，其内部的流体元在确定的"航线"上流动，向液流中注入少量染料可以观察到这些流线，在多点同时注入染料则可以观察到流场。对于层流来说，由于没有主

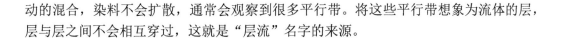
动的混合，染料不会扩散，通常会观察到很多平行带。将这些平行带想象为流体的层，层与层之间不会相互穿过，这就是"层流"名字的来源。

> **释注**
>
> 　　**对流与扩散**。运动中的流体通过对流运动进行传送，典型的包括溶质或热量的传送。对流是湍流中混合发生的重要机制。相比于对流，扩散是独立于整体速度的粒子运动。

　　通过测量流体某些方面的参数及流动发生时的几何形态，我们可以用一个称为雷诺数（Re）的无量纲数来区分层流和湍流：

$$Re = \frac{\rho VL}{\mu} \tag{4.6}$$

式中，ρ 是流体密度；μ 是流体动态黏度；V 是*特征速度*；L 是某种长度度量。对于管道中的流动，L 通常为管道直径，V 通常指平均速度（有时也会使用半径和峰值速度）。

　　雷诺数是一个关于流动惯性力与黏滞力相对大小的度量，被广泛认为是流体力学中最重要的物理量之一。一般来说，雷诺数大于 1，表示惯性力（换句话说就是流体有多大的动量）支配着流动，惯性力会驱动混合的发生，高雷诺数通常象征着湍流。雷诺数小于 1，表明液体的黏滞力占优势。在 $Re = 1$ 时，惯性力和黏滞力间的关系得到平衡，有时被称为*过渡区*，此时流动开始变得不稳定，但尚未变为湍流。

> **释注**
>
> 　　**向湍流的过渡**。虽然 $Re = 1$ 经常被认为是流动开始显示出湍流的过渡点，但对于稳定的管流，在发生这种转变前，Re 能升高到 2000 左右。这是因为在管流中，流体被高度约束在一个一维空间中移动，在这种情况下，惯性项非常小，并且混合更是表面粗糙度的一个函数。

许多层流能够求得解析解

　　想要求得一个流动剖面，区分层流和湍流是非常重要的。通常无法获得湍流解析解，但许多层流则可以求出解析解。在这一节中，我们将对平行板间压力驱动的流动中的一个微分流体元进行简单受力分析。设想两个平行板间有一个从左到右的压力驱动流，假设流体是不可压缩的牛顿流体，且是稳定层流。同时假设其为*充分流动*，也就是说该流体远离进口或出口，因此在流动方向上，流体剖面不会发生。最后，假定该流动仅发生在 x 方向，在 y 方向和 z 方向的速度为 0。该流动中的一个流体元，体积为 dxdydz，其受力图如图 4.9 所示。

　　在 x 方向，流体元的顶部和底部表面受到剪切应力，以及周围流体施加的压力。合并这些力，我们可获得表达式：

$$P\mathrm{d}y\mathrm{d}z - \left(P + \frac{\partial P}{\partial x}\mathrm{d}x\right)\mathrm{d}y\mathrm{d}z + \left(\tau\frac{\partial \tau}{\partial y}\mathrm{d}y\right)\mathrm{d}x\mathrm{d}z - \tau\mathrm{d}x\mathrm{d}z = 0 \tag{4.7}$$

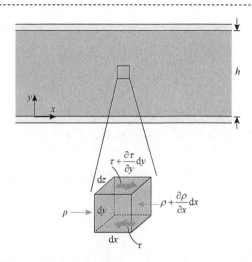

图 4.9 压力驱动流动中的力平衡。通过分析流动中的一个流体元（一个微分元件）来解析该流动。剪切应力作用于该元素上下表面，压力作用于左侧和右侧表面。剩余的两个面没有剪切应力作用，且受到的压力大小相等、方向相反。

该式可简化为

$$-\frac{\partial P}{\partial x}\mathrm{d}x\mathrm{d}y\mathrm{d}z + \frac{\partial \tau}{\partial y}\mathrm{d}y\mathrm{d}x\mathrm{d}z = 0 \qquad (4.8)$$

将流体元的体积（$\mathrm{d}x\mathrm{d}y\mathrm{d}z$）提取出来，则得

$$-\frac{\partial P}{\partial x} + \frac{\partial \tau}{\partial y} = 0 \qquad (4.9)$$

式（4.9）包含了压力和剪切应力梯度的空间相关性。首先考虑剪切梯度 $\frac{\partial \tau}{\partial y}$ 在 x、y 和 z 轴上的相关性，由于该流动已充分形成，在 x 方向不发生变化，因此剪切应力在 x 方向也不变，又由于假定在 z 方向上没有流动，因此剪切梯度只是 y 的函数，设

$$\frac{\partial \tau}{\partial y} = f(y) \qquad (4.10)$$

现在考虑压力梯度。因为假设在 y 和 z 方向上的流动速度为 0，这意味着压力不是 y 和 z 的函数，压力梯度只能是关于 x 的函数，设

$$\frac{\partial P}{\partial x} = g(x) \qquad (4.11)$$

式（4.9）表明式（4.10）和式（4.11）的差为 0，因此

$$-f(y) + g(x) = 0 \qquad (4.12)$$

只有在 $f(y)$ 和 $g(x)$ 都等于某个常数时，式（4.12）才能满足，即

$$f(y) = g(x) = 常数 \qquad (4.13)$$

为了确定这个常数，要解出式（4.9）中的 $\frac{\partial \tau}{\partial y}$，对 y 求积分，得到

$$\frac{\partial P}{\partial x} y + C_1 = \tau \tag{4.14}$$

将式（4.3）代入式（4.14）等式右边，得关于 u 的函数：

$$\frac{\partial P}{\partial x} y + C_1 = \mu \frac{\partial \mu}{\partial y} \tag{4.15}$$

式中，μ 是 x 方向的速度。用式（4.15）除以黏度并再一次对 y 求积分，便得到速度剖面：

$$\frac{1}{2\mu} \frac{\partial P}{\partial x} y^2 + C_1 y + C_2 = u(y) \tag{4.16}$$

式中，C_1 和 C_2 是未知常数。

现在根据边界条件（即利用液体的无滑移条件——与固体边界接触的液体速度等于固体边界的速度）来求解常数。由于顶部和底部的平板固定，因此 $\mu(y=0)=0$，$\mu(y=h)=0$。由此得出最终的流动剖面：

$$\frac{1}{2\mu} \frac{\partial P}{\partial x} (y^2 - hy) = \mu(y) \tag{4.17}$$

式（4.17）描述了一个抛物线形的速度剖面，这是一个很常见的流动。在 6.3 节讨论流动腔时，我们将再次讨论这个剖面。此外，用类似方法也可以很容易证明，圆形管道截面上也呈抛物线形流速剖面。

> **释注**
>
> **细胞水平的层流。** 由于细胞所处环境通常为小尺寸且以低速流动，因此细胞水平的大多数流动是层流。例如，一个普通毛细管的直径为 $10\mu m$，血液流速为 $0.1mm/s$。假设血液密度约为 $1000kg/m^3$，黏度为 $0.001kg/(m \cdot s)$，代入式（4.6），我们得到 $Re = 0.001$，说明黏滞力在流动中占主要地位，此时不太可能出现湍流。

许多生物的体液表现出非牛顿流体的特征

上一节中，基于牛顿流体本构方程[式（4.3）]分析得出，牛顿流体受压力驱动，在平行板间的流动显示出抛物线形流速剖面。牛顿流体的本构方程是利用黏度常数将剪切应力和剪切率（或速度梯度）相关联的方程。但并不是所有的流体都满足牛顿流体剪切率（或速度梯度）与剪切应力之间的线性关系，这种流体称为*非牛顿流体*。对于许多生物的体液流动来说，黏度不是一个常数，而是其他参数（如剪切率）的函数。

宾汉塑性流体或宾汉流体是一种非牛顿流体，用于模拟生物体液，包括血液和黏液等。宾汉流体在低应力下表现出类固体特性，在高应力下表现出类液体特性。对于这类流体，存在一个关键值，即剪切应力的临界值 τ_0，当应力低于该临界值时，剪切率为 0，即有

$$\tau < \tau_0 \text{ 时}, \frac{\partial u}{\partial y} = 0$$

$$\tau \geq \tau_0 \text{ 时}, \frac{\partial u}{\partial y} = \frac{\tau - \tau_0}{\mu} \tag{4.18}$$

剪切应力低于 τ_0 时，流体不会变形或流动。仍以之前的平板间流动为例，并将其中的牛顿流体替换为宾汉流体。假设通过式（4.13）和式（4.17）计算得到的剪切应力最大值低于 τ_0，那么 $\partial u/\partial y = 0$，$u$ 需是常数。同时，当平板表面速度为 0 时，在无滑移条件下，各处的 $u = 0$。如果剪切应力大于或等于 τ_0，流体就能流动。利用油漆刷墙是宾汉流体的经典例子——如果重力引起的剪切应力不够大，油漆就会在墙上静止不动直到变干。

另一种非牛顿流体是幂律流体，其关系方程为

$$\tau = \beta \left(\frac{\partial u}{\partial y} \right)^{\alpha} \tag{4.19}$$

式中，β 是常数，称为黏滞因子（不是黏度）；α 是一个常指数。式（4.19）可改写为

$$\tau = \mu_{\text{eff}} \frac{\partial u}{\partial y} \tag{4.20}$$

其中

$$\mu_{\text{eff}} = \beta \left(\frac{\partial u}{\partial y} \right)^{\alpha-1} \tag{4.21}$$

在上式中，流体的有效黏度 μ_{eff} 依赖于剪切率，指数 α 大于或小于 1，都会使有效黏度与剪切率的关系发生变化。α 大于 1 时，流体受剪切增稠，换句话说，即有效黏度随剪切率的增加而增加。在日常生活中，剪切增稠的例子并不常见，但是玉米淀粉混合液可以作为一个例子——一桶玉米淀粉混合液可以缓慢搅动，但速度够快时，就能在上面行走。

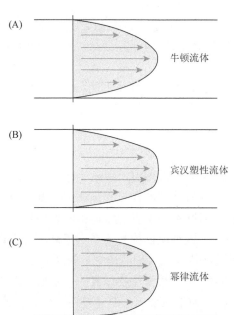

指数 α 小于 1 时，流体受剪切变稀，即黏度随剪切率的增加而减小。番茄酱就是一个剪切稀释的例子，当试图从玻璃瓶倒出番茄酱时，就会表现出它的非牛顿特性，开始倒出时，番茄酱很难流动，但是一旦开始流动，就会变得很容易倒出。因此，可以通过搅拌或摇晃使其黏度暂时减小，加快流动。血液是一种偏向剪切稀释的生物流体，其中一个原因就是，血液流动时，红细胞会倾向于排列在一起以减小血液黏度。当标度指数等于 1 时，即牛顿流体（图 4.10）。

图 4.10　流动剖面。（A）牛顿流体；（B）宾汉塑性流体；（C）幂律流体（剪切稀化流体）。牛顿流体显示为抛物线形剖面。宾汉塑性流体和剪切稀化流体都是钝化的剖面，假想细胞置于其中，模拟在某些情况下的血液流动。宾汉塑性流体在中间有一段锐减区，此时剪切应力低于临界剪切值。

释注

　　伯努利方程。试想我们在稳定的层流中注入染料，获得一条处处与粒子速度相切的线，这条线被称为流线。当粒子沿着流线移动时，由于受力的不同，粒子会加速或减速，这些力可能来源于流体压强的变化或重力。如果流体是非黏性的，即流体黏度为 0，这些参数的关系将满足伯努利方程：

$$P + \frac{1}{2}\rho V^2 + \rho g z = 常数$$

式中，P 是局部压强；ρ 是流体密度；V 是流体速度；g 是重力加速度；z 是局部海拔。可以发现，在一个给定高度的流线上，压强增加时速度减小。有一个简单的现象能很好地说明伯努利方程，将两张纸贴近，并在它们之间轻轻吹气。由于空气速度的增加，两张纸之间的压强减小，两张纸会相互靠近。

4.3　纳维-斯托克斯方程

　　在 4.2 节中，我们推导了简单稳定层流的表达式。这种情况并不适用于*体内*的情况，因为*体内*的流动一般是不稳定的、空间多样性的、湍流的，并且会发生复杂的几何流动。现在我们来推导一组方程，称为纳维-斯托克斯方程，是对一般流体的数学描述方程。

　　纳维-斯托克斯方程是描述流体运动的通用方程。纳维-斯托克斯方程是非常重要的，能用于描述多种现象，如机翼周围的空气流动、管道内水的流动及洋流等。在细胞力学生物学中，纳维-斯托克斯方程对于阐明细胞*在体内*的受力类型非常关键。例如，利用纳维-斯托克斯方程能预测细胞在血流或间隙流中受到的流体剪切应力和压力分布情况。此外，它们还可用于预测细胞*在体外*如流动腔室和生物反应器内受液流剪切时的流动剖面。

纳维-斯托克斯方程的推导始于牛顿第二定律

　　在本节中，我们将首先推导不可压缩且有时间依赖性的流体纳维-斯托克斯方程。首先应用牛顿第二定律，这与 3.2 节中平衡条件的应用类似（回想一下，连续介质力学的关键是平衡方程、本构方程和动力学关系）；但在这里，我们不假设加速度为 0。仍假想一个无穷小的流体元（与之前定义应力时类似），首先确定作用在其上的外力，然后运用牛顿第二定律来推导。

　　用速度矢量 $\boldsymbol{u}(x,y,z,t)$ 定义一个流动，此处 x、y、z 是空间坐标，t 为时间。这个速度向量有三个分量 u、v 和 w，分别代表在 x、y 和 z 方向上的速度：

$$\boldsymbol{u}(x,y,z,t) = \begin{bmatrix} u(x,y,z,t) \\ v(x,y,z,t) \\ w(x,y,z,t) \end{bmatrix} \tag{4.22}$$

假设该矩形流体元以速度 $u(x,y,z,t)$ 移动，与坐标轴方向对齐，中心在点（x,y,z）处，x、y 和 z 方向上的长度分别为 Δx、Δy 和 Δz。假设有两个外力：周围流体作用于原始体积表面的应力及体积力（由重力产生）。

首先考虑作用于原始体积表面的力。简单起见，我们先从 x 方向的力开始分析。该流体元有 6 个面，6 个面上的力分别为：$F_x(x-\Delta x/2,y,z)$、$F_x(x+\Delta x/2,y,z)$、$F_x(x,y-\Delta y/2,z)$、$F_x(x,y+\Delta y/2,z)$、$F_x(x,y,z-\Delta z/2)$ 和 $F_x(x,y,z+\Delta z/2)$（图 4.11），这些力可以表示为应力和作用面面积的乘积。在 x 方向上，

$$F_x\left(x-\frac{\Delta x}{2},y,z\right)=\sigma_{xx}\left(x-\frac{\Delta x}{2},y,z\right)\Delta y\Delta z$$

$$F_x\left(x+\frac{\Delta x}{2},y,z\right)=\sigma_{xx}\left(x+\frac{\Delta x}{2},y,z\right)\Delta y\Delta z$$

$$F_x\left(x,y-\frac{\Delta y}{2},z\right)=\sigma_{xy}\left(x,y-\frac{\Delta y}{2},z\right)\Delta x\Delta z$$

$$F_x\left(x,y+\frac{\Delta y}{2},z\right)=\sigma_{xy}\left(x,y+\frac{\Delta y}{2},z\right)\Delta x\Delta z$$

$$F_x\left(x,y,z-\frac{\Delta z}{2}\right)=\sigma_{xz}\left(x,y,z-\frac{\Delta z}{2}\right)\Delta x\Delta y$$

$$F_x\left(x,y,z+\frac{\Delta z}{2}\right)=\sigma_{xz}\left(x,y,z+\frac{\Delta z}{2}\right)\Delta x\Delta y \tag{4.23}$$

与 3.2 节中用到的方法一样，以流体元的中心（$0,0,0$）对这些力进行泰勒级数展开，并且忽略二阶及更高阶项。

$$F_x\left(x-\frac{\Delta x}{2},y,z\right)\approx\left[\sigma_{xx}(x,y,z)-\frac{\partial\sigma_{xx}}{\partial y}\frac{\Delta x}{2}\right]\Delta y\Delta z$$

$$F_x\left(x+\frac{\Delta x}{2},y,z\right)\approx\left[\sigma_{xx}(x,y,z)+\frac{\partial\sigma_{xx}}{\partial y}\frac{\Delta x}{2}\right]\Delta y\Delta z$$

$$F_x\left(x,y-\frac{\Delta y}{2},z\right)\approx\left[\sigma_{xy}(x,y,z)-\frac{\partial\sigma_{xy}}{\partial y}\frac{\Delta y}{2}\right]\Delta x\Delta z$$

$$F_x\left(x,y+\frac{\Delta y}{2},z\right)\approx\left[\sigma_{xy}(x,y,z)+\frac{\partial\sigma_{xy}}{\partial y}\frac{\Delta y}{2}\right]\Delta x\Delta z$$

$$F_x\left(x,y,z-\frac{\Delta z}{2}\right)\approx\left[\sigma_{xz}(x,y,z)-\frac{\partial\sigma_{xx}}{\partial y}\frac{\Delta z}{2}\right]\Delta x\Delta y$$

$$F_x\left(x,y,z+\frac{\Delta z}{2}\right)\approx\left[\sigma_{xz}(x,y,z)+\frac{\partial\sigma_{xz}}{\partial y}\frac{\Delta z}{2}\right]\Delta x\Delta y \tag{4.24}$$

x 方向上所有力的合力 F_x^{ext} 为

$$F_x^{\text{ext}} = -F_x\left(x - \frac{\Delta x}{2}, y, z\right) + F_x\left(x + \frac{\Delta x}{2}, y, z\right) - F_x\left(x, y - \frac{\Delta y}{2}, z\right)$$

$$+ F_x\left(x, y + \frac{\Delta y}{2}, z\right) - F_x\left(x, y, z - \frac{\Delta z}{2}\right) + F_x\left(x, y, z + \frac{\Delta z}{2}\right) \tag{4.25}$$

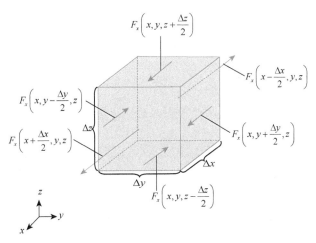

图 4.11　一个浸没在液体中匀速移动的流体元的表面受力示意图。液体流动构成了微元的边界条件，表面的受力由周围流体施加在原始体积表面的应力构成。

将式（4.24）代入式（4.25），得

$$F_x^{\text{ext}} = \left(\frac{\partial \sigma_{xx}}{\partial x} + \frac{\partial \sigma_{yx}}{\partial y} + \frac{\partial \sigma_{zx}}{\partial z}\right)\Delta x \Delta y \Delta z \tag{4.26}$$

此外，该流体元还受到一个体积力。令 f_x 为在 x 方向上每单位质量的体积力，ρ 是液体密度，那么总体积力为

$$F_x^{\text{body}} = f_x \rho \Delta x \Delta y \Delta z \tag{4.27}$$

现在我们得到流体元上两个外力的表达式，应用牛顿第二定律（$\boldsymbol{F} = m\boldsymbol{a}$），流体元以速度 $\boldsymbol{u}(x, y, z, t)$ 移动。由于 $\boldsymbol{u}$ 同时与空间和时间相关，其速度变化会有两种：随时间的变化及随空间的变化。如果假设流动具有空间均一性（空间内所有点的 $\boldsymbol{u}$ 均相同），但随时间增加，也就是说该流体元仅随时间加速。或者另一种情况，$\boldsymbol{u}$ 并不随时间推移而变化（它是稳定的），但随空间分布发生改变。例如，参考图 4.7，流动是稳定的（不随时间改变），但当流体从入口移动到出口时，它会发生加速以满足质量守恒定律，这种随空间分布发生的速度变化有时称为*对流加速*。

在计算加速度时，为了同时考虑 $\boldsymbol{u}$ 在时间和空间的变化，我们使用链式法则，即若 $\boldsymbol{a} = \{a_x, a_y, a_z\}^{\text{T}}$ 为流体元的加速度，那么 a_x 可以表示为

$$a_x = \frac{\mathrm{d}u(x, y, z, t)}{\mathrm{d}t} = \frac{\partial u}{\partial t} + \frac{\partial u}{\partial x}\frac{\partial x}{\partial t} + \frac{\partial u}{\partial y}\frac{\partial y}{\partial t} + \frac{\partial u}{\partial z}\frac{\partial z}{\partial t} \tag{4.28}$$

偏导数 $\partial x/\partial t$、$\partial y/\partial t$ 和 $\partial z/\partial t$ 给出了流体元在 x、y 和 z 方向对应位置上的速度随时间的变化。该流体元以速度 u 移动，因此对应流体的速度：

$$u=\frac{\partial x}{\partial t},\ v=\frac{\partial y}{\partial t},\ w=\frac{\partial z}{\partial t} \tag{4.29}$$

式（4.28）可写为

$$a_x=\frac{\partial u}{\partial t}+u\frac{\partial u}{\partial x}+v\frac{\partial u}{\partial y}+w\frac{\partial u}{\partial z} \tag{4.30}$$

已知外力和加速度后，应用牛顿第二定律，该微元的质量为

$$m=\rho\Delta x\Delta y\Delta z \tag{4.31}$$

令合力[式（4.26）和式（4.27）]等于质量[式（4.31）]与加速度[式（4.30）]的乘积：

$$\left(\frac{\partial\sigma_{xx}}{\partial x}+\frac{\partial\sigma_{yx}}{\partial y}+\frac{\partial\sigma_{zx}}{\partial z}\right)\Delta x\Delta y\Delta z+f_x\rho\Delta x\Delta y\Delta z=\rho\Delta x\Delta y\Delta z\left(\frac{\partial u}{\partial t}+u\frac{\partial u}{\partial x}+v\frac{\partial u}{\partial y}+w\frac{\partial u}{\partial z}\right) \tag{4.32}$$

约去体积 $\Delta x\Delta y\Delta z$，可简化为

$$\left(\frac{\partial\sigma_{xx}}{\partial x}+\frac{\partial\sigma_{yx}}{\partial y}+\frac{\partial\sigma_{zx}}{\partial z}\right)+\rho f_x=\rho\left(\frac{\partial u}{\partial t}+u\frac{\partial u}{\partial x}+v\frac{\partial u}{\partial y}+w\frac{\partial u}{\partial z}\right) \tag{4.33}$$

同理，在 y 和 z 方向上：

$$\left(\frac{\partial\sigma_{xy}}{\partial x}+\frac{\partial\sigma_{yy}}{\partial y}+\frac{\partial\sigma_{zy}}{\partial z}\right)+\rho f_y=\rho\left(\frac{\partial v}{\partial t}+u\frac{\partial v}{\partial x}+v\frac{\partial v}{\partial y}+w\frac{\partial v}{\partial z}\right) \tag{4.34}$$

$$\left(\frac{\partial\sigma_{xz}}{\partial x}+\frac{\partial\sigma_{yz}}{\partial y}+\frac{\partial\sigma_{zz}}{\partial z}\right)+\rho f_z=\rho\left(\frac{\partial w}{\partial t}+u\frac{\partial w}{\partial x}+v\frac{\partial w}{\partial y}+w\frac{\partial w}{\partial z}\right) \tag{4.35}$$

式（4.33）～式（4.35）称作纳维方程，以克劳德-路易·纳维命名。

本构关系和连续性方程是求解纳维方程所必需的

通过观察可以发现，在纳维方程中，未知量的个数（6 个独立的应力分量和 3 个速度分量）要多于方程个数（3 个），这意味着，为了求解方程，我们需要寻找更多的关系式。乔治·加布里埃尔·斯托克斯提出了一套本构关系，建立了应力与流体速度、黏度和压强的关系，相比于 4.2 节中牛顿流体本构方程来说，是一个更通用的形式：

$$\sigma_{xy}=\sigma_{yx}=\mu\left(\frac{\partial u}{\partial y}+\frac{\partial v}{\partial x}\right) \tag{4.36}$$

$$\sigma_{yz}=\sigma_{zy}=\mu\left(\frac{\partial v}{\partial z}+\frac{\partial w}{\partial y}\right) \tag{4.37}$$

$$\sigma_{xz}=\sigma_{zx}=\mu\left(\frac{\partial u}{\partial z}+\frac{\partial w}{\partial x}\right) \tag{4.38}$$

$$\sigma_{xx}=-P-\frac{2}{3}\mu\left(\frac{\partial u}{\partial x}+\frac{\partial v}{\partial y}+\frac{\partial w}{\partial z}\right)+2\mu\frac{\partial u}{\partial x} \tag{4.39}$$

$$\sigma_{yy} = -P - \frac{2}{3}\mu\left(\frac{\partial u}{\partial x} + \frac{\partial v}{\partial y} + \frac{\partial w}{\partial z}\right) + 2\mu\frac{\partial v}{\partial y} \tag{4.40}$$

$$\sigma_{zz} = -P - \frac{2}{3}\mu\left(\frac{\partial u}{\partial x} + \frac{\partial v}{\partial y} + \frac{\partial w}{\partial z}\right) + 2\mu\frac{\partial w}{\partial z} \tag{4.41}$$

这 6 个方程加上纳维方程，共有 9 个方程，同时又增加一个未知量（压强），即共有 10 个未知数。因此我们还需要一个方程来求解。之前我们已经获得平衡关系和本构方程，还缺少动力学关系。此处，动力学关系通过*连续性方程*来描述，是质量守恒定律的数学表达方式。正如之前所讨论的，对于不可压缩流体，流进一个固定体积的流量必须等于流出量，即

$$V_{\text{in}} A_{\text{in}} = V_{\text{out}} A_{\text{out}} \tag{4.42}$$

如果 $A_{\text{in}} = A_{\text{out}} = A$，那么式（4.42）可改写为

$$(\Delta V) A = 0 \tag{4.43}$$

其中 $\Delta V = V_{\text{out}} - V_{\text{in}}$。式（4.43）的微分形式为

$$\frac{\partial u}{\partial x} + \frac{\partial v}{\partial y} + \frac{\partial w}{\partial z} = 0 \tag{4.44}$$

式（4.44）是不可压缩流体连续性方程的微分形式。

释注

　　连续性方程。式（4.43）和式（4.44）的关系可以通过一个简单但不十分严密的分析来证明。设想一个小的虚拟的立方体，完全浸没在一个流场中。立方体与坐标系对齐，且在 x、y 和 z 方向上的长度分别为 Δx、Δy 和 Δz。假定该立方体位置固定，流体以某一速度流进，以另一不同速度流出。假设该立方体内，流体速度在 x、y 和 z 方向上的速度变化为 Δu、Δv 和 Δw。从式（4.42）中可知

$$\Delta u \Delta y \Delta z + \Delta v \Delta x \Delta z + \Delta w \Delta x \Delta y = 0 \tag{4.45}$$

　　将式（4.45）除以体积 $\Delta x \Delta y \Delta z$，并令体积逼近 0，可得式（4.44）。

合并方程获得纳维-斯托克斯方程

合并纳维方程（三个）、斯托克斯本构关系（6 个）及连续性方程，我们可获得 10 个方程及 10 个未知数（u、v、w、P 和 6 个独立应力分量）。通过式（4.33）～式（4.35）中的应力导数替换式（4.36）～式（4.41）中的应力关系，可使方程得到简化。将式（4.36）、式（4.38）和式（4.39）代入式（4.33）左边括号内的项，结合式（4.44），得到以下表达式：

$$-\frac{\partial P}{\partial x} + \mu\left(\frac{\partial^2 u}{\partial x^2} + \frac{\partial^2 u}{\partial y^2} + \frac{\partial^2 u}{\partial z^2}\right) + P f_x = P\left(\frac{\partial u}{\partial t} + u\frac{\partial u}{\partial x} + v\frac{\partial u}{\partial y} + w\frac{\partial u}{\partial z}\right) \tag{4.46}$$

同理可得

$$-\frac{\partial P}{\partial y} + \mu\left(\frac{\partial^2 v}{\partial x^2} + \frac{\partial^2 v}{\partial y^2} + \frac{\partial^2 v}{\partial z^2}\right) + Pf_y = P\left(\frac{\partial v}{\partial t} + u\frac{\partial v}{\partial x} + v\frac{\partial v}{\partial y} + w\frac{\partial v}{\partial z}\right) \quad (4.47)$$

$$-\frac{\partial P}{\partial z} + \mu\left(\frac{\partial^2 w}{\partial x^2} + \frac{\partial^2 w}{\partial y^2} + \frac{\partial^2 w}{\partial z^2}\right) + Pf_z = P\left(\frac{\partial w}{\partial t} + u\frac{\partial w}{\partial x} + v\frac{\partial w}{\partial y} + w\frac{\partial w}{\partial z}\right) \quad (4.48)$$

式（4.46）～式（4.48）是纳维-斯托克斯方程，结合连续性方程，可求解 u、v、w 和 P 四个未知数。

4.4　流变学分析

到目前为止，我们已经讨论过两种完全不同的材料力学，即弹性固体材料（3.2 节）和黏性材料（4.3 节）。我们分别讨论了两种材料的力学特性，但许多材料并不单纯表现为弹性或黏性，在不同的情况下，它们可能同时表现出类固体和类液体的力学特征。例如，少量牙膏能够在自身质量下像固体一样保持形状，但也可以像液体一样被挤出，并且几乎不能承受剪切或在形变后恢复。在机体内，组织、器官及其中的细胞可能同时由液体材料和固体材料构成。例如，细胞的液态细胞质中可能包含一个固态的细胞骨架网络，而细胞骨架网络所处的这个液态环境中又密集分布着许多蛋白质。因此，细胞能够同时具有固体和液体的力学特征。

示例 4.2：平行板内的流体流动

在 4.2 节中，我们推导了两个无限大平行板间，由压力驱动的稳定、不可压缩的充分层流的流动剖面。现在，我们利用纳维-斯托克斯方程进行相同的计算。假设两平板间距离为 h，一个平板位于 $y=0$ 处，另一个位于 $y=h$ 处。假设 x 方向的压力梯度为 $\partial P/\partial x$，计算无体积力时的 $u(y)$。

首先，我们对式（4.46）进行简化。首先，由于流动是稳定的，因此 $\partial u/\partial t = 0$。又由于 y 和 z 方向没有流动，因此有 $v=0$ 及 $w=0$。因为流动是充分的，即 u 不依赖于 x，所以设置 x 的导数均为 0。由于没有体积力，因此 $f_x=0$，那么式（4.46）即可简化为

$$\frac{\partial P}{\partial x} = \mu\frac{\partial^2 u}{\partial y^2}$$

为解出 $u(y)$，我们对 y 进行两次积分，得到

$$u(y) = \frac{1}{\mu}\frac{\partial P}{\partial x}\frac{y^2}{2} + Ay + B$$

在无滑移条件下，当 $y=0$ 和 $y=h$ 时，$u=0$，因此可求得 A 和 B。至此，我们得到了与微分分析相同的结果，即

$$u(y) = \frac{1}{2\mu}\frac{\partial P}{\partial x}(y^2 - hy)$$

流变学是一门研究某些可以流动但无法利用经典流体力学进行充分描述的材料的学科。流变学被认为是连续介质力学的一个分支学科，是固体力学和流体力学之间的桥梁。回顾之前非牛顿流体（幂律流体和宾汉塑性流体）的例子，可以更好地理解这门学科的必要性。之前的两个例子虽然都涉及非线性流体的某些特征，但并不包含任何固体行为。不管幂律流体的指数如何变化，在剪切作用下总会呈现变形。对于宾汉塑性流体，虽然处于临界力以下时，其可以对抗剪切应力，但此时材料是完全刚性的，并不表现出任何弹性行为。利用流变学方法能让我们更好地理解那些同时表现出类固体和类液体特征的材料，如细胞（图 4.12）。流变学的一个研究分支为黏弹性力学，它试图将材料的力学性能分成纯弹性和纯黏性两部分来进行研究。接下来，我们将讨论一些研究黏弹性物质基本的流变学方法。

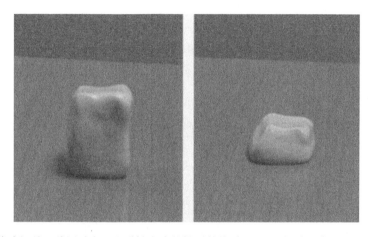

图 4.12 弹性橡皮泥是一种同时表现出弹性和流体性质的物质。一方面，它能保持自身形状，如左边的图所示的长方体。另一方面，在重力作用下，它 30min 之内就会坍塌在桌面上，表现出流体行为。将其表述为非牛顿流体具有某些局限性，因为如果将这个橡皮泥捏成一个球体，这个球体还能弹跳，这其中还涉及弹性特质。

黏弹性材料的力学性能可分为弹性和黏性两部分

黏弹性材料同时表现出弹性和黏性的力学特性，在对此类材料进行研究时，经常需要加载振荡刺激。在 3.2 节中，我们介绍了线弹性材料，即在应力作用下，线弹性材料会发生正比于应力的应变，在去载荷后会完全恢复。假设某种材料受到了振荡的应力，应力 σ 形式为

$$\sigma = \sigma_0 \cos(\omega t) \qquad (4.49)$$

式中，σ_0 是应力的大小；ω（单位时间内的弧度）是振荡加载频率。如果该材料是线性弹性材料，其应变 ε 与应力成比例关系，即可表示为

$$\varepsilon = A\cos(\omega t) \qquad (4.50)$$

式中，A 是一个常量。与弹性材料不同，纯黏性材料的应力不依赖于应变，而是应变率，

这与牛顿流体的概念类似，即剪切应力与剪切率成正比。一个纯黏性材料受到式（4.49）所描述的振荡应力时，应变的时间导数与应力成正比：

$$\varepsilon = B\sin(\omega t) \tag{4.51}$$

式（4.51）给出的黏性材料的应变剖面可改写为

$$\varepsilon = B\cos(\omega t - \pi/2) \tag{4.52}$$

可以看出，式（4.52）给出的应变的相位正好与应力相差 $\pi/2$ 弧度（或 $90°$），或者可以说，应变与应力完全异相位。同时具有弹性和黏性的材料，其相位变化在 0 和 $\pi/2$ 弧度之间。如果

$$\varepsilon = \varepsilon_0\cos(\omega t - \delta) \tag{4.53}$$

则相移为 δ 弧度，δ 称为*滞后相位*（图 4.13）。滞后相位的数值，能够描述出弹性特性相对于黏性特性的程度。例如，如果滞后相位接近于 0，那么材料更多地表现出弹性特征，如果滞后相位接近 $\pi/2$，那么材料则更多地表现出黏性特征。

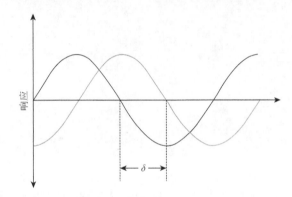

图 4.13　如果向材料上施加一个纯正弦型的激励，黏弹性材料的响应（浅灰色线）通常会表现出滞后相位 δ，δ 可以用于估计材料类固体或类液体的程度。

接着，我们考虑对材料施加振动并得到式（4.53）给出的应变剖面，并将这个剖面分解为纯同相和异相两个分量。首先，利用正余弦定理重写式（4.53）：

$$\cos(u + v) = \cos u\cos v - \sin u\sin v \tag{4.54}$$

依据式（4.54），式（4.53）可改写为

$$\varepsilon = \varepsilon_0'\cos(\omega t) - \varepsilon_0''\sin(\omega t) \tag{4.55}$$

其中

$$\varepsilon_0' = \varepsilon_0\cos(\delta) \tag{4.56}$$

且

$$\varepsilon_0'' = -\varepsilon_0\sin(\delta) \tag{4.57}$$

式（4.55）～式（4.57）证明，式（4.53）给出的力学响应能分解成两个分量，一个分量与驱动应力*同相位*[第一项，带有 $\cos(\omega t)$]，另一个分量与应力*异相*[第二项，带有 $\sin(\omega t)$]。同相项和异相项的相对大小与滞后相位的幅度有关。

针对黏弹性材料定义复模量

式（4.55）表明，我们可以将振荡激励下材料的应变剖面分解为同相和异相两部分，以确定材料类弹性和类黏性的程度。但当振荡应力发生变化时（比如不同的频率和振幅），我们不一定能通过分解预测到材料的变形。在这种情况下，我们需要掌握一些关于材料属性的信息。在 3.2 节中，我们描述了弹性模量的概念，即一种将线弹性材料的应力和应变相关联的材料属性。本章我们也引入了黏度的概念来相似地描述流体。现在，我们试图对黏弹性材料定义一个类似"模量"的概念。但这并不像纯弹性或纯流体的情况一样简单，具体来说，对于线弹性材料，应力和应变之间的比值是固定的，我们可以简单地将弹性模量定义为两者的比值。但对于黏弹性材料，应力和应变的比值随时间发生变化，因此不能用同样的方法来定义模量。

由于包含正余弦的方程能够基于欧拉公式进行简化表达，因此这里可以利用复数来解决这个问题。定义复应力、复应变及复模量的概念，令 $\wp$ 作为时间的复函数：

$$\wp = \cos(\omega t) + i\sin(\omega t) \tag{4.58}$$

其中，$\wp$ 的实部为

$$\mathrm{Re}\{\wp\} = \cos(\omega t) \tag{4.59}$$

$\wp$ 的虚部为

$$\mathrm{Im}\{\wp\} = \sin(\omega t) \tag{4.60}$$

i 是虚数单位，满足 $i^2 = -1$。例如，式（4.58）的复杂函数可以表示为一个指数虚函数，即欧拉公式：

$$e^{ix} = \cos(x) + i\sin(x) \tag{4.61}$$

使用欧拉公式，$\wp$ 可写为

$$\wp = \cos(\omega t) + i\sin(\omega t) = e^{i\omega t} \tag{4.62}$$

> **释注**
>
> **欧拉公式**。莱昂哈德·欧拉在 18 世纪发表了该公式。理查德·费曼将欧拉公式称为"所有数学运算中最卓越的、令人震惊的一个公式"。

基于式（4.62），我们可以定义复应力和复应变。将复应力定义为

$$\sigma^* = \sigma_0\cos(\omega t) + i\sigma_0\sin(\omega t) = \sigma_0 e^{i\omega t} \tag{4.63}$$

我们特意以这种方式定义复应力，使得 σ^* 的实部为式（4.59）中材料的应力 σ：

$$\mathrm{Re}\{\sigma^*\} = \sigma_0\cos(\omega t) \tag{4.64}$$

类似地，将复应变定义为

$$\varepsilon^* = \varepsilon_0\cos(\omega t - \delta) + i\varepsilon_0\sin(\omega t - \delta) = \varepsilon_0 e^{i(\omega t - \delta)} \tag{4.65}$$

同样，我们特意如此定义复应变，使得 ε^* 的实部为式（4.54）中的应变：

$$\text{Re}\{\varepsilon^*\} = \varepsilon_0\cos(\omega t - \delta) \tag{4.66}$$

定义复应力和复应变后，将*复模量* E^* 定义为两者的比：

$$E^* = \frac{\sigma^*}{\varepsilon^*} \tag{4.67}$$

将式（4.63）和式（4.65）中复应力与复应变的表达式代入式（4.67），进行一些简化后，得到复模量的简洁表达式：

$$E^* = \frac{\sigma_0 e^{i\omega t}}{\varepsilon_0 e^{i(\omega t - \delta)}} = \frac{\sigma_0 e^{i\omega t}}{\varepsilon_0 e^{i\omega t}e^{-i\delta}} = \frac{\sigma_0}{\varepsilon_0}e^{i\delta} \tag{4.68}$$

因为 E^* 是一个复数，定义 E' 作为 E^* 的实部，E'' 作为虚部，即

$$E^* = E' + iE'' \tag{4.69}$$

其中

$$E' = \frac{\sigma_0}{\varepsilon_0}\cos(\delta) \tag{4.70}$$

且

$$E'' = \frac{\sigma_0}{\varepsilon_0}\sin(\delta) \tag{4.71}$$

E' 称为弹性模量或储能模量。储能模量 E' 与抗应力的同相部分相关。将 $\delta = 0$ 代入式（4.69）～式（4.71）时，复模量等于储能模量，即 $E^* = E'$。由于同相变形是弹性材料的特点，因此储能模量可以作为材料弹性特性的度量。E'' 称为*阻尼*或*损耗*模量，与抗应力的异相部分相关。当 $\delta = \pi/2$ 时，$E^* = iE''$。此时，复模量的大小等于损耗模量。由于滞后相位与黏性材料有关，因此损耗模量可以作为材料黏性特性的度量。

值得注意的是，我们将复模量写作 E^*，表明其与杨氏模量类似。但在文献中更为普遍的是复剪切模量 G^*，因为动态流变经常通过剪切来测量。在本章接下来的部分，我们将使用复剪切模量 G^* 及对应的复剪切应力 τ^* 和复剪切应变 γ^*。

释注

　　复模量的历史根源。复模量是由德国物理学家卡尔·高斯在19世纪早期提出的，磁场强度国际单位制（SI）就是以高斯命名的。

幂定律可用于模拟频率相关的存储和损耗模量的改变

通过上一节的学习，我们知道，受到振荡载荷的黏弹性材料，其抗应力的同相与异相部分分别对应储能模量和损耗模量。对于许多黏弹性材料，这些模量取决于加载的频

率，并且对于频率的依赖性可能不同，使得不同频率下的同相与异相变形相对量会发生变化。在生物材料中，频率依赖性非常普遍，细胞也是如此。科学家已经提出多种模型来描述这种频率依赖性。有一种方法将储能模量和损耗模量的频率依赖性描述为幂定律。例如，下面的这个关系式已经被证明能准确描述细胞受到几个数量级的振动加载后变硬的现象。

示例 4.3：半流体物质的特性

我们用纯正弦剪切加载细胞，剪切应变响应滞后相位 45°（$\pi/4$ 弧度）。那么，固体和液体特性的贡献是否完全相等？如果是这样，是否意味着若应变响应大小相同，但细胞是纯固体材料时，也就是不存在应变相移时，储能模量或损耗模量是此时弹性模量的一半？

假设输入的剪切应力 $\tau = \tau_0 \sin(\omega t)$，输出应变 $\gamma = \gamma_0 \sin(\omega t - \pi/4)$，即滞后相位 δ 是 $\pi/4$，复剪切模量 $G^* = G' + iG''$，其中 $G' = G_0\cos(\delta)$，$G'' = G_0\sin(\delta)$。复剪切模量从储能模量（G'）和损耗模量（G''）获得的贡献相等，但储能模量和损耗模量均高于胞为纯固体时弹性模量 G_0 的一半。这是由于 G^* 与 G_0 振幅相同时，单个成分必须为 G_0 的 $2\sqrt{2}$ 倍。也就是说，半固体半流体物质的弹性模量大于同样响应的纯固体弹性模量的一半。

扩展材料：复黏度

我们定义了复模量，同样也能定义复黏度，即复剪切应力和复剪切应变率的比：

$$\mu^* = \frac{\tau^*}{\gamma^*} \tag{4.72}$$

其中，

$$\tau^* = \tau_0 e^{i\omega t} \tag{4.73}$$

且

$$\gamma^* = \frac{d\gamma^*}{dt} = \frac{d}{dt}\gamma_0 e^{i(\omega t - \delta)} = \gamma_0 i\omega e^{i(\omega t - \delta)} \tag{4.74}$$

将式（4.73）和式（4.74）代入式（4.72），可得

$$\mu^* = \frac{\tau_0 e^{i\omega t}}{\gamma_0 i\omega e^{i(\omega t - \delta)}} = \frac{\tau_0}{\gamma_0 i\omega} e^{i\delta} \tag{4.75}$$

类似于式（4.68），复剪切模量为

$$G^* = \frac{\tau_0}{\gamma_0} e^{i\delta} \tag{4.76}$$

对比式（4.75）和式（4.76），可以发现，式（4.75）可改写成

$$\mu^* = \frac{G^*}{\mathrm{i}\omega} = \frac{G + \mathrm{i}G'}{\mathrm{i}\omega} = \frac{\mathrm{i}G'}{\omega} + \frac{G''}{\omega} \qquad (4.77)$$

令 $\mu^* = \mu' + \mathrm{i}\mu''$，则有

$$\mu' = \frac{G''}{\omega} \qquad (4.78)$$

并且

$$\mu'' = \frac{G'}{\omega} \qquad (4.79)$$

式中，μ' 是动态黏度；μ'' 是导致频率相关的储能模量变化的异相黏度。观察式（4.78）和式（4.79）可以发现，复黏度与复剪切模量密切相关。事实上，μ' 和 μ'' 分别是频率归一化后的损耗模量和储能模量。由此，我们可以更好地理解存储和损耗模量是怎样随频率变化的。例如，假设 μ' 和 μ'' 在一定的频率范围内相对恒定，并且 $\mu' > \mu''$，那么在此范围内随着加载频率的增加，G'' 需相对于 G' 增加更多，并且随着频率的增加，材料会表现出更多的黏性特性和较少的弹性特性。

$$G^*(\omega) = G_0 \left(\frac{\omega}{\varPhi}\right)^{\alpha} (1 + \mathrm{i}\xi)\varGamma(1 - \alpha)\cos\left(\frac{\pi\alpha}{2}\right) + \mathrm{i}\mu\omega \qquad (4.80)$$

其中

$$\xi = \tan\left(\frac{\pi\alpha}{2}\right) \qquad (4.81)$$

且有

$$\varGamma(n) = (n - 1)! \qquad (4.82)$$

式中，G_0 反映材料的弹性特性，并且不依赖于一个参数；$\varPhi$ 是一个归一化因子；ξ 是结构阻尼系数；μ 是黏度系数；α 是标度指数。G^* 的实部是储能模量 G'，虚部是损耗模量 G''。参数 μ 和 ξ 代表不同的黏性成分；$\mathrm{i}\mu\omega$ 这一项的作用是确保在高频载荷下，不管标度指数 α 是多少，总是以黏性作为主导特性。大多数情况下，相关频率范围内的 ξ 比 μ 大得多，并且对损耗模量起主要决定作用。标度指数不仅决定了 G' 和 G'' 如何随频率变化，还决定了每个模量的相对大小。在 μ 很小的情况下，当 α 接近于 0 时，ξ 也接近于 0，G^* 则接近于 G_0（弹性响应）。反之，α 接近于 1 时，ξ 无限增大，表明虚部将占据主导地位，该材料将表现出强黏性特征。

利用各种力学加载技术对多种细胞的研究已经证明，细胞的标度指数为 $0.2 \sim 0.3$（图 4.14）。这种幂定律体现了典型的软玻璃材料如乳胶、泥浆、糊状物剂等的特性。软玻璃材料会表现出某种程度的混乱特性，组成软玻璃材料的离散结构间通过弱相互作用缠绕或聚合在一起。在文献中，细胞常常被描述为软玻璃材料。

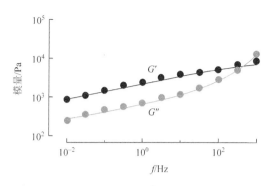

图 4.14　细胞受到振荡力学加载时存储和损耗模量随频率变化函数。由于结果以对数形式给出，因此 G' 的斜率为标度指数 α，在本例中，标度指数约为 0.2。（改编自法布里等，2011，物理评论快报，87，148102。）

释注

　　数量级分析。在无法获得准确解析解时，可以进行数量级分析。同样，这种方法不是为了确定准确的函数关系，而是估计参数在一个数量级或两个数量级内的相关性。例如，在设计一栋摩天大楼时，需要评估该建筑物的预计质量。假设大楼用钢材建成，约 100 层高。每层的建筑面积估计为 100m×100m，每层高度为 1m，则体积为 1 000 000m^3。假设建筑物的平均密度为 1t/m^3，这个假设是基于 1m^3 水重为 1000kg（大约 1t），尽管钢比水更致密，但建筑物内部大部分都是空气。因此，建筑物的质量估计在 1 000 000t 数量级。这是一个较为准确的估计——帝国大厦 102 层高，重 365 000t；西尔斯大厦 110 层（另有地下室 3 层），重 223 000t，2009 年改名"韦莱大厦"。通过类似的计算，我们可以估算一个细胞内信号受体的数量、细胞内分子信号的速度，以及其他一些难以测量的细胞特性。

4.5　量纲分析

　　在流体力学中，大部分流动不能完全靠解析确定。换言之，仅依据牛顿第一定律无法得到流动剖面，还需要结合实验加以分析。在这种情况下，如果没有关于相关参数的*先验参考*，就很难设计出正确的实验。*量纲分析*是一种数学方法，将一组实验参数压缩为一组无量纲量。量纲分析的目的并不是求解参数，尽管无法获得具体的解析解，但可以为我们提供很多的重要信息。

量纲分析需要确定基础参数

　　假设现在我们要通过一个实验来确定液体中游动细菌受到的流体拖曳力。确定可能影响流体拖曳力的无量纲量将有助于实验的设计。

　　首先，必须确定所有影响拖曳力的可能因素，并确定其单位。在建立*基本参数*列表之前，我们需要关于该问题作一些直觉判断。由于我们想要获得的是一个游动的细菌受到的流体拖曳力，可以推测，这个力取决于如流体密度（单位 kg/m^3）、流体黏度 [单位 $kg/(m \cdot s)$]、细菌速度（单位 m/s）及细菌的特征尺度（单位 m）等参数。包括拖曳力（单位 $kg \cdot m/s^2$）在内，共有 5 个可能在建模时直接产生影响的参数，即基本参数（图 4.15），表示为

$$f(F, L, \mu, \rho, v) = 0 \tag{4.83}$$

此处 f 代表一个或多个未知方程（s）。

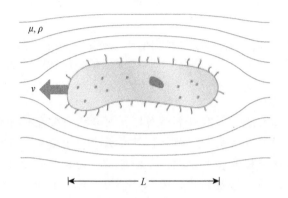

图 4.15　长度为 L 的细菌在密度为 ρ、黏度为 μ 的流体中以速度 v（向左移动）游动所受到的拖曳力。我们希望求解拖曳力，但由于几何结构的不规则，很难得到一个精确的解析解。此时通过量纲分析可获得一些基本的关系。

白金汉 π 定理给出了可由基本参数构建的无量纲参数的个数

通过建立的基本参数列表，可以构建无量纲参数。*白金汉 π 定理*给出了能由基本参数构建的无量纲参数的个数，即无量纲参数的个数等于基本参数的数量减去独立的物理单位（维度）个数。在细菌的例子中，有 5 个基本参数和 3 个独立单位（长度、速度和质量），因此可以找出两个无量纲参数。记住，在这种情况下，独立单位不一定是基本单位如 m、s 或 kg，也可以是衍生单位如 m/s，但它们必须是独立的。速度（m/s）和长度（m）可以替代长度（m）和时间（s），但不能使用速度、长度和时间，因为它们不是相互独立的。类似地，也不能使用面积（m^2）和长度（m），因为它们之间存在平方的关系，并不是独立的。

> **释注**
>
> 　　**白金汉 π 定理的根源。** 白金汉 π 定理是埃德加·白金汉在 1914 年提出的一种无量纲化方法的正式表达形式。无量纲参数称为 $\pi(\pi_1, \pi_2, \cdots, \pi_p)$，如果基本参数的个数为 j，维度（独立单位）数为 k，则 $p = j - k$。该定理表明每个无量纲参数的一般形式都可表示为基本参数整数幂的乘积。
>
> 　　值得注意的是，π 数量的确定要比我们在这里描述的更为复杂，但这种方法作为一种经验法在很多情况下都是适用的。

通过求解方程组计算无量纲参数

确认基本参数和维度（单位），并根据白金汉 π 定理确定无量纲参数的个数和形式后，接下来可以确定无量纲参数。严密的计算包含非常复杂的过程，首先我们可以采用一个有效的策略性概括分析。先确定 *跨维* 的 j 个基本参数（一般是独立的），也就是说，这些基本参数涉及所有的物理单位，可以被称作 *重复参数*。这个过程可以通过简单地将剩余参数与重复参数依次结合来完成。

在细菌的例子中，我们确认了 5 个基本参数 F、L、ρ、μ 和 v，以及 3 个独立单位，因此应该获得两个无量纲参数。因为 $j = 3$，所以通常需要确定 3 个简单独立的重复参数。首先可以确定长度和速度，这两个参数是简单的，且涉及两个单位（m 和 s）。对于第三个重复参数，则需加上 kg，此时选择密度或黏度都可以，最后会得到同样的无量纲数组，这里我们选择黏度 μ。

现在将每一个剩余参数与重复参数依次结合。从力开始，我们希望得到相关参数 F、L、μ 和 v 的乘积，使得最终表达式没有单位。也就是说，希望找到指数 a、b、c 和 d，使得 $F^a L^b \mu^c v^d$ 的最终乘积没有单位，或

$$F^a L^b \mu^c v^d = 1 \tag{4.84}$$

式（4.84）右边的"1"并不强调数值，而是强调其无单位。我们将式（4.84）的每个参数分解为它们的基本单位，然后找出能使其全部消去的指数。式（4.84）可写为

$$\left(\frac{\text{kg} \cdot \text{m}}{\text{s}^2}\right)^a (\text{m})^b \left(\frac{\text{kg}}{\text{m} \cdot \text{s}}\right)^c \left(\frac{\text{m}}{\text{s}}\right)^d = 1 \tag{4.85}$$

我们希望最终指数为 0。考虑长度（m）的指数，则有

$$a + b - c + d = 0 \tag{4.86}$$

类似地，对于质量，有

$$a + c = 0 \tag{4.87}$$

对于时间，有

$$-2a - b - d = 0 \tag{4.88}$$

联立式（4.86）～式（4.88）形成一个代数方程组，可简化为

$$
\begin{aligned}
a &= -b \\
a &= -c \\
a &= -d
\end{aligned}
\tag{4.89}
$$

该方程组有 3 个方程和 4 个未知数，因此是不确定的。我们可以任意设定 a（力的指数）为 1（一般的经验法则会使其中一个指数等于一个小的整数）。在这种情况下，其他参数的指数等于 -1。这样就得到了第一个无量纲项：

$$F^1 \mu^{-1} L^{-1} v^{-1} = \frac{F}{L \mu v} \tag{4.90}$$

接下来考虑第二个剩余参数——密度 ρ 。我们需要将它与 L 、 μ 和 v 结合，与之前类似，有

$$\left(\frac{\mathrm{kg}}{\mathrm{m}^3}\right)^e (\mathrm{m})^f \left(\frac{\mathrm{kg}}{\mathrm{m}\cdot\mathrm{s}}\right)^g \left(\frac{\mathrm{m}}{\mathrm{s}}\right)^h = 1 \tag{4.91}$$

通过相同的计算，得到第二个无量纲项：

$$\rho^1 \mu^{-1} L^1 v^1 = \frac{\rho L v}{\mu} \tag{4.92}$$

这就是我们之前讨论过的雷诺数。这样，式（4.84）可重写为无量纲参数的函数，即

$$f\left(\frac{F}{L\mu v'},\frac{\rho L v}{\mu}\right) = 0 \tag{4.93}$$

这是一个简化的函数形式，与原来的表达式相比，具有较少的项。

量纲分析的一个实际应用——相似性

得到量纲参数后，可以通过多种方式利用它们来优化实验设计或对实验结果进行解释。在建模方面，量纲分析不仅能告诉我们参数的个数（无量纲数），还能明确这些参数间的变量关系，提高模拟实验设计的灵活性。

在细菌的例子中，由于细胞的尺寸极小（亚微米水平），且力也极小，无法将测量力的仪器贴附在细胞上进行测量，因此我们希望通过构建一个大尺寸模型，将其置于特定的流动中，通过比例换算获得细菌受到的拖曳力，这被称为*相似性实验*。在这个过程中，为了结果比例计算的准确性，无量纲参数必须严格保持不变。

示例 4.4：剪切应力下细胞的变形

假设一个细胞贴附于基板，细胞受到流体剪切应力发生变形。将细胞视为弹性固体，确定测量细胞变形角度及剪切应变的 π 参数组。

这里，基础参数是流体的性质，包括密度 ρ 、黏度 μ 、细胞高度 h 、流体速度 V 、受到流体剪切的面积 A 、细胞的剪切模量 G ，以及我们想要的剪切应变。

密度单位是 $\mathrm{kg/m}^3$ ，黏度单位是 $\mathrm{kg/(m\cdot s)}$ ，高度单位是 m ，面积单位是 m^2 ，速度单位是 m/s ，剪切模量单位是 $\mathrm{N/m}^2 = \mathrm{kg/(m\cdot s}^2)$ 。我们选取高度、黏度和速度作为重复参数，因此剩余参数为密度、面积、剪切应变和剪切模量。我们会很容易地发现，雷诺数是其中的一个无量纲参数。此外，面积可以通过 A/h^2 进行归一化，剪切应变和弧度的单位为长度/长度或无量纲。

对于剪切模量需要进行一些分析计算，令 $(\mathrm{m}^a)(\mathrm{m}^b/\mathrm{s}^b)(\mathrm{kg}^c/\mathrm{m}^c\mathrm{s}^c)(\mathrm{kg}^d/\mathrm{m}^d\mathrm{s}^{2d}) = 1$ ，有

$$a + b - c - d = 0$$

$$-b - c - 2d = 0$$

$$c + d = 0$$

令 $c=1$。此处之所以从 c 开始讨论，而不是从 a 开始，是因为这样处理可以使其他参数的计算更简单。可得 $d=-1$，$b=-c-2d=-1+2=1$。最后，得到 $a+1-1+1=0$，即 $a=-1$。因此最后一个 π 参数组为 $V\mu/hG$。因此表达式为

$$f(\gamma, Re, A/h^2, V\mu/hG)=0$$

我们也可以选择另一组重复参数。例如，可以选择剪切模量、高度和密度——需要记住的是，要体现 kg、m 和 s 这几个单位。如果我们利用这几个新的独立参数进行代数计算，会得到以下 π 参数组：

$$f(\gamma, V\rho/G, A/h^2, \mu/h\rho G)$$

这个表达式要复杂得多，且方程形式也不同。尽管两个方程的表达式不同，但可以互相转换。其中，剪切应变 γ 和 A/h^2 是一致的，我们将下面一个表达式的第二个参数和最后一个参数相乘，可以得到 $V\mu/hG$，这就是第一个方程的最后一个 π 组参数。类似地，如果我们将后一个方程的第二个参数除以最后一个参数，可以得到 $\rho hV/\mu$（即 Re），这是第一个方程的第二个参数。因此两个方程是相等的，但第一个方程的形式更简单。但是，在开始选择参数时并不能预知最后的方程形式，因此参数的选择也是一门艺术。

如果我们希望构建一个尺寸为细菌 1000 倍的模型，测量液流中模型上的拖曳力。关注第二个无量纲项 $\rho Lv/\mu$，即雷诺数。如果我们将细菌的长度乘以 1000，那么雷诺数变为 1000 倍。为了等比例计算，保持雷诺数不变，可以将流体替换为相同密度，但黏度为 1000 倍流体，模型的速度与细菌实际速度相同。通过第一个无量纲项，来考察这种换算对结果的影响。第一个无量纲项为 $F/L\mu v$，如果 L 和 μ 均放大 1000 倍，那么阻力则要放大 $1000\times1000=1\times10^6$ 倍。在这种情况下，测量到的阻力值必须缩小相同的比例 100 万倍（而不是 1000 倍），才能得到施加在细菌上的实际阻力。

量纲参数可以用来验证解析解

无量纲量的另一个用处是它们能用来检查推导出的解析解表达式是否正确。回想前文，我们用简单的物理参数获得横截面积为 L^2、速度为 V 的流动的拖曳力。如果假设黏滞力很小，根据伯努利方程可知，物体前端邻近处的流线有

$$P \sim \rho V^2 \tag{4.94}$$

式中，P 是压强，忽略高度的变化，那么压强的合力应表示为压强和面积的乘积：

$$F \sim PL^2 \tag{4.95}$$

结合式（4.94）和式（4.95），可得到比例关系：

$$F \sim \rho V^2 L^2 \tag{4.96}$$

通过之前获得的无量纲参数来表达这个解析解，可以验证方程的正确性。我们将式（4.96）重写为

$$F \sim \left(\frac{\rho VL}{\mu} \right)(\mu VL) \qquad (4.97)$$

这里将 V^2 这一项展开，并插入了黏度。最后，除以右手边的后一项，得到

$$\left(\frac{F}{\mu VL} \right) \sim \left(\frac{\rho VL}{\mu} \right) \qquad (4.98)$$

上式表明，式（4.96）可以表示为无量纲参数的函数。尽管这并不能保证式（4.96）的正确性，但能增加其可信度。实际上，式（4.98）的确是正确的，它与流体中运动物体的阻力公式有相同的比例。如果一个方程不能被表达成无量纲数的函数，那就意味着在推导式（4.96）或计算无量纲参数时发生了错误。

释注

比例缩放。与量纲分析一样，比例缩放分析的目的也是使人们大致了解某些相关参数随其他独立参数变化的函数关系。此时可能会使用一种并不十分严谨的分析方法[正如我们在推导式（4.96）时所做的那样]。此时的目标并不是获得一个确切的公式，而是了解一个参数如何随其余参数变化。这里，缩放问题可以被认为是维度分析和数量级估计的组合。在缩放分析中，与量纲分析一样，π 或 ½ 等常数通常会被舍弃。

示例 4.5：用比例关系从纳维-斯托克斯方程推导雷诺数

对于一维流动，忽略 y 和 z 方向的流动及变化。x 方向的纳维-斯托克斯方程即可简化为

$$\rho(\partial u \partial t + u \partial u \partial x) = \rho g - \partial P \partial x + \mu \partial^2 u / \partial x^2$$

关注黏性和惯性项，忽略随时间变化的项（第一项）及重力和压力项，简化得到

$$\rho u \partial u \partial x = \mu \partial^2 u \partial x^2$$

令 U 为特征速度，L 作为特征长度比例，因此 $\partial u \partial x$ 可写作 U/L，$\partial^2 u \partial x^2$ 可写作 $(U/L)/L = U/L^2$。方程左边为惯性项（与动量相关），为 $\rho U^2/L$，方程右边为黏度项，简化为 $\mu U/L^2$。方程左右相除，获得惯性与黏性的比，为

$$(\rho U^2 / L) / (\mu U / L^2) = \rho UL/\mu$$

即获得雷诺数。类似地，如果用时间-变化的项计算比例，即可获得沃姆斯莱参数。同样，基于其他项，包括重力、压力等，也可以获得一系列参数。这也能解释为什么管道中流动的雷诺数能超过 1；在充分稳定的一维管道流动中，左边的一项为 0，因为 $\partial u \partial x$ 为 0，即不存在惯性项。但是，在微观尺度上，由于管道的表面存在一些缺损，导致了非零的 v 和 w，以及变化的 u。这些扰动（随着速度的增加）会引发湍流，通常情况下，Re 远大于 1，一般为 1000~2000。

重要概念

- 流体与固体的区别在于其形状是否取决于容器。
- 水静力学研究的是静止流体的压力，且各个方向的压强相等。
- 牛顿流体的速度梯度与剪切应力成比例，其比例常数称作动态黏度。
- 层流具有有序或整齐的流线。湍流则具有曲折及混合的流线。雷诺数 Re 是关于速度的无量纲量，决定了流动由层流到湍流的过渡。
- 一般地，雷诺数远小于 1 时，流动主要由黏性支配，且是层流。雷诺数远大于 1 时，流动由惯性支配，且是湍流。层流与湍流转换时具体的雷诺数取决于特定的几何结构。细胞尺度的流动通常是层流。
- 几何结构简单的牛顿流体层流的速度剖面有时具有封闭解（解析解）。
- 黏度小到可以忽略的流动称为非黏性流动，遵循伯努利方程。
- 纳维-斯托克斯方程由平衡方程（动量守恒）、本构模型（牛顿特性）和动力学方程（兼容性假设）联合得出，涉及流体力学中的很多问题。
- 非牛顿流体的剪切应力和速度梯度之间具有非线性关系，幂律流体和宾汉塑性流体是两个非牛顿流体的例子。
- 流变学是针对可流动材料的研究。黏弹性材料同时表现出类固体和类液体特性。复模量可用于描述黏弹性行为，可能非线性依赖于频率。幂律关系能有效地描述复杂的黏弹性。
- 在无法获得确定的关系方程时，量纲分析、比例缩放及估值法能为我们提供一些解决问题的线索。
- 量纲分析的前提是需要保持单位一致，才能获得可能的解析方程，以及意想不到的新无量纲数。

思考题

1. 一个内径为 r_0 的圆形截面管道，假设其中的压力驱动流动与文中的平行板问题的流动相同，利用微分分析确定其流动剖面。确定峰值速度与平均速度的比。该比值是否与平行板问题中的比相同？

2. 一个牛顿流体的复剪切模量和复黏度可以简化为一个振荡载荷下的纯流体，请描述该过程。

3. 画出 $\beta=1$，$\alpha=0.5$ 或 2 的幂率流体的流动剖面。可以自行确定平板间隙和峰值速度，并详细说明。

4. 平行板上下间隙为 h，板之间的牛顿流体密度为 ρ，黏度为 μ。流动的压强梯度 $\mathrm{d}\rho/\mathrm{d}x=C$，同时上层的平板移动速度为 V_0，底部平板静止，利用纳维-斯托克斯方程计算底部平板上的剪切应力。

5. 将一个细胞视为一个充满流体的袋子，其中的液体黏度约是水的 10 倍。请问在微吸管吸吮实验时，细胞内的流动是层流还是湍流，或者是过渡型。假设在压力梯度下，细胞以大致均匀的速度完全进入移液管，时间共 1min。

6. 一个半径为 R 的血管分叉为半径为 R_1 和 R_2（不一定相等）的两根血管，如何才能使血管内部的层流剪切应力保持不变。忽略分叉点的流动影响，并假设血液为不可压缩的牛顿流体。

7. 在本章中，我们讨论了基本参数和单位的数量。如果一个单位不能用其他单位来表示，那么这个单位就是独立的。可以通过建立一个矩阵来获得独立单位的数量，矩阵的列代表单位，矩阵的行代表参数。例如：

$$
\begin{array}{c}
\text{时间} \\
\text{速度} \\
\text{加速度}
\end{array}
\begin{bmatrix}
0 & 1 \\
1 & -1 \\
1 & -2
\end{bmatrix}
$$

其中，第一列单位为"m"，第二列单位是"s"。参数"时间"不含单位"m"，但含一个时间单位 $(t = s^1)$。速度参数含有单位"m"和"s"的倒数 $(V = m/s = m^1 \cdot s^{-1})$。同理，可知加速度的矩阵值。通过矩阵的排列可以获得独立单位的数量，利用高斯消去法，可以得到量纲分析时基本参数的项。在此例中，我们能够消去速度和加速度冗余的时间成分。如果我们消去加速度，就得到秩为 2 的矩阵，留下时间和速度参数。

（a）基于上述知识，分析文中的流体拖曳问题，确定此例中的单位矩阵，证明其秩为 3。还存在哪些重复参数组？[提示：一般来说，因变量（如本例中的力）通常不作为重复参数，避免其出现在函数的多个地方，并且很难分离出来。因此在计算时，通常不在方程中使用因变量。]

（b）使用第二个重复参数组，推导无量纲参数方程。基于这个新参数组，如果长度缩小 1/1000，保持黏度和速度不变，密度增加 1000 倍，将力乘以 1000，该缩放是否合理？为什么？

8. 假设考虑用一个弹簧-阻尼系统作为模型进行分析。弹簧的特性遵循胡克定律（$F = kx$），其中 x 是位移，F 是力，k 是弹簧常数。牛顿阻尼器遵循 $F = \mu V$，其中 V 是速度，μ 是黏滞系数（不是黏度）。确定该系统的特征频率，并利用量纲分析找出无量纲参数。

9. 流体仿真中常会用到量纲分析。假设用弹簧常数为 k 的弹簧将一个半径为 r 的圆球悬浮于密度为 ρ、黏度为 μ 的液体中，重力加速度为 g。拉伸该弹簧并释放使系统振荡。系统振荡幅度等于初始振幅一半时的时间称为阻尼半衰期，请用量纲分析确定阻尼"半衰期"时间和其他参数的关系。

10. 人的体温能释放多少能量？人体体温能使所处的房间变暖。如果用一盏灯来替代人体达到相同的变暖速度，需要多少瓦数的灯？

11. 人体的细胞密度大致与水的密度相同（实际上细胞密度会高一些，但此处忽略）。如果标准体重的一半由基质构成（骨、软骨等），那么一个标准体重的成人含有多少细胞？

12. 如果将肱二头肌肌肉直接连接一个砝码，它能产生多少力？通常身体的肱二头肌由肘部作为支点，将前臂骨作为施力杠杆。

参考文献及注释

Fabry B，Maksym GN，Butler JP et al.（2001）Scaling the microrheology of living cells. Phys. Rev. Lett. 87：1481–1482. *这篇文章通过分析细胞上黏附的玻璃小球的频率响应，描述了细胞柔软的玻璃材料特性。*

Kamm R（2001）Molecular，Cellular，and Tissue Biomechanics. Lecture notes from course number 20.310，Massachusetts Institute of Technology.*这门课程介绍了细胞力学中的比例缩放分析方法。本文中的比例分析部分由此启发和参考。*

Kollmannsberger P，Fabry B（2011）Linear and nonlinear rheology of living cells. Annu. Rev. Mater. Res. 41：75–97. *细胞流变学应用研究的综述。文章包含了很多此类模型研究进展的参考文献。*

Pritchard PJ（2011）Introduction to Fluid Mechanics. New Jersey: John Wiley. *这本流体力学的教材包含了更多数学计算的细节，包括水静力学、微分分析、质量守恒、量纲分析，以及纳维-斯托克斯方程。*

Stamenovic D，Suki B，Fabry B，et al.（2004）Rheology of airway smooth muscle cells is associated with cytoskeletal contractile stress. J. Appl. Physiol. 96：1600–1605. *这篇文章应用式（4.17）提出的幂律原则对细胞进行了流变学分析。*

Vogel S（1996）Life in Moving Fluids. New Jersey: Princeton University Press. *这本书避免了复杂的数学计算，以简单易懂的方式介绍了很多生物流体的重要概念。*

第 5 章　统计力学基础

细胞是由许多小的、独立的元件组成的。在第 2 章中曾经提到，聚合物是由很多独立单体或由独立单体相互连接的元件组成的大分子。理解小元件的特性如何影响聚合体整体力学特性，对进一步了解聚合物的特性是有帮助的。例如，确定给定聚合物的弯曲度（一个可通过实验观测到的聚合物"宏观"特性）随高聚物单体的数量、大小及电荷属性等"微观"性质变化的关系，或者确定能使聚合物伸直或使其拉伸到某一长度的力与这些"微观"性质的关系。这些问题可以在统计力学的分析构架下得到解决。在本章中，我们将利用统计力学的方法将聚合物的系统宏观行为（"宏观状态"）与已知的聚合物单体微观特性及行为（"微观状态"）联系起来。

统计力学依赖于概率分布的应用

利用概率分布推测聚合物单体特性与整体特性之间联系的方法称为统计力学。在假设高聚物整体行为可被一个合理的概率分布描述的前提下，可以利用概率分布对大自由度的系统进行分析。假设在一个虚构的（且非常大的）台球桌上有 1000 颗球在相互碰撞，我们想要计算某一时刻这些球的总动能。经典力学的方法，需要追踪每个球的速度，计算每个球的动能，将这些数据求和从而得到总动能。在统计力学中，则是假定一些速度的概率分布（例如，10%的球具有 0～1m/s 的速度，15%的球具有 1～2m/s 的速度等），并利用这一概率分布来计算台球总动能的期望值。

统计力学可以用于研究分子随机作用力对力学行为的影响

统计力学不仅在计算聚合物分子微观与宏观行为间的关系时具有优势，在分析分子随机作用力对软结构（如生物高分子聚合物和膜）的影响时也非常有用。布朗运动可以帮助我们更好地理解分子随机作用力影响物体力学行为的概念。假设我们观察室温下一个悬浮于水中的非常小的颗粒（如花粉粒，这一现象曾被爱因斯坦用于他的开创性研究中；见 5.6 节）。在显微镜下，我们会看到颗粒不是静态的，而是发生着微小的随机波动。

这个现象称为布朗运动，是由水分子和粒子间相互碰撞引起的，这种小且瞬间失衡的力作用引起了颗粒的小波动。水分子的动能与温度相关，因此布朗运动的波动也与温度有关。如果温度升高，则粒子的运动波动也会增加。

与布朗运动类似，这类分子随机作用力也影响着细胞内某些柔性结构如肌动蛋白微丝（及其他生物聚合物）的力学性能，这些柔性结构处于*热波动*中。热波动被证明是柔性聚合物小幅度的蜷曲或波动。聚合物的蜷曲倾向同样是由引起布朗运动的分子力产生的。正如温度升高会使布朗运动位移增大，升温同样会引起较大程度的热波动。如果将一个肌动蛋白聚合物悬浮在溶液中，温度上升时，这根肌动蛋白丝会更倾向于呈现弯曲或蜷曲的结构（图 5.1）。相反，当温度降低时，其结构会倾向于变直。通过分析熵对平衡行为的影响，统计力学可以解释分子随机作用力对布朗运动或高聚物热波动现象的影响。

粒子：布朗运动　　　　　　　聚合物：热波动

图 5.1　液体中粒子布朗运动及聚合物热力学扰动示意图。两种情况中的粒子行为或分子构型均是由周围分子的随机作用力造成的。

　　在本章中，我们会介绍一些统计力学的基本分析方法，还会介绍统计力学中的基本概念、原理及重要关系，如内能、熵、自由能、玻尔兹曼分布及配分函数。我们还将讨论随机游走，这是统计力学在分析膜及聚合物问题时常用的一个数学问题。通过对这些问题的学习，不仅为第 7 章和第 8 章中一些聚合物模型提供了数学和（或）物理的基本知识，还为了使读者对统计力学有一个基本认知，为将来更深层的聚合物物理研究打下基础。由于统计力学研究的是物体的热力学能量问题，因此本章我们将从一个具体的能量形式——内能开始讨论。

> **释注**
> 　　**自由度**。自由度是指某物质能以多少种独立的方式运动。如果研究对象能被视为一个质点，那么自由度就是运动的维度数。算盘上的算珠沿算盘杆有一个运动维度。空气中单个氦原子有三个运动维度。但是，如果研究对象具有几何形态，则自由度必须考虑不同轴的旋转。例如，一本书有 6 个自由度，除了可以沿三个空间轴平移，还可以绕着每个轴转动。

5.1　内　　能

利用势能预测力学行为

　　众所周知，能量有很多形式：动能、电势能、热能、电磁能等。这些不同形式的能量遵循一个共同的原则：在一个封闭系统中，任何形式的能量可以转换成其他形式的能量，但系统总能量保持不变。在热力学中，我们关注几种形式的能量，其中最重要的一种是*内能*。我们暂时简单地认为它是多种形式能量的总和，是势能的主要形式。

在力学中，势能被定义为做功的能力。在对力学系统进行分析时，势能是尤其重要的一种能量形式。*最小总势能原理*规定，当结构受到力学载荷时，将会以使系统达到稳态时的总势能最小的方式变形。这一原则提示我们，无论是相对单一（如一个聚合物单体）还是相对复杂（如 100 万个聚合物构成的复杂网络）的结构，势能都可以以一个单一标量的形式代表结构的力学状态。此外，通过寻找使势能最小化的构型，我们就可以确定已知力学载荷下结构的平衡态构型。

我们用一个弹簧的例子来说明如何利用势能确定一个力学系统的平衡态。以胡克弹簧为例，弹簧常数为 k_1，平衡态时的弹簧长度为 x_1，将弹簧末端拉伸距离 x 所需的力 $F = k_1(x - x_1)$。如果我们有另外一根胡克弹簧，其受力 $F = k_2(x - x_2)$。这时，两根弹簧中的势能分别为 $W_1 = 1/2 k_1(x - x_1)^2$ 和 $W_2 = 1/2 k_2(x - x_2)^2$。如果我们将两根弹簧两端连在一起，由于长度一样，拉其末端使其伸长，则总势能为

$$W = W_1 + W_2 = 1/2 k_1(x - x_1)^2 + 1/2 k_2(x - x_2)^2 \tag{5.1}$$

两弹簧长度相等（图 5.2），当长度 x 变化时，弹簧总势能也在变化。可以发现，尽管系统包含多个组成部分（即两根弹簧），但势能仍由单一（标量）表达式来描述系统的力学状态。这个标量具有物理含义，其等于该系统变形时做的功。

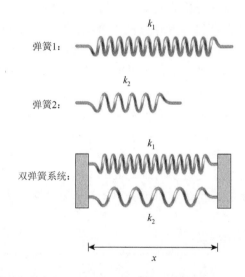

图 5.2 双弹簧系统示意图。系统的平衡长度 x 可以通过最小势能原理得到。

现在假设允许系统在没有其他外力作用下达到平衡，即让系统回复到松弛状态。我们知道，每根弹簧有其各自的平衡长度，但由于现在两根弹簧两端相连，这个双弹簧系统就有了自己的平衡长度。正如之前提到的最小总势能原理，我们可以通过找到最小总势能的构型来寻找到平衡状态。对于这个弹簧系统来说，即找到式（5.1）中 W 最小时的长度 x。我们可以通过对 W 求 x 的导数，并令其为零，得到这一长度：

$$dW / dx = k_1(x - x_1) + k_2(x - x_2) = 0 \qquad (5.2)$$

解方程得到长度 x 为

$$x = (k_1 x_1 + k_2 x_2) / (k_1 + k_2) \qquad (5.3)$$

即系统的平衡长度。

可以注意到，通过最小总势能原理得到的平衡长度与力平衡方程得到的结果相同。我们知道，在平衡过程中如何不存在外力，那么也没有任何净内力产生。因此，一个弹簧的压缩会被另一个弹簧的拉伸所平衡。这里，平衡长度 x 可以通过以下公式计算得出：

$$F = k_1(x - x_1) = -k_2(x - x_2) \qquad (5.4)$$

第二个弹簧表达式中出现了一个负号，表示它与第一个弹簧的力方向相反（如果第一个弹簧是拉伸状态，则第二个弹簧是压缩的；反之亦然）。显而易见，式（5.4）与式（5.3）相同。之所以力平衡等式与势能最小平衡等式等效，是因为从根本上讲，力是势能的梯度。在没有势能梯度，即达到极大值或极小值时，力是平衡的（合力为零）。能量最大的情况，尽管也属于平衡点，但不稳定，所以在此忽略（一个经典的例子是倒立摆）。虽然力平衡等式和势能最小等式能得到相同结果，但在分析复杂的力学系统时，通常会优先选择第二种方法，因为其数学计算较为简单。利用势能进行计算还有一个优势，那就是它允许我们将连续介质力学的解析解与统计力学结合起来，这将在下一节进行阐述。

应变能是储存于弹性形变中的一种势能

当物体受到外力刺激时会产生形变。这些形变可能是弹性形变（即力学刺激消失后，形变自行恢复），也可能是塑性形变（永久形变，在力学刺激消失后无法恢复）。当结构发生弹性变形时，势能储存于结构中，这种势能称为*应变能*。需要注意的是，所有的应变能都是一种势能形式，但不是所有的势能都是应变能。例如，将某物体举至某一高度，对抗重力作用的势能增加，但由于物体没有变形，其应变能并未增加。

在第 3 章中，我们学习了应力和应变的概念，可以利用这些物理量来描述应变能的概念。首先，我们推导一个轴向受力杆一端的应变能。在第 3 章中，我们知道，力与位移成比例：

$$F = EA\Delta L / L \qquad (5.5)$$

引起这一位移所需输入杆中的势能为

$$W = 1/2 F\Delta L \qquad (5.6)$$

> **释注**
>
> 　　**微观应变能。** 微观上，应变能是指当我们使杆的尖端产生一个微小位移时，组成这根杆的所有分子或原子会被分开，或会在它们自身的平衡态距离上产生一个微小变形，最终产生一个势能储存于整根杆中。

在杆的例子中，我们考虑将杆一端的受力及位移引起的材料响应，以应力或应变的形式分布于整个杆中。杆一端受力输入的势能近似分布于整根杆中。对于杆中任意微小体积，将势能的一个微元表示为 $\mathrm{d}W$。因此，储存于杆中的总势能为杆体积与这个微元能的乘积：

$$W = LA\mathrm{d}W \tag{5.7}$$

我们将势能与内能等价，可以得到：

$$\mathrm{d}W = \frac{1/2F}{A}\frac{\Delta L}{L} = 1/2\sigma\varepsilon \tag{5.8}$$

内势能是以应变形式存储的能量，因此内势能为应变能（这与弹簧拉伸产生势能的方式相似）。每单位体积的内势能为应变能密度。

对于一根轴向受力的杆，应变能密度可以表示为应力与应变乘积的一半。通常情况下，应变能密度可以表示为应力分量和应变分量乘积和的一半：

$$\mathrm{d}W = 1/2(\sigma_{11}\varepsilon_{11} + \sigma_{12}\varepsilon_{12} + \sigma_{13}\varepsilon_{13} + \sigma_{21}\varepsilon_{21} + \sigma_{22}\varepsilon_{22} + \sigma_{23}\varepsilon_{23} + \sigma_{31}\varepsilon_{31} + \sigma_{32}\varepsilon_{32} + \sigma_{33}\varepsilon_{33}) \tag{5.9}$$

连续介质力学中的平衡问题是应变能最小化的问题

在之前的学习中，我们假设杆一端受力时的能量输入等效于储存在杆内部的应变能。实际上，这个假设就是经典力学中能量守恒原理的表述。在核反应过程之外，能量既不能生成也不会消散。我们已经知道，动力学、本构方程及平衡方程构成了连续介质力学的基本关系。然而，最小总势能原理其实是连续介质力学更为基本的关系。具体来说，求解连续介质力学问题其实就是找出同时满足最小内部应变能及边界条件的内部变形状态（例如，上文中求解使双弹簧系统达到最小内能的长度问题）。事实上，平衡方程遵循应变能最小假设，且认为这两者等效。

力学状态变化改变内能

根据前文我们关于势能和应变能的学习，现在引入内能的概念。在热力学中，内能是系统内的总能量，定义为热力学系统做功加上放热的能力。势能和动能是内能的两个重要组成。

我们知道，弹性变形伴随着势能的改变。势能的变化是由依赖构象变化的原子或分子间相互作用的势能改变引起的。两分子间的势能变化范围非常大，这取决于分子间距离。偶极子间的范德瓦耳斯力会导致长程引力，且范德瓦耳斯力引起的势能会随分子间距离的减小而减小。然而，当两分子足够接近时，相邻分子的原子间发生空间相互作用，势能会快速升高（比如原子的电子云之间存在极大的相互斥力）。如果每个分子的原子都带电，还会产生库伦电位使能量增加。如果分子内的两原子带有相同的正或负电量，则当它们足够靠近时，其势能会上升。

与随力学结构改变而变化的势能相反，动能的变化则是由系统粒子速度的变化引起

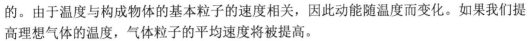

的。由于温度与构成物体的基本粒子的速度相关，因此动能随温度而变化。如果我们提高理想气体的温度，气体粒子的平均速度将被提高。

一般情况下，我们希望获得系统平衡态下的力学构型。假设有一个内能为零的参考状态，构型变化引起内能的增加或减少，忽略以下几种情况对内能的影响：①相对参考状态不发生改变（或相对变化很小）；②构型变化引起的大规模解耦。为了解释这一现象，在计算时，我们常假设内能的变化只由势能变化引起，忽略由动能变化引起的内能变化。

> **释注**
>
> 　　**通过应变能定义应力。** 应变能的用处之一，就是它可以用于定义应力。最初定义应力时，我们直观地将其定义为分布的力或归一化的力。但这种定义算不上严格定义的热力学物理量。从另外一个角度来说，应变能是一个明确定义的热力学物理量，应变能的增加是由材料变形（或受到拉伸）后的势能增加引起的。应力被严格定义为应变能密度对应变的一阶导数：
>
> $$\sigma = \mathrm{d}W / \mathrm{d}\varepsilon$$
>
> 　　事实上，很多复杂材料的本构方程不是根据应力-应变关系来描述的，而是由应变能公式描述的。

5.2　熵

熵在统计力学中被直接定义

现在我们关注热力学中另一个重要的物理量——熵。此前，你可能听说过熵与无序性相关的模糊解释。很多人都听过"混乱的房间"的比喻：一个混乱的房间比一个整洁的房间更无序，因此具有更高的熵。熵的概念较难理解的原因之一就是在热力学中没有与熵直接相关的关系。不同于直接定义，我们通过系统热量变化 Δq 与熵的变化 ΔS 之间的关系来逐步定义熵的概念。具体来说，是对于一个恒定温度（等温）的可逆反应（不改变系统或其周围环境即可恢复的反应），定义其熵变 ΔS 为

$$\Delta S = \Delta q / T \tag{5.10}$$

式中，T 是热力学温度；Δq 是系统吸收的总热量。这是一个对熵增量的间接定义，将熵增与热力学中的物理量联系起来，而不是直接定义了熵本身的概念。

而在统计力学中，熵可以被直接定义。熵的定义由路德维希·玻尔兹曼提出，这是他的最重要贡献之一。玻尔兹曼关于熵 S 的直接定义是

$$S = k_\mathrm{B} \ln \Omega \tag{5.11}$$

式中，k_B 是玻尔兹曼常量，等于 $1.38 \times 10^{-23} \mathrm{J/K}$；$\Omega$ 是状态密度，等于宏观状态中微观状态的数量。接下来将会对其中的状态密度、微观状态、宏观状态进行详细讨论。

以三硬币系统为例说明微观状态、宏观状态及状态密度

　　在正式给出微观状态、宏观状态和状态密度的定义之前，我们先通过一个例子来对这三个物理量进行直观的认识。三个硬币被放置在一个容器（如咖啡罐）中：一个 5 美分硬币、一个 10 美分硬币和一个 25 美分硬币。指定 5 美分硬币为硬币 1，10 美分硬币为硬币 2，25 美分硬币为硬币 3。当摇动容器时，3 个硬币同时被抛起，落下时可能为正面朝上（用 h 表示）或反面朝上（用 t 表示），这是一个随机事件（数学上，这是一个随机变量）。

　　摇动容器时，每个硬币落下都可能为正或为反，这个摇动事件可能出现的每个结果都是一种微观状态。如果 5 美分硬币正面朝上，10 美分硬币正面朝下，而 25 美分硬币正面朝上，那么这个微观状态用 m 表示，可以写为

$$m = hth$$

图 5.3　路德维希·玻尔兹曼在奥地利维也纳的墓碑（来自托马斯·D. 施耐德）。

字母 i 表示数量为 i 的硬币的结果（即 h 或 t）。这个系统目前的微观状态为"hth"。

由于有 3 枚硬币，每枚硬币有两个可能的结果，因此有 8 种可能的微观状态。每个微观状态用 m_x 表示：

$$m_1 = hhh$$
$$m_2 = hht$$
$$m_3 = thh$$
$$m_4 = hth$$
$$m_5 = htt$$
$$m_6 = tht$$
$$m_7 = tth$$
$$m_8 = ttt$$

接下来我们关注宏观状态。想象一种情况，我们无法观察到每个硬币落下后是朝上还是朝下，仅知道与朝上硬币的数量相关的一些性质。例如，假设我们在装有硬币的咖啡罐中放入一个小精灵，然后盖上咖啡罐（图 5.4）。命令小精灵在每次容器晃动后计数并喊出面朝上的硬币个数。例如，摇动容器后，当 5 美分硬币和 10 美分硬币正面朝上（25 美分硬币朝下）时，我们听到小精灵喊出："两个！"再次摇动容器，当所有硬币正面朝上时，我们听到"三个！"

图 5.4　宏观性质举例。三枚硬币和一个小精灵被同时放置在咖啡罐中。小精灵会喊出正面朝上的硬币数量。面朝上的硬币个数是一个宏观数值，但我们无法观察导致这个宏观状态的精确微观构成（也就是无法得知是哪些硬币面朝上或面朝下）。

我们用面朝上的硬币个数表示目前系统的宏观状态或宏观态。由于我们无法观察导致这一宏观状态的精确微观构成（换句话说，无法得知哪些硬币面朝上或面朝下），因此这是一个宏观数值。很多与此类似的情况下，只能观察某些宏观性质。定义 $W(m_x)$ 为微观状态 m_x 正面朝上的数量，则与 8 个微观状态相对应的系统宏观状态为

$$m_1 = hhh : W(m_1) = 3$$
$$m_2 = hht : W(m_2) = 2$$

$$m_3 = thh : W(m_3) = 2$$
$$m_4 = hth : W(m_4) = 2$$
$$m_5 = htt : W(m_5) = 1$$
$$m_6 = tht : W(m_6) = 1$$
$$m_7 = tth : W(m_7) = 1$$
$$m_8 = ttt : W(m_8) = 0$$

注意，W 在 0～3 变化，每个宏观状态对应的微观状态个数都有所不同。具体来说，宏观状态 $W = 3$ 时，与其对应的微观状态只有一个（hhh），而当宏观状态 $W = 2$ 时，与其对应的微观状态有三个（hht、thh 及 hth）。与每个宏观状态对应的具体微观状态分别为

$$W = 3 : hhh$$
$$W = 2 : hht, thh, hth$$
$$W = 1 : htt, tht, tth$$
$$W = 0 : ttt$$

现在可以引入状态密度（有时也被称为*多重状态*）的概念。$\Omega(W)$ 是指与每个宏观状态 W 对应的微观状态总数。在三硬币系统中，我们知道，$W = 3$（三个正面朝上）只对应一个微观状态（hhh），此时 $\Omega(W = 3) = 1$。对于 $W = 2$，有三个微观状态：hht、thh 和 hth，因此 $\Omega(W = 2) = 3$。同理，$\Omega(W = 1) = 3$，$\Omega(W = 0) = 1$。

通过微观态、宏观态和状态密度了解宏观系统行为

现在介绍*微观态*、*宏观态*和*状态密度*的正式定义。记住我们的目的是了解微观行为和一些系统特性（如感兴趣的结构或主体），以增加对宏观行为的理解，并且通过统计学的方式，而不是确定的方式去实现这一目的。换句话说，我们想要描述系统的整体平均行为，而不是具体的微观行为随时间的变化。基于这种思想，我们提出了下面的定义。

•**微观态**：微观状态的简称。它是系统微观组成具体构型的状态。

•**宏观态**：宏观状态的简称。它是系统宏观性质的状态。一种宏观状态可能对应多种微观状态。

•**宏观性质**：描述一个多主体系统热力学状态的标量性质。宏观性质通常是可以直接观察到的热力学变量，包括压力、温度或体积。此外，一个聚合物端点间的长度也是宏观性质。

•**状态密度**：宏观特征的函数。描述宏观态的某些感兴趣的宏观性质对应的微观态数量。

系综是多个具有共有特性的微观态集合

在总结这部分内容之前，有必要引入系综的概念。*系综*是指具有共性的多个微观态的集合。在三硬币系统中，我们可以定义至少有一枚硬币正面朝上的所有微观态集合为

一个系综，这个系综包含了除 *ttt* 之外的所有微观态（*hhh*、*hht*、*thh*、*hth*、*htt*、*tht* 和 *tth*）。还可以定义只有 5 美分硬币（硬币 1）正面朝上的所有微观态（*hhh*、*hht*、*hth* 及 *htt*）的集合为一个系统。在统计力学中有三个十分重要的系综。首先是*微正则系综*，是具有相同内能的所有微观态集合，这个系综常用于分析能量孤立系统。其次是*正则系综*，是某一恒温系统的所有微观态集合，常用于分析与大热储层进行能量交换的系统。最后是*巨正则系综*，它用于分析能量与物质（如粒子）交换均可能发生的系统。本书中，我们会涉及微正则系综和正则系综，巨正则系综则超出了本书讨论的范畴。

熵与特定宏观态所对应的微观态数量相关

根据微观态、宏观态及状态密度的定义，我们再来回顾玻尔兹曼对熵的定义，即式（5.11）所描述的，熵等于玻尔兹曼常量与状态密度对数的乘积。状态密度是某一宏观特征的函数（即它给出了与某些宏观性质相关的微观态数量），因此如果我们可以计算出状态密度，就可以获得熵随宏观性质的变化规律。从式（5.11）可以很容易看出，对于一个特定的宏观性质 W，当 $S(W)$ 大时，$\Omega(W)$ 就大；相反，$S(W)$ 小时，$\Omega(W)$ 就小。而且，一个特定的宏观态相关的最小微观态数量为 1。因此，Ω 最小可能值为 1，在该状态下 $S = k_B \ln(1) = 0$。

> **释注**
>
> 　　正则的含义是什么？正则这个词来源于希腊词汇 *kanon*（准则）或 "rule"（规则）。在数学和统计力学中，正则指的是简单系统的标准描述或分析方法。但正则的方式也可以为一些复杂的问题提供思路。

> **示例 5.1：熵的计算**
>
> 　　三硬币系统的状态密度为
>
> $$\Omega(W = 0) = 1$$
> $$\Omega(W = 1) = 2$$
> $$\Omega(W = 2) = 2$$
> $$\Omega(W = 3) = 1$$
>
> 计算每个 W 值对应的熵。哪个 W 值对应的熵最大，哪个最小？
> 我们知道 $S = k_B \ln \Omega$，因此
>
> $$S(W = 0) = k_B \ln(1) = 0$$
> $$S(W = 1) = k_B \ln(2) = 0.7k$$
> $$S(W = 2) = k_B \ln(2) = 0.7k$$
> $$S(W = 1) = k_B \ln(1) = 0$$
>
> 这样可知，当 W 等于 1 或 2 时熵最大（在这两种情况下熵同样大），当 W 等于 0 或 3 时熵最小（在这两种情况下熵最小）。

5.3 自 由 能

通过最小自由能获得热力学系统的平衡态

我们现在介绍自由能的概念，并探索利用这一热力势能预测热力学系统平衡态的方法。在 5.1 节中，我们了解了最小总势能原理，即当一个结构受到力学加载时，它会以满足总势能最小化的方式发生变形。在热力学中，有个类似的原理——*最小自由能原理*。自由能 Ψ（也被称为*亥姆霍兹*自由能或恒温恒压的可做功）是内能 W 和熵 S 与负的热力学温度 T 乘积之和：

$$\Psi = W - TS \tag{5.12}$$

最小自由能原理阐述了一个封闭系统（即系统可以以热或做功的形式与外界交换能量，但不发生物质交换）在恒温时可以自发地达到更小的自由能的状态，当自由能最小时，则达到热力学平衡状态。正如利用最小势能原理可以找到力学系统的平衡态一样，利用最小自由能原理可以寻找热力学系统的平衡态。

根据式（5.12）可以很明显地看出，对于一个特定物体，达到自由能最小化有两种不同的方式：降低内能 W 或提高熵 S。在自由能最小化的过程中，内能 W 和熵 S 及温度 T 的相对大小决定了内能与熵对自由能的影响。例如，温度为 0K 时，熵的项就消失了，自由能等于内能。相反，温度非常高时，自由能主要由 TS 项决定。当熵对自由能的贡献 TS 与能量的贡献 W 相当时（即 $W = TS$），就会发生能量主导和熵主导形式的转换。

既然有两种能量最小化原理，即基于势能或基于自由能，那么对于一个特定系统，哪个原理适用呢？两个原理是否会得出不同的结果呢？例如，对于一个常见结构（非微观结构），如桥上的钢梁，最小势能原理决定了其载荷下的变形。但我们也可以将其看作一个热力学结构，由最小自由能原理决定其变形。那么哪一个是正确的？

答案是两个都是正确的。最小势能原理与最小自由能原理并不矛盾，甚至包含于其中。具体来说，对于常见结构，能量作用效果占主导，掩盖了熵的作用效果。从数学角度，即 $W \gg TS$；自由能等价于内能。我们在 5.1 节中提到，内能主要由势能和动能组成；然而在很多情况下，如细胞的微观结构，包括聚合物和细胞膜，动能通常与其力学构型无关。常见结构也是如此。因此，内能的变化可以视为仅影响了势能。因此，对于 $W \gg TS$ 的物体，自由能最小化与势能最小化等价。总结来说，$W \gg TS$ 的系统为力学系统；$W \sim TS$ 或 $W \ll TS$ 的系统则为热力学系统。

> **释注**
>
> **亥姆霍兹自由能和吉布斯自由能——两者类似，用于不同的场合。** 用 Ψ 表示的自由能为亥姆霍兹自由能，通常用来衡量一个系统在恒温等容下做的功。但是其他情况下，还有另外的"热力学势"，比如焓，焓被定义为一个孤立定压系统的热传递，等于 $W + PV$。化学反应中常用到吉布斯自由能，是一个封闭定容系统可产生的最大做功，等于 $W - TS + PV$。

能量和熵的竞争引起了聚合物两端点间长度变化对温度的依赖性

现在我们来解释系统自发达到最小自由能时能量与熵之间的竞争关系带来的影响。重温聚合物受到热波动的例子，观察室温下悬浮的肌动蛋白聚合物，会发现肌动蛋白丝不是完全僵直的，而是会持续蜷曲摆动。聚合物发生摆动是由分子随机作用力引起的，与引起布朗运动的原因类似。温度升高会引起布朗运动粒子的波动增加，同样，温度增加也会增加聚合物呈现蜷曲构型的趋势（图 5.5）。

低温　　　　　　　　　　　　　高温

图 5.5　温度较低时，悬浮的肌动蛋白倾向于呈现直线构型。温度升高时，其会倾向于呈现蜷曲构型。

为了对温度依赖现象中能量和熵之间的竞争关系有一个直观的了解，我们以一个处于热波动的聚合物模型为例，这个入门示例的数学模型将在下面的章节中给出。首先定义两个长度（图 5.6），*伸直长度 L* 是当聚合物完全伸直时的长度。*端点间长度 R* 是聚合物两端点间的直线距离，它随聚合物实际构型变化。聚合物完全伸直时，$R = L$，其他情况下，$R < L$。也就是说，$0 \leqslant R \leqslant L$。如果我们观察记录热波动的肌动蛋白聚合物的端点间长度与温度的函数，会发现其端点间长度通常随温度的升高而减小，提示温度升高时，聚合物构型趋向于从直线变为蜷曲构型。

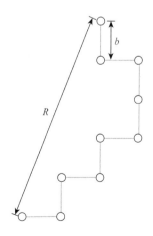

图 5.6　模型聚合物。长度为 b 的节段由自由旋转铰链连接。伸直长度 L 是当聚合物完全伸直时的长度，如果有 n 个连接点，则 $L = nb$。端点间长度 R 是聚合物一个端点到另外一个端点间的长度，其长短取决于聚合物的构型。

　　试想有一个由 n 根长度为 b 的单体连接而成的聚合物模型，连接点是可自由旋转的铰链。为了简化分析，我们限制单体节段在二维平面上，且仅能为垂直或水平方向（即每个节点处，两根相邻节段间的角度只能为 180°、90°或 0°；前一种情况下，聚合物自身重叠，我们允许有这种简化情况）。由于有 n 段长度为 b 的连接线，因此伸直长度 $L = nb$。

　　之前提到，熵是玻尔兹曼常量与状态密度 Ω 对数的乘积，Ω 为一个给定宏观量的微观态数量。在这个例子中，微观态是聚合物的多种可能构型，宏观量为端点间长度 R。因此，计算 Ω 则可以归结为计算聚合物在某一端点间长度下可以有多少种可能构型。计算出每个端点间长度值对应的状态密度$[\Omega(R), 0 \leq R \leq L]$，则可以确定与 R 值相关的熵值 $S(R)$。

　　在下一节中会使用数学中的穷举法获得 $\Omega(R)$，在这之前，我们先通过简单的思考认识状态密度和熵如何随 R 值变化。假设聚合物完全伸直，则其端点间长度等于伸直长度$(R = L)$。由于我们关心的是 Ω 随 R 的变化，因此不区分聚合物的旋转状态（比如说，聚合物在水平方向上的伸直状态等同于在竖直方向上的伸直状态）或反射状态。因此伸直状态下只会出现一种聚合物构型，则 $\Omega(R = L) = 1$。现在假设聚合物不完全伸直，即 $R < L$ 时，将有多个具有相同端点间长度的聚合物构象（图 5.7）（事实上，在数学中，当 $R = 0$ 时，Ω 最大），因此有

$$\Omega(R < L) > \Omega(R = L) \tag{5.13}$$

熵与 $\ln\Omega$ 成正比，因此 Ω 值越大时，熵值越大。那么聚合物端点间长度 $R < L$ 的宏观态比 $R = L$ 的宏观态具有更高的熵值。之前提到，自由能最小时达到平衡态，熵的增加会减小自由能。在本例中，较小的端点间长度具有较高的熵，因此从熵的角度出发，蜷曲构型比伸直构型更为有利。

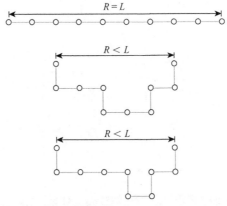

图 5.7　聚合物模型完全伸直及非伸直构型。当 $R = L$ 时，只有一种构型；当 $R < L$ 时，则有多种可能的构型。

现在关注内能对端点间长度的影响。仍考虑同一个聚合物模型，但此时连接点不是自由旋转的铰链，而是将聚合物伸直，连接点替换为弹簧，这时相邻连接点平直时的位置（连接点间的角度为 180°）为平衡状态（图 5.8）。引入弹簧的目的是构建一个聚合物弯曲时内能增加的理论模型。做功使聚合物发生弯曲，功会以应变能的形式储存在弹簧内。因此，聚合物 $R = L$ 时的宏观状态对应的内能为 0（$W = 0$），其他宏观状态对应的内能则不为 0（$W > 0$）。由于自由能随内能降低而减小，因此从能量角度出发，一个伸直构型会更为有利。

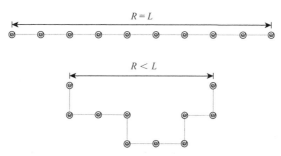

图 5.8　聚合物由旋转弹簧连接的直线示意图。当聚合物伸直（$R = L$）时，弹簧不储存能量。需要做功使聚合物弯曲（$R \leqslant L$），功会以应变能的形式储存于弹簧中。

现在我们知道，在这个聚合物模型中，从熵的角度考虑，弯曲或蜷曲构型更优越，但从能量角度考虑，伸直构型更优越。那么聚合物会倾向于适应哪种构型呢？这与温度有关。回顾自由能的表达式，会发现能量或熵对自由能的影响取决于温度。低温状态下，内能主导自由能，聚合物倾向于处于能量有利的宏观状态，趋于呈现伸直构型。温度升高时，熵主导自由能，聚合物倾向处于熵有利的宏观状态，趋于呈现蜷曲构型。

在下几节中，我们将通过建立平衡态构型与温度变化及显微特性（如连接线数量及弯曲能量）间的关系式，来定量描述聚合物的行为。将用到微正则系综和正则系综两种不同的分析方法进行计算。

5.4　微正则系综

在上一节中，通过一个聚合物模型，我们对系统最小自由能原理下能量与熵的竞争关系有了一个定性认识。本章接下来将重点讨论如何建立一个定量分析的框架结构。事实上，通过分析微观特性确定宏观行为正是统计力学的主要目标。我们会发现，在统计力学中，针对同一个问题可以使用几种不同的分析方法。在接下来的两节中，我们会分别使用微正则系综和正则系综两种不同的分析方法进行相同的演算。在分析聚合物模型时，两种方法最终会得到相同的答案，但在数学复杂性上有很大不同。

发夹式聚合物是一种无相互作用的二级系统

在利用微正则系综进行计算之前，首先构建一个模型系统。在本节中，我们将对一

个由 N 个粒子构成的*非相互作用的二级系统*进行分析。之所以称为二级系统，是由于该系统中的粒子只能处于两个能量水平中的其中之一，且由于其中的每个粒子都是独立的，因此称为非相互作用系统。每个粒子的能量水平不受其他粒子能量水平的影响。这种系统可用于模拟多种生物和物理现象。在本例中，我们对之前讨论过的铰链式聚合物稍加变动，并理想化为一个非相互作用二级系统。

想象一个由 $N+1$ 个单体及 N 个链结点组成的聚合物。单体为刚性连接件，两连接件之间由转动弹簧相连。为了简化分析，假设聚合物被限制仅在一维方向上移动。相邻连接件之间，除了发生 90° 的弯曲，还会发生 180° 的转动，形成类似"发夹"式的结构。尽管不太常见，但这种状态在有些情况下可能会出现（图 5.9）。

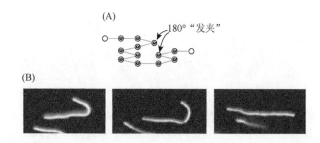

图 5.9　发夹式聚合物的示意图及显微照片。（A）发生 180° 转动的"发夹"式聚合物模型，一对亚基之间可以是发夹式或非发夹式连接。聚合物被限制于一维方向上。（B）一个肌动蛋白丝中发夹式连接展开过程的连续照片。[B 图，Dogic Z，Zhang J，Lau AWC et al.（2004）Phys Rev Letter 92。经美国物理学会授权。]

由于有 N 个连接点，因此有 N 个可能的"发夹"结构位点。为了简化，我们假设每个发夹弯曲的能量消耗为 ϵ（假设 ϵ 为正）。这一能量消耗为弹簧扭转 180° 时所需做的功，并会以应变能的形式储存于弹簧中。假设 N_h 是具有发夹结构的位点数，则具有 N_h 个发夹结构的聚合物的内能为

$$W = N_h \epsilon \qquad (5.14)$$

微正则系综可用于确定恒定能量的微观态

模型建立后，我们现在尝试利用微正则系综这种分析方法来寻找平衡态构型。我们在前文中提到，微正则系综是指一组具有相同的内能 W 的微观态集合。对于聚合物模型，系综可视为与具有能量 W 的宏观态的所有微观态的集合，每个微观态出现的可能性相同。因此，如果特定能量 W 下具有 Ω 个微观态，那么系综中每个微观态发生的概率 $p = 1/\Omega$。我们的目的就是计算 $S(W)$，即该系综中具有能量 W 的微观态的熵。

释注
　　一个系综下所有微观态的发生概率是否都相同？事实上，一个系综下所有微观态

的发生概率相同的论断是一个假设。有时称之为遍历性假设、统计力学基本假设或同
等先验概率假设。这一假设的核心是在足够长的时间内，系综内所有可能的微观态发
生的时长相同。

通过组合穷举法获得状态密度，进一步计算熵值

由于熵值依赖于状态密度，因此首先需要计算 $\Omega(W)$，即能量为 W 的系综的状态密
度。可以通过数学组合法获得。例如，存在 N 个可能的发夹位点，通过二项式系数可获
得可能的构型总数：

$$\binom{m}{n} = \frac{m!}{n!(m-n)!} \tag{5.15}$$

该等式给出了从 m 个数中选取 n 个数可采用方式的数量。在本例中，根据二项式系数，N
个位点上发生 N_h 个发夹式连接的微观状态数为

$$\Omega(N_h) = \binom{N}{N_h} = \frac{N!}{N_h!(N-N_h)!} \tag{5.16}$$

熵值 $S = k_B \ln \Omega$，因此有

$$S(N_h) = k_B \left[\ln N! - \ln N_h! - \ln(N-N_h)! \right] \tag{5.17}$$

根据斯特林公式来看，如果 N 非常大，则有

$$S(N_h) = k_B \left[N\ln N - N_h\ln N_h - (N-N_h)\ln(N-N_h) \right] \tag{5.18}$$

由于 $W = N_h\epsilon$，可将 N_h 用 $N_h = W/\epsilon$ 表示，实现用能量来表达熵：

$$S(W) = k_B \left[N\ln N - \frac{W}{\epsilon}\ln\frac{W}{\epsilon} - \left(N - \frac{W}{\epsilon}\right)\ln\left(N - \frac{W}{\epsilon}\right) \right] \tag{5.19}$$

释注

大阶乘的简化。微观态的计算常会涉及组合数学，因此统计力学中经常会出现阶
乘。数较大的阶乘在计算时是比较困难的，但可以通过近似来简化，例如，

$$\ln n! = \sum_{i=1}^{n}\ln i \approx \int_1^n \ln x \, dx$$

上式用到了梯形法则近似求和。通过分部积分法，可得

$$\ln n! \approx n\ln n - n + 1$$

大阶乘的斯特林公式可以通过取上式的指数来近似。

如果 n 非常大，$n\ln n \gg n$，则有

$$\ln n! \approx n\ln n$$

需要注意的是，如果 n 不够大，那么斯特林公式的近似会产生显著误差。例如，
$n = 10$ 时，$\ln(n!) = 15.1$，$n\ln(n) = 23$，产生了 52% 的误差。

当半数位点为发夹连接时熵最大

让我们来分析一下 $S(W)$ 的表达式，如图 5.10 所示，在边界处即 $W=0$ 和 $W=N\epsilon$ 时，熵值相等，均为零。分别对应所有位点均没有发夹式连接或所有位点都有发夹式连接的情况。这两种情况对应的状态密度值为 1，所得熵值为 0。在中间点，$W=0.5N\epsilon$ 时，对应的是一半位点为发夹式连接的状态，此时熵最大。这表明当一半位点包含发夹时的可能微观态数量最大。

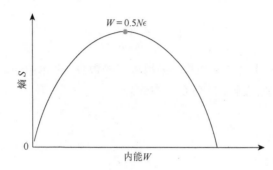

图 5.10　熵 S 与内能 W 的函数。在发夹连接模型中，当 $W=0.5N\epsilon$ 时，聚合物熵最大，此时一半位点具有发夹式连接。

利用 $S(W)$ 预测平衡态

我们已经利用微正则系综建立了 $S(W)$ 的方程，现在可以利用热力学关系分析聚合物在热平衡下的行为。我们知道，在热力学中，热平衡状态满足：

$$\frac{1}{T} = \frac{\partial S(W)}{\partial W} \tag{5.20}$$

结合式（5.19）和式（5.20），

$$
\begin{aligned}
\frac{1}{T} &= \frac{\partial S(W)}{\partial W} \\
&= -\frac{k_\mathrm{B}}{\epsilon}\left[\ln\frac{W}{\epsilon} - \ln\left(N - \frac{W}{\epsilon}\right)\right] \\
&= -\frac{k_\mathrm{B}}{\epsilon}\ln\left(\frac{\dfrac{W}{\epsilon}}{N - \dfrac{W}{\epsilon}}\right) \\
&= -\frac{k_\mathrm{B}}{\epsilon}\ln\left(\frac{1}{\dfrac{\epsilon N}{W} - 1}\right)
\end{aligned}
\tag{5.21}
$$

求解 W

$$W = \frac{N\epsilon}{e^{\frac{\epsilon}{k_B T}} + 1} \tag{5.22}$$

由于 $W = N_h \epsilon$，因此包含发夹位点的占比为

$$\frac{N_h}{N} = \frac{1}{e^{\frac{\epsilon}{k_B T}} + 1} \tag{5.23}$$

释注

　　热力学方程包含了该状态变量间的关系。$\dfrac{1}{T} = \dfrac{\partial S}{\partial W}$ 称为状态方程，给出了状态变量间（描述系统热力学状态的宏观变量）的关系式。状态方程可通过基本热力学关系获得：

$$dW = TdS - PdV + \mu dN$$

式中，P 是压强；μ 是化学势；N 是粒子数。其中，dW 可以等价写为

$$dW = \left(\frac{\partial W}{\partial S}\right)_{V,N} dS + \left(\frac{\partial W}{\partial V}\right)_{S,N} dV + \left(\frac{\partial W}{\partial N}\right)_{S,V} dN$$

式中导数项的下标表示这些项为常数。对比以上两个表达式，得到状态方程为

$$T = \left(\frac{\partial W}{\partial S}\right)_{V,N}, P = -\left(\frac{\partial W}{\partial V}\right)_{S,N}, \mu = \left(\frac{\partial W}{\partial N}\right)_{S,V}$$

平衡时的发夹连接数由温度决定

　　式（5.23）给出了聚合物在热平衡状态下包含发夹位点的比例（图 5.11）。可以看出，温度升高时，比率 N_h/N 逐渐接近 0.5。这符合我们对熵的直观认识，即在热平衡状态下，聚合物会试图找到自由能最小的状态，在高温条件下，自由能由熵主导，当 $W = 0.5N\epsilon$，$N_h = N/2$ 时，熵值最大，自由能最小。

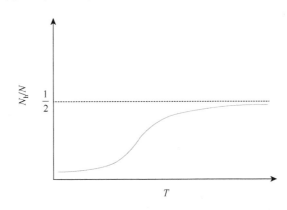

图 5.11　发夹位点比例与温度的关系函数。低温时，由能量主导聚合物行为，这时几乎不形成发夹连接。高温时，由熵主导聚合物行为，这时发夹连接频繁形成。在高温极限时，半数位点包含发夹连接。

那么当温度降低时会发生什么情况呢？在极限温度 $T=0$ 时，

$$\lim_{T \to 0} \frac{N_h}{N} = \lim_{T \to 0} \frac{1}{e^{\frac{\epsilon}{k_B T}} + 1} = 0 \tag{5.24}$$

此时没有发夹连接，$W=0$。换句话说，在低温极限时，内能主导自由能，内能为 0 时自由能最小。这是没有位点包含发夹连接的情况（如聚合物伸直时）。上述两种极限情况的转换呈现 S 形曲线，如图 5.11 所示。

利用微正则系综分析获得的平衡态与通过自由能最小化分析得到的结果相同

在上一节中，我们利用微正则系综的方法计算了 $S(W)$，并利用热力学关系预测了聚合物在某一温度下的热平衡态行为。根据最小自由能原理，一个恒温封闭系统会自发降低自由能，并在自由能最小化时达到平衡态。这表明，将状态方程（5.20）代入式（5.23）得到的平衡态行为与自由能最小化得到的平衡态相同。为了证明这一点，需要找到自由能与发夹连接数量之间的函数关系。回顾式（5.18），会发现熵值与 N_h 相关，而内能也随 N_h 变化[见式（5.14）]，因此自由能与发夹数的关系方程为

$$\Psi(N_h) = N_h \epsilon - k_B T \left[N \ln N - N_h \ln N_h - (N - N_h) \ln(N - N_h) \right] \tag{5.25}$$

有了自由与发夹数的表达式，就可以通过找到自由能最小时的 N_h 值计算在平衡态时的发夹连接数量。对自由能求 N_h 的导数使其为 0，即

$$\frac{\partial \Psi}{\partial N_h} = \frac{\partial W}{\partial N_h} - T \frac{\partial S}{\partial N_h} = 0 \tag{5.26}$$

上式中的内能一项，有

$$\frac{\partial W}{\partial N_h} = \epsilon \tag{5.27}$$

对熵的一项，则有

$$\frac{\partial S}{\partial N_h} = -k_B \left[\ln N_h - \ln(N - N_h) \right] = -k_B \ln \left(\frac{N_h}{N - N_h} \right) \tag{5.28}$$

将式（5.27）和式（5.28）代入式（5.26），求解 N_h / N，可得

$$\frac{N_h}{N} = \frac{1}{e^{\frac{\epsilon}{k_B T}} + 1} \tag{5.29}$$

与式（5.23）的结果相同。

5.5 正 则 系 综

在上一节中，我们推导了聚合物模型在热平衡状态时发夹结构数量的表达式，通过微正则系综方法获得了 $S(W)$ 的表达式，并结合热力学关系式获得了热平衡下的平均能量/发夹数的表达式。在本节中，我们将尝试利用另一种计算方法——正则系综，来推导同一个表达式。正则方法考虑的是具有恒定温度的微观态系统。尽管微正则系综和正则系

综均是一种理论构建，但在分析许多问题时，正则系综的方法更贴近为"真实"，因为进行实验时通常会设定恒温条件非恒定能量条件。此外，不同于微正则方法，正则方法不需要列举状态密度，减小了数学上的复杂性。

正则系综源于微正则系综

我们首先推导正则系综中的相关关系式。首先，我们将推导*玻尔兹曼分布*和*配分函数*这两个重要的关系式，再将这些关系式运用到聚合物模型分析中。

想象一个处于热库中的系统（图 5.12）。系统与热库具有热接触，因此可以保证恒温（换句话说，热库和感兴趣系统处于热平衡状态）。此系统和热库均与微观态和内能有关。想象将聚合物（我们感兴趣的系统）置于一个充满理想气体的巨大腔室（热库）中，此时系统的微观态就是指聚合物的特定构型，而热库的微观态就是每个气体粒子所处的特定位置和速度。聚合物和热库的微观态都与内能相关，一个与聚合物内能相关，另一个与理想气体内能相关。

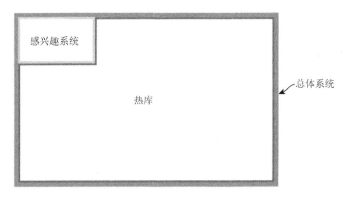

图 5.12 感兴趣系统、热库及总体系统的示意图。在正则系综中，系统和热库有热接触，我们将系统与热库微观态相结合分析，使总体系统能量守恒。

下角标"s"表示感兴趣系统，"b"表示热库。此外，微观态 m_s 时的系统内能为 $Q_s(m_s)$，热库微观态 m_b 时的热库内能为 $Q_b(m_b)$。如果我们将系统和热库理想化为一个整体，可认为系统与热库微观态的不同组合为一个系综，其总内能（系统与热库的内能之和）为 W_{tot}。通过考虑固定能量的微观态系综的方法与本章前面所用的微正则系综方法类似。

系统处于微观态 m_s 时，系统内能是 $Q_s(m_s)$，则热库的内能为 $W_{tot} - Q_s(m_s)$。

系统处于微观态 m_s 的可能性与热库能量为 $W_{tot} - Q_s(m_s)$ 的微观态的数量成比例，可以表示为

$$p(m_s) \propto \Omega_b \left[W_{tot} - Q_s(m_s) \right] \tag{5.30}$$

了解这一点，是推导的关键。其中 Ω_b 是热库的状态密度。将上式右侧用熵的函数表示，即代入 $S = k_B \ln \Omega$，则式（5.30）右侧可以写为

$$\Omega_b \left[W_{tot} - Q_s(m_s) \right] = e^{\frac{S_b \left[W_{tot} - Q_s(m_s) \right]}{k_B}} \qquad (5.31)$$

结合式（5.30）和式（5.31），得到

$$p(m_s) \propto e^{\frac{S_b \left[W_{tot} - Q_s(m_s) \right]}{k_B}} \qquad (5.32)$$

接下来，使系统温度保持恒定。如果假定热库非常大，那么系统内能和熵的改变不会影响热库的能量与熵值，以此满足温度恒定这一要求。数学上，这意味着对于任何系统微观态 m_s，都有 $Q_s / W_{tot} \ll 1$，这样就可以进行泰勒展开。也就是说，对于在 x 和 x_0 之间的一个小位移 Δx，存在一个合适的"光滑"函数 $f(x)$，在 $\dfrac{\Delta x}{x_0} \ll 1$ 时，可以近似表示为

$$f(x) = f(x_0) + \Delta x f'(x) \qquad (5.33)$$

对式（5.33）进行 S_b 泰勒展开（假设 $x_0 = W_{tot}$，$x = W_{tot} - Q_s$，且 $\Delta x = -Q_s$），得到

$$S_b \left[W_{tot} - Q_s(m_s) \right] \approx S_b(W_{tot}) - \frac{\partial S_b}{\partial W} Q_s(m_s) \qquad (5.34)$$

但由于处于平衡态，

$$\frac{\partial S_b}{\partial W} = \frac{1}{T_b} \qquad (5.35)$$

这里 T 是热库的温度，因此式（5.34）可以写为

$$S_b \left[W_{tot} - Q_s(m_s) \right] = S_b(W_{tot}) - \frac{Q_s(m_s)}{T_b} \qquad (5.36)$$

结合式（5.32）和式（5.36），最终得到

$$p(m_s) \propto e^{\frac{S_b(W_{tot})}{k_B} \frac{Q_s(m_s)}{k_B T}} = \frac{1}{Z} e^{\frac{-Q_s(m_s)}{k_B T}} \qquad (5.37)$$

式（5.37）最右边的部分，引入了一个归一化因子，我们将比例概率转化到一个公式中：

$$Z = \sum_{m_s} e^{\frac{-Q_s(m_s)}{k_B T}} \qquad (5.38)$$

注意，Z 是系统所有微观态 m_s 的求和，且因为 $\exp\left[S_b(W_{tot}) / k_B \right]$ 不依赖于 m_s，因此用 Z 统一表示了所有 $\exp\left[S_b(W_{tot}) / k_B \right]$ 项。

以上我们只考虑了离散的微观态，但有时也需进一步考虑具有连续分布微观态的系统。此时 Z 可以等效地表达为

$$Z = \int e^{\frac{-Q_s(m_s)}{k_B T}} dm_s \qquad (5.39)$$

式（5.37）中的概率分布及式（5.38）和式（5.39）中的归一化常数是正则系综中的重要关系。式（5.37）被称为*玻尔兹曼分布*，而式（5.37）和式（5.38）被称为正则*配分函数*。

从正则系综的概率分布得出玻尔兹曼定律

　　式（5.36）中的概率分布，即玻尔兹曼分布（或*玻尔兹曼定律*）表明，对于正则系综（恒温）中的系统，各个离散的微观态的出现概率并不是均匀分布的，概率呈现出微观态能量的负指数分布。有趣的是，玻尔兹曼定律适用于多种系统。例如，玻尔兹曼定律可以用于预测电场下的电子分布或者做布朗运动的分子或蛋白质的扩散。只要系统处于热平衡，并且可与其周围环境进行能量而非物质交换，微观态的分布就遵从玻尔兹曼分布。

　　这里有必要讨论一下离散概率分布与连续概率分布的区别。式（5.38）中的加和及式（5.39）中的积分对应不同的数量。具体来说，在离散概率分布情况下，式（5.38）给出了具有能量 Q 的微观态的概率，而在连续概率分布情况中，式（5.39）则给出了一个特定区间内的一系列微观态。因此，不同于式（5.38）中的离散分布，我们并不能通过式（5.39）来评估一个特定微观态的发生概率，但可以计算一系列微观态的发生概率。

示例 5.2：离散玻尔兹曼分布

　　想象很多细胞在培养皿表面迁移的情况。根据经验，我们会观察到在特定的某一时间间隔内，细胞的迁移速度呈现玻尔兹曼分布，且能量 Q 等于常数 α 乘以迁移速度（在 10.1 小节，我们具体说明某些情况下这一模型的合理性，这种能量形式的出现由黏附能和黏性耗散引起）。为了简化说明，假设速度值只能取离散值 0μm/s、1μm/s 或 2μm/s。假设温度为 37℃，能量为常数 α（$=10^{-20}$W/μm）。计算观察到的细胞以 0μm/s、1μm/s、2μm/s 速度迁移的概率。

　　这是一个离散问题，因此我们首先利用加和计算 Z 值：

$$Z = \sum_{V=0}^{2} e^{\frac{-\alpha V}{k_B T}} = 1 + 0.097 + 0.009 = 1.106$$

　　知道 Z 后，我们现在可以通过简单地将细胞总数与具有 0 速度的概率相乘，计算速度为 0 的细胞概率：

$$p(V=0) = \frac{1}{Z} e^{\frac{0}{k_B T}} = \frac{1}{1.106} = 0.904$$

$$p(V=1) = \frac{1}{Z} e^{\frac{-\alpha}{k_B T}} = \frac{0.097}{1.106} = 0.087$$

$$p(V=2) = \frac{1}{Z} e^{\frac{-2\alpha}{k_B T}} = \frac{0.009}{1.106} = 0.008$$

　　上述结果显示了一个玻尔兹曼分布权重倾向偏低点，且测量的能量提高时，分布会呈现一个指数下降。注意由于进位舍入，分布总和不是精确等于 1。

现在考虑同一培养板中的细胞，其迁移速度遵循玻尔兹曼分布。但此时速度不是离散数值，而是处于 0～2μm/s。我们无法计算观察到某一特定速度的细胞概率，但可以计算一定范围内的概率。接下来计算细胞迁移速度在 0～1μm/s 或 1～2μm/s 时的概率。

首先计算 Z 值，

$$Z = \int_{V=0}^{2} e^{\frac{-\alpha V}{k_B T}} dV = \frac{-k_B T}{\alpha} \left(e^{\frac{-2\alpha}{k_B T}} - 1 \right) = 0.424$$

计算出以下概率：

$$p(0 \leqslant V \leqslant 1) = \frac{1}{Z} \int_{V=0}^{1} e^{\frac{-\alpha V}{k_B T}} dV = \frac{0.386}{0.424} = 0.910$$

$$p(1 \leqslant V \leqslant 2) = \frac{1}{Z} \int_{V=1}^{2} e^{\frac{-\alpha V}{k_B T}} dV = \frac{0.037}{0.424} = 0.087$$

可以发现，与离散分布相比，连续分布具有相似的随能量衰减的趋势。

利用配分函数获得平衡态的自由能

除了玻尔兹曼分布，从正则方法中还能得到其他的重要关系，如从式（5.38）和式（5.39）得到的配分函数 Z。初看之下，Z 只是玻尔兹曼分布的一个归一化常数，但在计算平衡态时，这是一个非常有用的量。配分函数与自由能相关，通过配分函数，可以在不对状态密度进行列举的情况下计算平衡态的自由能。

试想一个在正则系综下的定义系统。我们知道，对于一个微观能量 $Q(m_s)$，玻尔兹曼分布给出了微观态的概率 $p(m_s)$。为证明配分函数与自由能有关，我们首先计算系统在热平衡态下具有内能 W 的概率，将这个概率记为 $p(W)$。我们知道，对于一个宏观的 W，系统可能对应多个微观态。系统具有宏观内能 W 的概率分布可以计算为具有能量 $Q = W$ 的微观态之和，乘以对应的玻尔兹曼概率：

$$p(W) = \frac{1}{Z} e^{\frac{-W}{k_B T}} \Omega(W) \tag{5.40}$$

但由于

$$\Omega(W) = e^{S/k_B} = e^{ST/k_B T} \tag{5.41}$$

因此式（5.40）与自由能的关系为

$$p(W) = \frac{1}{Z} e^{\frac{-(W-TS)}{k_B T}} = \frac{1}{Z} e^{-\beta \Psi} \tag{5.42}$$

其中 $\beta = 1/k_B T$，Ψ 为自由能。式（5.42）表明，与玻尔兹曼分布显示的微观态概率和其微观能量呈逆指数关系类似，一个宏观态的概率（可能对应多个微观态）也随其自由能呈逆指数变化。这个关系也表明，Z 与自由能相关。

之前提过，通过对所有微观态的玻尔兹曼分布积分可以得到 Z，如式（5.38）和式（5.39）所示。还可以从式（5.42）对 $p(W)$ 得到正确的概率：

$$Z = \int e^{-\beta \Psi(W)} dW \tag{5.43}$$

或在离散的情况下，

$$Z = \sum_W e^{-\beta \Psi(W)} \tag{5.44}$$

也就是说，Z 可以通过式（5.39）或式（5.43）两种方式进行计算。这两种表达方式的主要区别在于，式（5.43）的指数项包含的是自由能 Ψ 而非微观态能量 Q，并且是对宏观能量 W 进行积分，而非对微观态 m_s 进行积分。

对于大的系统，如果进行积分或求和的量是*广延量*，那么式（5.43）和式（5.44）中的积分或加和就可以用最陡下降法（鞍点积分法）进行估计。所谓广延量，就是其大小与系统内粒子数线性相关的量，而*强度量*则不依赖于系统尺寸。例如，质量是一个广延量，而温度是一个强度量。自由能是一个广延量，因此可利用鞍点积分法进行积分或加和的估计，具体为

$$Z = e^{\dfrac{-\Psi_{min}}{k_B T}} \tag{5.45}$$

式中，Ψ_{min} 是自由能 $\Psi(W)$ 最小时的值，重写该表达式，得到式（5.46）：

$$\Psi_{min} = -k_B T \ln Z \tag{5.46}$$

式（5.46）有一个重要的含义，它表明，配分函数除了作为玻尔兹曼分布的归一化常数，还有一个更广泛的作用。具体来说，我们知道对于封闭系统，自由能在热平衡时最小，因此通过式（5.46）可以看出，对于一个给定系统，其热平衡下的自由能值可以利用式（5.38）计算配分函数后再计算得出。

扩展材料：鞍点积分法可用于估计某些特定指数量的总和

　　统计力学解决的是具有多个个体及（或）自由度的系统整体行为。在统计力学中，当自由度数值很大时，利用数学方法进行近似非常有用。例如，在统计力学中，我们经常计算指数量的总和：

$$S = \sum_{i=1}^{n} e^{y_i N}$$

式中，N 是一个很大的数值；y_i 是实数。令 y_{max} 为 y_i 的最大值。由于 $y_i N$ 在指数中，N 增大时，总和很快会被指数相关项 $y_i = y_{max}$ 主导。事实上，对于一个很大的 N 值，$S \approx e^{N y_{max}}$。也就是说，只要计算总和中的最大项就可以获得总和的近似。对于大数值 N 的积分形式，有

$$S = \int e^{N y(x)} dx \approx e^{N y_{max}}$$

式中，$y(x)$ 是一个在 $\pm\infty$ 边界内的函数，独立于 N 值，y_{max} 是其最大值。这种计算方式称为鞍点积分法。

　　现在，定义一个新函数 $z(x) = N y(x)$。换句话说，z 是一个广延量。在这种情况下，$S = e^{z_{max}}$，因此，如果 $z(x)$ 是一个广延量，只要 N 足够大，我们就可以利用鞍点集成来估计 S 值。

利用配分函数计算平衡态内能

在上一节中，我们利用配分函数计算了自由能，本节中我们将利用配分函数计算内能。系统在平衡态下的内能 W，可以通过对每个微观态能量 $Q(m)$ 乘以微观态发生的概率 $p(m)$ 求和来计算：

$$Q = \sum_m p(m)Q(m) = \frac{1}{Z}\sum_m e^{-\beta Q(m)}Q(m) \tag{5.47}$$

式中，$\beta = 1/(k_B T)$。注意在式（5.47）中，尖括号表示这是一个基于所有微观态的平均值的期望值。式（5.47）可以等价为

$$-\frac{1}{Z}\sum_m \frac{\partial}{\partial \beta}e^{-\beta Q(m)} = -\frac{1}{Z}\frac{\partial}{\partial \beta}\sum_m e^{-\beta Q(m)} = -\frac{1}{Z}\frac{\partial Z}{\partial \beta} \tag{5.48}$$

我们知道，$\ln Z$ 的偏导数为

$$\frac{\partial \ln Z}{\partial \beta} = \frac{1}{Z}\frac{\partial Z}{\partial \beta} \tag{5.49}$$

因此，

$$W = Q = -\frac{\partial \ln Z}{\partial \beta} \tag{5.50}$$

这表明，与自由能一样，平衡态下的内能也可以通过配分函数获得，也就是不需要计算状态密度就能得到平衡态内能。

通过计算配分函数得到平衡态下的 Ψ 和 W，由于 $\Psi = W - TS$，以此为前提，很容易计算出 S 值。也就是说，只要获得配分函数 Z，我们就可以通过系统平衡态的微观行为确定其热力学状态。在下一节中，我们将利用之前的聚合物模型对这些关系的运用进行演示。

正则方法可能更适于分析热力学系统

本节我们利用正则系综的方法对之前的无相互作用二级系统进行分析。我们知道，对于确定的宏观态，其能量 Q 为

$$Q = \epsilon \sum_{i=1}^{N} n_i \tag{5.51}$$

其中，如果位点 n_i 产生了发夹连接，则 n_i 等于 1；如果没有发夹连接，则 n_i 为 0。将式（5.51）的微观态能量公式与玻尔兹曼分布结合，可以得到热平衡下某个微观态的发生概率：

$$p(n_1, n_2, \cdots, n_N) = \frac{1}{Z}e^{-\beta\epsilon\sum_{i=1}^{N}n_i} \tag{5.52}$$

其中的 Z 是式（5.37）给出的离散配分函数：

$$Z = \sum_m e^{-\beta\epsilon\sum_{i=1}^{N}n_i} \tag{5.53}$$

为计算 Z，需要对所有可能的微观态进行加和，也就是对每个独立的发夹位点进行 N 的求和：

$$Z = \sum_m e^{-\beta\epsilon\sum_{i=1}^N n_i} = \sum_{n_1=0}^1 \sum_{n_2=0}^1 \cdots \sum_{n_N=0}^1 e^{-\beta\epsilon\sum_{i=1}^N n_i} \tag{5.54}$$

式（5.52）等式右边的指数加和可以明确写为

$$Z = \sum_{n_1=0}^1 \sum_{n_2=0}^1 \cdots \sum_{n_N=0}^1 e^{-\beta\epsilon n_1} e^{-\beta\epsilon n_2} \cdots e^{-\beta\epsilon n_N} \tag{5.55}$$

由于 $n_1, n_2, \cdots, n_N$ 是独立变量，因此将加和项分离：

$$Z = \sum_{n_1=0}^1 e^{-\beta\epsilon n_1} \sum_{n_2=0}^1 e^{-\beta\epsilon n_2} \cdots \sum_{n_N=0}^1 e^{-\beta\epsilon n_N} \tag{5.56}$$

在式（5.56）中，每个加和项的数值都相等，因此上述表达式可写为

$$Z = \left(\sum_{n=0}^1 e^{-\beta\epsilon n} \right)^N = z^N \tag{5.57}$$

其中

$$z = \sum_{n=0}^1 e^{-\beta\epsilon n} = 1 + e^{-\beta\epsilon} \tag{5.58}$$

被称为*单配分函数*。利用配分函数，可以计算平衡态下的自由能：

$$\Psi = -\frac{\ln Z}{\beta} = -\frac{N\ln(1 + e^{-\beta\epsilon})}{\beta} \tag{5.59}$$

且平衡态内能为

$$W = \frac{\partial \ln Z}{\partial \beta} = N\epsilon \frac{e^{-\beta\epsilon}}{1 + e^{-\beta\epsilon}} = \frac{N\epsilon}{e^{\beta\epsilon} + 1} \tag{5.60}$$

注意到，式（5.60）与利用微正则系综（结合热力学关系）计算 $S(W)$ 得到的式（5.22）完全相同。尽管两种不同的计算方法得到的结果相同，但在数学计算上，正则方法可以避免使用组合学的方法获得状态密度，因此，正则系综可能更适用于热力学系统分析。

释注

  无粒子相互作用系统的配分函数可通过单配分函数计算获得。在式（5.57）中，配分函数的计算公式为

$$Z = z^N$$

式中，z 是一个单配分函数。这一关系适用于任何具有 N 个无相互作用粒子的系统，如发夹聚合物，N 个发夹位点完全相同（移动范围相同），且互不相关（一个位点是否包含发夹链接并不影响其他位点产生发夹连接）。

5.6 随 机 游 走

接下来我们将讨论一下统计力学中的另一个经典话题：随机游走。随机游走是一类很大的数学问题，研究的是在离散时间点上"步行者"在空间移动一个离散的距离。"随机游走"应用于多个领域，如物理、化学、计算机科学、生物学，甚至是经济学领域。在这一

节中，我们将在它们最基本的形式上进行简单分析和介绍，并分析它们与另一基本统计过程——扩散之间的关系。在 7.4 节讨论聚合物力学时，我们还将回顾随机游走的概念。

用足球演示一个简单的随机游走

一个足球运动员站在足球场中央，面向其中一个球门。我们定义球场中央为 $r = 0$。球员抛起一枚硬币，如果正面朝上，则球员面对一个球门向前移动距离 b，如果背面朝上，球员则向另外一个球门移动距离 b。球员重复了几次这一"抛硬币选择走"的过程后，计算球员停在某一位置的概率。即在 n 次 b 步长的移动后，球员处于距离 r 的概率是多少？注意，如果球员向后的步数多于向前的步数，r 为负，反之为正。

假设球员走了 n 次，每次只能向前或向后，那么有 2^n 次不同的移动方式（尽管不同移动方式可能最终到达同一位置）。向前移动 n_+ 次的 M 种行走方式可以利用组合数学的二项式系数进行计算。如果抛掷硬币 n 次，其中硬币正面朝上（或正向步数）出现的次数为 n_+，那么 M 为

$$M = \binom{n}{n_+} \tag{5.61}$$

计算球员在 n 次抛掷及移动步数后处于 r 点的概率，首先我们已知如下关系：$n = n_+ + n_-$ 且 $r = b(n_+ - n_-)$，其中 n_- 是向后走的次数，可得

$$n_+ = \frac{n + \dfrac{r}{b}}{2} \tag{5.62}$$

且有

$$M(n,r) = \binom{n}{\dfrac{n + \dfrac{r}{b}}{2}} = \frac{n!}{\dfrac{n + \dfrac{r}{b}}{2}! \dfrac{n - \dfrac{r}{b}}{2}!} \tag{5.63}$$

球员在移动 n 步之后停留在 r 位置的概率 $[p(n,r)]$，可以简单计算为球员到达点 r 的方法或"路径"数除以球员所有可能的移动方法或"路径"数。M 为到达 r 时的路径数，球员可能的路径数为 2^n 个，因此概率为

$$p(n,r) = \frac{M(n,r)}{2^n} = \frac{1}{2^n} \frac{n!}{\dfrac{n + \dfrac{r}{b}}{2}! \dfrac{n - \dfrac{r}{b}}{2}!} \tag{5.64}$$

式（5.64）即球员经过 n 次步长为 b 的移动后到达 r 位置的概率表达式。为了了解不同步数的随机游走的分布形态，图 5.13 展示了不同 n 值下的 $p(n,r)$。可以发现，随着 n 的变大，分布逐渐类似正态分布。这个结果并不意外，因为到达位置 r 这一结果取决于几个独立的硬币抛掷事件的综合，而移动每一步时，硬币朝上或朝下的概率相等（即 50% 对 50%）。中心极限定理阐述的就是，在足够多的步数下，r 接近于正态分布，且当步数

值越大时越接近正态估计。这是一个重要的结论，因为在很多情况下，我们感兴趣的就是 n 值非常大时的随机游走行为问题。在极限大 n 值下，可以将式（5.64）改写为正态分布或高斯分布：

$$p(n, r) = \frac{1}{\sqrt{2\pi nb^2}} e^{-r^2/2nb^2} \qquad (5.65)$$

式（5.65）给出了极限大 n 值下经过 n 次步长为 b 的移动后一维随机游走的概率分布。在 7.4 节中将给出式（5.65）的完整推导。其根均方差位移为

$$\sqrt{r^2} = b\sqrt{n} \qquad (5.66)$$

式（5.66）的推导作为大家的课后练习。联立式（5.65）和式（5.66），可以得到随机游走概率分布的另一表达式：

$$p(n, r) = \frac{1}{\sqrt{2\pi(r^2)}} e^{-r^2/(r^2)} \qquad (5.67)$$

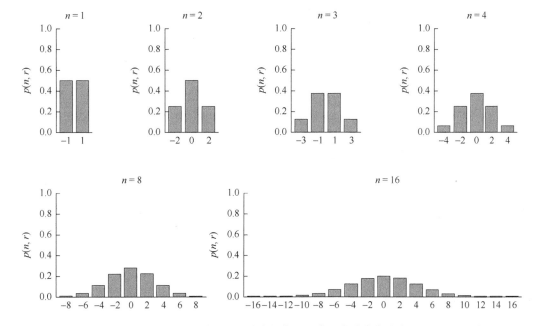

图 5.13　式（5.65）的参数图。n 增加时，分布越来越接近一个正态或高斯分布。简单起见，假设 $b = 1$。

利用随机游走获得扩散方程

分子水平的扩散过程取决于粒子的随机运动，因此随机游走过程达到连续水平时可以用扩散方程描述。1905 年，阿尔伯特·爱因斯坦在瑞士专利局工作时在一篇文章中对这一关系首次进行了证明。他证明布朗运动，即悬浮于流体中的微小粒子的随机运动，会引起扩散，扩散速率与单个粒子速率相关。这个理论与实验观察数据十分吻合，因此在发现原子或分子存在的直接证据之前，这给物质原子理论提供了有力的支持。

一维扩散公式被称为 Fick 第二定律（9.3 节中将提供这一定律的更多细节），具体公式为

$$\frac{dC}{dt} = D\frac{d^2C}{dx^2} \tag{5.68}$$

式中，C 是浓度；D 为扩散系数。接下来我们将展示如何从随机游走过程得到该公式。

> **释注**
>
>   **随机游走的循环依赖于游动维数**。这里我们所举的球员移动的随机游走示例是*循环*的，但循环的概念并不在本书的研究范畴。循环意味着球员最终会到达球场上的每一个点（即使这个球场无限大）。在博弈游戏中，这种循环有时被称为*赌徒的灭亡*，指的是一个赌徒在任意时间点的本金可以类比于球员在球场中所处的位置。抛掷后行走的足球运动员与轮盘的转动、骰子的滚动或手牌的大小相似。假设每次赌注相同，输赢公平（尽管通常并不是这样），无论赌徒最初的资金有多少（只要是有限的），最终都会破产。有趣且又令人惊讶的是，随机游走过程的循环特性仅存在于一维或二维情况下。在三维（或更高维数），行走者将不会到达所有可能的位置。这些形式的随机游走称为*瞬态*。

首先，让我们在新的语境下定义随机游走问题。首先定义一个只能在一维维度运动的粒子，初始位置为 $r=0$。经过一定时间 t 后，计算这个粒子在某一新位置 r 上停留的概率。在这个例子中，我们将用时间 t 替换步数 n，并首先将其视作一个离散变量。我们可以估计离散时间点的粒子位置，将 r 看作连续变量。粒子可以移动任意距离，且不单单是向左或向右移动某一固定距离（没有固定步长 b），需要引入另一个概率函数 $p(x)$。这个函数给出了一个粒子在任意时间移动某一位移（正向或负向）的概率。现在，这个随机游走问题可以这样描述：根据行走者在 t 时间点位置的概率，研究 $t+1$ 时间点时行走者在某一位置 r 的概率分布。具体来说，

$$p(t+1,r) = \int_{-\infty}^{\infty} p(x)p(t,r-x)dx \tag{5.69}$$

这种关系称为递归关系式，它根据前一时间点的概率分布定义某一时间点的概率 p。将积分中的 $p(n,r-x)$ 项对 r 进行泰勒展开，得到

$$p(t+1,r) = \int_{-\infty}^{\infty} p(x)\left[(pt,r) - x\frac{dp(t,r)}{dr} + \frac{1}{2}x^2\frac{d^2p(t,r)}{dr^2} + O^3(x)\right]dx$$
$$= \int_{-\infty}^{\infty} p(x)p(t,r)dx - \int_{-\infty}^{\infty} p(x)x\frac{dp(t,r)}{dr}dx + \frac{1}{2}\int_{-\infty}^{\infty} p(x)x^2\frac{d^2p(t,r)}{dr^2}dx + O^3(x) \tag{5.70}$$

其中 $O^3(x)$ 表示 x 的三次或更高次数项。$p(t,r)$ 和其导数不依赖于 x，因此这些项可以从积分中移出。这样，式（5.80）可以写为

$$p(t+1,r) = p(t,r)\int_{-\infty}^{\infty} p(x)dx - \frac{dp(t,r)}{dr}\int_{-\infty}^{\infty} p(x)xdx + \frac{1}{2}\frac{d^2p(t,r)}{dr^2}\int_{-\infty}^{\infty} p(x)x^2dx + O^3(x) \tag{5.71}$$

接下来，我们对式（5.71）等号右边的每一项进行简化。对于第一项，我们知道概率

分布具备在整个积分范围内和为 1 的特性，因此第一项可以写为

$$p(t,r)\int_{-\infty}^{\infty} p(x)\mathrm{d}x = p(t,r) \tag{5.72}$$

对于式（5.71）中的第二项，如果我们约束概率分布 $p(x)$ 为各向同性，也就是说，当一个粒子从一个位置向另一位置运动时正反方向的概率相等，即 $p(x) = p(-x)$，这个条件意味着粒子没有净移动，如底层介质中的对流。这一约束使得积分中第二项为 0，即

$$\frac{\mathrm{d}p(t,r)}{\mathrm{d}r}\int_{-\infty}^{\infty} p(x)x\mathrm{d}x = 0 \tag{5.73}$$

最后，假设泰勒展开的高阶项可以忽略，在 p 为连续函数时，在 r 附近小范围内，这一假设即成立。因此，最终表达式为

$$p(t+1,r) - p(t,r) = \frac{1}{2}\frac{\mathrm{d}^2 p(t,r)}{\mathrm{d}r^2}\int_{-\infty}^{\infty} p(x)x^2\mathrm{d}x \tag{5.74}$$

现在考虑式（5.74）中的右边项。这一项是对粒子所有可能位置平方乘以在该位置时的概率的积分，这是平均平方位置的定义，在本章前些节中，我们遇到过类似的表达式。5.4 节中，对于一个固定步长为 b 的 n 步随机游走，有 $\langle r^2 \rangle = nb^2$ [见式（5.66）]。同样地，一个具有变化步长但平均位移平方为 Δr^2 的随机游走可表示为

$$\langle r^2 \rangle = n\Delta r^2 \tag{5.75}$$

式中，n 是步数。结合式（5.74）和式（5.75），我们得到

$$p(t+1,r) - p(t,r) = \frac{t\Delta r^2}{2}\frac{\mathrm{d}^2 p(t,r)}{\mathrm{d}r^2} \tag{5.76}$$

在粒子数量很大的极限条件下，且粒子行为均遵循该公式时，某一给定位置的粒子浓度与单一粒子出现在该位置的概率成比例，因此，我们可以将 $p(n,r)$ 替换为浓度 C。此外，如果我们将式（5.76）除以 Δt，式（5.76）左侧即在连续极限下浓度的时间导数：

$$\frac{\mathrm{d}C}{\mathrm{d}t} = \frac{n\Delta r^2}{2\Delta t}\frac{\mathrm{d}^2 C}{\mathrm{d}r^2} \tag{5.77}$$

即一维扩散公式：

$$D = \frac{n\Delta r^2}{2\Delta t} \tag{5.78}$$

在下面的章节中，我们将以对随机游走的演变为基础。例如在 7.4 节中，利用随机游走可以更好地理解聚合物的行为。在 9.1 节中，还将了解到一个约束在二维膜内的扩散如何显著提高扩散动力学，即被约束的生化反应。

重要概念

- 在统计力学中，熵被直接定义为 $S = k_B \ln\Omega$。Ω 为状态密度，给出了一个给定宏观态值对应的微观态数量。
- 热力学物质的热平衡是由内能和熵竞争主导的。在低温时，内能主导物质的行为，当温度升高时，则熵的作用增加。平衡行为中，能量和熵的竞争由称为自由能的一个热力学势决定，自由能 $\Psi = W - TS$。

- 最小总势能原理即当一个结构处于受力状态时,它将以使总势能最小化的形式进行变形。最小自由能原理表述为,一个恒温的封闭系统将自发降低其自由能。正如最小势能原理可用于确定力学系统的平衡态,最小自由能原理可用于确定热力学系统的平衡态。
- 存在几种不同的分析方法用于确定平衡态热力学系统的行为,如微正则系综和正则系综。微正则系综可分析能量守恒条件的微观态,并从关系式中分析得到热平衡态。
- 正则系综可分析恒温系统中的微观态。玻尔兹曼分布给出了微观态的概率。配分函数是玻尔兹曼分布的归一化常数,与自由能最小值相关。通过计算配分函数可以避开列举状态密度,确定平衡态系统的热力学状态。
- 随机游走是一类数学问题,描述一个"行走者"在离散时间点移动的固定距离。通过运用随机游走,我们可以将热力学物质的宏观行为与其微观特性联系起来。
- 连续条件下的随机游走问题可用扩散公式进行描述。

思考题

1. 我们知道,最小总势能原理可以预测常见的杆状物体,如钢梁和跳绳的力学行为,但不能预测柔软结构,如生物聚合物的行为,因为其行为明显受熵的影响。我们知道,当 $W=TS$ 时,会发生能量控制与熵控制的行为转变。给出统计力学定义的熵,我们可以估计出 k_B 条件下(为什么规定这个条件?)的这个特征跃迁能量值。假设温度为 37℃,计算这个能量值。

对于一根跳绳和一段 DNA,当一根跳绳以 1m 的恒定曲率半径弯曲 180°时,计算储存于跳绳中的应变能。将跳绳看作一根弹性圆柱梁,杨氏模量为 100MPa,半径为 0.5cm。同样的情况,计算 DNA 的应变能,在相同曲率下对一段 DNA 进行弯曲,假设 DNA 可看作弹性圆柱梁,杨氏模量为 1.9GPa,且半径为 1nm。这些数值的差别会带来怎样的特征跃迁的差别?

2. 两个骰子均可得到 1~6 中的某个数。将其看作一个统计系统,这个系统中有多少个微观态?多少宏观态?每个宏观态的状态密度 Ω 为多少?如果骰子滚动多次,那么每个宏观态的出现概率是多少?

现在假设这两个正常的骰子被一对"负重"的骰子替换,1 点的位置上增加一点质量。这使得到 6 的概率略高于 1/6,而得到 1 的概率略低于 1/6。假设这个概率差为一个小数 ϵ,那么每个宏观态的概率为多少?

3. 假设一段 DNA 只含有两个不同的核苷酸 A 或 T。利用二项式系数计算 N 个核苷酸长度的 DNA 链的可能序列数,其中只有 N_1 位为 T。

4. 假设一栋楼房中有 100 个人。每人每次上移一层消耗 $1k_BT$ 的能量。假设有足够的时间使人们形成玻尔兹曼分布,则平均每层楼有多少人?楼房需要有多高才能容纳这样的平均分布?如果有 10 个人,楼房需要多高?1000 人呢?

5. 春天到了,宿舍中出现了一只蚊子。假设它从一级台阶飞到下一级台阶上需要消

耗 $1k_BT$ 的能量，假设总共有 10 级台阶，利用玻尔兹曼分布预测其停留在任意台阶上的概率，会得到怎样的结果？

6. 假设一个分子具有"初始"位置，和一个与初始位置距离成比例的线性回复力。也就是说，可将分子看作位于弹簧的顶端尖端，回复力 $F = -kx$，其中 x 为与初始位置的距离，k 为弹簧常数。势能是位置的函数，表示为

$$W = \frac{1}{2}kx^2$$

我们将分子的每个位置 x 看作系统的一个微观态。假设在热平衡状态下，分子的分布遵循玻尔兹曼分布，那么平均能量是多少？提示：利用积分恒等（积分和为 1）计算。

注意：本题的结果称为能量均分原则，适用于与能量和某一变量相关且随变量平方变化的情况。例如，动能随速度平方的变化。

7. 对于一个孤立系统，熵最大时达到平衡（热力学第二定律，等同于假设能量恒定时在最小自由能时达到平衡）。想象一个与外界环境隔绝的盒子，即盒内具有恒定的总能量。盒子有一个隔层将其一分为二。隔层可以使其沿着盒子长轴自由滑动，就像一个注射器的活塞，但两个空间之间没有能量交换。现在将隔层两侧都填充一定量的气体，达到平衡态时隔层停止滑动。那么，其达到平衡态时两侧压力具有怎样的关系？给出关系式表明压力相等时熵值最大。提示：系统总熵为

$$S_{\text{tot}} = S_1(N_1, V_1, E_1) + S_2(N_2, V_2, E_2)$$

需要用到压强的热力学定义完成关系式的推导：

$$\frac{P}{T} = \left(\frac{\partial S}{\partial V}\right)_{E,N}$$

8. 假设与题 7 中相同的盒子，但隔层不会滑动，但允许两部分间自由交换能量（如热量）。如何预测平衡态时的两种气体温度？推导关系式表明两种气体温度相等时熵最大。

9. 假设一个力学敏感离子通道有开放或关闭两种状态。用构型参数 σ 定义通道的能量，等于 0 代表通道关闭，等于 1 代表通道开放。能量为

$$E = \sigma\varepsilon_{\text{open}} + (1-\sigma)\varepsilon_{\text{closed}} - \tau\Delta A$$

式中，$\varepsilon_{\text{open}}$ 和 $\varepsilon_{\text{closed}}$ 分别是通道开放或关闭构型时的能量；τ 是施加于通道的张力；ΔA 是从关闭到开放时通道面积的变化量。写出配分函数表达式，通道处于开放状态时的概率及平均能量。通道开放的概率为多少？假设 $\tau = 1\text{pn/nm}$，2pn/nm，3pn/nm，4pn/nm 和 5pn/nm，$\Delta\varepsilon = -5k_BT$，$\Delta A = 10\text{nm}^2$。

10. 考虑一个二维聚合物模型，包含 $n = 4$ 个刚性链段，相邻链段间通过一转动链接相连。假设相邻链接角度 θ 只能取离散值：0°（发夹）、90°或 180°（两链接伸直）。计算 $R = 2$ 和 $R = 4$ 两个不同端点长度的状态密度数值。计算这两个 R 值下的熵。R 等于多少时熵最优？

11. 考虑图 5.6 中描述的"90°聚合物"。编写一个 MATLAB 程序，分析一个由 N 个单位长度链组成的聚合物，什么决定了其 0 到 N 的端点间长度，以及可能构型的数量？

参考文献及注释

Berg HC（1993）Random Walks in Biology. Princeton University Press. *出版于 1983 年，研究生物学中的随机游走问题，包含扩散相关的内容。*

Chandler D（1987）Introduction to Modern Statistical Mechanics. Oxford University Press. *对统计力学基础的简明介绍。*

Dogic Z，Zhang J，Lau AWC et al.（2004）Elongation and fluctuations of semiflexible polymers in a nematic solvent. Phys. Rev. Lett. 92，125503. *报道了悬浮在分布有杆状大分子的各向异性溶液中的肌动蛋白微丝（与我们的模型聚合物类似）中发夹缺陷结构的形成。*

McQuarrie DA（2000）Statistical Mechanics. University Science Books. *在统计力学课程中广泛使用的教材。*

Pande VS（2006）Graduate Statistical Mechanics.（lecture notes from course number Chem 275，Stanford University，Stanford，CA.）*本章的总体结构是基于斯坦福大学 Pande 教授开设的研究生统计力学其中一学期的课程发展出来的。本章中的一些具体内容，包括通过三硬币系统的状态列举，以及通过微正则系统和正则系综分析两个独立系统的内容，均基于他的课程笔记，这些内容目前正处于撰写出版阶段。*

Phillips R，Kondev J & Theriot J（2009）Physical Biology of the Cell. Garland Science. *一本非常好的教材，给出了许多通过统计力学洞察生物学现象的实例。（注：问题 6 改编自细胞的物理生物学 5.5.2 节；问题 7 改编自 5.5.2 节；问题 8 改编自 7.1.2 节。）*

第6章 实验细胞力学

在科学研究中，实验技术的缺陷常常限制了我们对现象背后本质的深入理解。因此，新实验技术的发展毫无疑问会促进我们对于细胞力学和力学生物学的深刻理解。长期以来，工程学原理一直被人们用于深入理解力学在调节生物过程中的作用。我们对于细胞力学的了解相对于组织来说是远远落后的。一部分原因来源于在细胞这种小尺度物体上研究力学行为所面临的技术挑战。本章中，我们针对一些常见的机械操纵细胞的方法，以及全细胞力学行为研究中涉及的实验方法进行了综述，介绍了磁力显微操作、原子力显微镜和光阱等细胞检测技术。此外，还介绍了细胞牵引力的量化方法，并分析了在如基质变形、流体剪切应力等生理机械刺激下的细胞力学。最后，通过对实验设计进行简要的讨论，对本章进行归纳总结。本章的目的是希望让读者能够基本理解每种研究技术的原理，以及获得实验数据的方法（对感兴趣的读者，我们还提供了这些研究技术的详细参考资料）。尽管我们对于这些研究技术的介绍都相对概括，但本书中所涉及的对于细胞力学和力学生物学最深刻的认识几乎都源于这些研究技术的发现，因此这些研究技术在细胞力学领域的重要性是不可低估的。

6.1 通过细胞微操作技术研究细胞的力学行为

首先，我们介绍细胞微操作技术。为了更好地理解为什么这些研究技术可以用于研究细胞力学，我们假设获得了某种材料的样本，需要对其刚度进行测量，此时应该如何去做？一种方法是在样本上加载一个已知大小的力，并测量样本的形变。例如，在测量一个弹簧的刚度时，可以在弹簧上悬挂一个砝码并测量其伸长率。又或者，假设有一个均匀的、各向同性的线弹性材料，则可以通过测量其在已知应力下的应变得到其杨氏模量。但当我们要描述单个细胞的机械刚度时，就需要用到微操作，利用已知大小的力对小尺度细胞进行测量。

通过可结合细胞的微珠和电磁体可以实现对细胞施加一个已知的力

在磁力显微操作中，将铁磁珠（通常直径为微米级，微珠）黏附到细胞表面，通过对微珠施加电磁力，实现对细胞的局部施力。有时，微珠会通过内吞作用进入细胞内部。电磁体由线圈围绕金属芯构成，将金属芯顶端做成凿子状（通常是几百微宽），可以产生一个强大的磁场。该磁场通常在横向上是均匀的，其强度取决于与尖端间的距离。

图 6.1 展示的是一个典型的磁力显微操作系统。将细胞培养于培养皿中，细胞表面与微珠结合。电磁铁位于培养皿上方，尖端浸入培养基。在显微镜下，电磁铁尖端靠近细胞，电流通过电磁铁产生的磁场将微珠拉向磁铁尖端。所施加的作用力由微珠与磁铁尖端的距离测定。显微镜下微珠的运动可利用粒子追踪算法测定（图 6.2）（见章节 6.2）。有时，为研究特定分子的行为，则要使用*功能化微珠*（表面修饰，将在 6.2 节最后解释），这些微珠上包被有特异性蛋白，能够与细胞表面的特异性受体结合。

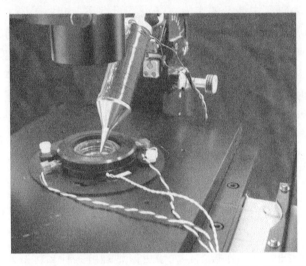

图 6.1　一个磁力操作器被安装在显微镜载物台上。缠绕铜线圈的电磁体置于显微操作器上（图像的右后处）。将细胞培养皿置于一个温控单元中，电磁体尖端浸入培养液。[引自 Huang H，Kamm RD，Lee RT（2004）Am. J. Physiol. Cell Physiol. 287.]

图 6.2　微珠是图 6.1 左侧黑色圆形物体，标注黑线以更好地观察微珠的运动轨迹。图右侧的阴影是电磁铁尖端，细胞在背景中模糊可见，在实验时通常将光的亮度调高以便更好地追踪微珠轨迹。

利用斯托克斯定律校准力对磁体尖端距离的依赖关系

在磁力显微操作实验中，施加到微珠上的力是到尖端距离的函数，该函数关系由一个校准过程确定。一种方法是，将微珠悬浮在高黏度液体中，当磁铁被激活后，微珠所

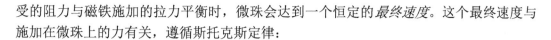

受的阻力与磁铁施加的拉力平衡时，微珠会达到一个恒定的*最终速度*。这个最终速度与施加在微珠上的力有关，遵循斯托克斯定律：

$$F = 3\pi\mu DV \qquad (6.1)$$

式中，F 是力；μ 是动力黏度；D 是微珠的直径；V 是最终速度。通过对电磁铁尖端不同距离的微珠施加电磁力，可以估算出微珠受力大小与距离的关系。在这个方法中，保持液体层流是非常重要的一点，因为只有在雷诺数非常低时，斯托克斯公式才适用（见章节 4.2）。

> **释注**
>
> 　　**对微珠施加恒定的力**。因为力取决于微珠到磁铁尖端的距离，随着微珠被拉向磁铁，作用于细胞微珠上的力实际在增加。但在多数情况下，微珠的位移很小，因此力的变化可以忽略不计。

> **释注**
>
> 　　**微珠的类型**。在磁力显微操作实验中，如果要进行重复测量，需要对微珠进行去磁化。也就是说，对微珠施加力，释放力，间隔一段时间，再施加相同的力。使用*顺磁性微珠*时，一旦磁场消失，微珠的大部分甚至全部的磁性就会消失。利用顺磁性材料构建电磁体，可以实现对磁场的快速控制。保留大部分磁化特性的材料称为*铁磁*。通常，顺磁体材料对电磁场的响应较弱，但它们的消磁能力优于铁磁性材料。

磁力扭转和多极显微操作可同时对多个细胞施加应力

　　磁力显微操作对研究单个细胞的力学行为非常有用，但同时人们也希望能够实现对多个细胞进行力学加载。磁力扭转是一种利用微珠同时向多个微珠施加力的方法。利用电磁铁的强脉冲在一个方向上将微珠暂时磁化，随后再施加一个垂直方向的脉冲，产生一个扭转运动使得微珠重新排列（图 6.3）。随着微珠的扭转，单个微珠的磁场合在一起，产生了一个从初始方向开始旋转的净磁场。磁力计，简单来说，就是一个连接放大器的线圈，用来测量旋转磁场强度。一般来说，可以同时获得数百个微珠的扭矩和旋转之间的关系。

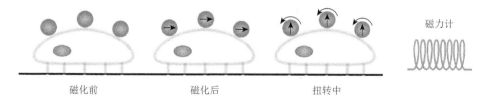

图 6.3　磁力扭转细胞示意图。在水平方向上对微珠施加一个强磁力后，再在垂直方向上施加一个较弱的磁脉冲，在微珠上形成一个向上的扭矩。微珠运动程度通过磁力计测量，能够反映局部细胞的特性。

光阱通过光动量的传递在粒子上产生作用力

光是另一种向结合在细胞上的微珠施加作用力的方式。我们知道，光子是无质量的，但仍然具有动量，光能够将动量传递给与之相互作用的物质。基于光的这一基本性质，可利用大功率激光器来构建*光阱*（或者叫*光镊*）。

为了了解光阱的工作原理，设想有一个在聚焦激光束中心的透明粒子（图 6.4）。粒子的折射率高于周围环境，因此光通过粒子时，光束会改变方向或发生弯曲。粒子改变了光束的方向，从而改变了光的动量。根据动量守恒，一定有一个力作用在这一粒子上。光束的弯曲产生了一个梯度力，该梯度力推动微珠向焦点移动并到达强度最高的光束中心。还有一个散射力，导致了一个沿激光束方向的力。这些合力作用的结果是粒子被"捕获"在聚焦激光束中焦点下游的位置。如果粒子相对光束移动，会产生一个回复力将粒子移动到捕获位置，形成一个稳定平衡点。

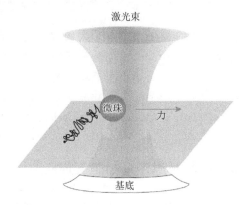

图 6.4　光阱示意图。微珠被激光束捕获，在激光束中心位于焦面下方的地方形成平衡点。如果微珠发生移动，就会受到一个净回复力。如果将微珠黏附于细胞或其他结构上，则可以测量细胞或其他结果的力学性能。[改编自 Huang H，Kamm RD，Lee RT（2004）Am. J. Physiol. Cell Physiol. 287.]

> **释注**
>
> 　　光阱"大咖"。在 20 世纪 60 年代末，贝尔实验室的阿瑟·阿什金（Arthur Ashkin）率先使用光束对微小粒子进行操纵，这一技术逐渐发展成了现代的光阱系统。这也是朱棣文（Steven Chu）工作的基础，他通过选择性地捕获慢速运动的原子，让快速运动的原子逃逸，从而使原子冷却。朱棣文博士于 1997 年获得了诺贝尔物理学奖，并成为奥巴马任职总统期间的美国能源部部长。

在光阱中使用光线追踪测量初始的回复力

为了量化初始的侧向回复力，我们可以使用一种叫作*光线追踪*的技术。只要粒子比光波长更大，就可以用来测量力的大小。设想一个球形的微珠被捕获进激光束，如图 6.5

所示。当光束不聚焦时，就形似一个圆柱体，进一步假设光束在轴向的强度恒定，但在横向强度径向减小，即中心强度最高。

在图 6.5 中，射线 1 会进入微珠的左侧并向右偏转，有动量从光束转移到微珠，给微珠施加了一个主要向左的力（F_1）。射线 2 与射线 1 的位置相反，并对应给微珠施加主要向右的力（F_2）。因为射线 1 和 2 强度相等，因此 F_2 和 F_1 大小相等，故当微珠处于中心时，不产生净侧向力。但当微珠左移时，射线 2 的强度低于射线 1，这时 F_1 将会大于 F_2，从而产生一个向右的回复力将微珠推回光束中心。由于力是由光线强度梯度产生的，因此被称为 *梯度力*。

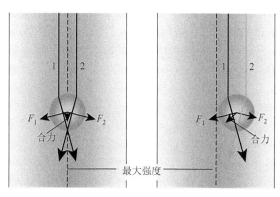

图 6.5　位于激光束中心强度最高区域的微珠受到指向光束中心的力。此外，还有下游的力作用到微珠。

侧向梯度力的例子证明了微珠会被横向捕获的原因，那么轴向的情况如何？为了理解这一现象，设想一个如图 6.6 所示的聚焦激光束，光束呈圆锥形状，在焦点处聚合。假如我们追踪到射线进入一个位于焦点上方的球形微珠的左侧，当光线进入微珠时，会向右偏转，在离开微珠时又再次向右偏转。由于进入的光线并不是完全垂直的，因此，在进入和离开微珠时，光线的动量会发生变化，光线向着中心线的移动意味着出射光比入射光有更大的垂直动量分量。通过对动量矢量的差求和，可以看到在垂直方向上有一个动量净变化，作为向下的轴向力传递给微珠。同理，假如微珠在焦点下方，则向上的动量净垂直变化会产生一个向上的回复力。当横向和轴向回复力与下方的散射力形成合力时，微珠就会被限制在焦点下方的光阱里。

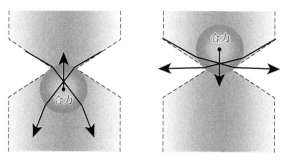

图 6.6　聚焦激光束和微珠相互作用。在光阱中向下运动的微珠会使光束向下偏转，产生了一个向上的合力。相反的，微珠向上运动会使光束向上偏转并产生一个向下的回复力。

光阱中力的大小？

现在我们已经对光阱技术中，关于使粒子被捕获的回复力的方向有了一些直观的认识。但是什么因素决定了施加力的大小呢？通常来说，这是由微珠、光束和浸润微珠的溶液的物理性质所决定的。根据微粒尺寸的不同，有两种方法可对力的大小进行计算。

广义的米氏散射理论是一个基于射线光学的模型，当光的波长远小于微珠的直径时，这是一个相对精确的方法。其中涉及的数学知识非常复杂，已超出本书范围。

当微珠的直径小于光的波长时，则可使用一个基于瑞利散射理论的更为简单的方法。力可以分为两个分量：散射力（在激光方向上）和梯度力（面内的力）。利用瑞利近似，粒子被捕获时的散射力 F_z 为

$$F_z = \frac{128\pi^5}{3} \frac{n_m I}{c} \frac{R_b^6}{\lambda} \frac{\left(\dfrac{n_b}{n_m}-1\right)^2}{\left(\dfrac{n_b}{n_m}+2\right)^2} \tag{6.2}$$

式中，I 是捕获光的强度；n_b 和 n_m 分别是微珠和溶液介质的折射率；c 是光速；R_b 是微珠的半径；λ 是光的波长。根据式（6.2），可以得出 F 和 R_b 的比例关系，由此可知，粒子尺寸的小幅度增加就可使力大幅度增加。

第二个分量是梯度力 F_1：

$$F_1 = 2\pi \frac{n_m I}{c} \frac{R_b^3\left[\left(\dfrac{n_b}{n_m}\right)^2-1\right]}{\left(\dfrac{n_b}{n_m}\right)^2+2} \tag{6.3}$$

梯度力取决于光强的梯度而不是绝对强度。在典型的光阱实验中，力约为几十皮牛，相对较小，但一些先进的仪器构型可以获得更大的力。

上文提到过，广义米氏散射理论和瑞利散射可分别用于光的波长远小于或远大于微珠直径的情况。通常情况下，感兴趣的粒子尺寸与波长在相同的数量级。比如，绿光的波长是 510nm，大部分捕获细胞靶点的范围在几微米到 250nm。尺寸远小于这个范围的粒子，由于很难用标准光学技术成像，且产生的力非常小，因此非常难以捕获。因此，对于超出这个范围的很多粒子和光，力与粒子/光束性能的关系并不十分清楚。在这种情况下，光阱产生的力可以通过经验来确定。一个方法是捕获一个已知尺寸的微珠，并加速移动光阱直到捕获物丢失，测量微珠丢失时的最大速度，再使用斯托克斯定律计算光阱产生的力的最大值。

光阱相对于磁力显微操作有何优劣势？

　　尽管光阱与磁力显微操作相似，都能对细胞内或与细胞结合的粒子进行操控，但二者存在重要差异。首先，在光阱中被捕获的粒子不需要含铁，且对粒子的空间操纵通常更精确，在一些定制的装置还能同时独立控制多个微珠。另外，一些细胞器和亚细胞结构如染色体、囊泡、细菌，甚至病毒，都有特定的光学特性，可以不需要微珠直接被操纵。但光学捕获产生的力通常较低，因此，在某些生物力学研究中，光学捕获可能不是最佳的方法。此外，由于力是基于微珠和激光的相对位置产生的，因此基于力的光阱操作需要反馈。另一个重要的不同是，光阱，顾名思义是一个"陷阱"，也就是说，平衡点相对较小，且周围的回复力梯度较大。而磁力影响的空间区域则会大得多，并且更均匀。尽管操作不是独立的，但磁力显微操作允许同时操作很多微珠。最后，磁场是否会影响生物组织尚不清楚，但众所周知，聚焦激光使生物性材料升温，过高的能量还会局部损坏组织。实际上，这种效应已经被用于*激光剪*或*激光手术刀*上，允许人们有选择地破坏细胞的一部分。

> **释注**
>
> 　　**基于微珠研究的技术挑战。**尽管基于微珠的研究可以带来深刻的认知，但仍然有一些重要的技术挑战和问题需要谨慎对待。例如，微珠与细胞的黏附有很大的差异性。通常，微珠与细胞的黏附会随着时间推移而慢慢增强，最终微珠会进入细胞内部。因此，通过黏附力的差别很难区分细胞的力学行为。实际上，黏附还可能引起意想不到的生物反应。

原子力显微镜利用小悬臂对样本进行直接探测

　　原子力显微镜（AFM）是一种通过一个小悬臂直接探测细胞的方法，而不需要在细胞表面附着微珠或其他的外源结构。原子力显微镜的工作原理是记录悬臂接触细胞或其他物体时的位移，经现代改进设计的原子力显微镜能够测量细胞的形状和力学性能。如果将手指想象成原子力显微镜的悬臂，就可以很容易地理解原子力显微镜是如何测量一个未知物体的一系列物理属性的，如刚度（通过向下按压物体并确定其产生的阻力），表面几何形貌（通过手指在表面上滑动），以及刚度的空间异质性（通过在多个位置探测或轻敲）。

　　原子力显微镜的核心组件是一个悬臂，在其自由端有一个小针尖。悬臂和针尖端通常由硅或含硅化合物构成。一个典型的尖端的曲率半径在纳米级，即便在细胞尺度上也十分尖锐。检测时，悬臂需降低使针尖接触到细胞表面，当针尖压入样本时，悬臂发生偏转。在 3.2 节中[见式（3.31）]，我们讨论过一个长为 L 的线弹性梁在末端被固定住的情况，EI 是抗弯刚度，横梁上任意一点 x 上悬臂的位移 w 在尖端上是力 F 的函数：

$$w = \frac{F}{EI}\left(\frac{x^3}{6} - L\frac{x^2}{2}\right) \tag{6.4}$$

由式（6.4）可知，尖端（$x = L$）的挠度与尖端的力成正比。尖端的位移通过一个有效弹簧常数与力相关。一旦确定了这一常数，就能够很容易地通过尖端的挠度计算出施加于悬臂上的力。因此，将针尖端置于试样表面并测量悬臂的挠度就可以得到力-位移曲线了（这种 AFM 的应用模式有时被称为力读出模式），这类曲线与我们在 3.2 节（图 3.10）中讨论的力-变形曲线在概念上类似，可以用来推导力学性能。

> **释注**
> **赫兹接触。** 海因里希·赫兹（Heinrich Hertz）在 1881 年提出了两个球体之间无摩擦接触力的解。假设接触力由施加在接触区域上的点力的积分来表示。用这种方法，球体与平面的接触就可以通过使其中一个球体的半径接近无穷大来确定。类似的方法还可用于确定由圆锥形或圆柱形压头产生的接触力。

> **释注**
> **半空间。** 半空间是一个数学抽象概念。它是指一个无限深而宽，但表面平坦的空间区域。对于细胞来说，这是一个非常合理的假设，因为与 AFM 针尖的尺度相比，细胞的表面实际上是无限大的。

利用反射激光束检测悬臂梁挠度

AFM 悬臂梁的尺寸与细胞相当（大约是几十微米），而其挠度则更小（几十纳米），但这个微小的偏转可以通过几何方法被放大和测量。将一束激光聚焦于悬臂背面的反射区域，并在远处测量光束的横向运动（图 6.7）。将探测器放置在反射光束的路径上，这样在探测器上就能产生一个激光光斑。当悬臂梁弯曲时，探测器上的激光光斑就会改变其位置。一般来说，在悬臂挠度一定的情况下，激光束路径越长，激光光斑移动得越多，可检测到的挠度就越小。通常，AFM 的力学灵敏度在皮牛级或者更小。

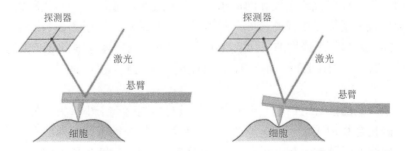

图 6.7　AFM 操作原理图。悬臂末端的针尖放置在样品上。压入样品时，悬臂弯曲并使激光光束偏转，探测器检测激光偏转位置。利用激光光斑偏转得到的悬臂挠曲信息可以计算针尖压入的力。[改编自 Huang H，Kamm RD & Lee RT（2004）Am. J. Physiol. Cell Physiol. 287.]

扫描或轻敲模式可以获得细胞表面形貌

除了能表征样本的力学性能，AFM 还可以用于样本可视化，尤其是测定表面形貌。有几种方式可以实现这一点：第一种 AFM 模式是*扫描*模式，可以获得样本表面的形状轮廓。通过下移尖端使其刚好接触样本表面，而后在样本表面扫描或拖动针尖端，悬臂在每一个点的挠度用于生成高度轮廓。为了防止样本的损伤，在许多情况下会采用反馈机制来降低或提高尖端以保持恒定的力。如果材料是均匀的，那么挠度通常能很好地表示表面几何形状。但对于力学性能非均质的样本来说，形态可能同时反映了局部刚度和表面形状。如果我们考虑的是一个具有平整表面但空间上刚度不均匀的样本，那么较硬的区域会比较柔软的区域看起来更"高"。

第二种 AFM 模式是*轻敲*模式，通过使尖端主动上下振动（通常是由一个压电驱动器耦合到 AFM 的针尖支架），使其接近它的共振频率，该频率一般为 $10\sim100$kHz。振动的尖端降至样本表面直到开始受到范德瓦耳斯力，导致振幅减小。与扫描模式类似，在使用轻敲模式时，也采用反馈机制来保持悬臂的振幅恒定。轻敲模式比扫描模式最大的好处是，当尖端接触到样品时有足够的振动幅度来克服针尖和样品之间的黏附力。在理想情况下，针尖永远不会与细胞发生物理接触，由此还可以降低针尖被细胞碎片污染或包裹的概率。在 AFM 实验中，探针的性质是一个需要考虑的重要因素，它有时不能检测到悬垂或非常陡峭的壁面。

利用赫兹模型估计力学性能

当我们获得了 AFM 的力-位移曲线后，接下来应该如何获得样品的力学性能信息呢？一种数学方法是利用*赫兹接触*模型，该模型描述了一个刚性球和一个均匀、各向同性的线弹性材料的半空间之间的接触（图 6.8）。这个赫兹方程是

$$F = \frac{4}{3}\left[\frac{E}{(1-v^2)}\right]\sqrt{Rd^3} \tag{6.5}$$

式中，F 是作用力；d 是球进入材料的压痕深度；E 是样品的弹性模量；v 是材料的泊松比；R 是球/压头的半径。这一数学关系建立在压头相对于样品来说非常坚硬的假设上。

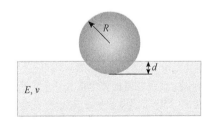

图 6.8　压头示意图。在这里，探针压头为一个半径为 R 的球体，但只要接触区域是圆形的，探针的其他部分可以是任意形状。d、R 及表面的材料特性的关系如式（6.5）中给出，假设压头的硬度无限大。被压入的样本是一个矩形，具有无限的宽度和深度，称为半空间。

在赫兹模型中，如果压头的尺寸足够小，以至于针尖曲率非常明显，就可以将锥体或其他"尖锐"的 AFM 探针近似为球体。另外，在一些实验中，可以通过在针尖黏附一个微珠进行修饰。这样，利用不同直径的微珠就可以获取不同尺度下的刚度，有时还可以得到不同形式的应力（如剪应力或正应力）。

> **释注**
>
> **赫兹模型可以用于计算特定位置的弹性性能。**在许多情况下，赫兹模型的基本假设在测量细胞时可能并不能充分满足。例如，细胞的结构并不是线弹性的或各向同性的。此外，由于细胞的空间异质性，单一弹性模量不足以描述材料性质在空间上的变化。一些研究主要关注使用赫兹模型来计算特定位置和（或）结构（如应力纤维）的弹性性质。

示例 6.1：利用赫兹模型估算一个细胞的弹性模量

利用赫兹模型，用 $v = 0.5$（不可压缩材料）和 $v = 0.3$（多种生物组织的典型特征）估算一个细胞的弹性模量，探针的半径是 50nm。

如图 6.9 所示，我们估计 100nm（针尖从 175nm 到 75nm 进线）压入的力为 1000pN（$= 1$nN）。使用公式 $E = 100000(1 - v^v)$（实际上有一点大，但事实上只能获得大约两个有效数字）。对于不可压缩材料，结果为 75kPa，对于生物组织为 90kPa。可以看出，泊松比的选择不会对估算结果产生太大的影响，假如不是针对应力纤维估算的话，这个结果通常是偏高的（通常 AFM 测量到的细胞弹性值为 10～30kPa）。

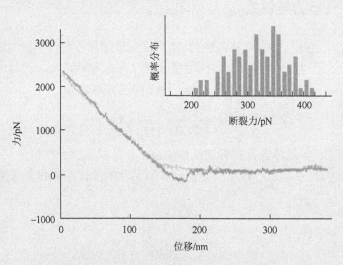

图 6.9　一个 AFM 力-位移曲线样图。颜色较浅的蓝色曲线显示的是针尖在样品（一个内皮细胞）上方移动的路径，从右向左移动。在约 150nm 发生接触，曲线进一步向左移动，使细胞变形的力增大，因此在 1nN 时，针尖向细胞内压入约 75nm。深色的线是针尖的撤回过程。在大约 175nm 时，尖端与细胞的黏附断开，力会突然"回零"。需要对多个细胞进行力曲线的采集，图中小图为细胞黏附-断裂力的分布直方图。[引自 Liu J，Weller GE and Zern B（2010）Proc. Natl. Acad. Sci. USA，107.]

6.2　测量细胞产生的力

在前面章节中，我们学习了一些利用显微操作进行力的应用和分析的技术。由于这些力产生于细胞外部，因此被认为是外源性的。相反，内源性力产生于细胞内部。在诸如细胞伸展和运动等生理过程的调节中，内源性的力起了重要作用。在这些情况下，细胞会产生牵引力或内源性的收缩，并通过细胞黏着斑传递到基底。在弹性硅胶片上接种细胞，可以清晰地显示牵引力的存在，牵引力会在黏着斑附近产生细小褶皱（图6.10）。尽管牵引力的显示相对容易，但要测量它的大小或方向则比较困难。本节重点详述细胞牵引力的定量方法——牵引力显微镜和微柱阵列的应用。

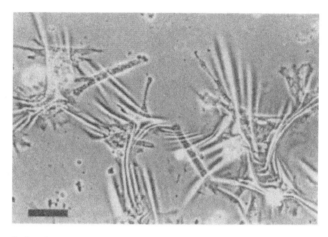

图 6.10　生长于变形薄膜上的细胞图像。细胞施加的牵引力使薄膜产生局部皱缩，说明细胞在伸展过程中产生了某种程度的表面力。[引自 Harris AK，Wild P & Stopak D（1980）Science，208.]

牵引力显微镜测量细胞对其贴附表面施加的力

牵引力显微镜（traction force microscopy，TFM）可用来测量基底由细胞牵引力产生的变形，并使用形变场来计算细胞施加于各点的牵引力。在牵引力显微镜的测量中，将一些微珠放置于基质中，用于标记位移和位移场的计算。通常，微珠的位置在细胞黏附于基底时进行测量，在胰蛋白酶（一种丝氨酸蛋白酶）降解黏着斑，使细胞脱落后，再次测定珠子的位置，最后通过*逆向*推导求得细胞产生的力。在下面的章节中，我们将简要描述这两个步骤。

> **释注**
> 　　**基底通常是柔性聚合物薄膜，如聚丙烯酰胺。**选择聚丙烯酰胺不仅因为其柔性可大幅度调节，还因为它表现得很像是一种各向同性线弹性材料，这就使分析过程大大简化了。其他凝胶如胶原凝胶，可能更接近细胞的生理环境，但通常不是各向同性和

线弹性的。此外，胶原凝胶还会允许细胞在内部爬行，这可能会使基底的牵引力图像模糊。

互相关计算可用于粒子示踪

对于牵引力显微镜，追踪微珠的运动是其中非常关键的一步。在这一节中，在对 TFM 进行全面讲解之前，我们将简要讨论微珠追踪的实现。互相关是一种统计测量方法，能非常精确地对粒子进行定位。假设我们获得了两张一组力学加载前和加载后的细胞（黏附有荧光微珠）图像。图像包含了独特的局部强度模式，反映了该区域内荧光物体的形状和亮度。利用图像的相关性可以识别这些局部强度模式，并通过位置和（或）形状的变化推断出引起这些变化的变形。

在理想情况下，微珠是一个理想球形，在图像中会出现一个完美的圆形。我们可以通过定位这个圆的中心，从而精确定位微珠。在微珠移动后，重复同样的测量，就可以获得微珠的精确位移矢量。然而，在实验室中，微珠并不是完美的球形，且图像会受到分辨率、光照、折射及其他伪影的干扰。*互相关算法*通过两个轮廓的拟合，来提高微珠的定位和位移计算的精确度。

我们通过一张带有 k 个荧光微珠的细胞图像（图 6.11），对该方法进行讲解。在力学加载前、加载中及加载后都会得到每一个微珠的荧光图像。每幅图像都可以用假设的一组数值强度来表示。为了简单起见，我们假设将其存储在一个称为图像强度函数 $I(I, j)$ 的方阵中。$I(I, j)$ 在每一个方向上的像素是 $2n + 1$ 个，其中

$$-n \leqslant i, j \leqslant n \tag{6.6}$$

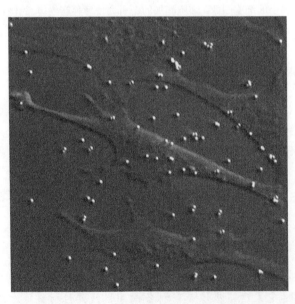

图 6.11　黏附在细胞上的荧光微珠。这张图像由细胞的相差图与微珠的荧光图像叠加而成。

[引自 Kwon R，et al.（2007）J. Biomech. 40.]

　　单个微珠的强度分布是一个近似圆形的高强度区域（微珠），周围是黑色背景（图6.12）。微珠中心的圆形区域强度最高，在靠近微珠边缘的地方强度下降。随着微珠移动，阵列内圆形分布的位置会发生变化，但由于微珠是刚性的，大致的强度模式不会发生改变。从本质上说，微珠图像产生了一个刚体平移，我们的目标就是确定平移的大小。一个方法是跟踪最亮像素点的移动，但强度峰值可以相当宽泛，因此这种方法并不精确且对噪声敏感。这是一个大像素集处于峰值附近，带有相似的高强度值但有一些波动的情况，这种情形下的最亮像素点可以从一个地方戏剧性地出现在另一个地方。为了解决这个问题，一种统计图像相关技术可以精确地实现对微珠的亚像素分辨率级定位。

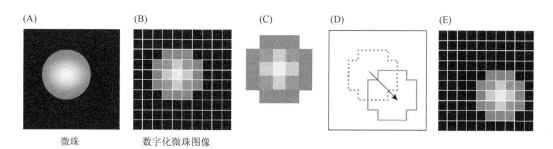

图 6.12　微珠的数字化表示可用于它们位移的定量。（A）荧光微珠呈现为一个强度非均匀的圆，越靠近中心，球体越厚，发射光也越多，因此，微珠往往在中心最亮而越靠近边缘处越暗。（B）数字化后，圆被像素点近似，像素点反映了光的强度。注意，数字化图形中使用了相同的强度模式：越靠近中心越亮，而越靠近边缘越暗。（C）微珠本身可以提取为一种强度模式，作为模板。（D）微珠移动时，微珠的数字化图案在图像中经历了刚体平移。（E）随着微珠定位在新的位置，代表微珠的像素位置被改变，但强度模式（或模板）保持不变。实际上，由于仪器和其他因素，强度会随时间波动，但大致的模式（越靠近中心越亮）将保持一致。

> **释注**
> 　　**图像扭曲**。强度模式未发生变化能使分析简化。但即使图像发生扭曲，也有算法能实现其强度的关联。

> **释注**
> 　　**图像纹理关联**。还有一种替代方法可以不需要使用标记（如微珠等）即获得离散位移，这就是图像纹理关联。该方法依赖于局部图像纹理的匹配，换句话说，在未变形和变形图像之间，感兴趣的像素周围具有独特的强度空间变化。具体来说，选择来自未变形图像内的像素子集，并将其用作变形图像内的互相关计算的模板。如果变形图像扭曲，则可在执行互相关计算之前对模板应用一种变换（如拉伸或剪切）。位移是另一个在互相关中产生最大值的因素。

　　为了获得图像强度分布模式的平移，我们首先定义一个*模板*图像 $K(i, j)$。模板图像是一个微珠的理想强度模型，为了简单起见，我们将其定位在（0, 0）。这个模板可以根据一个理想微珠的理论分布获得，或在变形前对一个真实微珠成像。无论哪种情况，我们都假设 $K(i, j)$ 在每个维度上都是 $2m+1$ 像素，其中 $m<n$。定义 K 后，利用统计学互相关计算作为衡量 K 和 I 之间基于像素相似度的方法。一个典型的统计相关计算方法是

$$C(i, j) = \sum_{x=-m}^{m} \sum_{y=-m}^{m} I(i+x, j+y)K(x, y) \tag{6.7}$$

这是一个 I 和 K 的矩阵卷积。由此得到矩阵 $C(i, j)$，被称为互相关场，它给出了像素 (i, j) 周围的强度分布与 K 之间的相似程度。使 $C(i, j)$ 最大时的 i 和 j 即 I 的强度分布最接近 K 强度分布时的位置，这个位置就是 I 上微珠的"正确"位置。如果微珠最初在 $(0, 0)$，则可以通过 i 和 j 计算出微珠的位移距离。通过计算互相关场的质心，可以计算出 C 中这一峰值的位置，比基于像素的计算更精确。

$$i_C = \frac{\sum_{i,j} iC(i, j)}{\sum_{i,j} C(i, j)}, \quad j_C = \frac{\sum_{i,j} jC(i, j)}{\sum_{i,j} C(i, j)} \tag{6.8}$$

检测产生位移的力是一个逆问题

利用互相关方法，我们可以检测微珠的位移，而检测产生一个已知位移场的合力是一个*逆问题*。除了观测数据（这里是位移），一个逆问题需要一个*正演模型*作为控制方程。对于一个给定的表面载荷，我们需要基于某个理论得到预期位移。幸运的是，这里存在一个解析解，名为布西内斯克方程解，它给出了一个无限均质的线弹性半空间表面在平面点载荷作用下产生的位移。半空间假设产生的一个问题，就是牵引力显微镜（TFM）中使用的基底非常薄（100μm 数量级）。因此，半空间假设似乎不太可信。不过一般来说，只要注意位移相对基底厚度很小，该方法计算出的结果正确性还是可接受的。

> **释注：**
>
> **逆问题**。逆问题研究领域来源于物理学家维克托·阿姆巴楚米扬（Viktor Ambartsumian）在 20 世纪 20 年代其学生时代所做的研究。最初的 20 年，他的论文一直被忽视，直到数学科学将其发展成为如今的一个通用研究领域才被重视。从概念上讲，在每个逆问题中，都有一组基本控制方程将模型参数或性能参数（输入）转换为可视数据（输出）。逆问题是从输出推导输入。通过测量重力场（利用牛顿引力定律）来确定行星内部的密度分布，或者通过地震波（利用波动方程）来确定地震震中都是典型的逆问题。

离散的点 $x_{i=1, 2, \cdots, n}$ 处有一组 n 元离散位移向量 $u_{i=1, 2, \cdots, n}$。假设在点 x_i 处的位移向量 u_i 是由位于另一组点 x_j 处的 j 个离散点力向量 f_j 共同引起的。单一力的布西内斯克方程解 $G(r)$ 可将位移 u_i 与 f_j 相关联。

$$u_i = \sum_{j=1}^{m} G(r_{ij}) f_j \tag{6.9}$$

式中，$r_{ij} = x_i - x_j$ 是一个距离向量，且

$$G(r) = \frac{1+v}{\pi E r^3} \begin{pmatrix} (1-v)r^2 + v r_x^2 & v r_x r_y \\ v r_x r_y & (1-v)r^2 + v r_y^2 \end{pmatrix} \tag{6.10}$$

式中，r_x 和 r_y 分别是 r 的 x 和 y 的分量，r 的绝对值为$|r|$；E 和 v 分别是弹性基底的杨氏模量和泊松比。将 n 个位移代入上述表达式计算，可以得到 m 个力向量和 n 个位移向量的联立方程。接下来的问题就是求出产生 n 个位移向量的 m 个力向量（图 6.13），解决该问题的方法不属于本书范畴，可通过阅读课后文献进行学习。

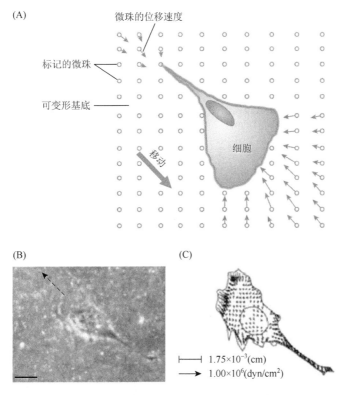

图 6.13　牵引力显微镜利用的是细胞的表面牵引力。将细胞接种于嵌有微珠（A，B）的可变形基底上，细胞会使基底变形。释放细胞（使用胰蛋白酶或等待细胞迁移离开）可以确定微珠的原始位置，而后可计算出位移场和牵引力场（C）。[A 改编自 Roy P，Raifur Z & Pomorski P，（2002）Nature Cell Biol. 4.With permission from MacMillan Publishers Ltd.，on behalf of Cancer Research UK.；B 引自 Munevar S et al. Biophys.（2001）Biophysical Society.]

> **释注**
>
> 　　**格林函数。**函数 $G(r)$又称为格林函数，可通过将许多简单解相加来构建通用解，它类似于矩阵卷积或积分卷积。对于一个简单的力，其简单解可以通过布西内斯克方程得到。

扩展材料：布西内斯克方程解

1885 年，法国数学家约瑟夫·布西内斯克（Joseph Boussinesq）推导出了一个作用于半空间表面的力的解（图 6.14）。首先，他得到了一个作用于无限连续体上的力的解，然后计算了沿 $z = 0$ 平面的力。他利用叠加原理对其施加了一个大小相等且方向相反的力来抵消它，并同样使用了无线连续体中的点力的解。利用这种方法构造积分来求解具有复杂边界条件的非齐次微分方程时，这个被积函数称为*格林函数*。

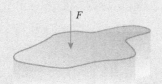

图 6.14　力 F 作用于半空间的布西内克斯问题。力作用于半空间的上表面，半空间在平面内和深度内无限扩展。

示例 6.2：牵引力显微镜

对由于单点力而发生位移的单个粒子的特殊情况求解时，不需要大量数值模拟。具体来说，假设力 F 和位移 u，距离为 d（图 6.15），力和位移的方向相同。通过实验得出的位移 $\boldsymbol{u} = [u, 0]$，力向量 $\boldsymbol{F} = [F, 0]$，可以计算格林函数。

$$G = \frac{(1+v)}{\pi E d^3}\begin{bmatrix} (1-v)d^2 + vd^2 & 0 \\ 0 & (1-v)d^2 \end{bmatrix}$$

我们将作用力的位置作为原点，并且这个问题不存在 y 分量，因此对角线项是零。注意，$(1,1)$ 可以简化为 d^2，进一步可简化为

$$G = \begin{bmatrix} \dfrac{(1+v)}{\pi E d} & 0 \\ 0 & \dfrac{(1-v^2)}{\pi E d} \end{bmatrix}$$

由 $u = GF$，得出

$$u = \frac{(1+v)}{\pi E d}F$$

利用上式，就可以通过已知的 u 和 d 解出 F。在更复杂的非共线性条件下，存在 y 项，这时就需要我们用 G 的逆矩阵求解，而不是用简单的线性关系求解。

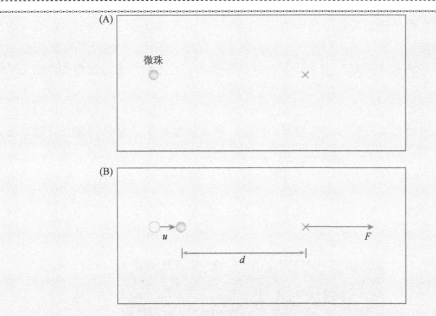

图 6.15 　单一力和单一位移示例。力和位移是共线的。

然而，在很多牵拉力情况下，要处理的力不止一个，通常存在多个力，并且大小、被施加的位置及方向均未知。

假设一个微珠被施加了两个不同的未知力。如果微珠移动，可能是由某个力或者两个力引起的。为了约束这个问题，需要用到多个微珠，但这会使问题变成一个烦琐的数学问题，因为每一个微珠都会得到一个 $u = GF$ 的方程。此外，由于力的位置不受限制，因此 d 通常是未知的。

为了解决这个问题，可在一些合乎逻辑的位置假设施加的力，如在利用免疫细胞化学确定的细胞黏附点上。一个更为通用的方法是为这些施力点创建一个规则的空间网格。如果这个网格密度足够大，就可以获得一个较为完整的力场图像。在数学上，对于每个网格位置，位移 u 和力 F 都是已知的，因此可以构造出 G。这种方法包含了位移、位置和 G 的分量的大型数组，因此需要通过优化程序提取牵引力。这一方法对位移中的小误差特别敏感，因为随着与力的作用点的距离逐渐增大，力-位移关系会逐渐减弱。另一个方法是可以通过傅里叶变换将问题转换到频域。由于在频域中卷积变成了乘法，因此可以直接解决逆问题。在频域边界条件不明确的情况下，使用傅里叶变换则应谨慎。因为，通常细胞外没有牵引力，但在很多情况下，使用傅里叶变换后会在细胞边缘附近（通常是在细胞外）产生力。

微加工微柱阵列可用于直接测量牵引力

牵引力可以通过求解逆问题量化。此外，另一种方法是通过*微加工*构建一个由成千上万*微柱*构成的阵列，微柱本质上起到微观力传感器的作用。

　　微加工是在微米量级上构建微小结构的过程。在半导体行业中，为制造集成电路而开发的许多特殊加工步骤是按顺序进行的，制造成具有所需设计、表面图案或拓扑结构的微加工结构。通常，该方法涉及三个步骤：薄膜沉积、光刻（使用光把设计图案转换到材料薄膜上）和蚀刻（去除光刻形成的材料图案）。

　　利用这些技术，可以制造密集的微柱阵列（直径为 $1\sim10\mu m$，长度为 $10\sim100\mu m$），使每个微柱以悬臂梁形式发挥力传感器的功能。利用细胞外基质蛋白包被微柱的顶面，并接种细胞黏附于微柱顶面，细胞产生牵引力引起微柱弯曲（图6.16）。参考式（3.31），使微柱顶端的弯曲挠度与施加在微柱上的力相关联，可得

$$w = \frac{F}{EI}\left(\frac{x^3}{6} - L\frac{x^2}{2}\right) \tag{6.11}$$

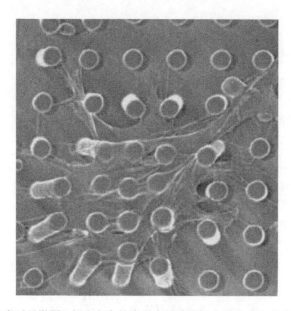

图 6.16　微柱上的细胞电子显微图。细胞产生的牵引力导致微柱向细胞中心弯曲。作用于微柱上的力可以通过梁方程来模拟，因此不需要用经典的牵引力显微镜相关的复杂计算。[Tan JL，Tien J & Pirone DM（2003）Proc. Natl. Acad. Sci. USA. 100.]

由于我们只测量尖端在 $x = L$ 时的位移 δ，因此上面的表达式可以简化为

$$F = \left(\frac{3EI}{L^3}\right)\delta \tag{6.12}$$

示例 6.3：微柱在细胞牵引力作用下产生的偏移

　　在图 6.16 中可以看到，微柱在细胞牵引力作用下产生了偏移。已知标尺为 $10\mu m$，柱长为 $11\mu m$，微柱的弹性模量 E 为 2.5MPa，估算细胞胞体外周产生的作用力大小。

　　柱子顶端的位移大约为 $5\mu m$，直径大约为 $3\mu m$，有

$$F = \left(\frac{3EI}{L^3}\right)\delta$$

圆形截面的惯性矩 $I = \pi R^4/4 \approx 4 \times 10^{-24} \mathrm{m}^4$，因此，

$$F = \frac{3(2.5 \times 10^6 \mathrm{Pa})(4 \times 10^{-24} \mathrm{m}^4)(5 \times 10^{-6} \mathrm{m})}{1.33 \times 10^{-15} \mathrm{m}^3}$$

$$= 1.13 \times 10^{-7} \mathrm{N} \approx 100 \mathrm{nN}$$

这一数值有些偏高，但高得并不离谱（Tan 等报道的这一数值为 0～80nN）。

通过表面修饰辅助检测细胞和周围环境的相互作用

上述的许多技术都涉及将一个人工合成结构附着或接触于细胞上，包括微珠、AFM 针尖、微柱或其他结构。但*体内*细胞通常不会遇到玻璃、塑料或硅这些材料，因此细胞如何与这些人工表面相互作用是一个需要考虑的因素。*表面改性*是修饰人工材料的一种有效方法，不仅能使材料更具生理或生物相容性，还可以增加对于各种材料特性的认识，甚至是特定蛋白和分子的作用。现有技术可以改变材料的粗糙度、电荷、表面能量、疏水性和其他物理性质。一种特别有用的方法是使表面*功能化*，即在表面包被官能团或蛋白质的过程。包被的材料可以是细胞外基质蛋白（如纤维连接蛋白或胶原蛋白），也可以是蛋白片段、多肽或针对特定功能抗原表位的抗体。由于细胞与细胞外基质的相互作用具有高度动态和时间依赖性，因此选择正确的孵育时间非常关键。对于很小的微珠，通常孵育时间为 15min 或 1h。如果孵育时间太短，微珠没有足够的时间与细胞结合，而时间过长，细胞就会将微珠内吞，使其失去受体特异性。

这种功能化的过程可以与上述的光刻微加工技术相结合。*微接触打印*或*微图案化*需要利用柔性聚合物如聚二甲基硅氧烷（PDMS），将蛋白质以微观图案打印到表面上。首先利用光刻胶覆盖于硅片，制作一个硅母板，光刻胶可在微观尺度上利用光移除。随后，利用酸蚀将图案印至硅板。从母版可制造多个 PDMS 印章，将印章浸入蛋白质或其他溶液中，压在玻璃或其他表面上。微加工技术是一种"芯片上的实验室"技术，可用于加工微型通道、泵、阀门等。这种技术在小样本量、高通量、缩短分析时间，甚至便携性上，都展现了巨大的优势。

> **释注**
> **官能团**。官能团是蛋白质的域或*部分*（*moiety*），负责蛋白质特定生化特性或活性。

6.3　对细胞施加作用力

到目前为止，我们已经对测量细胞力学性能及细胞产生的力的实验技术进行了介绍。而对于细胞如何感知和响应力学信号的研究也同样重要。尽管我们最终想要弄清的是*体*

内组织对力的响应，但对于组织中的细胞来说，简单的力学刺激（如变形）同样可以引起许多细胞水平的物理信号（如流体流动、电场信号等）。简化法是生物学中一个常用的有效方法（见 2.4 节描述）。*在体外*，可以利用简化法研究细胞对简单力学刺激的响应。以一种可控的方式对感兴趣的信号进行研究，并且许多用于调节基因或蛋白质功能的分子方法更易于在细胞培养中得以实现。

在大多数细胞受力的研究中，包括流体剪切和拉伸在内的几种简单的力学刺激方法是较为常见的，接下来，我们将依次对这些力学加载方法，以及在应用时的关键方法和问题进行讨论。

利用流动腔研究细胞对流体剪切应力的响应

在 11.1 节中，我们将详细讨论几种对流体剪切应力作出响应的细胞，其中包括血管中的细胞，如内皮细胞和某些上皮细胞，很容易理解其能够对剪切应力产生响应。但还有一些其他细胞类型，如骨组织细胞和软骨细胞，同样也能够感受剪切应力。正因如此，由于生理条件的不同，流体剪切系统是多种多样的。建立可控的流动本身就是一个挑战，这也是导致流体剪切装置多样化的另一个原因。通常情况下，没有方法能够直接测量加载在单层细胞上的流体剪切应力大小。尽管定制的流体剪切装置可以在一定程度上避免这些问题，但这些装置必须经过精准的设计。正如在 4.3 节中提到过的，对流体力学的基本理解可以极大地简化基于流场分析的装置的设计开发。接下来，在对剪切装置中的流体特性进行分析之前，我们先对流体剪切装置使用时的一个普遍情况进行讨论。

雷诺数决定了层流和湍流

在设计流体流动装置时，对于细胞施加的可控流体通常是层流。但很多的研究也会涉及湍流，如研究湍流对动脉粥样硬化的影响。尽管对湍流的流体力学的详尽分析超出了本书范围，但我们要清楚如何避免湍流的产生。通常，研究人员会将流动装置的*雷诺数*（*Re*）设计得非常低（在 4.2 节中回顾对雷诺数的探讨），以确保产生的流动为层流。

雷诺数非常低时，黏性力占主要作用，这意味着流体趋向于均匀流动，而没有太多混合产生。由于流线的层状结构，这种流动称为层流。高雷诺数的流动往往是惯性的，表现出混合的、不均匀流线和非定常流的特点，这种流动是湍流。在不同几何形状的压力驱动管道流动（*泊肃叶流*）中，层流和湍流之间的实际转换雷诺数是不同的，但雷诺数值 2000 附近是一个近似的估计转折点。如果雷诺数是 200，这个流动通常是层流（尽管其中具有一个相对较高的惯性分量）。如果管壁非常平滑，可以将雷诺数增加到很高的数值而不形成湍流，部分原因是管状流动的惯性是一维的。但如果管壁是粗糙的，那么就会"绊住"流体并产生扰动，靠近管壁的流体元就会非轴向移动，进而使相邻的流体元发生移动，很快整个流动就会被干扰。在高尔夫球运动中，为了使高尔夫球飞行，会刻意将球身设计出凹坑，产生湍流（图 6.17）。

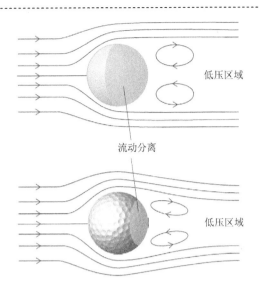

图 6.17　高尔夫球上的小窝引起扰动，产生了一个更小的边界层，分离时间更长。较小的尾流可以减少对球的压力阻力。早期使用光滑高尔夫球的球手发现，具有严重凹痕的球能飞得更远。然而对于许多细胞力学中的应用来说，层流是必需的，因此需要光滑的表面。

利用平行平板流动装置研究低雷诺数的剪切流

对细胞加载流体剪切的一种方法是平行板流动腔。在流动腔中，液流被泵入一个矩形横截面的腔室，腔室的高度相对于宽度非常小，因此可以假设流体分布在两个无限的平行板间流动。细胞则被接种于腔室底部表面。

在设计这种流体剪切装置时，需要考虑多种因素，其中确定的因素相对较好处理。例如，流体是典型的具有细胞相容性的介质，可假定其密度和黏度几乎与水相同。温度可通过定制的或商品化的加热器/冷却器来控制，或者直接将装置放置到细胞培养箱中。细胞被接种于经黏附分子或其他修饰的基底上以利于细胞黏附。为了获得低雷诺数，腔室的尺寸必须仔细选择。通常，剪切应力的大小通过流速控制。但流速也会影响雷诺数，因此，腔室尺寸和流速之间存在相互的关系，共同决定了湍流的发生。

> **释注**
>
> 　　**动力黏度和运动黏度。** 黏度有时是一个容易混淆的术语，从黏性阻力的概念上来说，黏度与阻尼（我们将在 6.4 节中介绍）和流体都相关，但这些概念具有不同的单位和定义。在本书中，我们认为阻尼具有黏性摩擦系数，而流体具有黏度。在流体力学中，对动力黏度 [其为在 4.2 节中定义的黏度，由 μ 表示，单位是 kg/(m·s)] 和运动黏度有进一步的区分，运动黏度是动力黏度对流体密度的归一化（$v = \mu/\rho$，单位为 m^2/s）。使用运动黏度的原因是它能简化一些计算（如雷诺数），可以用三项而不是 4 项来表示，并且是一个有用的比率，通过比较消除密度（具体是指质量）参数。也就是说，由于惯性效应，密度更大的流体显得更黏稠。在本章中，黏度是指动力黏度。

以下是一个可以用于快速评估流动装置尺寸的近似计算过程。以细胞培养液 $[\rho = 1000\text{kg/m}^3, \mu = 1 \times 10^{-3}\text{kg/(m·s)}]$ 剪切系统为例，雷诺数等于 $Vh/(1 \times 10^{-6}\text{m}^2/\text{s})$，式中 V 是特征速度，h 是流动腔高度。若要 $Re < 1$，需使得 $Vh < 1 \times 10^{-6}\text{m}^2/\text{s}$。接下来考虑剪切应力，$\tau = \mu \, du/dy$。只要宽度远大于高度 h，我们就可以将 τ 近似为 $\mu V/h$。对于内皮细胞的生理模型，典型的流体剪切应力大小约是 1Pa。所以 $V/h = 1000\text{s}^{-1}$。假设保持单位一致，V 的单位用 m/s 表示，h 用单位 m 表示，则有 $Vh < 10^{-6}\text{m}^2/\text{s}$ 且 $V = 1000h$。这样的话，$h^2 < 10^{-9}\text{m}$，或 $h < 3 \times 10^{-5}\text{m} = 30\mu\text{m}$，这个尺寸差不多是可以接受的，因为细胞通常至少有几微米大小（10^{-6}m）。高度如此小的腔体很难制造，但通常使得腔体的设计高度尽可能小。基于实际的流线计算，以及放宽雷诺数的要求范围（10～100），可以在一定程度上放松对腔体的高度要求。

流动经过入口后充分发展

在设计流体剪切装置时，另一个需要考虑的因素是入口长度。层流流型需要空间来形成，这个空间所需的尺寸对应入口长度。入口长度依据流速和腔室的尺寸而改变。对于一个圆管，入口长度约是 0.06 倍的雷诺数乘以直径，即 $0.06 \times Re \times d$。考察细胞时，最好能避免入口处，以避免意外或不可预测的剪切应力。横向的液体流动（垂直于高度和流动方向）也会在这个空间得到发展，但这通常不是我们希望看到的，因为流动模型最好是二维的。一个经验规则是，腔体的宽度至少是高度的 10 倍，且高度应尽可能小。对于一个平行板流动腔，圆管的入口长度公式可以用来粗略地估计平行平板流动腔的入口长度。但如果需要进行确切验证，就需要在流体中放置微珠以进行流动剖面的测量。

利用锥板流动研究细胞对剪切应力的响应

锥板黏度计是另一种流体剪切装置。一个锥体被放置在一个固定板上并旋转。平板与锥面间的间隙和锥的转速决定了在底板上有一个恒定的剪切应力。由于锥角角度的存在，锥体与板之间的间隙从顶点到边缘逐渐增大，从而得到恒定的剪切条件。这个构型能够有效地对剪切应力进行控制，因为剪切应力直接与锥体的旋转速度成正比。值得注意的是，仍需保持低雷诺数，因为当旋转速度过大时，这一构型就会产生湍流或非定常流。此外，当系统涉及运动部件时，就对工程精度有很高的要求，因为一个小的加工误差就可能对液流产生很大影响。例如，平行板之间的间距可以用板之间的垫圈来调节。对于锥板黏度计，要确保锥体的轴向与板垂直度就具有非常高的挑战性。

示例 6.4：锥板黏度计中的剪切应力

如图 6.18 所示，对于锥板黏度计，如果角度足够小，剪切应力在远离锥尖的地方是相同的。

设 ω 是角速度（单位为弧度/s），r 是到锥尖的水平半径（锥尖与板相接触），z 表示垂直流剪方向，α 是锥体和板之间的夹角角度，间隙中存在液体，细胞被接种于板底部。底板与锥体下表面间的距离是 h，则

$$h = r \tan \alpha$$

当 α 非常小时，这一公式可以近似写为

$$h = r\alpha$$

当锥体稳定旋转时，流动为层流。且当 α 非常小时，我们可以将这一流动视为平行板流动，也就是说，对于每一个 r，从锥体到板下表面的流型均为线性的。剪切应力为

$$\tau = \mu(\mathrm{d}u / \mathrm{d}z) = \mu(\omega r) / h = (u\omega r) / (r\alpha)$$

则

$$\tau = (\mu\omega) / \alpha$$

可以发现，这是一个空间常数，对于给定的黏度、确定的 ω 和 α，底板上的剪切应力在任意位置均相等。锥板黏度计是一种非常有用的仪器，可以仅仅通过改变锥体角速度（ω）轻松实现对剪切应力的控制，并且使用的培养基相对较少，因为它不需要循环系统。但同时，锥板黏度计需要精细的加工和校准工序，因为很小的误差就会导致底部剪切应力的变化或使仪器运行不稳定（如产生振动等）。

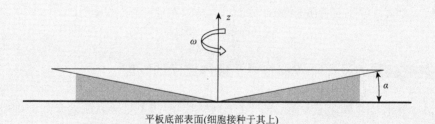

平板底部表面(细胞接种于其上)

图 6.18 锥板黏度计示意图。当锥体角度比较小时，底部表面的剪切应力均匀。

尽管最初的研究关注的主要是稳定层流，但目前振荡流（停止或反向流动）、湍流、分离流（形成再循环区域的流）及其组合流动（图 6.19）也被广泛用于研究细胞对随时间变化的剪切应力的响应。这些研究在心血管领域尤为重要，因为心血管系统复杂的血流模式通常与病理变化有关。

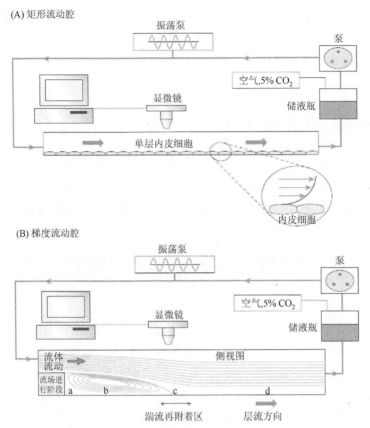

图 6.19 平行平板流动腔的两个例子。（A）流体剪切系统装置示意图，在剪切过程中，控制培养基的条件，并能同时对细胞进行显微成像。（B）实际的流动腔中，存在一个分离/再循环区域及一个层流区域，该流动装置可以用来评估湍流对单细胞层的影响。b 区的流体方向与流入方向相反，c 区为重附着区，此时壁面剪切力为 0，但流剪梯度较高；至 d 区时，流体流动恢复。[改编自 Chien S（2008）Ann. Biomed. Eng. 36.]

利用多样化装置的设计研究细胞对于液体流动的响应

值得一提的是，尽管压力驱动的平行平板和锥板装置是研究流动介导的细胞力学传导最常用的装置，但除此之外，目前也出现了各种多样化的剪切流动系统。例如，管状结构也一直被成功应用于流体剪切系统中，尽管在加载剪切应力过程中对细胞难以成像，但从几何形状上来说，管状结构更接近于生理的血管模型。另一种方法是利用驱动板的方式代替压力驱动流，称为*库埃特流*。用一种类似跑台的构型代替平行板腔室的上板，产生一个线性的流动流型，缓解了入口长度的问题，并在移动壁面的速度与剪切应力之间建立了一个更为简单的关系。

利用弹性基底使细胞产生应变

尽管许多种细胞会受流体剪切（或至少某种形式的剪切）的刺激，但其他的细胞首先受到的是拉伸刺激。拉伸对于血管平滑肌细胞、心脏细胞、皮肤细胞、膀胱组织细胞、胃组织细胞、肠组织细胞和肺细胞都是至关重要的。要想直接对细胞施加可控的拉伸是比较困难的，因为细胞膜很难或几乎不可能被抓取。此外，细胞受到的拉伸作用通常是由于其锚定的周围组织的变形产生的。最常用的拉伸细胞的方法是将细胞接种于弹性基底上，并对基底进行拉伸，这样可以实现对基底上所有细胞的同时拉伸。但是，基底拉伸方法并不能代表生理性拉伸，因为它是二维的，并且主要发生在细胞底面上。对于体内的单层细胞，如内皮细胞、一些上皮细胞或成骨细胞来说，二维的基底拉伸并不是一个非常大的问题，因为尽管与真实的生理状态不同，但是许多关键的生理响应仍然可以被激活。

受限单轴拉伸可引起细胞多轴向变形

如何对细胞进行拉伸呢？最简单的拉伸形式是不受约束的单轴拉伸，即基底两端受到反向拉伸的力而被拉开。通过拉伸，基底和细胞在拉伸方向上被拉长，而在垂直方向上缩短。如果受拉的两端是被夹紧的，那么垂直方向上的缩短也是不均匀的，在中心最为明显（图 6.20）。

图 6.20　一个弹性薄膜在一个方向上被拉伸会由于应变不均匀而形成"蝴蝶结"状。右图的薄膜形态被放大了，以更好地说明变形的情况。

这种部分受限的拉伸系统会导致非均匀的应变。通过约束两个固定边可以克服这个问题，消除垂直方向的应变。在血管等生理系统中，这个模型是非常适合的，并且能很好地证明细胞在拉伸作用下的重新定向。但这种设计更难构建，因为侧向的边必须保持固定，而另一个主方向的边必须移动。此外，具有很强的轴向定位特性的细胞在受到单轴拉伸时会表现出异质性，也就是说，一个细长的细胞在其长轴和短轴受到拉伸时，产生的响应可能会不同。

柱形对称变形产生均匀的双轴拉伸

最直接地使细胞暴露于基底进行拉伸的方法是采用均匀双轴拉伸（图 6.21）。在这个应变场中，无论方向如何，每一对点都会发生相同大小的应变。该应变场并没有优先方向，每个细胞在所有方向上所受到的应变大小相同。这种拉伸的实现方式有多种，圆柱活塞是其中的一种实现构型，其他还包括气动装置作用于一个圆顶等。

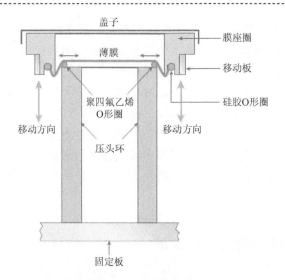

图 6.21　膜拉伸装置示例图。细胞被接种于膜上，并浸润在培养液中，用盖子和密封圈将其密封。压头环可以向上推（或者膜向下推），使接种有细胞的膜受到拉伸。[Sotoudeh M，Jalali S & Usami S（1998）Ann. Biomed.Eng. 26.]

6.4　形　变　分　析

在前面的章节中，我们了解了通过对细胞进行力的加载来研究细胞力学特性及其对力的响应。其中一个悬而未决的问题是，如何利用这些实验数据来描述细胞的力学行为？例如，假如我们获得了不同细胞类型或有/未受到细胞骨架抑制剂作用的不同细胞的位移数据，如何将位移数据转化成某种指标，使我们可以对比不同种类或者不同条件下细胞的力学性能？一个方法是仅仅比较原始数据，如可以直接对比微珠的位移。但这种方法只能实现简单的比较。一个更为广泛的、有用的方法是建立细胞模型，将实验得到的参数用于预测和比较从其他不同的实验得到的实验结果。

利用弹簧-阻尼器模型对显微操作实验中细胞的黏弹性行为进行参数化

对显微操作产生的位移 x 或力 F 进行力学建模的方法是构建含有弹簧和缓冲器元件的模型。弹簧遵循胡克定律，可以表示为

$$F = kx \tag{6.13}$$

式中，弹簧常数 k 用于度量元件的刚度。阻尼器是遵循牛顿流体定律的黏性缓冲元件：

$$F = \eta v \tag{6.14}$$

式中，v 是速度；η 是*黏性摩擦系数*。

一般来说，单独一个弹簧或阻尼器不足以模拟细胞的生理力学行为。考虑我们进行磁力显微操作实验时的情况，在该实验中，我们获得了细胞结合的微珠在恒定力下位移随时间变化的函数。起初没有施加作用力，而打开磁体后，就产生了一个近乎瞬时增加的阶跃力，此后只要磁体保持开启，力即恒定。几秒后，磁体关闭，力又瞬时阶跃式下

降。如果细胞表现为纯弹性材料，如弹簧，则微珠的位移曲线将类似于施力函数的曲线：打开磁体时会产生一个瞬时位移并保持恒定，而关闭磁体时，位移又会瞬时变为零，如图 6.22 所示。

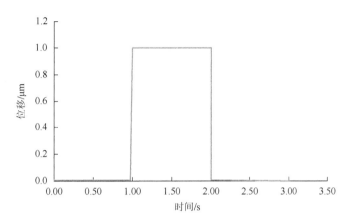

图 6.22 1s 时施加阶跃力，并在 2s 撤除时，弹簧原件的响应。力一旦施加，位移即在瞬时达到恒定。这里没有惯性项，所以不产生振荡。

另外，如果细胞表现为纯黏性材料，如阻尼器，则微珠对力增大和减小的响应将会显示为一条非零斜率的线（图 6.23）。与弹簧不同的是，阻尼器的位移随时间以斜率 η 线性增加。当磁体关闭时，阻尼器不会回到初始长度，相反，它会表现出*蠕变*或*永久变形*。

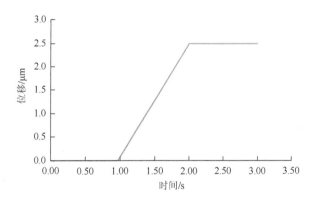

图 6.23 在 1s 时施加力，响应元件开始"拉伸"。由于力与速度成正比，施加恒定的作用力会产生恒定的速度响应。在 2s 时，作用力撤除，元件不再产生位移，由于没有回弹力，因此也没有回缩。

实际上，细胞并不会表现出纯弹性或纯黏性行为。它们是黏弹性的，表现出时间依赖的力学行为，同时具有弹性和黏性的属性。在恒定作用力下，位移不会瞬间发生，也不会以恒定速率缓慢增加，而通常表现出渐近行为。当作用力撤除时，细胞也同样会表现出渐近行为，并且在很多时候会发生永久变形。因此，单独用弹性或阻尼器不足以描述细胞的这种力学行为。

弹簧和阻尼器相结合以模拟细胞的黏弹性行为

将几个弹簧和阻尼器组合在一起是一种更为接近真实情况的力学模型。由于细胞既表现出弹性行为，又具有黏性行为，因此由弹簧和阻尼器串联或并联组合而成的模型，可以产生与实验观察结果非常相似的力学行为。这里有三个组合的例子：一个弹簧与阻尼器串联（*Maxwell 模型*），一个弹簧和一个阻尼器并联（*Kelvin-Voigt 模型*），以及一个 Kelvin-Voigt 模型与一个阻尼器串联（图 6.24）。我们将会看到，在恒力作用下，这些模型随时间的位移解析解可以通过一种相对直接的方法计算出来。

一个阻尼器与一个 Kelvin-Voigt 模型串联的情况下，自由体分析表明，作用于系统上的力 F 必须等于施加在右边阻尼器上的力，且一定等同于左边弹簧和阻尼器的力的总和。如果我们用控制方程[式（6.13）和式（6.14）]对这些力进行展开，会得到

$$F = \eta_1 v_1 = kx_2 + \eta_2 v_2 \tag{6.15}$$

总位移是单个阻尼器和 Kelvin-Voigt 模型位移的总和，$x(t) = x_1 + x_2$。因此，为了得到 $x(t)$，我们可以分别计算 $x_1(t)$ 和 $x_2(t)$，然后将它们相加得到总体位移。对于单个阻尼器，已知 $x_1 = (F/\eta_1)t$。对于 Kelvin-Voigt 模型，其合力等于弹簧和阻尼器内的力之和：

$$F = kx_2 + \eta_2 \frac{dx_2}{dt} \tag{6.16}$$

这是一个一阶微分方程，解为

$$x_2(t) = \frac{F}{k}\left[1 - e^{\left(\frac{-kt}{\eta_2}\right)}\right] \tag{6.17}$$

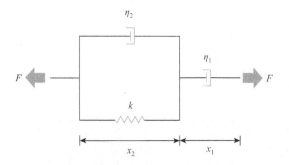

图 6.24　利用弹簧和阻尼器组合的细胞材料性能模型。在这个例子中，一个弹簧和一个阻尼器并联，并作为一个整体和第二个阻尼器串联，允许塑性形变的发生。

通过直接代入式（6.15）来进行验证，初始条件 $x(0) = 0$。单个阻尼器和 Kelvin-Voigt 模型的位移和为

$$x(t) = \left(\frac{F}{\eta_1}\right)t + \frac{F}{k}\left[1 - e^{\left(\frac{-kt}{\eta_2}\right)}\right] \tag{6.18}$$

图 6.25 描述了该模型的行为。这一模型非常有用，因为它是同时反映黏弹性行为和*塑性*行为（永久变形）的最简单模型。要了解这个现象，可以思考一下时间 t 接近无穷大时会发生什么。第一项（单阻尼器的位移）以 F/η_1 的恒定斜率无约束增加。第二项（Kelvin-Voigt 模型的位移）在 $t = \infty$ 时位移为 F/k。在有限的时间内，Kelvin-Voigt 模型位移永远不会达到 F/k，但会无限趋近于它。最后，值得注意的是指数项，$-kt/\eta_2$，有时会写为$-t/\tau$，这里 $\tau = \eta_2/k$ 是时间常数。时间常数是指括号中的指数衰减量减少到初始幅度的 $1/e$ 或大约 63% 时所需的时间。

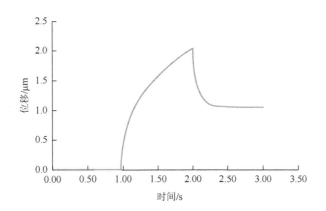

图 6.25　细胞模型对阶跃力的响应，阶跃力在 1s 时施加、在 2s 时撤除。注意，在施加作用力后，响应逐渐趋近于一条直线。当力撤除时，曲线不会到达零，其中具有残余变形或应变。这个对阶跃力响应的曲线是对真实细胞响应磁力显微操作的一个合理近似。

> **释注**
>
> **集总参数模型。** 我们所讨论的这类模型有时被称为*流变模型*，因为它们源于黏性流体的分析（参见 4.4 节）。它们有时也被称为*集总参数模型*，因为它们集合了空间分布的行为并将它们整合成简单的离散元素。对于图 6.25 中的集总参数模型，所有弹性行为都被包含在一个等效的弹簧刚度参数（k）中。

> **示例 6.5：Maxwell 模型——串联的弹簧和阻尼器**
>
> 考察一个 Maxwell 模型——串联的弹簧和阻尼器（图 6.26）。
>
>
>
> 图 6.26　Maxwell 模型示意图。Maxwell 模型是一个串联的弹簧和阻尼器。
>
> 弹簧的弹簧常数为 k，阻尼器的黏性摩擦系数为 η。
>
> A. 如果在非常高或非常低的频率上振荡 Maxwell 模型的一端，该模型的响应由弹簧决定还是由阻尼器决定？

在非常高的频率下，阻尼器的速度通常会很大。由于 $F = \eta v$，当速度趋于无穷大时，阻尼器上的力也趋于无穷大。

因此，阻尼器的行为将像一个刚性结构，而此时 Maxwell 模型的响应就会与高频时的弹簧类似。

在非常低的频率下，阻尼器的速度将很小，因此阻尼器所承受的力可忽略不计。结果，阻尼器就像一个开放结构，弹簧则像一个刚性结构。此时 Maxwell 模型与阻尼器相似。

B. 对问题 A 中的响应进行量化。

令刺激 $F(t) = F_0 \sin(\omega t)$（式中，$\omega$ 是振荡频率；F_0 是振幅），则响应为 $x(t) = A\sin(\omega i + \delta)$（式中，$\delta$ 是滞后相位）。我们知道作用于弹簧和阻尼器的力是相同的，都等于 $F(t)$。整个系统的位移是阻尼器和弹簧位移之和。

因此，我们可以分别进行求解。对于弹簧，这是一个简单的代入。

令 $x_s(t) = A_s \sin(\omega t + \delta)$，则

$$F(t) = F_0 \sin(\omega t) = kx_s(t) = kA_s \sin(\omega t + \delta)$$

我们知道，对于弹簧，$\delta = 0$ 且 $A_s = F_0 / k$。

因此

$$x_s(t) = (F_0 / k)\sin(\omega t)$$

而对于阻尼器，则需要用微分方程。

令 $x_d(t) = A_d \sin(\omega t + \delta)$，则

$$F(t) = F_0 \sin(\omega t) = \eta(\mathrm{d}x_d / \mathrm{d}t) = \eta \omega kA_d \cos(\omega t + \delta)$$

在这里，$\delta = -\pi/2$ 且 $F_0 = \eta \omega A_d$，因此，

$$x_d(t) = (F_0 / \eta \omega)\sin(\omega t - \pi / 2)$$

总位移是弹簧位移和阻尼器位移的总和，有

$$x(t) = (F_0 / k)\sin(\omega t) + (F_0 / \eta \omega)\sin(\omega t - \pi / 2)$$

当 ω 趋于无穷大时，右边的阻尼器项随 $1/\omega$ 变化，并趋向于 0，因此仅存留弹簧项。类似地，在非常低的频率下则仅存留阻尼器项。在低频时，弹簧对系统的行为没有显著作用。

显微技术适用于力学加载下细胞响应的观察

在 6.1 节中，我们探讨了如何测量细胞的力学行为，但是仅限于力在离散位置作用的情况，如微珠或 AFM 探针。但正如 6.3 节所述，在体外，细胞也可能受到更接近真实生理力学环境下的力学刺激，如对新鲜组织分离出的软骨外植体进行动态压缩，这种情况在*体内*也会发生。这里，组织的复杂生物化学和力学环境导致细胞变形，这些变形是几种不同的物理和（或）力学现象叠加的结果。这些情况可能包括施加到细胞外基质的力学载荷，通过黏附点，或者通过流体剪切、静水压、变化的渗透压等方式传递给细胞。

这种情况下的变形分析会更为复杂，因为我们读出的不仅仅是一个位置的位移。在显微镜下观察力学加载下的细胞是一种获得位移的方法，这里我们将讨论如何获得典型的延时图像序列及如何分析它们的变形。

为了获得细胞受力学载荷时的图像序列，可以通过荧光染色或编码荧光蛋白的 DNA 构建体转染细胞，利用荧光或共聚焦显微镜对活细胞结构成像。或者利用一些图像对比技术，如相差，对透明样本中的某些结构进行观察。通过加工匹配显微镜载物台的特殊加载装置，可以实现多种加载方式下对细胞甚至亚细胞水平变形的观察。为了说明这一点，以细胞受流体剪切应力的情况为例。如图 6.27 所示，腔室被构造成可以从底部，或一些情况下从侧面观察细胞。这种多平面的方法利用反射镜和多条光路在两个正交平面上同时成像（图 6.27），在没有共聚焦显微镜的情况下实现了准三维成像。

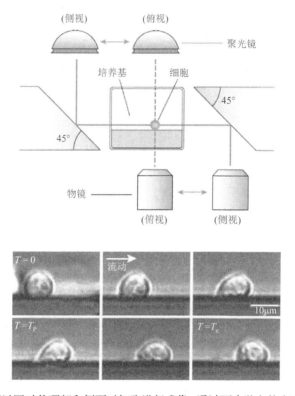

图 6.27 侧视显微镜可以同时从顶部和侧面对细胞进行成像。通过两个独立的光路和一组光学器件来实现。反射镜的使用实现了对常规光学构型更紧凑的设计。侧面成像时需要矩形流道。[Cao J，Donell B，Deaver DR，et al.（1998）Microvasc. Res. 55.]

基于图像相关的方法，可从图形序列中推测出细胞变形

一旦获得了力学加载细胞的图像序列，就可以对它们进行分析，基于图像相关算法推断出细胞的变形。如我们先前所述，这可以通过纹理关联或跟踪微珠运动的方法来完成。在这两种情况下，获得的都是离散空间位置上的一组位移，但我们希望能得到整个

位移场，这可以通过插值过程获得。设想在位置 $x_{1,2,\cdots,k}$ 处获得了 k 个离散位移向量 $u_{1,2,\cdots,k}$。为了构造位移场，离散的位移被插值到所有 x 间的位置中。一个常用的方法是，对二维离散位移进行线性插值构造三元组，或者说三个在空间上彼此相邻的位移向量组。*Delaunay 三角剖分*是一种自动生成三元组的算法，它将三角剖分中所有三角形的最小角度最大化（避免过大长宽比的三角形），如图 6.28 所示。三角剖分方法的细节超出了本书的范围，大家可以在很多图像处理方法中找到详细的信息。

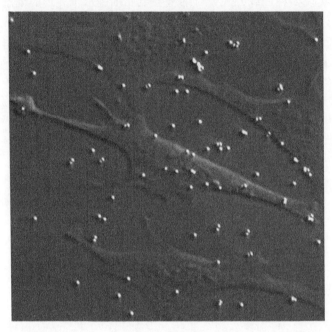

图 6.28　荧光微珠标记图像的 Delaunay 三角剖分。这里我们对图 6.11 中结合了微珠的细胞进行 Delaunay 三角剖分。为了清晰地显示，图中微珠的数量较少，实际上，在实验室需要更多的微珠和长宽比更小的三角剖分来保证结果的准确性。[Kwon R，et al.（2007）J. Biomech. 40，3162-3168.]

确定三元组后，就可以通过线性差值每个三元组之间的位移来构建位移场。在三角形域上的线性插值获得了一个由三个位置确定的平面。而 u 和 v 的平面方程，在 x 和 y 方向上的位移分别是

$$u(x,y) = u_{\mathrm{a}}x + u_{\mathrm{b}}y + u_{\mathrm{c}} \tag{6.19}$$

和

$$v(x,y) = v_{\mathrm{a}}x + v_{\mathrm{b}}y + v_{\mathrm{c}} \tag{6.20}$$

式中，u_{a}、u_{b}、u_{c}、v_{a}、v_{b} 和 v_{c} 都是未知常数。为解得 u_{a}、u_{b} 和 u_{c}，建立联立方程组

$$
\begin{aligned}
u_{\mathrm{a}}x_1 + u_{\mathrm{b}}y_1 + u_{\mathrm{c}} &= u_1 \\
u_{\mathrm{a}}x_2 + u_{\mathrm{b}}y_2 + u_{\mathrm{c}} &= u_2 \\
u_{\mathrm{a}}x_3 + u_{\mathrm{b}}y_3 + u_{\mathrm{c}} &= u_3
\end{aligned}
\tag{6.21}
$$

得到三个方程和三个未知数。常数 v_{a}、v_{b} 和 v_{c} 可以用类似的方法求解。我们将图像

分割成三角形，在三角形的顶点是已知的位移数据。为估测任意一点的位移，需要选择三个顶点组成包围该点的三角形。

细胞内应变可通过位移场计算

给定位移场 $u(x, y)$ 和 $v(x, y)$，就可以计算出细胞内应变。在第 3 章中，对于小形变，我们推导出了无限小的应变：

$$\varepsilon_{xx} = \frac{\mathrm{d}u}{\mathrm{d}x}$$

$$\varepsilon_{yy} = \frac{\mathrm{d}v}{\mathrm{d}y} \tag{6.22}$$

$$\varepsilon_{xy} = \frac{1}{2}\left(\frac{\mathrm{d}u}{\mathrm{d}y} + \frac{\mathrm{d}v}{\mathrm{d}x}\right)$$

对于大形变，则通过格林-拉格朗日（Green-Lagrange）应变进行计算：

$$E_{xx} = \frac{\mathrm{d}u}{\mathrm{d}x} + \frac{1}{2}\left[\left(\frac{\mathrm{d}u}{\mathrm{d}x}\right)^2 + \left(\frac{\mathrm{d}v}{\mathrm{d}x}\right)^2\right]$$

$$E_{yy} = \frac{\mathrm{d}v}{\mathrm{d}y} + \frac{1}{2}\left[\left(\frac{\mathrm{d}u}{\mathrm{d}y}\right)^2 + \left(\frac{\mathrm{d}v}{\mathrm{d}y}\right)^2\right] \tag{6.23}$$

$$E_{xy} = \frac{1}{2}\left(\frac{\mathrm{d}u}{\mathrm{d}y} + \frac{\mathrm{d}v}{\mathrm{d}x}\right) + \frac{1}{2}\left(\frac{\mathrm{d}u}{\mathrm{d}x}\frac{\mathrm{d}u}{\mathrm{d}y} + \frac{\mathrm{d}v}{\mathrm{d}x}\frac{\mathrm{d}v}{\mathrm{d}y}\right)$$

另一种计算格林-拉格朗日应变的方法不需要计算位移导数。回顾 3.3 节中，对任意微分线段 $\mathrm{d}\boldsymbol{X}$，其变形后的长度为

$$\mathrm{d}\boldsymbol{x}^2 = \mathrm{d}\boldsymbol{X}\boldsymbol{C}\mathrm{d}\boldsymbol{X} \tag{6.24}$$

式中，$\boldsymbol{C} = \boldsymbol{F}^\mathrm{T}\boldsymbol{F}$ 为右柯西-格林形变张量。假设有一个二维线性形变，有三个需要求解的未知项：C_{11}、C_{22} 和 C_{12}。对于位移向量三元组，每个三元组的定点 $\boldsymbol{x}_1$、$\boldsymbol{x}_2$ 和 $\boldsymbol{x}_3$ 处都定义了三条未变形状态下的线段，类似地，在力 $\boldsymbol{F}$ 作用下，点 $X_1 = \boldsymbol{x}_1 + \boldsymbol{u}_1$，$X_2 = \boldsymbol{x}_2 + \boldsymbol{u}_2$，以及 $X_3 = \boldsymbol{x}_3 + \boldsymbol{u}_3$ 处也定义了三条形变后的线段。现在可以直接计算 $\boldsymbol{F}$，然后提取关于主方向和拉伸的信息。此外，当 $\boldsymbol{C}$ 被计算出来后，格林-拉格朗日应变可以用 $\boldsymbol{E} = 1/2(\boldsymbol{C}-\boldsymbol{I})$ 来计算，其中 $\boldsymbol{I}$ 是单位张量。

> **释注**
> 　　**恒应变三角形**。注意，位移的线性插值会产生一种特殊形式的应变。具体来说，等式（6.22）中的导数会是不依赖于 x 和 y 的常数。因此，在每个三元组/三角形内具有恒定应变，形成一个不连续的应变场。对于这种情况，则可以使用更高阶位移插值，获得相对连续的应变场。

示例 6.6：变形梯度分析

我们回顾一下示例 3.6，这里我们不计算主应变，而是计算主拉伸量和主拉伸方向。分析的方法非常相似，但是结果不同。

回想一下，

$$F = \begin{bmatrix} 2.5 & 0.5 \\ 0.5 & 2.5 \end{bmatrix}$$

我们注意到 F 是对称的，因此，$F^TF = F^2$，此外 $F^TF = U^2$，因此 $U = F$。旋转张量是单位矩阵，这里没有旋转。为找到主拉伸，我们需要找到 U 的特征值：

$$Uv = \lambda v$$

上式是将拉伸张量 U、主拉伸量 λ 和主拉伸方向 v 相关联的特征方程。注意，我们可以将方程重新写为

$$Uv - Iv\lambda = 0$$

其中 I 是单位矩阵，则可以写成

$$(U - I\lambda)v = 0$$

这对非平凡向量 v（特征向量）来说也一样，且括号中的量必须是不可逆的。这意味着行列式 $(U - I\lambda) = 0$，即

$$\begin{vmatrix} 2.5 - \lambda & 0.5 \\ 0.5 & 2.5 - \lambda \end{vmatrix} = 0$$

通过代数运算得到

$$6.25 - 5\lambda + \lambda^2 - 0.25 = 0 = \lambda^2 - 5\lambda + 6$$

方程的根 $\lambda = 2, 3$。物理上，这意味着如果一个矢量在主拉伸方向上，形变则会将其拉伸到原来的 3 倍；如果其在另一个主拉伸方向上，形变则会将其拉伸 2 倍。那方向如何呢？我们简单地把 λ 代回特征方程：

$$Uv = \lambda v$$

我们发现，当 $\lambda = 3$ 时，特征向量是 $(1, 1)$；当 $\lambda = 2$ 时，特征向量是 $(1, -1)$。注意，求解特征向量时，通常约束并不充分，无法获得准确的值，因此对于每个分量，可以估测一个值。

通常，向量将以单位形式表示，但这里为了避免使用平方根，我们不这样表示。我们的结果与示例 3.6 一致，即主拉伸方向与主应变方向相同。

6.5 盲法和对照

生物医学工程学实验可以说是一个很精巧的领域，因为它跨越了传统的工程学和生物学，前者的结果往往更具有分析性或定量性，而后者的结果更具有经验性和实验性。由于这些方法上的差异，工程师应该能理解实验生物学中有两个常用的概念：*盲法和对*

照，以更好地进行实验操作和对结果进行解释分析。

对照是排除了我们所感兴趣的干预和刺激后对实验条件的复制。例如，如果我们想要评估添加化合物 A 是否会使细胞增殖加快，可以取一皿细胞，向培养基中添加 A，然后测量细胞分裂速率。然后，将测得的细胞分裂速率与已知的细胞分裂速率进行比较，看添加 A 后细胞分裂速率是否增加了。问题是，我们使用的细胞原本的分裂速率可能就快于平均值，或者使用的培养基可能会使细胞分裂加快，又或培养箱为细胞的快速分裂提供了好的环境。排除这些可能的最好方法是设置另一个培养皿，使用同样的细胞类型、培养基和培养箱，但是不添加 A，然后再对比两个培养皿中细胞的分裂速度，来评估 A 是否真正影响了细胞分裂。尽管如此，还是会存在一些不同（培养皿不可能放在完全相同的位置，不可能用完全相同的方式处理细胞等），因此在进行实验时，各种条件都应尽可能保持一致。理想实验的标准是，被测试或检验的指标是实验条件之间的唯一区别。临床上，使用安慰剂作为对照，旨在消除为患者提供潜在治疗时的心理影响。当患者相信他们已经接受了药物治疗时，通常会感觉好一些（这称作安慰剂效应）。

盲法是旨在减少研究者潜偏见的过程。"聪明的汉斯"马是一个十分流行的故事，很好地说明了这一问题。这匹马似乎能够执行简单的算术运算：随便某个人提出一个问题（2＋3），聪明的汉斯就会开始跺马蹄，当他遇到正确的数字（5）时，就会停止。然而，后来证实，马只是会看他的主人，当他的主人放松时（在正确的数字），它就会停止跺脚。类似的偏见也存在于实验中，即一个研究者因期待某种结果而对实验结果做出支持先前预期的解释。为避免这种情况，最好的方法就是使研究者未知实验条件，从而在测量中避免出现偏差。假如给三个人服用维生素，三个人服用安慰剂（作为对照），且假设维生素可以预防头疼，那么我们就需要确保服用药物的这些人不知道他们服用的是维生素还是安慰剂。这就是一个盲法实验，由于受试者不知道他们服用的是什么，因此不会对最后的结果产生影响，假如他们知道自己服用了维生素，往往会倾向于说自己并不头疼。

此外，实验人员的在场也可能会影响受试者，因为实验人员知道谁服用了维生素，谁服用的是安慰剂。因此可能更关注（也许是无意识的）那些服用了维生素的人。为避免这个问题，我们可能需要一个助理来帮助评价受试者的头疼情况；这个助理不知道谁服用了维生素或安慰剂。患者和他们的处方将会被编码，这样参与实验的人员就不知道到底谁接受了什么，这种方法就是一个双盲设计，是最严格的研究方法。

但有时，盲法并不起作用或者不能实行。例如，需要通过手术来缓解患者的疼痛，那么与未经治疗的患者相比，接受手术的人十分清楚自己已经接受了手术。为解决这个问题，有时会使用假手术法。这是一个特殊的对照，模拟手术过程，但其中的关键治疗步骤被省略。在这种情况下，对照组也接受手术，但是没有做任何止痛的处理。假手术在人类研究中引发了重要的伦理问题，但在动物研究中是一种常见方法。

对照和盲法适用于本章介绍的很多技术。例如，如果将微珠附着于细胞上，并施加扭矩来进行磁力扭转实验，不能仅仅只通过一个读数（刚度、一些基因的上调、一些通道的激活等），就得出是否有响应的结论。需要将数据与没有施加扭矩的细胞读数相比较，但添加微珠本身就可能使细胞基线发生某些变化，因此更好的对照是做一个假实验组，仅添加微珠但不施加扭矩。一些研究人员甚至会添加微珠到细胞，并将细胞放到磁力扭转装置中，并打开设备来完成这个假动作，但实际上并不会施加扭矩。或者还可以使用不带磁力的微珠进行实验。这样，来自设备的振动、在装置上处理和放置培养皿时产生的压力与温度变化、磁场本身等潜在的干扰都可以被消除。

重要概念

- 多种技术可以实现测量细胞的力和操纵细胞。
- 磁力显微操作具有多种不同的模式（拉或扭转）。
- 光阱通过光的偏转起作用，与利用磁力使微珠发生位移的方法不同。磁力可以同时作用于多个微珠上。
- 原子力显微镜中利用悬臂尖端对细胞进行检测。悬臂梁的挠度与作用于细胞的力相关。
- 微加工技术对分析数量较小的细胞非常有用。微柱被作为梁结构，基于微柱的偏转，可以测量细胞-基质间力。
- 牵引力显微镜可以用来测量细胞-基质间力。
- 嵌入弹性基质中的微珠可用于测量基质变形。通过求解逆问题以得到所施加的力的大小。
- 细胞具有固体和黏性特性。结合这两种行为特性的模型已被用于描述细胞形变。
- 有很多方法可对细胞施加流体剪切应力。如何保持生物相容性，如何控制湍流，如何确定入口段长度和流动发展都是细胞流体剪切设计中需要考虑的因素。
- 应变水平较大的拉伸样本可以通过变形梯度数学计算分析。对离散点获取的数据进行插值后，获得特定位置上的位移。
- 当只有一个因素或一组因素发生变化时，实验是最有用的。使用对照、盲法和假手术可以帮助确保数据代表了实验对象对被检测因素的响应。

思考题

1. 说明：一组 n 个并联弹簧，弹簧常数为 $k_1, k_2, \cdots, k_n$，当 $i \neq j$ 时，k_i 不一定等于 k_j，有一个黏性系数为 η 的阻尼器与这组弹簧并联，将该模型简化为一个弹簧和阻尼器并联。

2. 下图是细胞上的微珠在 $t = t_0$ 时刻经历阶跃位移时的响应。纵坐标 F 表示微珠上的力。设计一个与响应图一致的弹簧-阻尼器模型，并绘制出阶跃力撤除时（即 $t < t_0$ 时，力为某个值 F_0，但在 $t \geq t_0$ 时，力 = 0）微珠上力的预测响应。

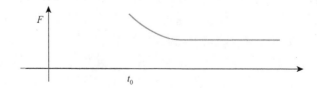

3. 设想一个并联的弹簧和阻尼器受到一个瞬时的阶跃位移。则通过弹簧的力是什么？通过阻尼器的呢？为什么这个模型对模拟微珠受阶跃位移的影响不是一个理想的选择？

4. 设计两个最初处于静止状态的弹簧-阻尼器模型，在时间 t_0 时被施加了一个阶跃式增加的恒定力 F_0，然后在时间 $t_1 > t_0$ 时阶跃减少到零。使①应力-应变（或力-位移）在有载荷和没有载荷时的曲线相同。②应力-应变（或力-位移）在有载荷和没有载荷时的曲线是不同的。后面的情况称为*迟滞现象*。

5. 求弹簧常数为 k 的弹簧从平衡态（$x = 0$）拉伸到新位置 $x = x_1$ 时所需的能量。接下来计算拉伸并联的弹簧和黏性系数为 η 的阻尼器所需的能量与单独拉伸弹簧所需能量的比值。答案将取决于加载速率，可将其设为常数。在低速率时会发生什么？高速率时呢？

6. 你刚刚完成了一个荧光微珠的成像，这是牵引力显微镜实验的一部分。强度值数组为

2	1	0	2	3	1	1	2	1	0
1	2	1	2	2	3	3	2	1	1
2	1	2	1	6	4	4	2	0	2
2	0	4	5	5	6	5	4	2	0
1	0	3	5	7	8	3	5	2	1
2	1	7	8	9	8	6	4	6	2
3	3	4	6	8	7	6	2	2	1
2	5	3	5	5	6	2	3	1	1
1	3	2	2	3	2	1	4	2	1
1	2	1	1	1	0	2	0	3	0

其中，第 i 行和第 j 列中的值是像素（i, j）的强度值。

你已经求出了模板图像（k）应该是

1	2	3	2	1
2	7	8	7	2
3	8	9	8	3
2	7	8	7	2
1	2	3	2	1

利用等式（6.7），计算 $C(3, 3)$ 和 $C(5, 5)$。

7. 下图是一个对组织拉伸的实验图。组织上标记的坐标确定，分别为

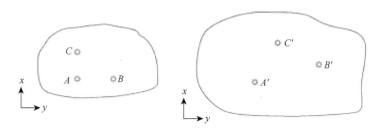

$$A = (0, 0)$$
$$B = (1, 0)$$
$$C = (0, 1)$$
$$A' = (1, 1)$$
$$B' = (3, 2)$$
$$C' = (2, 5)$$

求变形梯度张量 F。

8. 一个变形梯度张量 $F = \begin{bmatrix} 2 & -0.5 \\ 1 & 4 \end{bmatrix}$，有人创建了一个特殊的程序用来提取旋转张量

R（来自于变形 $F = RU$）。输入 F 并得到 $R = \begin{bmatrix} \dfrac{1}{\sqrt{2}} & \dfrac{1}{\sqrt{2}} \\ -\dfrac{1}{\sqrt{2}} & \dfrac{1}{\sqrt{2}} \end{bmatrix}$。这是一个合理的旋转张量吗？

给出你的判断。

解释为什么拉伸张量 U，从物理角度讲一定是正定的（这不是一个单纯的数学证明）。

9. 一个 2×2 的张量 $C = F^T F$。使 λ_1^2 和 λ_2^2 为 C 的特征值，其中 $|\lambda_1| > |\lambda_2|$。证明 λ_1 是任意取向细胞在 F 描述的变形下的最大拉伸，而 λ_2 是在同样情况下的最小拉伸。

10. 使用量纲分析，得到了层流作用下球体阻力的表达式。你需要确定控制这个力的参数，然后得到无量纲表达式。然后，请说明得到的表达式符合斯托克斯定律[式（6.1）]。

11. 设想这样一种情况，你正在设计一个基于剪切的技术来评估细胞对基质的黏附力。如下图所示，进口和对称的出口为圆柱形。

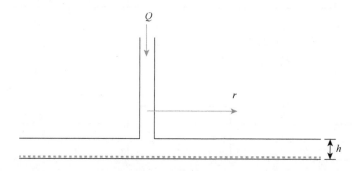

虚线代表单层细胞。流体从横截面为 A 的入口流入，体积流率为 $Q(\mathrm{m}^3/\mathrm{s})$。出口处高度为 h，假设 $h < r$，流动是层流。在入口，以恒定的 Q 泵入液体；在出口，收集出口周边所有脱落流出的细胞，计算脱附的细胞数量。脱附的细胞数量与细胞的最大黏附力相关，假设每个细胞的黏附力是均匀的，细胞与细胞之间的相互作用可以忽略不计，每个细胞半径是 $10\mu\mathrm{m}$。寻找脱附细胞数量与最大黏附力间的关系。

12. 设想有一个由直径 10cm 的膜组成的拉伸装置。如图 6.21 所示，薄膜由活塞推动其底面拉伸。假设活塞与膜有同样的直径。随着活塞上下移动，培养细胞的培养基也在细胞之间来回流动。假设培养基的黏度是 μ，密度是 ρ，细胞是线弹性的，且弹性模量是 10kPa，拉伸率为 5%。求拉应力和流剪力的比率，细胞可以被看作 $50\mu\mathrm{m} \times 50\mu\mathrm{m} \times 5\mu\mathrm{m}$

的长方体，最小尺寸为高度。一个数量级的放大比例足够。

13. 不同于本章描述的圆形尖端，原子力显微镜也可能配有典型金字塔形尖端[比如伯科维奇（Berkovich）尖端]。由于具有不同的几何形状，这些尖端上的力、E、压痕深度和尖端几何形状间的关系会与赫兹模型不同。为金字塔形尖端的 AFM 建模，可以应用一个比例关系，而不用得到一个精确解。

（a）第一，推导球形尖端原子力显微镜的力和压痕深度的比例关系。假设微珠的半径（R）远大于压痕面的半径（a），且压痕面的半径远大于压痕的深度（δ）。此外，假设只考虑线弹性模量（E）的情况。为求解这一问题，可使用能量平衡计算形变的应变能，并将其等同于尖端压入所做的功。由于这是一个比例关系，因此可以忽略常数。

（b）现在，假设尖端是金字塔形，尖端的角度是 α，压痕深度是 δ，细胞弹性模量为 E（继续忽略剪切效应）。假设尖端作为一个半径为 a（并假设 δ 远小于 a）的圆头圆柱，并且角度 α 与压头的宽度有关，会更容易求解。推导出其中的比例关系，就会看到两种类型压痕在数学关系上的不同。

参考文献及注释

Alessandrini A & Facci P（2005）AFM：a versatile tool in biophysics. Meas. Sci. Technol. 16，R65–R92. *这篇综述文章总结了 AFM 在生物研究中的许多应用。*

Brown TD（2000）Techniques for mechanical stimulation of cells *in vitro*：a review. J. Biomech. 33，3–14. *这篇综述文章描述了几种应用拉伸和剪切应力作用于细胞与组织的方法。*

Cao J，Donell B，Deaver DR，et al.（1998）*In vitro* side-view imaging technique and analysis of human T-leukemic cell adhesion to ICAM-1 in shear flow. Microvasc. Res. 55，124–137. *该文章介绍了细胞滚动黏附过程中利用侧视成像技术获得细胞的 3D 图像。*

Chen CS，Mrksich M，Huang S，et al.（1997）Geometric control of cell life and death. Science 276，1425–1428. *该文章探讨了利用微图案技术来确定是黏附面积还是铺展面积对维持细胞活力更重要。*

Chien S（2008）Effects of disturbed flow on endothelial cells. Ann. Biomed. Eng. 36，554–562. *该文章总结了一些剪切流如何影响内皮生物学的研究，涉及动脉粥样硬化发展中的湍流。*

Goubko CA & Cao X（2009）Patterning multiple cell types in cocultures：a review. Mat. Sci. Eng. C. 29，1855–1868. *这篇综述文章简要总结了一些基本的显微成像，并描述了多细胞模型中应用的最新模型。*

Hoffman BD & Crocker JC（2009）Cell mechanics：dissecting the physical responses of cells to force. Annu. Rev. Biomed. Eng. 11，259–288. *该文章综述了细胞的流变性能，讨论了不同技术和不同技术结果间的共同点。*

Huang H，Kamm RD & Lee RT（2004）Cell mechanics and mechanotransduction：pathways，probes，and physiology. Am. J. Physiol. Cell Physiol. 287，C1–C11. *该综述文章概括了一些研究细胞力学的实验方法及各种方法应用的潜在基础。*

Janmey PA & McCulloch CA（2007）Cell mechanics：integrating cell responses to mechanical stimuli. Annu. Rev. Biomed. Eng. 9，1–34. *该综述文章讨论了理解细胞力学和力学转导的主要理论与感受机制，而且重点总结了表 1 的内容，参考了大量的研究对比不同技术和不同种类细胞间弹性模量的差异。*

Kuo SC（2001）Using optics to measure biological forces and mechanics. Traffic 2，757–763. *该文章综述了一些利用光阱和微流变学研究生物系统的关键发现。*

Landau LD & Lifshitz EM（1970）Theory of Elasticity，vol. 7，2nd ed. Pergamon Press. *本书是理论物理学课程的一部分，其中包含许多与表征固体变形有关的公式。目前已出版新的版本，且该系列中其他书籍涵盖了不同的主题。*

Legant WR，Miller JS，Blakely BL，et al.（2010）Measurement of mechanical tractions exerted by cells in three-dimensional matrices. Nat. Meth. 7，969–971. *这篇较新的期刊论文描述了将牵引力显微镜从二维单层细胞扩展应用到接种于三维凝胶中细胞*

的方法。

Liu J，Weller GE，Zern B，et al.（2010）Computational model for nanocarrier binding to endothelium validated using *in vivo*，*in vitro* and atomic force microscopy experiments. Proc. Natl. Acad. Sci. USA 38，16530–16535. *该文章描述了功能化的"纳米载体"与内皮细胞结合时自由能的计算方法。*

Moseley JB，O'Malley K，Petersen NJ，et al.（2002）A controlled trial of arthroscopic surgery for osteoarthritis of the knee. N. Engl. J. Med. 347，81–88. *该期刊文章描述了人膝关节镜手术的研究，对照组接受了假手术治疗，未插入关节镜。患者始终不知道自己是否进行了手术。有趣的是，对照组的改善程度与手术组相当。*

Munevar S，Wang Y & Dembo M（2001）Traction force microscopy of migrating normal and H-ras transformed 3T3 fibroblasts. Biophys J. 804，1744–1757. *该文章描述了利用牵引力显微镜研究细胞的结果。*

Neuman KC & Block SM（2004）Optical trapping. Rev. Sci. Instrum. 75，2787–2809. *该文章描述了光阱技术的现状和实现光阱的必要器件。*

Roy P，Rajfur Z，Pomorski P，Jacobson K（2002）Microscope-based techniques to study cell adhesion and migration. Nat. Cell Biol. 4，E91–E96. *该综述文章讨论了几种基于显微镜来表征细胞黏附结构和力的技术，包括荧光共振能量转移显微镜和牵引力显微镜。*

Sotoudeh M，Jalali S，Usami S，et al.（1998）A strain device imposing dynamic and uniform equi-biaxial strain to cultured cells. Ann. Biomed. Eng. 26，181–189. *该文章讨论了一个用于细胞力学研究的拉伸装置的设计和实现方法，并对施加的应变进行了验证。*

Tan JL，Tien J，Pirone DM，et al.（2003）Cells lying on a bed of microneedles: an approach to isolate mechanical force. Proc. Natl. Acad. Sci. USA 100，1484–1489. *该文章描述了如何使用微柱（作者称之为微针）及梁弯曲分析来检测和确定细胞的牵引力。*

Wang JH & Lin JS（2007）Cell traction force and measurement methods. Biomech. Model. Mechanobiol. 6，361–371. *该文章描述了牵引力显微镜并对提取牵引力场的不同方法进行了分析。*

Wang N，Tolic′-Norrelykke IM，Chen J，et al.（2002）Cell prestress. I. stiffness and prestress are closely associated in adherent contractile cells. Am. J. Physiol. Cell Physiol. 282，C606–C616. *该文章运用来自各类测量技术（包括牵引力和磁力扭转）的结果来描述细胞的结构（包括那些基于张拉整体假说的细胞结构）。*

Weibel DB，Diluzio WR & Whitesides GM（2007）Microfabrication meets microbiology. Nat. Rev. Microbiol. 5，209–218. *该文章综述了不同的微图案技术和它们在生物系统中的应用。*

Young EW & Simmons CA（2010）Macro-and microscale fluid flow systems for endothelial cell biology. Lab Chip 10，143–160. *该文章讨论了剪切流的设计和分析，并从大尺寸流体剪切装置中获取了关键信息，提出了微尺度剪切流设计的原则。*

第 2 部分

应　用

第7章 细胞聚合物力学

现在我们将关注点放在细胞最重要的结构组分之一：生物聚合物。在 2.1 节，我们了解到聚合物是由称为亚基的重复结构组成的线性分子，其功能多种多样。例如，DNA 和 RNA 是核苷酸的聚合体，其主要功能是储存和传递生物遗传信息。在第 8 章中，我们将会更多地了解细胞骨架（cytoskeleton），这是一个相互连接的聚合物网络，承担维持细胞形态、产生机械力、细胞内转运等功能。在很多情况下，这些生物聚合物的力学行为在其行使各种功能中至关重要。

在本章中，我们将重点对生物聚合物力学进行定量研究。本章首先描述了微丝、微管和中间丝这三种重要的细胞骨架聚合物的分子结构，并建立了微丝和微管的聚合动力学模型。接下来本章探究了如何表征聚合物的柔性或刚性，并讨论了三种不同的聚合物模型：理想链、自由连接链（freely joined chain，FJC）和蠕虫状链（wormlike chain，WLC）。通过这些研究，希望读者可以更好地理解生物聚合物的力学是如何决定其生物功能的。

7.1 生物聚合物的结构

微丝是由肌动蛋白单体组成的聚合物

微丝（microfilament，MF）是由肌动蛋白单体组成的聚合物。肌动蛋白是一种高度保守的蛋白质，分子质量为 42kDa。肌动蛋白单体被称为球肌动蛋白或 G-肌动蛋白（G-actin），当 G-肌动蛋白发生聚合时就形成丝状肌动蛋白，称为 F-肌动蛋白（F-actin）。F-肌动蛋白由两条长链围绕聚合物轴缠绕形成双螺旋状结构（图 7.1），螺旋缠绕周期为 37nm。F-肌动蛋白聚合物的直径为 7~9nm。

G-肌动蛋白分子特性决定 F-肌动蛋白的聚合

细胞中 G-肌动蛋白和 F-肌动蛋白之间存在高度动态且受调节的平衡。这种平衡是在细胞内严格的生化调控下进行的。这种调节可以使肌动蛋白采用不同的形态和结构并执行各种细胞功能。例如，细胞运动时产生细胞内力并维持细胞形状。

G-肌动蛋白的分子结构对其聚合成 F-肌动蛋白的动力学有很大影响。肌动蛋白是一种极性分子，与水的电荷极性不同（9.1 节将有描述），肌动蛋白的极性是指其单体的两端不同。极性意味着肌动蛋白组成的微丝（MF）具有固有的方向性。肌动蛋白方向性最初是从观察结果中推断出来的：研究者发现当一根微丝被多个肌球蛋白修饰时，这些肌球蛋白倾向于向同一方向呈现一定角度。这就产生了聚合物和单体的尖端（或 "–"）和倒钩端（或"+"）的符号标记（图 7.2）。正是由于这种极性的存在，肌动蛋白的聚合动力学，也就是聚合物从两端添加或减去单体的速率，在（+）端和（−）端可能会有很大不同。

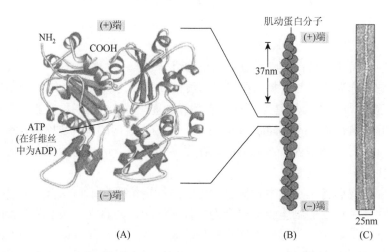

图 7.1　G-肌动蛋白和 F-肌动蛋白结构。G-肌动蛋白具有一个（+）端和一个（−）端，以及 ATP 结合位点。F-肌动蛋白具有双螺旋状结构，由围绕聚合物轴螺旋的两条长链组成，螺旋环每 37nm 重复一次。[改编自 Alberts B et al.（2008）Molecular Biology of the Cell，5th ed. Garland Science.图像由 Roger Craig 提供。]

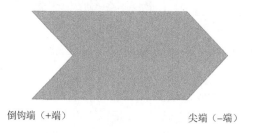

倒钩端（+端）　　　　　　　　　　　　　　　尖端（−端）

图 7.2　微丝的两端分别表示为倒钩端（+端）和尖端（−端）。

影响肌动蛋白分子聚合动力学的另一个分子结构因素是其结合腺苷三磷酸（adenosine triphosphate，ATP）的能力。ATP 结合到肌动蛋白上以后，水解为腺苷二磷酸（adenosine diphosphate，ADP）。当 ATP 与 F-肌动蛋白结合时，这种水解速度相对较快，而结合到 G-肌动蛋白的 ATP 水解速率相对较慢。因此，细胞中几乎所有的 G-肌动蛋白都是 ATP 结合的形式。相反，肌动蛋白亚基在微丝上聚合的时间越长，就越可能以 ADP 结合的形式存在。在 7.2 节中，我们将会详细探讨肌动蛋白的极性及 ATP/ADP 结合对其聚合作用动力学的具体影响。

微管是由微管蛋白二聚体组成的聚合物

另外一种细胞骨架聚合物是微管（microtubule，MT）。微管聚合物的亚基是异二聚体，每一个亚基（55kDa）由一个 α 型微管蛋白和一个 β 型微管蛋白组成。微管的管腔结构由

13 根原丝组成（图 7.3）。原丝是偏置的，使得二聚体呈大致螺旋状结构，每一个螺旋环包括 13 个亚单位。微管的外直径大约为 25nm，比 F-肌动蛋白的直径大，这使得微管的抗弯刚度比微丝大。从生物学角度看，微管在几种生物过程中具有重要作用。例如，在细胞有丝分裂过程中，微管形成了有丝分裂纺锤体并负责染色体的分离（图 7.4）。此外，微管还有助于细胞形态维持、细胞迁移、纤毛及一些鞭毛结构的形成等。细胞中 G-肌动蛋白和 F-肌动蛋白之间存在高度动态且受调节的平衡。这种平衡是在细胞内严格的生化调控下进行的。这种调节可以使肌动蛋白采用不同的形态和结构并执行各种细胞功能。例如，细胞运动时产生细胞内力并维持细胞形状。

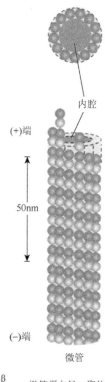

图 7.3　微管的结构。一根微管由 13 根原丝组成中空管状结构。微管亚基是由 α 型微管蛋白和 β 型微管蛋白异二聚体组成的。[改编自 Alberts B et al.（2008）Molecular Biology of the Cell, 5th ed. Garland Science.]

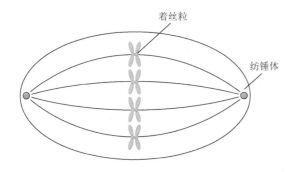

图 7.4　有丝分裂时期的微管。当细胞处于分裂期时，微管形成两个纺锤体并连接着丝粒，负责分离染色体并将它们拉向细胞的两极。

> **释注**
> **紫杉醇阻断动态不稳定性**。某些药物的治疗活性来自对微管动态不稳定性的影响。紫杉醇®，作为一种抗癌药物，通过稳定 GDP 形式的微管，阻断其动态不稳定性，从而抑制有丝分裂。

微管聚合受分子极性和 GTP/GDP 结合的影响

微管的聚合动力学取决于微管蛋白的不对称性及其结合鸟苷三磷酸（guanosine triphosphate，GTP）/鸟苷二磷酸（guanosine diphosphate，GDP）的能力（类似于微丝中 ATP/ADP 的情况）。与 F-肌动蛋白一样，微管也具有极性，具有快速聚合的（+）端和缓慢聚合的（–）端。一旦发生聚合，GTP 水解为 GDP。微管蛋白发生聚合时，在 GTP-微管蛋白（GTP-tubulin）聚合附近形成一个区域，称为 GTP 帽（GTP cap），如图 7.5 所示。由于 GDP-微管蛋白聚合物不稳定，易还原回单体形式，因此只有 GTP-微管蛋白具有聚合的倾向。研究者认为 GTP 帽结构起到了阻止整条微管解聚的作用。

图 7.5　聚合的微管具有 GTP 帽结构。微管蛋白发生聚合时，会出现一个 GTP+微管蛋白的区域。当不稳定的聚合物失稳并容易恢复到单体形式时，GTP+微管蛋白可使其趋向于聚合，因此产生了 GTP 帽。

　　由于进一步聚合的阻碍或简单的随机波动，GTP 帽会周期性地丢失。当这种情况发生时，GDP 微管会发生灾难性的解聚，直到 GTP 帽状结构重新形成。微管不断地从低速聚合转变为高速解聚的状态，这一过程被称为*动态不稳定性*。动态不稳定性使微管不断地伸缩。这对微管在细胞有丝分裂时寻找并连接着丝粒的能力至关重要。在其他时间，细胞质中的微管会组成一个网络，其（−）端靠近细胞核，而（+）端则向外指向细胞膜一侧。

中间丝是具有多种成分的聚合物

　　第三种类型的细胞骨架生物聚合物是中间丝。可能是由于中间丝比较复杂，其结构和功能特征在一定程度上相比微管和微丝较差。超过 70 种基因序列编码着各种中间丝蛋白，如表 7.1 所示。中间丝在体内各个部位广泛存在并根据位置不同产生多种变体。例如，波形蛋白是上皮细胞中被广泛研究的一种中间丝；肌间线蛋白对肌肉尤其是心脏具有特异性；核纤层蛋白是一种存在于核被膜（即包裹着细胞核的一层膜）上的中间丝。还有其他类型的中间丝，如角蛋白，包含 20 多种类型（可能还有更多尚未被详细研究的）。在人体中，这些角蛋白广泛存在于皮肤及毛发和指甲中。在其他动物体内，角蛋白是犄角、皮毛和鳞甲的主要成分。

表 7.1　按类型、蛋白质大小、染色体和分布划分的中间丝

位置及名称	类型	蛋白质大小/kDa	具有相关基因的染色体	在细胞或组织中的分布	注释
细胞质					
角蛋白	I	40~64	17	上皮（角蛋白 9~20）；毛发（角蛋白 Ha1~Ha8）	与 II 型形成专性 1∶1 的异源聚合物。保护所在部位不受机械或非机械形式的应力刺激
	II	50~68	12	上皮（角蛋白 1~8）；毛发（角蛋白 Ha1~Ha8）	与 I 型形成专性 1∶1 的异源聚合物。保护所在部位不受机械或非机械形式的应力刺激
波形蛋白	III	55	10	间质	参与小鼠的血管调节和伤口修复

续表

位置及名称	类型	蛋白质大小/kDa	具有相关基因的染色体	在细胞或组织中的分布	注释
细胞质					
肌间线蛋白	III	53	2	所有肌肉	可能对线粒体的定位和完整性很重要
胶质纤维酸性蛋白	III	52	17	星形胶质细胞	也见于肝星状细胞
外周蛋白	III	54	12	外围的神经元	发现于肠神经元；可能是部分感觉神经元发育所必需的
成束蛋白	III	54	1	肌肉（主要是骨骼和心脏）	与 α-小肌营养蛋白相互作用
神经丝（轻、中、重链）	IV	61（轻链）、90（中链）、110（重链）	8（轻链）、8（中链）、22（重链）	中枢神经系统	形成专性 5∶3∶1（轻∶中∶重）的异型聚合物
α-丝联蛋白	IV	61	10	中枢神经系统	在外周蛋白缺失的小鼠中可能会部分补偿外周蛋白
巢蛋白	IV	240	1	神经上皮	在胰腺中也是一种早期发育标志
联丝蛋白	IV	180（α）、150（β）（两个剪接变体）	15	所有的肌肉（β 型主要分布在横纹肌）	比肌间线蛋白含量低。也见于星形胶质细胞，可能与 "desmuslin" 相同
细胞核					
核纤层蛋白 A、C	V	62～78	1	核纤层	来自同一个、不同切割的基因
核纤层蛋白 B_1、B_2	V	62～78	5、19	核纤层	产生于两个不同的基因
其他					
晶状体蛋白（CP49）	孤型	46	3	晶状体	形成珠状丝。在小鼠内缺失会导致晶状体缺损
晶状体蛋白（CP115）	孤型	83	20	晶状体	形成珠状丝。在小鼠内缺失会导致晶状体缺损

注：每一类都有多种子类型。例如，角蛋白由 20 种不同的 I 型丝组成。[引自 Omary MB，Coulombe PA & McLean WH.（2004）N. Engl. J. Med. Copyright Massachusetts Medical Society.]

中间丝具有卷曲螺旋结构

不管蛋白组分如何，所有中间丝都具有 α 螺旋结构，并以一种"卷曲螺旋"的方式聚合。与微丝和微管不同，中间丝并不是由小球状亚基组成的。相反，其独立亚基是一个具有长 α 螺旋区的蛋白质。两个这样的蛋白质盘旋缠绕结合成一个二聚体，两个二聚体再反向交错形成四聚体，四聚体的长链再卷曲形成丝（图 7.6）。卷曲区域的疏水相互作用导致丝状体结合。中间丝的直径为 10nm，大于微丝的直径，小于微管的直径。中间丝不像微丝和微管那样具有极性，所以没有（+）端和（−）端。此外，由于中间丝发生解聚前，丝状结构需要先展开，因此其不便于快速解聚。

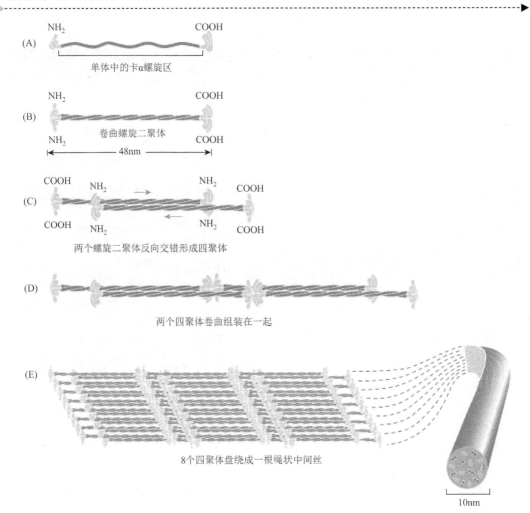

图 7.6　中间丝结构。两个单体（A）进行卷曲缠绕形成二聚体（B），两个二聚体反向交错形成非极性四聚体（C），两个四聚体结构交错绑定在一起（D），使它们形成最终的螺旋纤维结构（E）。[改编自 Alberts B et al.（2008）Molecular Biology of the Cell，5th ed. Garland Science.]

释注

　　中间丝的命名。虽然中间丝粗细介于微丝与微管之间，但它们是由于最初被描述为直径介于微管与肌球蛋白纤维之间而被命名的。

中间丝在细胞中发挥多种功能

　　通常，中间丝和相关蛋白的功能障碍会导致多种疾病，因此还不能明确定义中间丝的功能。但是中间丝在某些情况下被认为可以为组织提供机械强度。它们附着于被称为桥粒的膜的斑块样结构上，而桥粒介导着细胞之间的黏附。在表达桥粒的皮肤和心脏这种高机械应力组织中，桥粒的某些缺陷会更加明显。某些中间丝，如角蛋白，也能通过整合素以半桥粒的方式与细胞外基质蛋白*层粘连蛋白*（不要与核纤层蛋白混淆）相结合。这种黏附方式在某种程度上类似黏着斑（虽然黏着斑更依赖于微管）。尽管半桥粒在介导细胞-胞外基质的相互作用中发挥作用，但其调控功能还未被阐明。

7.2　聚合动力学

在上一节中，我们了解到 F-肌动蛋白微丝和微管的聚合是受严格调控的胞内过程。此外，我们还了解到，肌动蛋白单体和微管蛋白二聚体的分子结构都具有影响其聚合动力学的两个明显特征：都是极性分子，并且它们都具有结合 ATP/ADP（肌动蛋白结合）或 GTP/GDP（微管结合）的能力。在本节，我们将探讨这些分子的结构特点是如何影响其聚合动力学的。

微丝和微管的聚合反应——双分子反应模型

假设有一个具有一定长度的聚合物模型，其可逆地添加一个亚基（G），如图 7.7 所示。我们将增加亚基之前的聚合物表示为 A_{poly}，增加亚基之后的聚合物表示为 A_{poly+1}，那么我们可以将聚合过程写作化学反应式：

$$A_{poly} + G \underset{k_{off}}{\overset{k_{on}}{\rightleftharpoons}} A_{poly+1} \tag{7.1}$$

式中，k_{on} 是正向反应速率[单位为 mol/（L·s）]；k_{off} 是逆向反应速率[单位为 mol/（L·s）]。$[A_{poly+1}]$ 的变化率可以表示为

$$\frac{d[A_{poly+1}]}{dt} = k_{on}[A_{poly}][G] - k_{off}[A_{poly+1}] \tag{7.2}$$

当聚合物长度不变时，$[A_{poly+1}]$ 对时间的导数 $d[A_{poly+1}]/dt$ 等于零。这时，式（7.2）可以变化为

$$k_{on}[A_{poly}][G] = k_{off}[A_{poly+1}] \tag{7.3}$$

解出 $[G]$ 为

$$[G] = K\frac{[A_{poly+1}]}{[A_{poly}]} \tag{7.4}$$

式中，$K = \dfrac{k_{off}}{k_{on}}$，常数 K 被称为反应的*解离常数*，也称为*临界浓度*（critical concentration），在这一亚基浓度下，聚合物既不伸长也不缩短。

聚合物　　　　亚基　　　　　　　聚合物

F-肌动蛋白　　G-肌动蛋白　　　　　F-肌动蛋白

图 7.7　G-肌动蛋白和 F-肌动蛋白间的动力学关系。当一个单体添加到一个聚合物自由端时，G-肌动蛋白会逆转为 F-肌动蛋白。

临界浓度是聚合物长度保持不变的唯一浓度

对于聚合物模型来说，其亚基临界浓度 K 的特性十分有趣，它是唯一一个聚合物长度不发生变化的亚基浓度。为了证明这点，我们可以写出聚合物伸长率的表达式，也就是单位时间内聚合物的长度变化。首先设亚基的长度为 δ，由于聚合作用，单位时间内聚合物单位长度的延长速率为 $k_{on}[G]\delta$，而聚合物解离的速率为 $k_{off}\delta$。聚合物总伸长率 dL/dt 为两者的代数和：

$$\frac{dL}{dt}=(k_{on}[G]-k_{off})\delta \qquad (7.5)$$

图 7.8 是上述公式的曲线图。当 $[G]>K$ 时，dL/dt 为正，聚合物伸长；当 $[G]<K$ 时，dL/dt 为负，聚合物缩短。当且仅当 $dL/dt=0$，也就是 $[G]=K$ 时，聚合物长度不变。这证实了临界浓度是聚合物长度不变的唯一亚基浓度。

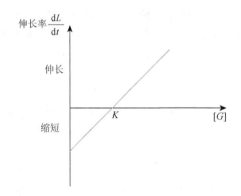

图 7.8　聚合物动力学方程是单体浓度的函数。如果单体浓度 $[G]$ 高于 K，则伸长率为正，聚合物将延伸。如果单体浓度 $[G]$ 低于 K，聚合物将缩短。伸长率为零的唯一浓度是 $[G]=K$。

极性的存在导致聚合物两端具有不同的聚合动力学

目前为止，我们都假定亚基是非极性的，并且聚合动力学在聚合物的每个末端是相同的。现在我们来探究亚基极性带来的影响。聚合反应的动力学在聚合物的（+）和（−）端是不同的。（+）端的 k_{on} 和 k_{off} 均高于（−）端。这意味着如果快速引入足够的单体，聚合物（+）端的伸长将会发生得更快。相对地，如果单体迅速被消耗，（+）端的解聚过程也会快很多。对于图 7.8 的伸长率图，我们将有两条不同的线：一条用于描述聚合物（+）端，另一条用于描述聚合物（−）端。尽管这个问题超出了本书的范畴，但是一种被称为"细致平衡"（detailed balance）的原理告诉我们，如果极性聚合物由单一种类的亚基组成，那么其两端的临界浓度必须相同。如果临界浓度在（+）端和（−）端是相同的，则两条线将在同一点处穿过横轴。如图 7.9 所示，伸长率包含了两条不同的直线，分别描述了聚合物（+）端和（−）端，两条线均在 $[G]=K$，即 $dL/dt=0$ 处与横轴相交。

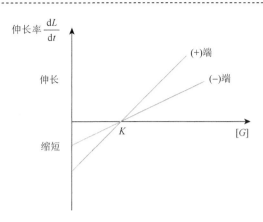

图 7.9 （+）和（−）两端的聚合动力学不同。聚合动力学在聚合物的（+）和（−）端是不同的。对于给定的亚基浓度，聚合/解聚动力学趋向于在（+）端更快，而在（−）端更慢。然而两端的临界浓度是相同的。

聚合动力学受肌动蛋白中 ATP/ADP 和微管蛋白中 GTP/GDP 结合的影响

最后，我们引入 ATP/ADP 结合肌动蛋白和 GTP/GDP 结合微管蛋白的影响来完成该部分的讨论。简单起见，我们将 ATP 结合的肌动蛋白和 GTP 结合的微管蛋白称为 T 型亚基，将 ADP 结合的肌动蛋白和 GDP 结合的微管蛋白称为 D 型亚基。在 7.1 节中，我们了解到，在 T 型亚基中，ATP 或 GTP 可以水解，这会导致 T 型亚基转化为 D 型亚基。这种水解对聚合物模型的聚合动力学有两个影响：首先，细胞质中亚基的主要形式是 T 型，然而给定的聚合物可能既含有 D 型亚基也含有 T 型亚基。聚合物的聚合速率取决于其末端是含有 D 型还是 T 型亚基。其次，水解具有降低亚基对聚合物亲和力的作用，这增加了 D 型亚基的临界浓度。在图 7.10 的伸长率图中，我们将这些因素考虑进去，则 D 型肌动蛋白具有一组（+）/（−）线，T 型肌动蛋白具有另一组（+）/（−）线。将 T 型肌动蛋白的临界浓度表示为 K_T，D 型肌动蛋白的临界浓度表示为 K_D。

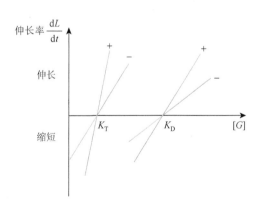

图 7.10 D 型和 T 型肌动蛋白的聚合动力学。临界浓度和聚合/解聚的速率对于 D 型和 T 型肌动蛋白是不同的。

亚基极性和 ATP 水解导致聚合物的踏车现象

设想有一个完全由 D 型亚基组成的聚合物，将这个聚合物快速浸没于 T 型亚基的池中。如果亚基浓度高于 K_T，聚合物两端都会添加 T 型亚基，并且在（+）端聚合得更快。因此在任何给定的时间点，（+）端上的 T 型区域都将比（-）端上的长。

现在考虑用水稀释溶液以降低亚基浓度后的情况：随着亚基浓度的降低，T 型亚基添加速率变慢。此外，新聚合的 T 型亚基开始水解。如果水解速率比（-）端 T 型亚基缓慢的聚合速率快，那么在某一时间点，（-）端的所有 T 型肌动蛋白都会被水解为 D 型肌动蛋白。然而因为（+）端存在更多的 T 型亚基，所以仍然会有一些未水解的 T 型亚基。因此该聚合物就具有了两个临界浓度：（+）端的 K_T 和（-）端的 K_D。

当单体浓度低于 K_D 但大于 K_T 时，临界浓度就出现了有趣的变化。（-）端会发生解聚，但（+）端将发生聚合。这种在聚合物一端亚基聚合而在另一端亚基解聚的现象称为踏车现象。一旦 D 型亚基从收缩（-）端脱离，它们将释放 ADP/GDP，并结合 ATP/GTP 成为 T 型亚基，再循环到伸长（+）端参与聚合反应。细胞内 G-肌动蛋白和微管蛋白的浓度通常在发生踏车现象的亚基浓度范围内。

> **释注**
>
> **聚合的力**。单根固定的聚合丝施加在某个表面的峰值力可以从热力学的角度进行考虑：
>
> $$F = \frac{kT}{\delta} \ln\left(\frac{k_{on}[G]}{k_{off}}\right)$$
>
> 根据这一关系式，我们估计得到，在 G-肌动蛋白的典型浓度 50mmol/L 时，F-肌动蛋白的峰值力为 9pN。这是一个肌球蛋白马达所能产生力的许多倍。

7.3 持 续 长 度

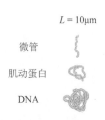

$L = 10\mu m$

微管

肌动蛋白

DNA

图 7.11 室温下 10μm 微管、肌动蛋白和 DNA 聚合物的典型构型。对于不同的聚合物而言，在热力学影响下，它们呈卷曲或直线构型的趋势不同。

我们现在将关注点从聚合物结构和动力学转向聚合物的力学行为。在分析聚合物的力学行为时，选择什么模型在很大程度上取决于这种行为究竟是能量主导还是熵主导的。我们在 7.1 节中了解到，不同的生物聚合物具有不同的分子结构，这导致这些聚合物在热力学影响下会表现出不同的倾向，发生弯曲或卷曲。设想一条长度约为 10μm 的 DNA 链，如果我们抓住它的两端拉直，然后在室温下将其放入溶液中，我们将会看到 DNA 链呈现出螺旋状，呈现许多波形起伏。现在我们对长度为 10μm 的微管做同样的处理，微管将不会发生卷曲。事实上，它可能更类似于一根直杆（图 7.11）。

在热力学影响下，两种聚合物呈现不同构型的趋势可归因于平衡时能量和熵影响的差异。微管的分子结构弯曲时增加的势能远比 DNA 弯曲时所增加的势能高。微管的行为是能量主导的直线构型，这可以降低内能，也降低了自由能。相反，DNA 链的行为是熵控制的，当 DNA 链呈现卷曲构型时，熵的增加会降低自由能。

通过持续长度测量热波动聚合物的柔性

本节我们将介绍持续长度，这是一种表征热波动聚合物柔性的特征长度尺度。设想一个伸直长度（contour length）为 L 的连续聚合物正在经历热波动，如图 7.12 所示。我们定义了一个从 0 到 L 的变量 s，并给出一个参数，通过该参数可以定义聚合物上的每个点。我们将聚合物每一点的方向与假想水平线所成的角度定义为 $\theta(s)$。在 $s = 0$ 处，聚合物末端被固定，使得 $\theta(0) = 0$。

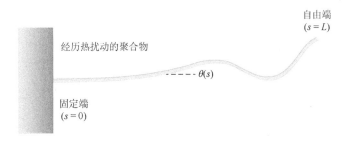

图 7.12 持续长度定义中涉及的量。变量 s 表示聚合物上一点到其固定端的距离，取值 0～L。在每一点 s，将聚合物与假想水平线所成的角度定义为 $\theta(s)$。

现在我们通过监测 $\theta(s)$ 随时间的变化情况，绘制出夹角 θ 的概率分布图。当点 s 接近固定端时，可以预见聚合物与 $\theta = 0$ 的取向不同的概率会非常小，因此分布将非常尖锐，并在 $\theta = 0$ 处有一个峰值。对角度 θ 做余弦化处理，则其平均余弦角 $\langle \cos\theta \rangle \cong \langle \cos 0 \rangle \cong 1$，尖括号表示时间平均。相反，当点 s 远离固定端时，聚合物与 $\theta = 0$ 的取向不同的概率会升高很多，因此分布范围将更宽（图 7.13）。当 s 值持续增大时，θ 的分布将变得越来越宽，直到达到某一临界点，θ 的分布基本变均一。超过这个临界点后，聚合物的取向将变得随机（即聚合物取向与固定端不相关），因此 $\langle \cos\theta \rangle \cong 0$。因此随着 s 变大，$\langle \cos\theta \rangle$ 从 1 下降到 0，并且呈指数性下降。

求函数 $f(s)$ 导数的近似：

$$\frac{\mathrm{d}f}{\mathrm{d}s} = \frac{f(x + \Delta s) - f(s)}{\Delta s} \tag{7.6}$$

这个近似式源于泰勒级数近似的前两项。只要 $f(s)$ 足够平滑，式（7.6）就是 Δs 较小时的良好近似。在我们的讨论中，$f(s) = \langle \cos\theta'(s) \rangle$，其中 $\theta'(s) = \theta(s) - \theta(0)$，那么

$$\frac{\mathrm{d}f}{\mathrm{d}s} = \frac{\left\langle \cos\left[\theta'(s + \Delta s)\right] \right\rangle - \left\langle \cos\left[\theta'(s)\right] \right\rangle}{\Delta s} \tag{7.7}$$

现在设 $\Delta\theta'(s) = \theta'(s+\Delta s)-\theta'(s)$，变换得到 $\theta'(s+\Delta s) = \Delta\theta'(s)+\theta'(s)$，代入上式，可得

$$\frac{\mathrm{d}f}{\mathrm{d}s} = \frac{\langle\cos[\Delta\theta'(s)+\theta'(s)]\rangle - \langle\cos[\theta'(s)]\rangle}{\Delta s} \tag{7.8}$$

由于 $\Delta\theta'(s)$ 和 $\theta'(s)$ 是独立量，根据和差角公式 $\cos(a+b) = \cos(a)\cos(b)-\sin(a)\sin(b)$，上式可以变换为

$$\frac{\mathrm{d}f}{\mathrm{d}s} = \frac{\langle\cos[\Delta\theta'(s)]\cos[\theta'(s)] - \sin[\Delta\theta'(s)]\sin[\theta'(s)]\rangle - \langle\cos[\theta'(s)]\rangle}{\Delta s} \tag{7.9}$$

同样地，由于 $\Delta\theta'(s)$ 和 $\theta'(s)$ 是独立的，可以使用恒等式 $\langle ab\rangle = \langle a\rangle\langle b\rangle$ 变换上式，得到

$$\frac{\mathrm{d}f}{\mathrm{d}s} \cong \frac{\langle\cos[\Delta\theta'(s)]\rangle\langle\cos[\theta'(s)]\rangle - \langle\sin[\Delta\theta'(s)]\rangle\langle\sin[\theta'(s)]\rangle - \langle\cos[\theta'(s)]\rangle}{\Delta s} \tag{7.10}$$

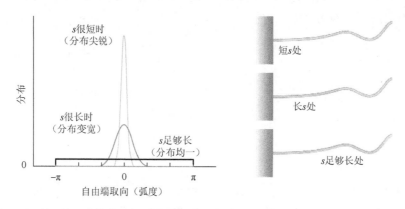

图 7.13　对于不同的 s 值，聚合物自由端取向的概率分布。当 s 很小时，聚合物取向偏离 $\theta = 0$ 的概率非常小，因此分布非常尖锐。当 s 较长时，聚合物取向偏离 $\theta = 0$ 的概率升高，因此分布范围变宽。当 s 足够长时，取向分布基本上是均一的。

然而，因为 $\Delta\theta'(s)$ 和 $\theta'(s)$ 同样可能为负或为正（关于零对称，奇函数如正弦函数的平均值为零），所以

$$\frac{\mathrm{d}f}{\mathrm{d}s} \cong \frac{\langle\cos[\Delta\theta'(s)]\rangle\langle\cos[\theta'(s)]\rangle - \langle\cos[\theta'(s)]\rangle}{\Delta s} \tag{7.11}$$

最后，将 $f(s)$ 的表达式代入，得到

$$\frac{\mathrm{d}f}{\mathrm{d}s} \cong \left\{\frac{\langle\cos[\Delta\theta'(s)]\rangle - 1}{\Delta s}\right\} f(s) \tag{7.12}$$

注意括号中的项是常数，不依赖于 s，并且因为 $\langle\cos[\Delta\theta'(s)]\rangle$ 通常小于 1，这一项通常为负。那么我们可以将上述表达式重写为

$$\frac{\mathrm{d}f}{\mathrm{d}s} \cong -Cf(s) \tag{7.13}$$

其解为

$$\langle\cos\Delta\theta(s)\rangle=\mathrm{e}^{\left(\frac{-s}{\ell_\mathrm{p}}\right)} \tag{7.14}$$

在接下来的章节里，我们将使用符号 $\Delta\theta(s)=\theta'(s)$，$\langle\cos\Delta\theta(s)\rangle$ 称为*取向相关函数*，$C=1/\ell_\mathrm{p}$，ℓ_p 是归一化因子，称为*持续长度*。从上面的表达式容易看出，持续长度表示一种特征长度尺度，在这个尺度上，热波动聚合物的取向变得几乎不相关。

释注

　　三维取向相关函数。如果聚合物的运动是三维的，则取向相关函数为式（7.14）。不同的归一化要考虑这样一个问题：如果允许聚合物在三维空间中移动，那么它可以在与长轴正交的两个方向上弯曲，而如果被限制在二维空间运动，则只能在一个方向上弯曲。因此在二维空间中，取向相关函数的衰减速率将为原来的一半。

示例 7.1：肌动蛋白片段与 DNA 片段的比较

　　下面我们来计算当肌动蛋白片段和 DNA 片段两端之间的角度平均变化为 25°时各自片段的长度。这里假设肌动蛋白和 DNA 的持续长度分别为 15μm 和 50nm。

　　利用式（7.14），等号两边同时取自然对数，并解出 s 为

$$s=-\ell_\mathrm{p}\ln\left[\langle\cos\Delta\theta(s)\rangle\right]$$

　　25°的角度变化对应的取向相关函数 $\langle\cos\Delta\theta(s)\rangle$ 的值为 0.9。将这个值代入，可以得到

$$s=0.1\,\ell_\mathrm{p}$$

　　因此相应的肌动蛋白和 DNA 的长度分别为 1.5μm 和 5nm。从物理上讲，这意味着平均而言，热波动肌动蛋白聚合物的两端总长度为 1.5μm 时会产生 25°的角度变化，而在 DNA 中两端相应的总长度为 5nm。结合每种聚合物的生物功能考虑，这是具有一定意义的。例如，肌动蛋白丝必须具有在细胞内跨越相当长距离的能力，而 DNA 必须具有在细胞核内紧密盘绕的能力。

持续长度与弹性梁的抗弯刚度有关

　　我们在 3.2 节中了解到，弹性梁的弯曲能力由其抗弯刚度 EI——杨氏模量和惯性矩的乘积决定。下面我们将证明，如果将热波动聚合物视为弯曲弹性梁，那么其持续长度与梁的抗弯刚度具有比例关系。

　　设想有一个具有恒定曲率 R 的三维弹性梁，抗弯刚度为 EI，弯曲 180°（π 弧度）。在第 3 章中，我们设置了一道计算这个梁弹性能量的作业题：

$$Q=\frac{EI\pi}{2R} \tag{7.15}$$

这个公式中，弹性梁的弯曲角度为 π 弧度，我们可以用更一般的弯曲角度 θ 表示式（7.15），则

$$Q(\theta) = \frac{EI\theta}{2R} \qquad (7.16)$$

弯曲角度可以用弧长表示，即 $\theta = s/R$，代入式（7.16），得

$$Q(\theta) = \frac{EI\theta^2}{2s} \qquad (7.17)$$

式（7.17）描述了弧长为 s 的梁在恒定曲率下的内能，其弯曲角为 θ 弧度。现在我们设有一长度为 s 并可以被视为弹性梁的聚合物。如果将该聚合物浸入恒温热浴中，那么我们可以使用玻尔兹曼分布来求出聚合物具有弯曲角度 θ 的概率：

$$p(\theta) = \frac{1}{Z} e^{-Q(\theta)/k_B T} \qquad (7.18)$$

为了计算配分函数 Z，我们需要对两个角度（θ 和 ϕ）的指数项进行积分，以考虑聚合物三维水平的弯曲。具体来说，Z 可以计算为

$$Z = \int_0^{2\pi} \int_0^\pi e^{-Q(\theta)/k_B T} \mathrm{d}\phi \sin\theta \mathrm{d}\theta \qquad (7.19)$$

在上式中，我们对立体角的微元 $\mathrm{d}\phi \sin\theta \mathrm{d}\theta$ 求积分。现在我们需要计算聚合物曲率的平均数，可以通过计算 $\langle \theta^2 \rangle$ 来实现：

$$\langle \theta^2 \rangle = \frac{1}{Z} \int_0^{2\pi} \int_0^\pi e^{-Q(\theta)/k_B T} \theta^2 \mathrm{d}\phi \sin\theta \mathrm{d}\theta \qquad (7.20)$$

对于小角度，该积分的解如下，计算过程请读者来完成。

$$\langle \theta^2 \rangle = \frac{2k_B T s}{EI} \qquad (7.21)$$

现在我们将上述表达式与取向相关函数联系起来。为达成这一目标，我们可以使用麦克劳林（Maclaurin）级数展开。$\cos x$ 的 Maclaurin 级数为

$$\cos x = 1 - \frac{1}{2}x^2 + \frac{1}{24}x^4 \cdots\cdots \qquad (7.22)$$

使用这种展开和小角度假设将取向相关函数写为

$$\langle \cos\Delta\theta(s) \rangle \approx \left\langle 1 - \frac{\Delta\theta^2(s)}{2} \right\rangle = 1 - \frac{\langle \Delta\theta^2(s) \rangle}{2} \qquad (7.23)$$

在式（7.23）中，等号右边括号中的项是聚合物上间隔 s 的两点之间角度差（平方）的平均值。假设聚合物是一条弧长为 s 且曲率恒定的梁，那么我们可以用前文的表达式替换式（7.23）中的 $\langle \theta^2 \rangle$，得到

$$\langle \cos\Delta\theta(s) \rangle \approx 1 - \frac{k_B T}{EI} s \qquad (7.24)$$

x 无限小时，有近似式 $e^{-x} \approx 1 - x$，因此当 s 很小时，我们可以将式（7.14）中取向相关函数的表达式写为

$$cos\Delta\theta(s) = e^{\frac{-s}{\ell_p}} = 1 - \frac{s}{\ell_p} \qquad (7.25)$$

联立式（7.24）和式（7.25），我们就可以看到持续长度 ℓ_p 与抗弯刚度有关：

$$\ell_p \equiv \frac{EI}{k_B T} \qquad (7.26)$$

式（7.26）非常有用，因为我们可以根据聚合物的持续长度估计出有效杨氏模量。我们可以观察聚合物的热波动，并沿聚合物长度计算 $cos\Delta\theta(s)$。重复多次得到每点平均值，得到 $\langle cos\Delta\theta(s) \rangle$，并对这些点进行指数拟合以得到 ℓ_p。最后，假如已知测量时的温度，就可以使用式（7.26）计算聚合物的抗弯刚度。

根据持续长度可以将聚合物分为刚性的、柔性的和半柔性的

不同生物聚合物的持续长度具有显著差异。例如，DNA 的持续长度为 50nm，F-肌动蛋白的为 15μm，微管的为 6mm。这三种生物聚合物的持续长度尺寸差别跨越了 5 个数量级！由于持续长度给出了热波动聚合物的取向变得不相关的尺度，因此它可以作为一种区分聚合物为刚性或柔性的自然长度标尺。

让我们重新审视长度均为 10μm 的热波动微管和 DNA 链的例子。微管倾向于杆状构型，而 DNA 倾向于卷曲构型。对微管来说，其伸直长度远小于其持续长度，$L \ll \ell_p$。因此我们知道，微管的伸直长度比聚合物形成不相关取向所需的长度短得多。因为倾向于直杆形状，所以聚合物是"刚性的"。相反，对于 DNA 链，$L \gg \ell_p$，其伸直长度远大于发生不相关取向所需的长度，因此 DNA 倾向于呈现卷曲的构型，认为其是"柔性的"。我们可以把长度为 L 及持续长度为 ℓ_p 的聚合物分类为刚性的、柔性的或半柔性的，如表 7.2 所示。

表 7.2　基于持续长度的聚合物柔性分类

聚合物行为分类	持续长度
刚性	$\ell_p \gg L$
柔性	$\ell_p \ll L$
半柔性	$\ell_p = L$

需要注意的是，将一个聚合物归类为柔性的、半柔性的或刚性的，不仅取决于其持续长度，还取决于其伸直长度。对于伸直长度远远小于持续长度的短 DNA 片段，其构型将会倾向于杆状。相反，一个伸直长度远大于持续长度的长微管也将会呈现非常卷曲的构型。请参见图 7.14。

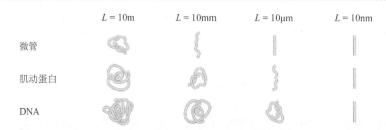

图7.14　室温下各种伸直长度的微管、肌动蛋白和DNA聚合物的典型构型。聚合物形成直线或卷曲构型的趋势不仅取决于持续长度，还取决于伸直长度。一条10nm长的DNA片段，其伸直长度比持续长度短得多，其构型将会倾向于杆状。相反，一个10m长的微管具有比其持续长度大得多的伸直长度，并将会呈现卷曲构型。

　　在下一节中，我们将介绍几种常见的生物聚合物模型及其产生的力学（力-拉伸）行为。这些不同的模型在假设上有很大的差异，因此某一个给定的模型可能适用于柔性聚合物，而并不适用于刚性聚合物。正如下文将要阐述的，给定模型的适当性在很大程度上取决于聚合物的持续长度、伸直长度及其被拉伸的程度。

7.4　理　想　链

理想链是柔性聚合物的模型

　　我们从理想链开始介绍生物聚合物模型，该模型的名称来源于这样一个事实：在理想链中，内能的所有变化都将被忽略，理想链通常被用于对行为由熵主导的柔性聚合物进行建模。

　　设想有一条由 n 个长度为 b 的片段通过自由旋转接头连接成的长链，如图7.15所示。该模型中的每个片段称为库恩（Kuhn）片段，每个片段的长度称为库恩（Kuhn）长度。稍后我们将证明库恩长度与持续长度相关。

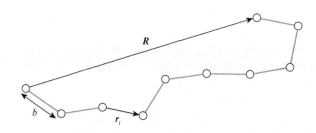

图7.15　理想链的聚合物模型。聚合物由长度为 b 的多个刚性片段通过自由旋转的铰链连接而成。同时我们定义了端点间向量 $\boldsymbol{R}$ 和片段 i 的段向量 $\boldsymbol{r}_i$。

　　如果一条长链包含 n 个片段，那么在片段之间就会有 $n-1$ 个旋转接头或顶点。设 $\boldsymbol{r}_i$ 为顶点 i 到顶点 $i+1$ 的段向量，则这些向量的数量为 n，并且它们都具有相同的长度 b。如果链条完全伸直，那么此时链条的长度也就是链条的伸直长度，为 nb。一般来说，链条不会完全伸直。我们将使用端点间向量 $\boldsymbol{R}$ 来描述链条伸直的程度，该向量 $\boldsymbol{R}$ 是链条中所有段向量的和。

$$\boldsymbol{R} = \sum_{i=1}^{n} \boldsymbol{r}_i \tag{7.27}$$

现在我们对平均的端点间长度进行讨论。如果我们对随机向量 $\boldsymbol{R}$ 求平均，由于对称性，我们得到的结果会是 0。特别是，由于聚合物没有偏好的空间取向，因此任何向量 R 出现的概率都与 $-R$ 相同。尽管这样，我们还是可以通过计算 $\boldsymbol{R}$ 的平方来得到其平均大小：

$$\langle \boldsymbol{R}^2 \rangle = \langle \boldsymbol{R} \cdot \boldsymbol{R} \rangle = \left\langle \left(\sum_{i=1}^{n} \boldsymbol{r}_i \right) \cdot \left(\sum_{j=1}^{n} \boldsymbol{r}_j \right) \right\rangle = \sum_{i=1}^{n} \sum_{j=1}^{n} \langle \boldsymbol{r}_i \cdot \boldsymbol{r}_j \rangle \tag{7.28}$$

两个向量的点积为 $|\boldsymbol{a} \cdot \boldsymbol{b}| = |\boldsymbol{a}||\boldsymbol{b}| \cos \theta_{ab}$，其中 $|\boldsymbol{a}|$ 和 $|\boldsymbol{b}|$ 是 $\boldsymbol{a}$ 和 $\boldsymbol{b}$ 的长度，θ_{ab} 是 $\boldsymbol{a}$ 和 $\boldsymbol{b}$ 之间的夹角。如果将这个表达式代入式（7.28），我们将得到

$$\langle \boldsymbol{R}^2 \rangle = \sum_{i=1}^{n} \sum_{j=1}^{n} b^2 \langle \cos \theta_{ij} \rangle = b^2 \sum_{i=1}^{n} \sum_{j=1}^{n} \langle \cos \theta_{ij} \rangle \tag{7.29}$$

此外，我们知道，任何给定片段的方向皆独立于其他片段。任何两个片段之间 $\cos \theta_{ab}$ 的值都为 $-1 \sim 1$。因此，除非对相同的片段进行计算（$a = b$），$\cos \theta_{ab}$ 的平均值将为 0。当 $a = b$ 时，$\theta_{ab} = 0$，$\cos 0 = 1$。也就是说，当 $i \neq j$ 时，$\langle \cos \theta_{ij} \rangle = 0$，而 $i = j$ 时，$\langle \cos \theta_{ij} \rangle = 1$，或者说 $\langle \cos \theta_{ij} \rangle = \delta_{ij}$。因此，

$$\langle \boldsymbol{R}^2 \rangle = b^2 \sum_{i=1}^{n} \sum_{j=1}^{n} \delta_{ij} = n b^2 \tag{7.30}$$

这就是由 n 个大小为 b 的片段组成的三维链端点间长度的均方值。正如在 5.6 节中所示的随机游走一样，变量 $\langle \boldsymbol{R}^2 \rangle$ 与 n 呈线性关系。只不过这里 n 不是表示步数，而是表示长链中的片段数。

> **释注**
> 克罗内克符号（Kronecker delta）。克罗内克符号 δ_{ij} 是用于表示下列关系的一个简洁符号：
> $$\delta_{ij} \begin{cases} = 1, & \text{若 } i = j \\ = 0, & \text{若 } i \neq j \end{cases}$$

通过随机游走确定链不同的端点间长度的概率

基于上述模型，我们现在讨论链具有特定长度的概率。这个概率可以用来计算自由能，并最终确定将链保持在给定长度所需的力，从而得出链的力-位移关系。

理想链的概率分布函数基于随机游走理论。让我们回到一维随机游走。回想一下，n 步之后处于位置 r 处的概率可以由式（5.64）演变而来：

$$p_{\mathrm{ld}}(n,r) = \frac{M(n,r)}{2^n} = \frac{1}{2^n} \frac{n!}{\dfrac{n + \dfrac{r}{b}}{2}! \dfrac{n - \dfrac{r}{b}}{2}!} \tag{7.31}$$

该分布的高斯近似为

$$p_{\mathrm{ld}}(n,r) = \frac{1}{\sqrt{2\pi\langle r^2 \rangle}} \mathrm{e}^{-r^2/2\langle r^2 \rangle} \tag{7.32}$$

式（7.32）用于一维随机游走。下面我们将这个关系式扩展到三个维度。为了弄清一维和三维之间的关系，我们可以在坐标方向上定义三维随机游走的端点间长度，$\boldsymbol{R} = R_x\boldsymbol{e}_x + R_y\boldsymbol{e}_y + R_z\boldsymbol{e}_z$（其中 $\boldsymbol{e}_x$、$\boldsymbol{e}_y$ 和 $\boldsymbol{e}_z$ 是 x、y 和 z 方向上的单位向量）。每个方向上的步数是独立的，因此端点间长度的均方是沿各自坐标方向的端点间长度的均方和，或者表达为

$$\langle \boldsymbol{R}^2 \rangle = \langle R_x^2 + R_y^2 + R_z^2 \rangle = \langle R_x^2 \rangle + \langle R_y^2 \rangle + \langle R_z^2 \rangle \tag{7.33}$$

由于我们对轴的选择没有特别的需求，因此式（7.33）中的每一项一定相等，并且沿着一个方向端点间长度的均方是总端点间长度均方的三分之一，也就是说：

$$\langle R_x^2 \rangle = \langle R_y^2 \rangle = \langle R_z^2 \rangle = \frac{\langle \boldsymbol{R}^2 \rangle}{3} = \frac{nb^2}{3} \tag{7.34}$$

由于三维随机游走沿着三个坐标方向的三个分量彼此独立，因此随机游走的三维概率分布函数可以用三个方向一维分布函数的乘积来计算。但是需要注意的是，一维随机游走是三维随机游走在一个维度上的投影，也就是说我们必须等比例缩放式（7.32）中的均方距离，使得 $\langle r^2 \rangle$ 等于我们三维随机游走中的一个维度的均方距离：

$$\langle r^2 \rangle = \langle R_x^2 \rangle = \langle R_y^2 \rangle = \langle R_z^2 \rangle = \frac{\langle \boldsymbol{R}^2 \rangle}{3} \tag{7.35}$$

这些量均等于三维端点间长度均方值的三分之一，即 $\langle r^2 \rangle = \dfrac{\langle \boldsymbol{R}^2 \rangle}{3}$。结合式（7.32）和式（7.35），我们得到

$$p_{\mathrm{ld}}(n,R_x) = p_{\mathrm{ld}}(n,R_y) = p_{\mathrm{ld}}(n,R_z) = \sqrt{\frac{3}{2\pi\langle \boldsymbol{R}^2 \rangle}} \mathrm{e}^{-3R_x^2/2\langle \boldsymbol{R}^2 \rangle} \tag{7.36}$$

三维概率分布是三个一维分布的乘积：

$$\begin{aligned}
p_{\mathrm{3d}}(n,\boldsymbol{R}) &= p_{\mathrm{ld}}(n,R_x)p_{\mathrm{ld}}(n,R_y)p_{\mathrm{ld}}(n,R_z) \\
&= \left(\frac{3}{2\pi\langle \boldsymbol{R}^2 \rangle}\right)^{3/2} \mathrm{e}^{-3R_x^2/2\langle \boldsymbol{R}^2 \rangle}\mathrm{e}^{-3R_y^2/2\langle \boldsymbol{R}^2 \rangle}\mathrm{e}^{-3R_z^2/2\langle \boldsymbol{R}^2 \rangle} \\
&= \left(\frac{3}{2\pi\langle \boldsymbol{R}^2 \rangle}\right)^{3/2} \mathrm{e}^{-3\left(R_x^2 + R_y^2 + R_z^2\right)/2\langle \boldsymbol{R}^2 \rangle} \\
&= \left(\frac{3}{2\pi\langle \boldsymbol{R}^2 \rangle}\right)^{3/2} \mathrm{e}^{-3\boldsymbol{R}^2/2\langle \boldsymbol{R}^2 \rangle}
\end{aligned} \tag{7.37}$$

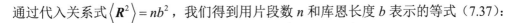

通过代入关系式 $\langle \boldsymbol{R}^2 \rangle = nb^2$，我们得到用片段数 n 和库恩长度 b 表示的等式（7.37）：

$$p_{3\mathrm{d}}(n, \boldsymbol{R}) = \left(\frac{3}{2\pi nb^2} \right)^{3/2} \mathrm{e}^{-3\boldsymbol{R}^2 / 2nb^2} \tag{7.38}$$

上述公式阐述了由 n 个长度为 b 的片段组成的理想链，其端点间向量为 R 的三维概率分布。由于理想链基于上述高斯分布，因此也被称为*高斯链*。

> **释注**
>
> **排除体积的相互作用。** 在理想链中，我们假设链的片段可以重叠。也就是说，两个片段可以在同一时间占用相同的空间，实际上这不可能发生。限制片段重合的模型排除了体积的相互作用。一个典型的排除体积效应的模型基于自我避免的随机游走，即一个游走不能到达其已经到达过的位置。

> **扩展材料：随机游走的高斯近似**
>
> 这里我们将证明当 n 很大时，一维随机游走的概率分布接近高斯分布。首先对式（7.31）中给出的精确概率取自然对数：
>
> $$\ln[p(n, R)] = -n \ln 2 + \ln(n!) - \ln\left(\frac{n+R}{2}! \right) - \ln\left(\frac{n-R}{2}! \right) \tag{7.39}$$
>
> 如果 a、b 和 c 是正整数并且使 $a \geqslant b$，则可以得出
>
> $$\frac{a+b}{c}! = \frac{a}{c}! \prod_{s=1}^{b/c} \left(\frac{a}{c} + s \right) \tag{7.40}$$
>
> $\dfrac{a-b}{c}!$ 可以写成
>
> $$\frac{a-b}{c}! = \frac{\dfrac{a}{c}!}{\displaystyle\prod_{s=1}^{b/c} \left(\frac{a}{c} + 1 - s \right)} \tag{7.41}$$
>
> 则式（7.39）中的第三项可以写为
>
> $$\ln\left(\frac{n+R}{2}! \right) = \ln\left(\frac{n}{2}! \right) \prod_{s=1}^{R/2} \left(\frac{n}{2} + s \right) = \ln\left(\frac{n}{2}! \right) + \sum_{s=1}^{R/2} \ln\left(\frac{n}{2} + s \right) \tag{7.42}$$
>
> 式（7.39）中的第四项为
>
> $$\ln\left(\frac{n-R}{2}! \right) = \ln\left(\frac{n}{2}! \right) - \sum_{s=1}^{R/2} \ln\left(\frac{n}{2} + 1 - s \right) \tag{7.43}$$
>
> 联立式（7.39）、式（7.42）和式（7.43），$\ln[p(n, R)]$ 可以表示为

$$\ln[p(n,R)] = -n\ln 2 + \ln(n!) - 2\ln\left(\frac{n}{2}!\right) - \sum_{s=1}^{R/2}\ln\left(\frac{n}{2}+s\right) + \sum_{s=1}^{R/2}\ln\left(\frac{n}{2}+1-s\right)$$

$$= -n\ln 2 + \ln(n!) - 2\ln\left(\frac{n}{2}!\right) - \sum_{s=1}^{R/2}\ln\left(\frac{\frac{n}{2}+s}{\frac{n}{2}+1-s}\right) \tag{7.44}$$

$$= -n\ln 2 + \ln(n!) - 2\ln\left(\frac{n}{2}!\right) - \sum_{s=1}^{R/2}\ln\left(\frac{1+\frac{2s}{n}}{1-\frac{2s}{n}+\frac{2}{n}}\right)$$

其中，在最后一行的最后一项中将分子和分母同时除以了 $n/2$。

现在进行当 n 很大时的近似。在式（7.44）的最后一项中，当 n 很大时，任何分母中含有 n 的项都将趋近于零。由于当 $|a|\ll 1$ 时，$\ln(1+a)\cong a$，因此式（7.44）的最后一项中的对数近似为

$$\ln\left(\frac{1+\frac{2s}{n}}{1-\frac{2s}{n}+\frac{2}{n}}\right) = \ln\left(1+\frac{2s}{n}\right) - \ln\left(1-\frac{2s}{n}+\frac{2}{n}\right) \cong \frac{4s}{n}-\frac{2}{n} \tag{7.45}$$

使用式（7.45）和恒等式

$$\sum_{s=1}^{a} s = a(a+1)/2 \tag{7.46}$$

和

$$\sum_{s=1}^{a} 1 = a \tag{7.47}$$

可以将式（7.44）变形为

$$\ln[p(n,R)] \cong -n\ln 2 + \ln(n!) - 2\ln\left(\frac{n}{2}!\right) - \sum_{s=1}^{R/2}\left(\frac{4s}{n}-\frac{2}{n}\right)$$

$$\cong -n\ln 2 + \ln(n!) - 2\ln\left(\frac{n}{2}!\right) - \frac{4}{n}\sum_{s=1}^{R/2}s + \frac{2}{n}\sum_{s=1}^{R/2}1$$

$$\cong -n\ln 2 + \ln(n!) - 2\ln\left(\frac{n}{2}!\right) - \frac{4}{n}\frac{\left(\frac{R}{2}\right)\left(\frac{R}{2}+1\right)}{2} + \frac{R}{n} \tag{7.48}$$

$$\cong -n\ln 2 + \ln(n!) - 2\ln\left(\frac{n}{2}!\right) - \frac{R^2}{2n}$$

因为 $\ln(a)=b$ 和 $a=e^b$ 是等价的，所以式（7.48）可以写为

$$p(n,R) \cong \frac{1}{2^n}\frac{n!}{\left(\frac{n}{2}\right)!\left(\frac{n}{2}\right)!}e^{-\frac{R^2}{2n}} \cong Ce^{-\frac{R^2}{2n}} \tag{7.49}$$

其中

$$C = \frac{1}{2^n} \frac{n!}{\frac{n}{2}! \frac{n}{2}!} \qquad (7.50)$$

可注意到，C 是一个归一化常数，因此可以简化 C 的表达式，使

$$\int_{-\infty}^{\infty} p(n, R) \, \mathrm{d}R = 1 \qquad (7.51)$$

我们得到

$$C = 1 \Big/ \int_{-\infty}^{\infty} \mathrm{e}^{-\frac{R^2}{2n}} \, \mathrm{d}R = 1/\sqrt{2\pi n} \qquad (7.52)$$

结合式（7.49）和式（7.52），我们得到式（7.32），并且在 n 很大时，它等价于式（7.31）。

利用概率分布函数计算理想链的自由能

现在我们使用理想链的概率分布来计算其自由能。在我们的模型中，聚合物具有自由旋转接头，不能存储能量。无论其构象如何，聚合物内能为零，其自由能可以简化为 $\Psi = -TS$。在 5.2 节中，我们已经介绍过利用显微态的状态密度 $\Omega(R)$ 计算熵，$\Omega(R)$ 为聚合物端点间向量为 R 的可能构型的数量。为了计算显微态状态密度，我们可以使用式（7.37）中理想链的概率分布。具体来说，概率分布函数 $p_{3\mathrm{d}}(n, R)$ 与端点间向量为 R 的聚合物构型数量具有比例关系：

$$p_{3\mathrm{d}}(n, R) \sim \Omega(n, R) \qquad (7.53)$$

这种比例关系源于以下事实：①由 $p_{3\mathrm{d}}(n, R)$ 在某一区间上的积分可以推导出聚合物的端点间向量在该区间内的精确概率；②该概率等于聚合物构型的数量除以所有构型的总数量。可以用式（7.53）计算熵值：

$$S = k_{\mathrm{B}} \ln \Omega(n, R) \sim k_{\mathrm{B}} \ln p_{3\mathrm{d}}(n, R) \qquad (7.54)$$

结合式（7.38）和式（7.54），我们获得以下关于熵的关系：

$$S \sim k_{\mathrm{B}} \ln \left[\left(\frac{3}{2\pi n b^2} \right)^{3/2} \mathrm{e}^{-3R^2/2nb^2} \right] \qquad (7.55)$$

式（7.55）可以简化为

$$S(n, R) = -\frac{3}{2} k_{\mathrm{B}} \frac{R^2}{n b^2} + S_0 \qquad (7.56)$$

这里，我们通过把任何不依赖于 R 的项归入常数 S_0，将比例关系转化为等价关系。通过给定熵的表达式，我们可以计算由 n 个片段组成且端点间向量为 R 的链的自由能为

$$\Psi(n, R) = -TS(n, R) = \frac{3}{2} k_{\mathrm{B}} T \frac{R^2}{n b^2} + \Psi_0 \qquad (7.57)$$

式中，$\Psi_0 = -TS_0$，且不依赖于 R。

力是热力学系统中自由能的梯度

叙述到这里，我们需要简单考虑一下力和能量是如何联系的。回顾 5.1 节，对于机械系统来讲，最小总势能原则表明，当总势能最小时，系统达到平衡状态。回想一下，在双弹簧系统（图 5.2）中，当势能最小时，或者说当势能梯度为零时，力处于平衡状态。这就使力和势能梯度之间的等效性变得明显。

此外，正如 5.4 节中我们讨论过的热力学系统，平衡由最小自由能原则决定。该原则表明，当自由能最小时，系统达到平衡。换言之，当自由能梯度为零时，力达到平衡。对于热力学系统来说，力等效于自由能梯度。因此我们可以使用式（7.57）计算伸长链条时所需的力。而且，力可以表示为自由能对端点间向量 R 的梯度：

$$F_x = \frac{\partial \Psi(n, \boldsymbol{R})}{\partial R_x} = \frac{3k_{\mathrm{B}}T}{nb^2} R_x$$

$$F_y = \frac{\partial \Psi(n, \boldsymbol{R})}{\partial R_y} = \frac{3k_{\mathrm{B}}T}{nb^2} R_y \tag{7.58}$$

$$F_z = \frac{\partial \Psi(n, \boldsymbol{R})}{\partial R_z} = \frac{3k_{\mathrm{B}}T}{nb^2} R_z$$

或者

$$\boldsymbol{F} = \frac{3k_{\mathrm{B}}T}{nb^2} \boldsymbol{R} \tag{7.59}$$

我们先前提到过，库恩长度 b 与持续长度有关。在 7.6 节中，我们将证明这种关系为

$$b = 2\ell_{\mathrm{p}} \tag{7.60}$$

因此，我们可以根据伸直长度 $L = nb$ 和持续长度将式（7.59）变换为

$$\boldsymbol{F} = \frac{3k_{\mathrm{B}}T}{nb^2} \boldsymbol{R} = \frac{3k_{\mathrm{B}}T}{(nb)b} \boldsymbol{R} = \frac{3k_{\mathrm{B}}T}{2L\ell_{\mathrm{p}}} \boldsymbol{R} \tag{7.61}$$

式（7.61）给出了理想链的力-位移关系。在这个关系式中，我们可以看到一些有趣的事情：首先，对于任何非零温度和非零向量 R，力也是非零的。这可能有点违反直觉，因为聚合物由不能储存能量的自由旋转片段组成。然而这种力并不难理解，从物理角度看，如果端点分离，聚合物施加力的能力来自其周围热环境的随机碰撞，以及聚合物向概率有利状的倾向。特别是，当端点间长度为零时，聚合物构象数量最多，这种状态最有利于熵增，而拉直聚合物会降低熵，因此需要力。

式（7.61）中另一个有趣的事实是力 F 与 R 呈线性关系，因此末端如果被拉伸的距离为 R，则产生的力与弹簧常数为$(3k_{\mathrm{B}}T)/(2L\ell_{\mathrm{p}})$的弹簧产生的力相同。这种关系被称为熵弹簧。聚合物的抗变形力完全来自熵，并依赖于温度。可以看到，弹簧的刚度与温度成正比，因此增加 T 会增加刚度。这与钢铁等大多数工程材料相反，这种材料更加适应温度的升高。

在伸直长度的极限情况下，聚合物的行为倾向于理想链

在建立理想链模型时，我们假设聚合物由不能储存能量的自由旋转链组成。在该模型中，不管构型如何，聚合物的内能都假设为零。当然现实中，任何聚合物内部都存在能量相互作用。这些相互作用可以通过主链原子的键角和距离变化，或者主链原子彼此间的静电相互作用而产生。人们可能会问，无论构型如何，能量为零的理想链是否能很好地代表现实中的任何聚合物？

简单来说，只要聚合物足够长，答案是肯定的。为了对此概念有所了解，我们来回想一下在 7.3 节中讨论过的微管热波动。我们知道微管表现出柔性的、半柔性的或者刚性的倾向性不仅取决于其持续长度，还取决于其伸直长度。细胞中典型微管的伸直长度比持续长度小得多，所以它倾向于表现出杆状构型。然而如果我们构造一个非常长的微管，其伸直长度远大于持续长度，那么它就会表现出非常不一样的行为。具体来说，非常长的微管行为会类似于一个柔性聚合物，这类聚合物发生弯曲的倾向是一种熵驱动现象。

通过审视持续长度的物理意义，可以帮助我们更好地理解具有长伸直长度的聚合物倾向于理想链的行为。在大于持续长度的长度尺度上，热波动聚合物两点之间的取向相关性便会消失。从物理上来说，这意味着在这个长度尺度上熵的影响将超过能量的影响。如果聚合物长于其持续长度，则对于约等于该长度的每个聚合物跨度，聚合物的取向将大致变得不相关。在非常长的长度尺度上，聚合物会表现得好似由许多独立波动的链段组成，每个链段在尺寸上都与持续长度在同一数量级。当伸直长度显著大于持续长度时，大多数聚合物的行为将由熵支配且更趋向于理想链。在这种情况下使用理想链进行建模时，库恩片段不一定是单个单体，而是一个尺寸约等于持续长度的一段聚合物。

7.5 自由连接链

自由连接链模型限制了聚合物的伸长

虽然理想链模型非常有用，但是这种模型存在局限性。在 7.4 节中，我们了解了理想链对张力的响应关系。刚度并非取决于其延展度，因此该模型预测即使链被拉伸超过了其伸直长度 nb，其刚度也是恒定的！这显然不符合物理规律。虽然当聚合物端点间长度远小于伸直长度时，理想链模型是非常有用的，但对于不满足此条件的情况仍需要替代的模型。

解决理想链这一限制的模型是自由连接链（freely jointed chain，FJC）模型，该模型能够在聚合物具有较长的伸直长度时更好地模拟真实的行为。与理想链模型类似，FJC 也由 n 个长度为 b 的链节组成，链节通过自由旋转的接头彼此连接。然而在 FJC 模型中，端点间长度被约束为不能长于伸直长度。现在我们来推演出此模型力的伸长行为。

让我们重新考虑图 7.15 中的链。对于第 i 个片段，我们定义向量 r_i 为 b 和第 i 个单位向量 u_i 的乘积，$r_i = bu_i$，则端点间向量为

$$R = b\sum_{i=1}^{n} u_i \tag{7.62}$$

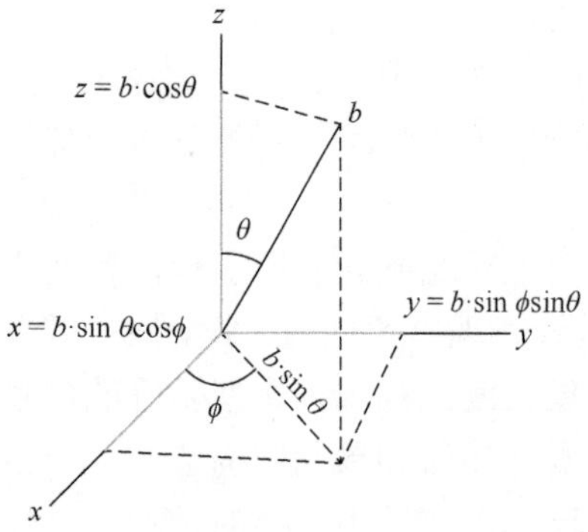

为了简化讨论（并且不失通用性），我们将考虑在 z 方向上伸长的链。通过在有关 z 轴的球坐标表达 R 可以简化数学推导。其中，θ_i 表示向量与 z 轴的夹角，ϕ_i 是方位角（图 7.16）：

$$\begin{aligned} e_x \cdot u_i &= \sin\theta_i \cos\phi_i \\ e_y \cdot u_i &= \sin\theta_i \sin\phi_i \\ e_z \cdot u_i &= \cos\theta_i \end{aligned} \tag{7.63}$$

式中，e_x、e_y 和 e_z 分别是 x、y 和 z 方向上的单位向量。

使用这些关系，沿 z 轴的端点间长度可以写为

$$R_z = e_z \cdot R = b\sum_{i=1}^{n} e_z \cdot u_i = b\sum_{i=1}^{n} \cos\theta_i \tag{7.64}$$

图 7.16　长度为 b 的片段的球坐标定义

通过正则系综建立 FJC 模型的力-位移关系

定义了链的几何构型后，可以计算出其在伸长过程中产生的力。对理想链来说，该计算的基础是确定自由能的变化与伸长时熵的减少相关。对于 FJC 模型，我们采取不同的方法。我们在 5.5 节中了解到，对于处于平衡状态的恒温系统，一个给定的显微态的概率是由波尔兹曼分布推导出的。建立一个具有已知势能的系统，就可以使用波尔兹曼分布找到平衡时特定聚合物构型的概率。

假如某系统由浸入恒温热浴中的 FJC 组成。链的一端受到约束，使得它的位置固定但可以自由转动。在另一端，我们附加一个小砝码，以恒定的力 F_z 向下拉链条（图 7.17）。随着链条伸长，砝码（以及整个系统）的势能减小了 $F_z R_z$，则内能为

$$Q = -F_z R_z = -F_z b\sum_{i=1}^{n} \cos\theta_i \tag{7.65}$$

在等式的最右侧，我们代入了式（7.64）中 R_z 的表达式。我们知道，在正则系综中，内能为 Q 的显微态的概率可以通过玻尔兹曼分布找到。对于该

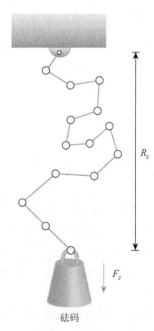

图 7.17　端点附有砝码的 FJC 示意图。砝码使聚合物经受恒定的向下力 F_z。当砝码向下移动时，砝码的势能减小。

系统，每个显微态都可以表征为一组键角 $\theta_{1,2,\cdots,n}$ 和 $\phi_{1,2,\cdots,n}$ 的集合。与能量为 $Q(\theta_{1,2,\cdots,n},$ $\phi_{1,2,\cdots,n})$ 的显微态相关的玻尔兹曼概率是

$$p(\theta_1,\theta_2,\cdots,\theta_n;\phi_1,\phi_2,\cdots,\phi_n)=\frac{1}{Z}\mathrm{e}^{\kappa\sum_{i=1}^{n}\cos\theta_i} \tag{7.66}$$

其中

$$\kappa=\frac{F_z b}{k_B T}=\frac{2F_z \ell_p}{k_B T} \tag{7.67}$$

为了计算配分函数 Z，我们必须在链的所有可能构型上对式（7.66）中的指数项进行积分。为此，我们对所有可能的键角 $\theta_{1,2,\cdots,n}$ 和 $\phi_{1,2,\cdots,n}$ 进行积分：

$$Z=\int_{\phi_1=0}^{2\pi}\int_{\phi_2=0}^{2\pi}\cdots\int_{\phi_n=0}^{2\pi}\int_{\theta_1=0}^{\pi}\int_{\theta_2=0}^{\pi}\cdots\int_{\theta_n=0}^{\pi}\mathrm{e}^{\kappa\sum_{i=1}^{n}\cos\theta_i}\sin\theta_1\sin\theta_2\cdots\sin\theta_n\mathrm{d}\theta_1\mathrm{d}\theta_2\mathrm{d}\phi_1\mathrm{d}\phi_2\cdots\mathrm{d}\phi_n \tag{7.68}$$

因为键角是在球坐标中定义的，我们对立体角 $\sin\theta\mathrm{d}\theta\mathrm{d}\phi$ 的微元做了积分。重新排列式（7.68）中的积分顺序，以便依次对每个片段进行积分：

$$Z=\int_{\phi_1=0}^{2\pi}\int_{\theta_1=0}^{\pi}\mathrm{e}^{\kappa\cos\theta_1}\sin\theta_1\mathrm{d}\theta_1\mathrm{d}\phi_1\int_{\phi_2=0}^{2\pi}\int_{\theta_2=0}^{\pi}\mathrm{e}^{\kappa\cos\theta_2}\sin\theta_2\mathrm{d}\theta_2\mathrm{d}\phi_2\cdots\int_{\phi_n=0}^{2\pi}\int_{\theta_n=0}^{\pi}\mathrm{e}^{\kappa\cos\theta_n}\sin\theta_n\mathrm{d}\theta_n\mathrm{d}\phi_n \tag{7.69}$$

式（7.69）简化为

$$Z=\prod_{i=1}^{n}\int_{\phi_i=0}^{2\pi}\int_{\theta_i=0}^{\pi}\mathrm{e}^{\kappa\cos\theta_i}\sin\theta_i\mathrm{d}\theta_i\mathrm{d}\phi_i=z^n \tag{7.70}$$

其中

$$z=\int_{\phi=0}^{2\pi}\int_{\theta=0}^{\pi}\mathrm{e}^{\kappa\cos\theta}\sin\theta\mathrm{d}\theta\mathrm{d}\phi \tag{7.71}$$

是一个单配分函数。为了计算 z，我们先对 ϕ 进行积分：

$$z=2\pi\int_{\theta=0}^{\pi}\mathrm{e}^{\kappa\cos\theta}\sin\theta\mathrm{d}\theta \tag{7.72}$$

接下来，令 $\rho=\cos\theta$，$\mathrm{d}\rho=-\sin\theta\mathrm{d}\theta$，进行换元。式（7.72）可以计算为

$$z=-2\pi\int_{1}^{-1}\mathrm{e}^{\kappa\rho}\mathrm{d}\rho=2\pi\frac{\mathrm{e}^{\kappa}-\mathrm{e}^{-\kappa}}{\kappa}=4\pi\frac{\sinh\kappa}{\kappa} \tag{7.73}$$

其中 $\sinh\kappa$ 是双曲正弦，$\sinh\kappa=(1/2)(\mathrm{e}^{\kappa}-\mathrm{e}^{-\kappa})$。

我们现在尝试利用配分函数来计算平衡时的 $\langle R_z\rangle$。类似于 5.5 节中的方法，我们使用正则系综中的配分函数计算平均内能。首先从 $\langle R_z\rangle$ 开始，

$$\langle R_z\rangle=\int_{\Theta}p(\Theta)R_z\mathrm{d}\Theta \tag{7.74}$$

为简单起见，我们在式（7.74）中使用 Θ 来表示在所有可能的键角 $\theta_{1,2,\cdots,n}$ 和 $\phi_{1,2,\cdots,n}$ 上的积分。将式（7.66）中得出的 p 的表达式代入式（7.74）中，并使用如下关系式：

$$\mathrm{e}^{\kappa\sum\limits_{i=1}^{n}\cos\theta_i}=\mathrm{e}^{\dfrac{\kappa\left(b\sum\limits_{i=1}^{n}\cos\theta_i\right)}{b}}=\mathrm{e}^{\dfrac{\kappa R_z}{b}} \tag{7.75}$$

可得

$$\langle R_z\rangle=\frac{1}{Z}\int_{\Theta}\mathrm{e}^{\frac{\kappa R_z}{b}}R_z\mathrm{d}\Theta \tag{7.76}$$

类似于正则系综中计算内能的方法，我们可以将式（7.76）重写为 Z 的对数：

$$\begin{aligned}
\langle R_z\rangle&=\frac{b}{Z}\int_{\Theta}\frac{\partial}{\partial\kappa}\left(\mathrm{e}^{\frac{\kappa R_z}{b}}\right)\mathrm{d}\Theta\\
&=\frac{b}{Z}\frac{\partial}{\partial\kappa}\int_{\Theta}\mathrm{e}^{\frac{\kappa R_z}{b}}\mathrm{d}\Theta\\
&=\frac{b}{Z}\frac{\partial Z}{\partial\kappa}\\
&=b\frac{\partial\ln Z}{\partial\kappa}
\end{aligned} \tag{7.77}$$

利用式（7.77），我们可以计算平均伸长为

$$\begin{aligned}
\langle R_z\rangle&=b\frac{\partial\ln Z}{\partial\kappa}\\
&=bn\frac{\partial}{\partial\kappa}\big[\ln(\sinh\kappa)-\ln\kappa+\ln4\pi\big]\\
&=bn\left(\coth\kappa-\frac{1}{\kappa}\right)
\end{aligned} \tag{7.78}$$

回想一下，κ 中包含了力。式（7.78）给出了 FJC 模型的力-位移关系。这个表达式与我们所熟悉的有点不同，因为它有一个隐含的关系。也就是说，尽管它确实表示了位移和力的相互关系，但它没有给出力的明确表达式。但是，它仍然是一个完全有效的关系。

力很大时理想链和 FJC 出现差异

通过分析一些特殊情况，我们可以了解 FJC 模型预测的力-位移行为。我们把式（7.78）中括号里的项称为*朗之万（Langevin）函数*。将双曲余切函数展开，Langevin 函数 $\mathscr{L}(x)$ 可以表示为

$$\mathscr{L}(x)=\frac{\mathrm{e}^x+\mathrm{e}^{-x}}{\mathrm{e}^x-\mathrm{e}^{-x}}-\frac{1}{x} \tag{7.79}$$

图 7.18 所示为朗之万函数曲线图。当 x 变得非常大时，$\mathscr{L}(x)$ 趋近于 1，这意味着即使力无限地增加，聚合物的端点间长度也不能超过伸直长度 nb，因此，FJC 克服了理想链的最关键限制之一。当 x 值较小时，$\mathscr{L}(x)$ 的斜率趋近于 1/3。在这种极限情况下，我们可以将 $\mathscr{L}(x)$ 近似为 $x/3$，那么

$$\langle R_{\mathrm{z}} \rangle \approx nb\frac{\kappa}{3} = \frac{F_{\mathrm{z}}nb^2}{3k_{\mathrm{B}}T} \tag{7.80}$$

这正是式（7.61）中对于理想链的计算结果。当拉伸（以及力）非常小时，FJC 模型预测的力-位移行为与理想链的相同。

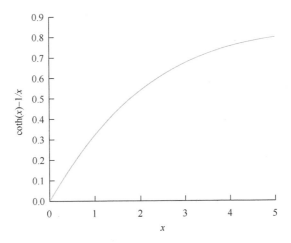

图 7.18　朗之万（Langevin）函数曲线图。当 x 值很大时，朗之万函数趋近于 1。当 x 值很小时，曲线斜率大约是 1/3。

7.6　蠕　虫　链

蠕虫链体现了弯曲的能量效应

在理想链和 FJC 模型中，我们将聚合物建模为通过自由转动铰链连接的刚性片段。完全使用这种熵的方法，便可忽略片段之间取向变化的能量消耗。在本节中，我们提出了蠕虫链（worm-like chain，WLC）模型，这种模型同时结合了与弯曲相关的能量和熵的效应。在 WLC 中，聚合物模型是连续空间曲线而不是离散片段。

图 7.19 为 WLC 的相关变量示意图。空间曲线的构型由向量值函数 $a(s)$ 给出。类似于持续长度定义中的 s 值，这里它沿着聚合物取值，范围为 0 到伸直长度 L。通过其参数化，聚合物上的每个点都可以被表示出来。向量 $a(s)$ 从坐标系的原点开始延伸，在由 s 确定的聚合物上某一点结束。为了简单起见，WLC 被定义成不可伸长的（即伸直长度固定），即设定对于 s 的所有值，切向量[即 $a(s)$ 对 s 的一阶导数]均具有一个单位大小：

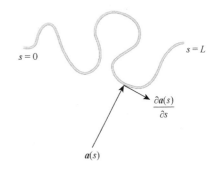

图 7.19　WLC 空间曲线的参数化表示。在沿着曲线的每个位置 s 处，$a(s)$ 是位置向量，并且其偏导数是切向量。

$$\left[\frac{\partial \boldsymbol{a}(s)}{\partial s}\right]^2 = 1 \tag{7.81}$$

或者说，切向量$\partial \boldsymbol{a}(s)/\partial s$是单位向量。

现在指定模型的本构关系。在 WLC 中，假定链通过增加势能来抵抗弯曲变形，并且其曲率类似于弹性梁。在 3.2 节中，我们发现梁的弯曲能量为

$$Q[\boldsymbol{a}(s)] = \frac{EI}{2}\int_0^L \left[\frac{\partial^2 \boldsymbol{a}(s)}{\partial s^2}\right]^2 \mathrm{d}s \tag{7.82}$$

其中括号中的项是描述局部曲率的向量。我们可以用持续长度表示式（7.82）。在 7.3 节中，我们证明了对于受热波动影响的弯曲弹性梁，其持续长度与其抗弯刚度有关，即 $\ell_\mathrm{p} = EI/k_\mathrm{B}T$。用持续长度重写式（7.82）：

$$Q[\boldsymbol{a}(s)] = \frac{k_\mathrm{B}T\ell_\mathrm{p}}{2}\int_0^L \left(\frac{\partial^2 \boldsymbol{a}(s)}{\partial s^2}\right)^2 \mathrm{d}s \tag{7.83}$$

WLC 的力-位移关系可以由正则系综得到。

现在让我们来求解 WLC 的力-位移关系。对于浸在恒温热浴中的聚合物来说，可以用玻尔兹曼分布描述具有给定内能的显微态的概率。为了计算伸长产生的力，我们构建了一个具有已知内能的系统，这样我们就可以利用玻尔兹曼分布来找到平衡态时特定聚合物构型的概率。

示例 7.2：DNA 环化和 *lac* 阻遏物

在大肠杆菌中，基因 *lacZ*、*lacY* 和 *lacA* 编码关于乳糖代谢的酶。在 *lac* 基因附近有两个 "*lac* 阻遏物" 蛋白的结合位点。结合位点被一个操纵子长度的 DNA 片段分开。结合位点必须通过形成 DNA 环聚集在一起才能与 *lac* 阻遏物结合。一旦结合，*lac* 阻遏物就会阻断 RNA 聚合酶的途径，以阻止 *lacZ*、*lacY* 和 *lacA* 的转录。

实验表明，在 *lac* 阻遏物结合位点之间插入不同大小的 DNA 片段，操纵子长度发生改变，*lac* 酶的抑制作用也发生变化。当操纵子长度约为 70bp 时，*lac* 酶的抑制达到峰值，操纵子长度大于或小于该长度时，抑制效果减小。计算操纵子长度极短和极长时的成环概率，并推测为什么会发生这种行为。

我们先来计算操纵子长度极短时的成环概率。相比于持续长度，其伸直长度越小就越需要考虑能量的影响。我们使用 WLC 模型，假设长度为 L 的操纵子形成半径为 R 的圆环，则 WLC 成环的能量为

$$Q_\mathrm{loop} = \frac{k_\mathrm{B}T\ell_\mathrm{p}}{2}\int_0^L \left(\frac{1}{R}\right)^2 \mathrm{d}s = \frac{k_\mathrm{B}T\ell_\mathrm{p}}{2}\frac{L}{R^2} = \frac{2\pi^2 k_\mathrm{B}T\ell_\mathrm{p}}{L} \tag{7.84}$$

在等式最右边，我们使用了关系式 $R = L/2\pi$。从玻尔兹曼（Boltzmann）分布得知，Q_loop 的值越高，成环的概率 p_loop 越低。因此，当 $L \to 0$ 时，$p_\mathrm{loop} \to 0$。

现在计算操纵子长度极长时的成环概率。随着伸直长度变得越来越长，聚合物开始变得类似于一条由独立波动的片段组成的长链（每个片段长度大约为 ℓ_p），自由能

变成由熵主导。因此对于极长的操纵子长度，将聚合物建模为理想链比较合适。理想链的概率分布由式（7.38）给出。当 $R=0$ 时链条成环，于是

$$p_{\text{loop}} = \left(\frac{3}{2\pi nb^2}\right)^{3/2} = \left(\frac{3}{2\pi Lb}\right)^{3/2} \tag{7.85}$$

在等式最右边，我们使用了关系式 $L=nb$。当 $L\to\infty$ 时，$p_{\text{loop}}\to 0$。

根据模型预测，对于极短或极长的操纵子长度，DNA 成环的概率为零。所以在这两种情况下抑制功能会降低（导致 lac mRNA 水平升高）。

与 FJC 的方法类似，我们考虑一个由浸入恒温热浴的 WLC 组成的系统，一端通过自由转动的铰链在空间中固定，另一端附加一个小砝码并产生向下的力 F_z。当链条伸长时，由砝码高度降低造成的势能损失为 $F_z R_z$。对于 FJC 来说，我们可以由链段的加和计算出 R_z，而对于 WLC 这种连续空间曲线来说，我们可以利用积分计算该量：

$$R_z[\boldsymbol{a}(s)] = \int_0^L \frac{\partial \boldsymbol{a}(s)}{\partial s} \cdot \boldsymbol{e}_z \mathrm{d}s \tag{7.86}$$

其中 $\partial\boldsymbol{a}(s)/\partial s$ 是切向量，其与 $\boldsymbol{e}_z$ 的点积表示切向量在 z 方向上的分量。对于给定的 $\boldsymbol{a}(s)$ 链构型，系统的总内能可以表示为

$$Q_{\text{tot}}[\boldsymbol{a}(s)] = Q[\boldsymbol{a}(s)] - F_z R_z[\boldsymbol{a}(s)] = \frac{k_B T \ell_p}{2}\int_0^L\left[\frac{\partial^2\boldsymbol{a}(s)}{\partial s^2}\right]^2\mathrm{d}s - F_z\int_0^L\frac{\partial\boldsymbol{a}(s)}{\partial s}\Delta\boldsymbol{e}_z\mathrm{d}s \tag{7.87}$$

现在我们有了每个构型 $\boldsymbol{a}(s)$ 的系统内能，就可以使用玻尔兹曼分布计算每条曲线的概率：

$$p[\boldsymbol{a}(s)] = \frac{1}{Z}\mathrm{e}^{-Q_{\text{tot}}[\boldsymbol{a}(s)]/k_B T} \tag{7.88}$$

其中

$$Z = \int_{\forall \boldsymbol{a}} \mathrm{e}^{-Q_{\text{tot}}[\boldsymbol{a}(s)]/k_B T}\mathrm{d}\boldsymbol{a} \tag{7.89}$$

原则上可以计算力作用时的平均伸长：

$$\langle R_z\rangle = \int_{\forall\boldsymbol{a}} p[\boldsymbol{a}(s)]R_z\mathrm{d}\boldsymbol{a} \tag{7.90}$$

联立平均伸长与配分函数：

$$\langle R_z\rangle = k_B T\frac{\partial\ln Z}{\partial F_z} \tag{7.91}$$

然而确定这些积分的解析解说起来容易，做起来难。它们需要在所有可能的聚合物构型上积分，每种构型都是空间曲线。事实上，除了在特殊的限制情况下，不存在 WLC 的力-伸展关系的解析结果。然而，使用计算模型进行研究以后，可以得到由以下插值方程描述的结果：

$$F_z = \frac{k_B T}{\ell_p}\left[\frac{1}{4}\left(1-\frac{\langle R_z\rangle}{L}\right)^{-2} - \frac{1}{4} + \frac{\langle R_z\rangle}{L}\right] \tag{7.92}$$

对 DNA 的实验数据拟合时 WLC 和 FJC 之间的差异

通过将 FJC 和 WLC 两个模型拟合为 DNA 的力-拉伸曲线，可以证明二者的力-拉伸行为差异，如图 7.20 所示。将 DNA 分子的一端连接到玻璃表面，另一端连接磁珠来进行测量。用已知的力 F_z 来拉磁珠，并用光学方法测量伸长量 R_z。将数据 $b = 2\ell_p = 106\mathrm{nm}$ 与 WLC 和 FJC 模型进行拟合，在模型拟合时有两种明显的趋势。首先，在较大的力下伸长渐近地接近伸直长度。其次，WLC 可以更好地拟合实验数据，特别是在力约大于 0.1pN 的情况下。相比 FJC 模型，WLC 模型预测出将聚合物拉伸到给定长度将需要更多的力。这可以通过将聚合物中的热波动看作不同波长的波彼此叠加来理解这一现象的根本原因。在 FJC 中，由于波动不能短于每个链节的长度，因此波动被限制为波长 b 或更高，而这种约束在 WLC 中并不存在，因此 WLC 需要额外的力来平滑其中出现的短波长波动，而 FJC 不需要。

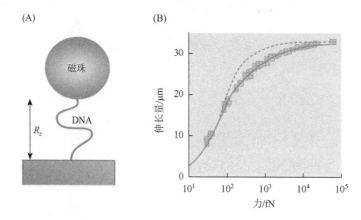

图 7.20 FJC 与 WLC 的比较。可以通过对 DNA 结合的磁珠施加一个力，并利用光学方法测量磁珠的位移来描述 DNA 的力-伸长行为（A）。图（B）为实验所得数据。将实验数据（正方形点）拟合为 WLC（实线）和 FJC（虚线），假设持续长度为 106nm，伸直长度为 33μm。在较大的力下，伸长渐近线的值等于伸直长度。在力较大的情况下，WLC 能够更好地拟合实验数据。[B 引自 Bustamante C，Marko JF，Siggia ED & Smith S（1994）Science. Reprinted with permission from AAAS.]

持续长度与库恩长度相关

在本节中，我们将对热波动下 WLC 模型的 $\langle R^2 \rangle$ 行为进行量化。通过将这种行为与离散链模型的行为进行对比，我们可以将持续长度与库恩长度联系起来，这便是式（7.60）的来源。

让我们从定义 WLC 聚合物的端点间向量 $\mathbf{R}$ 开始。对切向量 $\partial \mathbf{a}(s)/\partial s$ 在其长度上进行积分，得到

$$\mathbf{R} = \int_0^L \frac{\partial \mathbf{a}(s)}{\partial s} \mathrm{d}s \qquad (7.93)$$

利用式（7.93），可以计算 $\langle \boldsymbol{R}^2 \rangle$：

$$
\begin{aligned}
\langle \boldsymbol{R}^2 \rangle = \langle \boldsymbol{R} \cdot \boldsymbol{R} \rangle &= \left\langle \int_0^L \frac{\partial \boldsymbol{a}(s)}{\partial s} \mathrm{d}s \cdot \int_0^L \frac{\partial \boldsymbol{a}(s')}{\partial s'} \mathrm{d}s' \right\rangle \\
&= \left\langle \int_0^L \int_0^L \frac{\partial \boldsymbol{a}(s)}{\partial s} \mathrm{d}s \cdot \frac{\partial \boldsymbol{a}(s')}{\partial s'} \mathrm{d}s' \right\rangle \\
&= \int_0^L \int_0^L \left\langle \frac{\partial \boldsymbol{a}(s)}{\partial s} \cdot \frac{\partial \boldsymbol{a}(s')}{\partial s'} \right\rangle \mathrm{d}s \mathrm{d}s'
\end{aligned} \tag{7.94}
$$

回想一下，在对 WLC 进行参数化时，切向量 $\partial \boldsymbol{a}(s)/\partial s$ 被约束为单位向量，因此括号中乘积的大小为 1，式（7.94）可简化为

$$
\langle \boldsymbol{R}^2 \rangle = \int_0^L \int_0^L \langle \cos \Delta \theta_{s-s'} \rangle \mathrm{d}s \mathrm{d}s' \tag{7.95}
$$

式中，$\Delta \theta_{s-s'}$ 表示在 s 和 s' 处切向量之间的角度。在 7.3 节中，我们发现对于热波动聚合物，切向量之间的平均角度差由取向相关函数给出，它以指数方式衰减，即 $\langle \cos[\Delta \theta(s)] \rangle = \mathrm{e}^{-s/\ell_\mathrm{p}}$。我们假设，平均而言，链上任意两点之间的角度差将随着两点之间的距离减小而相似地衰减，换言之

$$
\langle \boldsymbol{R}^2 \rangle = \int_0^L \int_0^L \mathrm{e}^{-(s-s')/\ell_\mathrm{p}} \mathrm{d}s \mathrm{d}s' \tag{7.96}
$$

请读者计算式（7.96）中的二重积分，其结果为

$$
\langle \boldsymbol{R}^2 \rangle = 2\ell_\mathrm{p}^2 \left(\mathrm{e}^{-\frac{L}{\ell_\mathrm{p}}} - 1 + \frac{L}{\ell_\mathrm{p}} \right) \tag{7.97}
$$

考虑伸直长度远大于持续长度的情况，即在式（7.97）中，$L \gg \ell_\mathrm{p}$，括号中的指数项变为零，并且假设 $\frac{L}{\ell_\mathrm{p}}$ 远大于 1，则

$$
\langle \boldsymbol{R}^2 \rangle \approx 2\ell_\mathrm{p}^2 \frac{L}{\ell_\mathrm{p}} = 2L\ell_\mathrm{p} \tag{7.98}
$$

如果我们将这个量与 FJC 的端点间均方长度 nb^2 进行比较，就能得到库恩长度和持续长度之间的关系：

$$
2L\ell_\mathrm{p} = nb^2 = (nb)b = Lb \tag{7.99}
$$

式（7.99）可以简化为

$$
b = 2\ell_\mathrm{p} \tag{7.100}
$$

这就是式（7.60）的来源。式（7.100）意味着库恩长度为 b 的离散链在 $b \ll L$ 的限制内，其持续长度为 $b/2$。

重要概念

- 细胞骨架主要由三种生物聚合物组成：微丝、微管和中间丝。微丝和微管的亚基分别是肌动蛋白单体和微管蛋白二聚体。中间丝根据其在体内的位置由不同的蛋白质组成。

- G-肌动蛋白和 F-肌动蛋白类型之间存在高度动态平衡。由于 G-肌动蛋白的极性和结合的 ATP 水解的能力，肌动蛋白聚合动力学在（＋）和（－）端非常不同。当 D 型亚基从不断缩短的（－）端解聚下来变成 T 型亚基，再循环到不断增长的（＋）端时，会发生踏车现象。

- 持续长度是一种特征长度尺度，在这个尺度上，热波动聚合物的取向变得不相关。聚合物可以根据其持续长度与其伸直长度的关系分类为柔性的、半柔性的或刚性的。

- 理想链中，所有构象变化引起的内能变化被忽略。它通常用于对行为由熵主导的柔性聚合物进行建模。理想链的概率分布函数是基于随机游走的高斯近似。

- 对于热力学系统，力等于自由能的梯度。分离理想链的末端会减小熵，因此需要力。

- 当伸直长度显著大于持续长度时，聚合物的力学行为将倾向于理想链。

- FJC 解决了理想链的关键局限，即在力很大时，理想链不符合物理规律。FJC 在低伸长量时类似于理想链，但在高伸长量时更接近真实行为。

- WLC 没有接头，而是将聚合物视为具有弹性能量的柔性梁。与 FJC 相比，WLC 需要更多的力来将聚合物拉伸到给定长度。

思考题

1. 使用一维高斯近似计算步长 $b=1$ 时的随机游走，证明均方根位移 $\langle R^2 \rangle^{1/2}$ 是所采用步数的平方根。可以使用积分恒等式。

2. 在三维维度下比较伸直长度（L）为 200nm 的血影蛋白、肌动蛋白和微管（持续长度 ℓ_p 分别为15nm、15×10^3nm、2×10^6nm）的端点间长度的均方根 $\langle R^2 \rangle^{1/2}$。

3. 在三维维度下证明 $\langle \cos\theta(s) \rangle = e^{\left(\frac{-s}{2\ell_p}\right)}$。

4. 当伸直长度为 100nm 的血影蛋白、肌动蛋白和微管蛋白（持续长度 ℓ_p 分别为 15nm、15×10^3nm、2×10^6nm）伸长到 50nm 时，理想链模型预测的聚合物产生的力有多大？伸长到150nm 时呢？为什么这不现实？计算时假设温度为 300K。

5. 假设 DNA 的持续长度为 50nm，计算理想链和 FJC 的伸直长度相差 10%时的力。假设它们都用于对伸直长度为 1μm 的相同 DNA 链进行建模。在该力下哪种模型预测的聚合物更长？假设温度为 300K。

6. 证明 $\langle \theta^2 \rangle = \int_0^{2\pi} \int_0^\pi \theta^2 p(U) \mathrm{d}\varphi \sin\theta \mathrm{d}\theta = \dfrac{2k_{\mathrm{B}}Ts}{EI}$。假设概率服从玻尔兹曼分布，能量是弯曲成角度 θ 的梁的应变能。提示：该积分非常具有挑战性。不要直接求解，尝试我们曾用于 FJC 和 WLC 的数学技巧。即证明 $\langle \theta^2 \rangle$ 可以用 $\ln(Z)$ 对 E 的导数表示。

7. 当伸直长度为 100nm 的血影蛋白、肌动蛋白和微管蛋白（持续长度 ℓ_{p} 分别为 $15\mathrm{nm}、15\times10^3\mathrm{nm}、2\times10^6\mathrm{nm}$）伸长到 50nm 时，FJC 模型预测的聚合物产生的力有多大？伸长到 150nm 时呢？这比理想链模型更符合实际吗？提示：FJC 模型的力-位移关系是隐含的（您不能代入 $\langle R \rangle$ 的值并计算 F）。相反，通过猜测 F 值并进行插值（或者你如果愿意也可以使用更复杂的方法），其数值求解为两个有效数字。您可以使用 MATLAB 或其他编程方法。或者绘制力-位移关系图并从图中估计点。讨论你的结果。

8. 朗之万（Langevin）函数 $\mathscr{L}$ 在零附近的斜率是多少？

9. 在室温下，当伸直长度为 100nm 的血影蛋白、肌动蛋白和微管蛋白（持续长度 ℓ_{p} 分别为 $15\mathrm{nm}、15\times10^3\mathrm{nm}、2\times10^6\mathrm{nm}$）伸长到 50nm 时，WLC 模型预测的聚合物产生的力有多大？

10. 对于使用 WLC 模型的柔性聚合物，作为平均位移的函数，有效（切线）弹簧常数是多少？当位移趋近于零时近似值是多少？当位移趋近于伸直长度时呢？提示：切线刚度是力-位移曲线的斜率。

11. 对于使用 WLC 模型的柔性聚合物，作为平均位移的函数，有效（割线）弹簧常数是多少？当位移趋近于零时近似值是多少？当位移趋近于伸直长度时呢？提示：割线刚度是原点到力-位移曲线的直线斜率。

12. 假设血影蛋白、肌动蛋白和微管蛋白的持续长度 ℓ_{p} 分别为 $15\mathrm{nm}、15\times10^3\mathrm{nm}、2\times10^6\mathrm{nm}$。在 $T = 300\mathrm{K}$ 时，对于长 1cm 的纤维丝，在零位移和完全伸展时的有效弹簧刚度（切线）是多少？

13. 考虑一段可能是在病毒中发现的 $30\mu\mathrm{m}$ 长的 DNA。在 300K 下分别使用 FJC 模型和 WLC 模型计算，使用多大的力才能将 DNA 拉伸至端点间位移 x 为 $10\mu\mathrm{m}$、$20\mu\mathrm{m}$ 和 $25\mu\mathrm{m}$？假设 $\ell_{\mathrm{p}} = 50\mathrm{nm}$。讨论两个模型的结果。

14. 对 FJC 和 WLC 模型进行数值比较。绘制每个模型的持续长度为 0.1mm、总长为 1cm 的聚合物的力-伸长行为。其中一个是否总是高于或者低于另一个？这是否合理？讨论两者在数值较低和数值很高时的对比。在持续长度为 1cm 和持续长度为 10cm 的条件下重复以上比较。持续长度如何影响模型的比较？

15. 证明 $\langle \boldsymbol{R}^2 \rangle = \int_0^L \int_0^L \mathrm{e}^{-(s-s')/\ell_{\mathrm{p}}} \mathrm{d}s \mathrm{d}s'$ 的解为 $2\ell_{\mathrm{p}}^2 \left(\mathrm{e}^{-\frac{L}{\ell_{\mathrm{p}}}} - 1 + \dfrac{L}{\ell_{\mathrm{p}}} \right)$。

参考文献及注释

Boal D（2001）Mechanics of the Cell. Cambridge University Press. *关于细胞力学的优秀专著，本章涵盖的很多聚合物模型在该书中都进行了深入讨论。持续长度与库恩长度关系的某些部分是基于本书的理论。*

Bustamante C，Marko JF，Siggia ED & Smith S（1994）The entropic elasticity of l-phage DNA. Science 265，1599–1600. *该文章给出了 WLC 的力伸长行为，并展示了在对 DNA 的力-伸长行为进行拟合时，WLC 和 FJC 的差异。*

Howard J（2001）Mechanics of Motor Proteins and the Cytoskeleton. Sinauer Associates. *有关于细胞骨架聚合力学的详尽介绍。有兴趣了解聚合动力学和聚合力产生的学生可参考该书。持续长度的推导，持续长度与抗弯刚度的关系及持续长度与库恩长度关系的一些部分均基于该书中这些主题的相关理论。*

Muller J，Oehler S & Muller-Hill B.（1996）Repression of lac promoter as a function of distance，phase，and quality of an auxiliary lacoperator. J. Molec. Biol. 267，21–29. *该文章展示了 lac 启动子阻遏对操纵子长度的依赖性。*

Omary MB，Coulombe PA & McLean WH（2004）Intermediate filaments，and their associated diseases. N. Engl. J. Med. 351，2087–2100. *有关中间丝生物学的一篇很好的综述文章。本章的表 1 来自该研究。*

Phillips R，Kondev J & Theriot J（2009）Physical Biology of the Cell. Garland Science. *该教科书更深入地介绍了 lac 阻遏物的例子，以及本章介绍的聚合物模型的许多有趣应用。*

Rubenstein M & Colby RH（2003）Polymer Physics. Oxford University Press. *高分子物理学的优秀入门书籍，对随机游走的高斯近似推导是基于该书的处理方法。*

Spakowitz AJ（2008）Polymer Physics（lecture notes，from course number ChemEng 466，Stanford University，Stanford，CA）. *本章中的几种处理方法是基于 Spakowitz 博士为斯坦福大学高分子物理研究生课程撰写的优秀讲义。这些方法包括理想链、FJC 和 WLC 及 lac 阻遏物实例的介绍。*

第8章 高分子聚合物网络和细胞骨架

在第 7 章中，我们讨论了单个生物聚合物的力学特性，而在本章中，我们会关注生物高分子聚合物网络的力学。生物高分子聚合物网络力学不仅取决于单个生物聚合物的力学行为，还取决于这些生物聚合物对特定微结构或体系结构的构建。例如，在不同的细胞中，生物高分子聚合物网络如细胞骨架的结构会在不同细胞之间发生巨大变化，这取决于生物聚合物相互间的排列方向、单位体积纤维的数量及它们间的交联方式。甚至在同一个细胞的不同部位，细胞骨架的微观结构也会有很大差异。由于这些微观结构的变化会对网络力学产生重要影响，生物高分子聚合物网络力学行为及微观结构特性间的关系已成为目前的研究热点。事实上，包括分析、实验及计算在内的多种研究方法，都被应用于更好地探索这些关系。在本章中，我们将探讨：①使用尺度方法将微观结构与力学特性联系起来；②一类被称为仿射网络结构的本构模型；③在体内发现的特定细胞骨架结构的力学，这与它们的力学生物学功能有关。

8.1 高分子聚合物网络

高分子聚合物网络具有多自由度

在上一章中，我们已经讨论了单个聚合物的力学建模方法，原则上这些方法也适用于高分子聚合物网络的力学建模。为一个柔性高分子聚合物网络建模，需要检查网络中的每个聚合物，确定其几何结构，并明确说明网络模型中的单个聚合物。每个聚合物都可被建模为一个具有某一熵弹簧常数及初始端点间长度的理想链。然而现实中，这种"离散"方法很难实现。这是由于高分子聚合物网络（如在细胞内）往往具有数量庞大的纤维丝甚至更大的自由度。例如，一个典型的内皮细胞中，F-肌动蛋白的浓度约为 10mg/ml，假设平均每根纤维丝含有 100 个亚单位(且假设每根纤维丝的平均质量约为 1×10^{-14}mg)，细胞体积约为 1×10^{-8}ml（假设一个多边形的细胞高 5μm、长 50μm、宽 40μm），则意味着一个细胞内含有的肌动蛋白纤维丝约为 1000 万个。如果我们使用一个简化的力学模型，其中每根纤维丝可以用它的质心位置 (x, y, z)、方向 (θ, a) 及端点间长度 (L) 来充分描述，精确建模每个聚合物将涉及 6000 万个自由度。

有效连续体可用于建模高分子聚合物网络

为对具有多自由度的高分子聚合物网络进行建模，可采取以下几种方法。可尝试使用高性能计算方法明确说明给定网络中的所有单个聚合物，但是在绝大多数情况下，真实的生理网络结构的自由度所需的计算量巨大，即使是世界上最强大的超级计算机仍不能满足。

另一种方法是可以将网络表示为一个有效连续体，以减少自由度数量。我们所谓的有效连续体，是将网络中所有离散聚合物的力学作用等同于某个等效连续体的力学行为。则该高分子聚合物网络的力学状态就可通过连续介质力学的分析框架来进行描述。

想象一个立方体状的高分子聚合物网络。网络立方体的各边长度为 L。在网络内部充满了随机排列且相互交联的聚合物（图 8.1）。我们固定网络立方体的一侧使其在 x 方向上不发生位移，并使立方体的另一侧承受单轴法向应力 σ，因而使立方体在 x 方向上产生一个非常小的单轴形变。假设 y 和 z 方向上的长度不受约束，x 方向发生形变后的长度为 L_1。

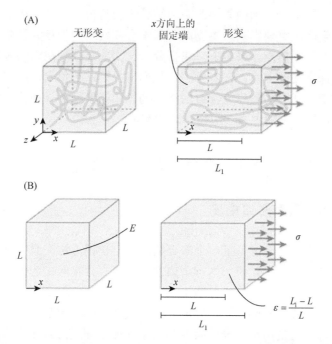

图 8.1　有效连续体用于模拟高分子聚合物网络的力学行为。（A）一个假想的立方体状高分子聚合物网络结构，初始边长为 L，在其 x 方向上的一端进行约束，另一端施加单轴应力 σ，受力后长度为 L_1。y 轴与 z 轴方向上长度不受约束。（B）用杨氏模量 $E = L\sigma / (L_1 - L)$ 的假想的各向同性均质线弹性连续体代替高分子聚合物网络，整个网络的形变由一个单一的均质应变 ε 描述，$\varepsilon = \dfrac{(L_1 - L)}{L} = \sigma / E$。

接着我们用一个杨氏模量为 $E = L\sigma / (L_1 - L)$ 的各向同性均质线弹性连续体代替该高分子聚合物网络。在应力 σ 下，整个网络的形变可以用单一均质应变 $(L_1-L)/L$ 来描述。这个简单的例子说明，通过为连续体设定适当的本构行为，我们能够捕捉网络的力学行为，而不需要明确地单独为每根纤维丝建模。在下一节中，我们的重点将是为网络结构力学建立有效的连续体模型。在这一过程中，我们将探索确定网络的有效结构力学行为与其微观性能间的关系，如聚合物刚度、长度、密度、排列取向及其他性能。

8.2　比　例　法

在讨论高分子聚合物网络的等效连续体的力学行为之前，我们首先需要明确网络刚度与微观结构性质之间的比例关系，称为比例法。比例法能有效预测网络的有效力学性质发生的可能改变，如如何随网络中单位体积的纤维丝数量而变化。然而这些简化方法通常并不能得到一个明确的本构模型。尽管我们到目前为止开发的这一分析工具似乎有些不尽如人意，但这种比例关系比本构模型更易于公式化，并适用于多种情况，如在扭转/拉动磁珠、原子力显微镜实验等研究过程中解释实验结果。

细胞固体理论揭示有效力学性质与网络体积分数间的关系

在具体讨论比例法之前，我们首先讨论细胞固体理论。在这一理论（或称为"开放海绵体"）中，首先建立一个网络结构模型，然后利用比例论证（scaling argument）找到有效弹性模量与网络体积分数的关系，即聚合物材料占整个网络体积的比例。例如，若一个网络的体积分数为 0.1，则网络 10% 的总体积内含有聚合物，而另 90% 为体积空隙。在细胞固体理论分析中，我们首先构建一个"单元格"来代表网络的结构单元。假设这个"单元格"具有几何尺寸，则当从这一亚单位分析中获得的结果等比放大到整个细胞大小时也是有效的。而后求得"单元细胞"受应力作用时的应变量，并利用这个量计算出其有效弹性模量。在计算过程中，由于我们只对一些简单的关系感兴趣（例如，如果网络的体积分数增加到 2 倍，则网络的刚度如何），因此使用了比例论证。我们将忽略几乎所有参数，并舍弃不随因变量变化的常数。我们主要计算以下两种情况下的形变：一种是完全由聚合物弯曲引起的网络形变，另一种是完全由聚合物轴向形变引起的网络形变。

弯曲引起的网络形变导致弹性模量随体积分数非线性比例缩放

我们从代表网络亚单位的"单元细胞"开始，对其施加压缩导致其弯曲（图 8.2）。组成中心立方体单元细胞的梁长为 L，梁自身的半径为 R。这一构型中，邻接的单元细胞相互连接，使得载荷能通过梁中跨（跨距中点）的传递，使结构发生弯曲。

式（3.31）描述了悬臂梁的挠度。

$$w = \frac{F}{EI}\left(\frac{x^3}{6} - L\frac{x^2}{2}\right)$$

末端（$x = L$）的位移为

$$w = \frac{-FL^3}{3EI}$$

上述关系式可作为单元细胞结构中梁中跨位移 δ 的比例关系基础，这是由于，

$$\delta \sim \frac{FL^3}{E_b R^4} \tag{8.1}$$

式中，F 是施加在子单元上的某一载荷；E_b 是梁的弹性模量；惯性距 I 的大小为 R^4。该等式中省略了很多固定值常量，这些不在我们的关注范围。根据式（8.1），可得出

$$F \sim \frac{E_b R^4 \delta}{L^3} \tag{8.2}$$

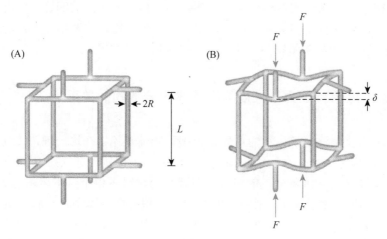

图 8.2　单元细胞受到弯曲而发生形变。（A）无作用力下，单元细胞的梁结构长度为 L，半径为 R。（B）在力 F 作用下，梁中跨传递载荷使横梁弯曲，从而产生弯矩。

接下来，我们想要计算施加在单元细胞上的表观应力和其所产生的表观应变。为此，我们假设单元细胞的周围为立方体（图 8.3），立方体的边长为 L。表观应力等于作用于立方体上的合力除以面积 L^2，表观应变等于总挠度除以边长 L。表观应力可通过将式（8.2）中的力除以力作用的单元细胞面的面积来计算：

$$\sigma \sim \frac{F}{L^2} \sim \frac{E_b R^4 \delta}{L^5} \tag{8.3}$$

表观应变等于位移 δ 除以单元细胞未形变的边长 L：

$$\varepsilon \sim \frac{\delta}{L} \tag{8.4}$$

联立式（8.3）和式（8.4），可得单元格的表观弹性模量，即表观应力除以表观应变：

$$E \sim \frac{\sigma}{\varepsilon} \sim E_b \frac{R^4}{L^4} \tag{8.5}$$

由于体积分数是聚合物材料在网络中的占比，我们可以定义网络体积分数为 ρ_{vol}。对于单元细胞来说，梁的体积尺寸约等于 LR^2，单元细胞的体积为 L^3，因此单元细胞的体积分数为

$$\rho_{vol} \sim \frac{LR^2}{L^3} \sim \frac{R^2}{L^2} \tag{8.6}$$

联立式（8.5）与式（8.6），可得

$$E \sim E_b \rho_{vol}^2 \tag{8.7}$$

式（8.7）表明，当细胞体发生弯曲形变时，网络结构的表观宏观模量与聚合物模量呈线性关系，而与聚合物体积分数呈平方关系。这个发现很有趣，这表明网络的刚度更加依赖于聚合物的浓度变化，而非聚合物本身的刚度。

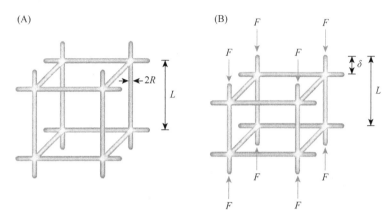

图 8.3　单元细胞发生轴向形变。（A）单元细胞之间的连接稍作修改，使得传递至梁的力导致梁发生轴向形变。（B）在力 F 的作用下，垂直梁的长度发生改变。

轴向应变导致的形变使网络弹性模量与体积分数呈线性关系

现在我们进行类似的分析，来探讨当细胞固体的形变完全由梁的轴向形变引起时，式（8.7）的比例关系会发生何种变化。首先将单元细胞结构稍加修改，如图 8.3 所示。通过修改单元之间的连接，来自于相邻单元细胞的载荷仅因梁产生轴向应变而形变。每根梁所受的力 F 为

$$F \sim \frac{E_b R^2 \delta}{L} \tag{8.8}$$

则表观弹性模量为

$$E \sim E_b \rho_{vol} \tag{8.9}$$

式（8.8）与式（8.9）的推演就留给读者作为练习。式（8.9）表明，当细胞由于轴向应变而发生形变时，网络尺度上的有效弹性模量与细胞骨架的弹性模量及体积分数均呈比例关系。综上所述，通过在微观结构水平上假设不同的形变机制，可以得到网络刚度对聚合物体积分数依赖性的差异。

> **释注**
> **细胞骨架体积分数的实验测量方法**。我们已经知道，根据假设是梁发生弯曲还是发生轴向形变而引起的细胞单元形变，可以预测细胞固体模型非常不同的比例性质。因此会有这样的疑问，这两种模型与实验所得出的刚度和体积分数的关系相比，哪个

模型更加准确。遗憾的是，由于测量活细胞内的细胞骨架体积分数具有非常大的技术困难，这个疑问目前仍然悬而未决。

张拉整体结构的刚度与构件预应力呈线性比例关系

在这一节中，我们最后来讨论张拉整体结构（tensegrity structure）。"张拉整体"这一术语，最初由巴克敏斯特·富勒（Buckminster Fuller）提出，用以描述肯尼思·斯内尔森（Kenneth Snelson）发明的一种结构原理。张拉整体结构是从线性结构构件发展而来的，将其设计成了仅承受张力（如弹簧或线缆）或压缩力（如刚性细杆）。张拉整体结构的一个关键是任何构件不存在弯矩，这是通过在连接处使用自由转动接头来实现的。而由此产生的结构稳定性则来自预载荷或预应力（图 8.4）。

图 8.4　张拉整体艺术品。Kenneth Snelson 将其命名为 Mozart，该结构仅由受拉张的线缆结构与受压缩的杆结构组成。

唐纳德·因格贝尔（Donald Ingber）首先提出，细胞骨架可能起到了一种张拉整体结构的作用。在细胞骨架张拉整体结构模型中，直径较大的微管结构被视为刚性压缩元件，而微丝与中间丝则作为柔性拉伸元件。一些令人信服的证据都证实了张拉整体结构的优越性。张拉整体结构具有显著形变能力，这不需要依赖单个元件的大形变。也就是说，拉伸元件和压缩元件在响应某一载荷时能够进行自身重排，但单独的各元件无须达到整个结构的拉伸量或压缩量。这种元件重排也是张拉整体结构将一个位置的形变转化为一段距离之外的同等大（或更大）位移形变的能力基础，这被称为"距离作用"。但是，细胞骨架是否具有张拉整体结构的功能还没有形成共识，目前仍是细胞力学领域一个有争议的话题。

张拉整体结构的比例关系已经被建立，其推导过程不属于本书范畴，但我们可以证明，在预应力存在时，有效网络弹性模量（某些情况下）可按比例表示为

$$E \sim \frac{F_{\mathrm{p}}\rho_{\mathrm{vol}}}{R^2} \qquad (8.10)$$

式中，F_{p} 是产生预应力的构件内部的收缩力。

式（8.10）表明，张拉整体网络的刚度与聚合物体积分数呈线性相关。这种结果非常容易理解，首先，张拉整体结构的元件并不能承受弯曲载荷；其次，这与上文受轴向载荷的细胞固体模型情况相似。此外，我们还可以看出，网络的刚度与其预应力呈线性关系。

> **扩展材料：关于张拉整体结构假说的争议**
>
> 对于张拉整体结构假说争议的原因之一是，支持与反对该假说的证据同时存在。与张拉整体模型不相符的是，微管或肌动蛋白微丝并不是严格的仅受压或仅受拉的构件。例如，当板状伪足伸长时，需要肌动蛋白微丝发生轴向压缩，而有丝分裂过程中染色体的分离则需要微管伸长。另外，也有证据支持张拉整体结构假说。当一个小珠与某些受体结合时，会被拉离细胞核很远，而其他受体则不会，这时可以观察到核的运动。这些结果被解释为支持张拉整体模型的距离作用概念。使用光漂白和激光手术刀技术相结合的方法证实了肌动蛋白丝中存在预应力。张拉整体结构假说可能在未来很多年中都会持续存在争议。

8.3　仿射网络

在上一节中，我们主要推导了有效刚度与网络密度之间的简单比例关系。这种比例关系在实验测定纤维丝密度，进而估计细胞骨架刚度数量级的过程中十分有用。但是，这种比例关系仅仅给出了刚度随聚合物密度的标度行为（scaling behavior），并没有给出网络刚度的显式表达式，因此还不足以对细胞进行力学建模。在本节中，我们会介绍几种聚合物网络的本构模型公式。正如我们将看到的，这种本构模型可以是应力与应变，或应变能与应变间的直接关系（从中可以计算出应力-应变关系）。

仿射形变：假设纤维丝形变发生在某个连续体中

在建立网络刚度与微观结构性能的关系时，重点需要考虑在施加载荷时，纤维丝是如何发生形变的。最常见的方法就是假设一种仿射形变。仿射形变，即仿射变换，是一些线性变换（如转动、剪切、伸长或压缩）与刚性平移的叠加。若设向量 A 为未形变网络中任意一点的位置，设向量 $a(A, t)$ 为网络形变后某时刻 t 时这一点的位置，则仿射形变即可描述为

$$a(A,t) = F(t)A + c(t) \qquad (8.11)$$

式中，$F(t)$ 是线性变换；$c(t)$ 是刚性平移。若 F 或 c 是 A 的函数，即 $F = F(A, t)$ 或 $c = c(A, t)$，式（8.11）中的变换则不再为仿射。因此，仿射形变有时被称为齐次变换。

在仿射形变中，聚合物无形变似乎是发生于一个连续体中。假设有一个受单轴载荷

的立方体网络，并假设纤维丝的形变即仿射。对于处在两交联点之间、具有相似取向的纤维丝片段，拉伸量相同。同样在所有的交联中，如果两个交联聚合物的取向相似，那么每个交联对之间的角度变化也将是相同的。重点是，放射假设极大地简化了一个本构模型的构建，因其假设网络中所有纤维丝的形变方式都相同，并均由 **F** 和 **c** 确定，所以网络中纤维丝的数量多少无关紧要。

> **释注**
>
> **仿射近似的有效性**。仿射近似的有效性对于不同类型网络，尤其是对于半柔性聚合物网络如细胞骨架，是热门研究领域。发生仿射行为偏差的条件是一个复杂的问题，它取决于几个因素，如网络的微观结构细节、施加的载荷及网络的长度等。

利用弹性橡胶理论对柔性聚合物网络建模

在本节中，我们着重关注一种源于橡胶弹性理论的生物高分子聚合物网络分析方法。橡胶在微观结构上与细胞骨架相似，其由形成交联网络结构的聚合物构成。橡胶与肌动蛋白细胞骨架间的主要区别在于，单根的橡胶分子具有很高的柔韧性。从第 7 章中我们知道，F-肌动蛋白的持续长度（persistence length）在微米级别，与其在体内的伸直长度（contour length）相近。肌动蛋白的能量与熵决定了其力学特性。反之，橡胶的伸直长度远大于其持续长度，单根橡胶分子的力学特性仅由熵主导。鉴于此特性，类橡胶材料都具有一些独特的力学特性并展现出一些非常有趣的行为。比如说，这些材料都具有非常强的形变能力，去载荷后几乎能完全恢复。此外，橡胶的刚度会随温度增加，这与大多数工程学材料完全相反。

在我们开始对橡胶进行分析前，先来假设有一个随机取向的交联聚合物网络，并假设该网络是一个长、宽、高分别为 L_x、L_y、L_z 的长方体。由于橡胶网络是力学行为由熵主导的高度柔性聚合物组成的，因此我们假设该网络中的聚合物均为理想链。通过 7.4 节与式（7.56），我们可以写出理想链的熵为

$$S(\boldsymbol{R}) = \frac{3k_B \boldsymbol{R}^2}{2nb^2} + S_0 \qquad (8.12)$$

式中，S_0 是常数。

对于单根链来说，自由能的变化都伴随着初始端点间向量 $\boldsymbol{R} = [X, Y, Z]$ 变化为新的端点间向量 $r = [x, y, z]$，即

$$\Delta\Psi = -T\left[S(r) - S(\boldsymbol{R})\right] = \frac{3k_B T}{2nb^2}(r^2 - \boldsymbol{R}^2) \qquad (8.13)$$

从式（7.30）中我们知道，理想链的端点间均方长度 $\langle \boldsymbol{R}^2 \rangle = nb^2$。这意味着若网络是通过先交联再聚合的过程合成的，那么每条理想链的端点间均方长度均约等于 nb^2。这里假设聚合物在相互交联之前有足够的时间达到稳态，且聚合物溶液浓度足够低，不会发

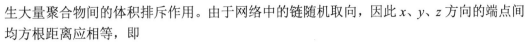

生大量聚合物间的体积排斥作用。由于网络中的链随机取向，因此 x、y、z 方向的端点间均方根距离应相等，即

$$\langle R_x^2 \rangle = \langle R_y^2 \rangle = \langle R_z^2 \rangle = \frac{\langle \boldsymbol{R}^2 \rangle}{3} = \frac{nb^2}{3} \tag{8.14}$$

接下来，使网络发生形变，从而使 x、y、z 方向的长度变为现在的 l_x、l_y、l_z。网络的形变可描述为

$$\begin{aligned} r_x &= \lambda_x R_x \\ r_y &= \lambda_y R_y \\ r_z &= \lambda_z R_z \end{aligned} \tag{8.15}$$

其中，x、y、z 方向的拉伸比 λ 为

$$\lambda_x = \frac{l_x}{L_x}, \lambda_y = \frac{l_y}{L_y}, \lambda_z = \frac{l_z}{L_z} \tag{8.16}$$

这里我们假设形变是均质（且是仿射）的，即交联间各个链的拉伸在空间上相互独立，并可通过本体网络的拉伸（也就是通过上式）来进行描述。因此，形变后链在 x、y、z 方向的均方长度为

$$\begin{aligned} \langle r_x^2 \rangle &= \lambda_x^2 \langle R_x^2 \rangle \\ \langle r_y^2 \rangle &= \lambda_y^2 \langle R_y^2 \rangle \\ \langle r_z^2 \rangle &= \lambda_z^2 \langle R_z^2 \rangle \end{aligned} \tag{8.17}$$

单根链的自由能变化为

$$\begin{aligned} \langle \Delta \Psi \rangle &= \frac{3k_B T}{2nb^2} \left(\langle \boldsymbol{r}^2 \rangle - \langle \boldsymbol{R}^2 \rangle \right) \\ &= \frac{3k_B T}{2nb^2} \left(\langle r_x^2 \rangle + \langle r_y^2 \rangle + \langle r_z^2 \rangle - \langle R_x^2 \rangle - \langle R_y^2 \rangle - \langle R_z^2 \rangle \right) \\ &= \frac{3k_B T}{2nb^2} \left(\lambda_x^2 \langle R_x^2 \rangle + \lambda_y^2 \langle R_y^2 \rangle + \lambda_z^2 \langle R_z^2 \rangle - \langle R_x^2 \rangle - \langle R_y^2 \rangle - \langle R_z^2 \rangle \right) \\ &= \frac{k_B T}{2} \left(\lambda_x^2 + \lambda_y^2 + \lambda_z^2 - 3 \right) \end{aligned} \tag{8.18}$$

其中，$\langle R_x^2 \rangle = \langle R_y^2 \rangle = \langle R_z^2 \rangle = \frac{nb^2}{3}$。整个网络总自由能的平均变化量 $\langle \Delta \Psi_{\text{net}} \rangle$ 可以计算为单个聚合物的自由能变化，若单位体积的聚合物数量为 ρ_n（数量密度），网络的总体积 $V = L_x L_y L_z$，则

$$\langle \Delta \Psi_{\text{net}} \rangle = \frac{\rho_n V k_B T}{2} \left(\lambda_x^2 + \lambda_y^2 + \lambda_z^2 - 3 \right) \tag{8.19}$$

现在考虑在 x 方向施加单轴拉伸的情况。固定一端，对另一端施加载荷，则 x 方向的形变后长度为

$$l_x = \lambda L_x \tag{8.20}$$

根据泊松定理，在 y 轴与 z 轴方向会发生收缩。为了简化，现在假设整个网络是不可

压缩的。这样我们可以计算 y 和 z 方向上的拉伸。特别是，如果网络在形变前后保持体积不变，即

$$L_x L_y L_z = \lambda L_x \lambda_y L_y \lambda_z L_z \tag{8.21}$$

为使式（8.21）成立，则有

$$\lambda_y = \lambda_z = \frac{1}{\sqrt{\lambda}} \tag{8.22}$$

因此

$$\langle \Delta \Psi_{\text{net}} \rangle = \frac{\rho_n V k_B T}{2} - \left(\lambda^2 + \frac{2}{\lambda} - 3 \right) \tag{8.23}$$

则求得 x 轴所受的力为

$$f_x = \frac{\partial \Delta \Psi_{\text{net}}}{\partial l_x} = \rho_n A k_B T \left(\lambda - \frac{1}{\lambda^2} \right) \tag{8.24}$$

其中，$A = L_y L_z$ 是未形变截面积（作为练习对其进行证明），则 x 方向的轴向应力为

$$\sigma = \frac{f_x}{A} = \rho_n k_B T \left(\lambda - \frac{1}{\lambda^2} \right) \tag{8.25}$$

在极限小应变前提下有

$$\left(\lambda - \frac{1}{\lambda^2} \right) \approx 3\varepsilon \tag{8.26}$$

联立式（8.25）和式（8.26），则可得出

$$\sigma = 3\rho_n k_B T \varepsilon \tag{8.27}$$

分析结果表明，当我们假设发生小形变，且网络为线弹性、各向同性且不可压缩时，网络的杨氏模量 $E = 3\rho_n k_B T$。有几个问题需要注意。首先，网络的刚度与纤维丝密度 ρ_n 呈线性比例关系，这与式（8.2）的结果相似，即所有单元格的梁都是轴向形变时，也存在网络刚度与纤维密度的线性关系，而当发生弯曲形变时，线性关系则不成立。这不奇怪，因为在类橡胶网络中，理想链表现为一种熵弹簧，在弯曲时不会产生力。其次，当温度升高时，网络的刚度增大，这一点与其他大多数工程材料相比也较为特殊。由于在熵弹簧构成的网络中，网络的刚度全部来自令单根聚合物伸直所消耗的熵，聚合物变直并失去了复杂的构型。而温度升高增加了这一消耗的熵减，因此材料的弹性模量会大大提高。

利用应变能对各向异性的仿射网络建模

在上一节中，我们推导出了柔性聚合物类橡胶网络的有效杨氏模量。在推导过程中，我们假设纤维均是各向同性排列的，即纤维的排列并没有特定方向，此外还假设网络是不可压缩的。然而，在某些情况下，我们可能希望放宽这些假设。

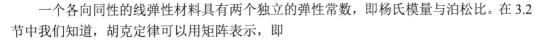

一个各向同性的线弹性材料具有两个独立的弹性常数，即杨氏模量与泊松比。在 3.2 节中我们知道，胡克定律可以用矩阵表示，即

$$\boldsymbol{\sigma} = \boldsymbol{C}\boldsymbol{\varepsilon} \tag{8.28}$$

其中，$\boldsymbol{\sigma}$ 和 $\boldsymbol{\varepsilon}$ 为 6×1 的向量，则 $\boldsymbol{C}$ 为 6×6 的向量，但向量 $\boldsymbol{C}$ 也必须为对称的，这样即使对于完全各向异性的线弹性材料来说，也仅存在 21 个独立的弹性模量。

$$\boldsymbol{C} = \begin{pmatrix} C_{11} & C_{12} & C_{13} & C_{14} & C_{15} & C_{16} \\ C_{21} & C_{22} & C_{23} & C_{24} & C_{25} & C_{26} \\ C_{31} & C_{32} & C_{33} & C_{34} & C_{35} & C_{36} \\ C_{41} & C_{42} & C_{43} & C_{44} & C_{45} & C_{46} \\ C_{51} & C_{52} & C_{53} & C_{54} & C_{55} & C_{56} \\ C_{61} & C_{62} & C_{63} & C_{64} & C_{65} & C_{66} \end{pmatrix} \tag{8.29}$$

式中，$C_{ij} = C_{ji}$。在本节中，我们将演示一个各向异性排列的弹性杆网络在仿射形变下的 21 个弹性模量的计算。不过在此之前，我们先讨论一下根据应变能密度计算弹性模量的方法，这个方法对于以下一些章节内容的讲解都非常有帮助。

> **释注**
>
> **向量 $\boldsymbol{C}$ 的对称性**。读者可能不会马上明白 $\boldsymbol{C}$ 对称的原因。假设在一种复杂的复合材料中，有许多沿 z 轴方向排列的纤维。在这种各向异性的情况下，为何在 z 方向上施加应变引起 x 方向上的应力会与在 x 方向上施加同一应变导致的 z 方向的应力相等呢？对于一个弹性材料来说，应该具有应变能函数：
>
> $$w(\varepsilon) = \frac{\boldsymbol{\sigma}\boldsymbol{\varepsilon}}{2} = \frac{\boldsymbol{C}\boldsymbol{\varepsilon}\boldsymbol{\varepsilon}}{2}$$
>
> 因此，
>
> $$\boldsymbol{C} = \frac{\partial^2 W}{\partial \varepsilon^2}$$
>
> 由于阶或微分并不会影响结果，因此该方程是对称的。

从应变能密度推算出弹性模量

对于线弹性材料来说，弹性模量与应变和应力有关。对于一个由各向同性的线弹性材料构成的杆状结构来说，杨氏模量 E 给出了其在抵抗单轴应力时的刚度，并将单轴应变 ε 与应力 σ 相关联：

$$\boldsymbol{\sigma} = E\boldsymbol{\varepsilon} \tag{8.30}$$

在 5.1 节中，我们介绍了应变能的概念。为方便起见，我们将应变能密度表示为 $\mathrm{d}W$，但在这里，我们将保留 W 为总应变，小写的 w 也仍表示应变能密度。在式（5.6）中，应变能密度或单位体积的应变能，等于应力与应变分量乘积的一半，即

$$w = \frac{\sigma \varepsilon}{2} \tag{8.31}$$

联立式（8.30）和式（8.31），可得到用 E 和 ε 表示的应变能密度 w 为

$$w = \frac{1}{2} E \varepsilon^2 \tag{8.32}$$

式（8.32）表明，若已知应变能密度与应变之间的关系，则可以计算出杆的杨氏模量 E。特别是，我们看到 E 可以通过求应变能密度的微分得到

$$\frac{\partial^2 w}{\partial \varepsilon^2} = \frac{\partial^2 \frac{1}{2} E \varepsilon^2}{\partial \varepsilon^2} = \frac{\partial E \varepsilon}{\partial \varepsilon} = E \tag{8.33}$$

在这一简单例子中，我们假设了该杆状结构由各向同性的线弹性材料组成。但该等式同样适用于完全各向异性的线弹性材料。假设一连续体发生无限小的、均匀的形变（由应变张量表示）。该形变引起的应力状态由相应的应力张量表示。与式（8.33）中由应变能密度对应变微分求杨氏模量的计算方法类似，所有 21 个独立弹性模量的 C 可表示为

$$C = \begin{pmatrix} \dfrac{\partial^2 w}{\partial \varepsilon_{xx} \partial \varepsilon_{xx}} & \dfrac{\partial^2 w}{\partial \varepsilon_{xx} \partial \varepsilon_{yy}} & \dfrac{\partial^2 w}{\partial \varepsilon_{xx} \partial \varepsilon_{zz}} & \dfrac{\partial^2 w}{\partial \varepsilon_{xx} \partial \varepsilon_{xy}} & \dfrac{\partial^2 w}{\partial \varepsilon_{xx} \partial \varepsilon_{yz}} & \dfrac{\partial^2 w}{\partial \varepsilon_{xx} \partial \varepsilon_{xz}} \\[2ex] \dfrac{\partial^2 w}{\partial \varepsilon_{yy} \partial \varepsilon_{xx}} & \dfrac{\partial^2 w}{\partial \varepsilon_{yy} \partial \varepsilon_{yy}} & \dfrac{\partial^2 w}{\partial \varepsilon_{yy} \partial \varepsilon_{zz}} & \dfrac{\partial^2 w}{\partial \varepsilon_{yy} \partial \varepsilon_{xy}} & \dfrac{\partial^2 w}{\partial \varepsilon_{yy} \partial \varepsilon_{yz}} & \dfrac{\partial^2 w}{\partial \varepsilon_{yy} \partial z} \\[2ex] \dfrac{\partial^2 w}{\partial \varepsilon_{zz} \partial \varepsilon_{xx}} & \dfrac{\partial^2 w}{\partial \varepsilon_{zz} \partial \varepsilon_{yy}} & \dfrac{\partial^2 w}{\partial \varepsilon_{zz} \partial \varepsilon_{zz}} & \dfrac{\partial^2 w}{\partial \varepsilon_{zz} \partial \varepsilon_{xy}} & \dfrac{\partial^2 w}{\partial \varepsilon_{zz} \partial \varepsilon_{yz}} & \dfrac{\partial^2 w}{\partial \varepsilon_{zz} \partial \varepsilon_{xz}} \\[2ex] \dfrac{\partial^2 w}{\partial \varepsilon_{xy} \partial \varepsilon_{xx}} & \dfrac{\partial^2 w}{\partial \varepsilon_{xy} \partial \varepsilon_{yy}} & \dfrac{\partial^2 w}{\partial \varepsilon_{xy} \partial \varepsilon_{zz}} & \dfrac{\partial^2 w}{\partial \varepsilon_{xy} \partial \varepsilon_{xy}} & \dfrac{\partial^2 w}{\partial \varepsilon_{xy} \partial \varepsilon_{yz}} & \dfrac{\partial^2 w}{\partial \varepsilon_{xy} \partial \varepsilon_{xz}} \\[2ex] \dfrac{\partial^2 w}{\partial \varepsilon_{yz} \partial \varepsilon_{xx}} & \dfrac{\partial^2 w}{\partial \varepsilon_{yz} \partial \varepsilon_{yy}} & \dfrac{\partial^2 w}{\partial \varepsilon_{yz} \partial \varepsilon_{zz}} & \dfrac{\partial^2 w}{\partial \varepsilon_{yz} \partial \varepsilon_{xy}} & \dfrac{\partial^2 w}{\partial \varepsilon_{yz} \partial \varepsilon_{yz}} & \dfrac{\partial^2 w}{\partial \varepsilon_{yz} \partial \varepsilon_{xz}} \\[2ex] \dfrac{\partial^2 w}{\partial \varepsilon_{xz} \partial \varepsilon_{xx}} & \dfrac{\partial^2 w}{\partial \varepsilon_{xz} \partial \varepsilon_{yy}} & \dfrac{\partial^2 w}{\partial \varepsilon_{xz} \partial \varepsilon_{zz}} & \dfrac{\partial^2 w}{\partial \varepsilon_{xz} \partial \varepsilon_{xy}} & \dfrac{\partial^2 w}{\partial \varepsilon_{xz} \partial \varepsilon_{yz}} & \dfrac{\partial^2 w}{\partial \varepsilon_{xz} \partial \varepsilon_{xz}} \end{pmatrix} \tag{8.34}$$

式（8.34）的结果用处很大，它表明只要我们将应变能密度与应变的函数关系公式化，我们就能求出网络的有效弹性模量。

示例 8.1：由应变能求出细胞骨架弹性模量

如果观察一个非常薄的细胞的胞质，会发现远离细胞核的区域，细胞骨架的主要纤维丝水平排列在松散的层中，如果给定一个截面的应变能密度：

$$w = 0.5 C_{11} \left(\varepsilon_{xx}^2 + \varepsilon_{yy}^2 \right) + 0.5 C_{33} \left(\varepsilon_{zz}^2 \right) + C_{12} \varepsilon_{xx} \varepsilon_{yy} + C_{13} \varepsilon_{zz} \left(\varepsilon_{xx} + \varepsilon_{yy} \right)$$

$$+ 0.5 C_{44} \left(\varepsilon_{xx}^2 + \varepsilon_{yy}^2 \right) + 0.25 \left(C_{11} - C_{12} \right) \varepsilon_{xz}^2$$

计算出应力-应变关系，并确定此模型中存在的一般对称类型（如果存在）。

根据式（8.5）中表示的张量，C 可用分量表示为

$$C = \begin{pmatrix} C_{11} & C_{12} & C_{13} & 0 & 0 & 0 \\ C_{12} & C_{11} & C_{13} & 0 & 0 & 0 \\ C_{13} & C_{13} & C_{33} & 0 & 0 & 0 \\ 0 & 0 & 0 & C_{44} & 0 & 0 \\ 0 & 0 & 0 & 0 & C_{44} & 0 \\ 0 & 0 & 0 & 0 & 0 & \dfrac{C_{11} - C_{12}}{2} \end{pmatrix}$$

上述所表示的是与横向各向同性有关的材料，即该材料在纵向上有一组属性，在垂直于纵向的任一横轴方向均具有另一组属性。

各向异性的仿射网络弹性模量可通过应变能密度与角分布函数计算得出

在讨论过应变能密度与弹性模量的关系之后，我们再来关注如何计算出各向异性网络仿射形变时的弹性模量。假设有一个由交联弹性杆组成的网络。为了简化计算，假设这些杆均为圆柱体，并且具有相同的长度与横截面积。该网络包含在一个边长为 L 的立方体内，其总体积 $V_{\text{net}} = L^3$。假设交联处能自由转动，即纤维之间角度的变化没有能量损耗。假设每根杆都具有一个取向，其取决于单位向量 n 及其分量：

$$n = \begin{pmatrix} n_x \\ n_y \\ n_z \end{pmatrix} \tag{8.35}$$

构造一个角密度概率函数 $\omega(n)$，它定义了纤维丝在单位球面的分布，根据惯例将其注释为 S^2，则角概率密度函数有

$$\int_{S^2} \omega(n)\mathrm{d}S = 1 \tag{8.36}$$

这将总概率归一化为 1。接下来，考虑网络承受的载荷。回想一下，假设该形变是仿射形变，杆相对于彼此将能自由转动并且能经受一定程度的拉伸，则对于一个具有杨氏模量 E_{rod} 和体积 V_{rod} 的弹性杆，将其拉伸 λ 倍的总应变能为

$$W_{\text{rod}}(\lambda) = \frac{V_{\text{rod}} E_{\text{rod}}}{2}(\lambda - 1)^2 \tag{8.37}$$

单根纤维轴向形变的程度取决于网络形变及纤维的取向。在小形变时，当施加 ε 的应变，纤维沿向量 n 方向取向的拉伸量约为

$$\lambda(\varepsilon, n) = \varepsilon_{xx} n_x^2 + \varepsilon_{yy} n_y^2 + \varepsilon_{zz} n_z^2 + \varepsilon_{xy} n_x n_y + \varepsilon_{xz} n_x n_z + \varepsilon_{yz} n_y n_z \tag{8.38}$$

纤维分布角度满足 $w(n)$ 的网络结构，其总应变能为

$$W_{\text{net}}(\varepsilon) = \int_{S^2} W_{\text{rod}}[\lambda(\varepsilon, n)]\omega(n)N\mathrm{d}S = \frac{V_{\text{rod}} E_{\text{rod}} N}{2} \int_{S^2} (n^T \varepsilon n - 1)^2 \omega(n)\mathrm{d}S \tag{8.39}$$

式中，N 为杆的总数量，应变能密度可通过总应变能除以未形变体积求得，即

$$W_{net}(\boldsymbol{\varepsilon}) = \frac{\rho_{rod}E_{rod}N}{2}\int_{S^2}(\boldsymbol{n}^T\boldsymbol{\varepsilon n}-1)^2\omega(\boldsymbol{n})\mathrm{d}S \qquad (8.40)$$

式中，$\rho_{vol} = N_{rod}V_{rod}/V_{net}$，是网络中杆的体积分数。式（8.40）表明了应变能密度与应变的关系。联立式（8.40），可用式（8.34）计算之前提到的 21 个独立的弹性模量。对于绝大多数角度分布情况，上述式中的积分和导数很难有解析解，但可以利用数值方法计算数值解。通过式（8.40）可以发现，弹性模量与聚合物密度呈线性相关。这类似于我们对拉伸主导的类橡胶网络及细胞固体模型形变分析时观察到的密度线性相关。

8.4　细胞骨架结构及其生物力学功能

以上我们主要讨论了建立有效力学行为与网络微观结构性能之间的关系。从本节开始，我们将着重讨论具体的细胞骨架力学，尤其是红细胞骨架及细胞丝状伪足中交联的肌动蛋白束。尽管这些不同的骨架结构在调节生物功能中的作用是目前研究的热点，但是我们在这一节中将进行简化分析，研究这些结构中发现的构型是否最适合发挥其生物学功能。

丝状伪足是参与细胞运动的肌动蛋白纤维交联束

首先，从讨论细胞丝状伪足开始我们的结构分析。在细胞迁移（将在第 10 章讨论）的过程中，会发生几种细胞骨架结构的改变，尤其会发生在细胞的两个特殊区域，即细胞的前缘（细胞移动的领先部分）与后缘（跟随细胞移动的后半部分）。丝状伪足是一种动态的结构，由爬行细胞前缘中相互交联的肌动蛋白束构成。伪足形态上呈手指状，并且被认为是细胞移动时的"触角"（图 8.5）。这些肌动蛋白束从前缘挤压着细胞膜迅速生长出来，并以 0.1μm/s 的速度形成杆状结构，然后回缩。丝状伪足突出与回缩共经历 100s 左右的时间。丝状伪足一般长 1～5μm，直径约为 0.2μm，单个丝状伪足一般含有 20～30 个平行排列的肌动蛋白丝，倒钩状的末端位于细胞膜侧，由肌成束蛋白交联。肌动蛋白丝的末端有加帽蛋白（capping protein），它们将肌动蛋白细丝包裹起来以抑制其进一步生长。

目前，细胞形成丝状伪足及调整其结构的方式是研究的热点。但目前，甚至是它们结构的一些根本问题也都尚未可知，如肌动蛋白丝交联的紧密程度等。在本节中，我们将分析力学在调节丝状伪足结构中的作用，特别是，我们要确定丝状伪足在它们经受力学破坏前的最大长度。这一分析动机来自两个观察：丝状伪足是细长的结构，并且通常是直的（图 8.5）。所以丝状伪足可能具有特殊的结构来抵抗弯曲。我们将研究两种极端状况下丝状伪足的力学行为：①无交联存在时的情况；②交联程度非常高时的情况。

丝状伪足中的肌动蛋白丝可建模为受屈曲载荷的弹性梁

首先，我们应先确定是否将丝状伪足肌动蛋白丝看作能量或熵（或两者同时）主导的聚合物。在 7.3 节中，我们知道 F-肌动蛋白的持续长度约为 10μm，而丝状伪足要短很多，长度约为 1μm。由于肌动蛋白的持续长度比丝状伪足中纤维丝的平均长度大一个数量级，因此我们将忽略熵的贡献，仅将肌动蛋白丝看作一个弹性梁。由于我们对丝状伪足的弯曲行为感兴趣，因此我们将寻找屈曲载荷（buckling load）与梁的力学性质及几何构型之间的关系。在 3.2 节中，我们已经分析了一段长度为 L 的弹性梁一端固定，而另一自由端受轴向力 F 作用时的屈曲行为（图 8.6）。我们发现，当轴向力 F 超过梁的压曲临界力 F_{buckle} 时，梁就会发生屈曲（见第 3 章，问题 18）：

$$F_{buckle} = \frac{\pi^2 EI}{4L^2} \tag{8.41}$$

式中，E 是弹性模量；I 是转动惯量。

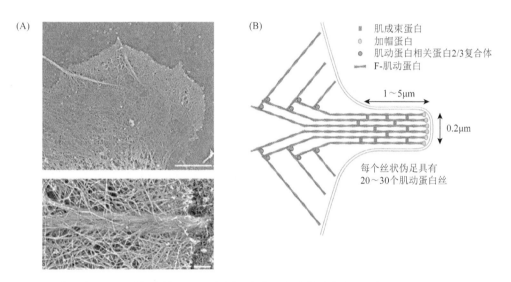

图 8.5　丝状伪足中的细胞骨架结构。（A，上图）电镜下片状伪足中微丝骨架的结构。可以看到，片状伪足中存在致密的肌动蛋白网络。细胞前缘有若干丝状伪足突出。（A，下图）丝状伪足的放大特写图，可以观察到丝状伪足中排列整齐的肌动蛋白丝束。（B）丝状伪足中几种重要的蛋白质。肌动蛋白纤维丝由肌成束蛋白交联而成束。[A 来源于 Mejillano MR et al.（2004）. Cell.]

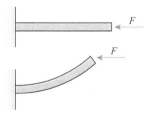

图 8.6　一端固定的梁受轴向力 F 的示意图。当 F 超过压曲临界力时，梁会发生屈曲。

释注
　　基于图像的细胞骨架网络建模。利用图像分析可以量化几种细胞骨架网络中纤维丝的角度分布，并且可以引入式（8.40）描述的模型中，模拟这些基于图像获得的真实微结构的网络力学行为。

扩展材料：交联与"悬空"端

在如细胞骨架这类高分子聚合物构成的网络中，单个聚合物在其跨距上通常会存在多个交联点，但在靠近聚合物末端的地方，通常是"悬空"的，也就是说接近聚合物末端位置通常会有一个自由链片段，其两端均不受交联的限制。这样的自由链片段通常影响着网络的密度，但并不影响网络的应变能。由于载荷只通过交联进行传递，因此聚合物的弯曲与拉伸也只发生在交联之间。由于自由链端是"悬空"的，因此其似乎并不会发生弯曲或拉伸。在式（8.40）中，为简化计算，我们假设自由链端满足仿射形变，虽然这种假设也许不符合真实的生理状况，但考虑到自由链端对于整体应变能的贡献非常微小，因此这种假设是可接受的。

细胞膜在丝状伪足末端施加力

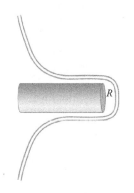

图8.7 柱形纤维束使膜突起。细胞膜作用在纤维束的力与圆柱半径成比例。

确定了与压曲临界力的关系后，我们需要估计一下施加在丝状伪足末端的力。在丝状伪足形成的过程中，肌动蛋白束产生抵抗细胞膜的力，并形成一个局部突起。将肌动蛋白束看作一个半径为 R 的理想圆柱体（图8.7），则膜产生的力 F_{mem} 可以通过同时纵切圆柱体与膜来进行估算。膜产生的合力等于膜的表面张力 n 与圆柱体周长的乘积：

$$F_{mem} = 2\pi R n \qquad (8.42)$$

我们将式（8.42）运用于真实情况中。我们利用微吸管吸吮技术测得中性粒细胞的表面张力约为 35pN/μm，则半径为 100nm 的丝状伪足上的力为 22pN。不过这样得到的力可能仅是保守估算，因为其中并没有考虑到膜的弯曲，以及膜与细胞皮层的连接断裂，而这两者均是抵抗突起的阻力。经实验发现，中性粒细胞内形成丝状伪足样膜锚栓需要约 50pN 的力，因此我们假设 $F_{mem} = 50\text{pN}$。

在无交联情况下屈曲前的丝状伪足最大长度要小于体内观察所得长度

利用式（8.42）及 F_{mem} 的估计，可以计算出发生屈曲之前丝状伪足的最大长度。首先，假设肌动蛋白束之间无交联，每根肌动蛋白束含有 $n = 30$ 根肌动蛋白纤维丝，每根肌动蛋白纤维丝的半径 $R_{actin} = 3.5\text{nm}$，杨氏模量 $E_{actin} = 1.9\text{GPa}$，每根肌动蛋白纤维丝所受到的压缩力为 F_{mem}/n，则丝状伪足发生屈曲之前的最大长度为

$$L_{\text{nocl}} = \sqrt{\frac{\pi^2 E_{\text{actin}} I_{\text{actin}}}{4 F_{\text{buckle}}}} = \sqrt{\frac{\pi^2 E_{\text{actin}} \dfrac{\pi R_{\text{actin}}^4}{4}}{4 \dfrac{F_{\text{buckle}}}{n}}} \tag{8.43}$$

代入上述的值，得到弯曲之前的最大长度 $L_{\text{nocl}} = 0.57\mu\text{m}$。即含有 30 根肌动蛋白丝且无交联存在的丝状伪足，在发生弯曲之前能达到的最大长度为 $0.57\mu\text{m}$。这个长度明显小于体内观察到的丝状伪足长度（$1\sim5\mu\text{m}$），这表明，当交联不存在时，丝状伪足便不具有能充分延伸的力学性质。接下来，我们将讨论当交联存在时的情况。

交联可延长丝状伪足屈曲前的最大长度

我们考虑对一束圆柱形钢梁进行类比分析。为模拟高度交联情况，我们假设将所有的钢梁均焊接在一起，形成近似圆柱形的束。当焊接的梁数量越多时，所形成的"束"越接近圆柱体，其力学行为也会越近似于一个同等半径的圆柱体。受此类比的启发，作为第一个近似，我们将假设具有高度交联的肌动蛋白束将表现成一根有效半径为 R_{bundle} 的弹性梁（图 8.8）。为计算这一半径，我们知道对于一束由 n 根肌动蛋白纤维丝组成的束，其 F-肌动蛋白的整体截面积为

$$n\pi R_{\text{actin}}^2 = \pi \left(\sqrt{n} R_{\text{actin}} \right)^2 \tag{8.44}$$

从式（8.44）右侧括号内的项得出了与 n 个肌动蛋白纤维横截面积相等的圆柱体半径，以及"束"的有效半径为

$$R_{\text{bundle}} = \sqrt{n} R_{\text{actin}} \tag{8.45}$$

则该"束"的转动惯量为

$$I_{\text{bundle}} = \frac{\pi R_{\text{bundle}}^4}{4} = \frac{\pi \left(\sqrt{n} R_{\text{actin}} \right)^4}{4} \tag{8.46}$$

最后假设 $F_{\text{buckle}} = F_{\text{mem}}$，即丝状伪足的弯曲载荷等于细胞膜向外施加的力，可得

$$L_{\text{cl}} = \sqrt{\frac{\pi^2 E_{\text{actin}} I_{\text{bundle}}}{4 F_{\text{buckle}}}} = \sqrt{\frac{\pi^2 E_{\text{actin}} \dfrac{\pi \left(\sqrt{n} R_{\text{actin}} \right)^4}{4}}{4 F_{\text{mem}}}} \tag{8.47}$$

代入各参数数值，可得 $L_{\text{cl}} = 3.2\mu\text{m}$。也就是说，一个高度交联的丝状伪足，屈曲前的最大长度为 $3.2\mu\text{m}$。比较式（8.43）与式（8.47），可得 $L_{\text{cl}}/L_{\text{nocl}}$ 为 $\sqrt{n}$。这表明，丝状伪足的肌动蛋白纤维丝越多，交联的存在对于丝状伪足的屈曲长度影响越大。

目前，我们在体内观察到的丝状伪足长度为 $1\sim5\mu\text{m}$，以上分析表明，若不存在交联，丝状伪足在达到该长度之前就会发生屈曲。但当丝状伪足中的肌动蛋白丝高度交联时，它们则能更好地抵抗这种长度的弯曲。不过偶尔观察到的丝状伪足长度能远超过几十微米，这表明，也许还存在其他的机制与交联作用相协同，稳定其中的肌动蛋白束，如肌动蛋白束周围的细胞膜膜鞘对横向形变的约束等。

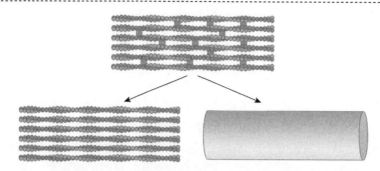

图 8.8 　分析丝状伪足的两种近似方法。左图假设丝状伪足中的肌动蛋白丝没有相互交联，右图假设伪足中的肌动蛋白丝束高度交联，近似于单个大圆柱体。

红细胞的细胞骨架结构是否更为优化

现在，我们将讨论另一种细胞骨架结构，这种骨架结构在生物学功能中非常重要，即高度结构化的红细胞细胞骨架。红细胞的细胞骨架对于其功能来说非常重要，为了给机体的各部分运输氧气，红细胞必须能够挤过狭窄的毛细血管（许多毛细血管的直径比红细胞本身还小），然后在通过后再恢复到原来的形态。红细胞的这种形变能力很大程度来自其细胞骨架的力学特性。

在红细胞中，细胞骨架与细胞膜连接，形成一个二维的网络结构。这一网络的主要成分为一种称为*血影蛋白*（spectrin）的聚合物，血影蛋白聚合物分子在不同的顶点或"连接点"处连接。每个连接点都是由几种蛋白形成的复合体，其中也包括 F-肌动蛋白，连接点将血影蛋白聚合物分子交联，同时也将细胞骨架结构锚定在细胞膜上。此外，在沿血影蛋白分子的轴向也存在蛋白复合体，直接将血影蛋白分子锚定于细胞膜上。一般来说，每个连接点能发散出 6 个血影蛋白分子，该连接点被认为具有六重连通性。同时也存在连接有 4 个血影蛋白分子的连接点，这样的网络具有四重连通性（图 8.9）。

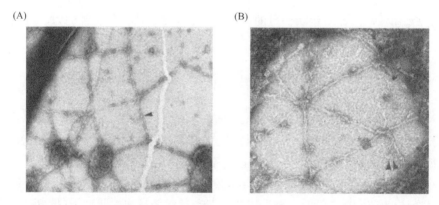

(A)　　　　　　　　　　　　　　　　(B)

图 8.9 　具有不同连通性的红细胞细胞骨架的电镜图片。（A）四重连通。（B）六重连通。[引自 Byers TJ et al.（1985）. Proc. Natl. Acad. Sci. USA.]

接下来，我们主要分析不同的连通性会带来哪些结构与功能的不同呢？随着用于红细胞细胞骨架分析与计算的工具越来越精细化和复杂化，人们对血影蛋白这一特殊微结构在红细胞力学行为中作用的认识也逐渐明晰。不过仅经过简单的分析，我们也可以了解很多信息。在下一节中，我们将对红细胞细胞骨架的聚合物力学行为及其微结构进行分析，评估红细胞细胞骨架模型的力学性能。通过分析六重连通性与四重连通性给网络结构带来的力学行为的差异，我们还可以揭示六重连通或许优于四重连通的原因。

利用二维剪切模量与面应变能密度分析薄层结构

红细胞的细胞骨架结构非常薄，厚度约为 100nm，与其横向尺度（微米级）相比非常小。对于这样的结构，我们通常并不关心其应变与应力随厚度的变化，因此数学上可通过将厚度积分掉而将该结构简化为二维结构。为了实现这种简化，假设有一个长为 l、高为 h、厚为 d 的三维方块，剪切模量为 G 并处于受剪切状态（图 8.10）。在 3.2 节中我们知道，通过使该方块的顶面发生一微小位移 δ 来对方块施加剪切，方块侧面与垂直方向存在角度 γ。已知，

$$
\begin{aligned}
\gamma &= \frac{\partial u}{\partial y} + \frac{\partial v}{\partial y} \\
&= \frac{\delta}{h} \\
&= \tan\gamma \\
&= \gamma
\end{aligned}
\tag{8.48}
$$

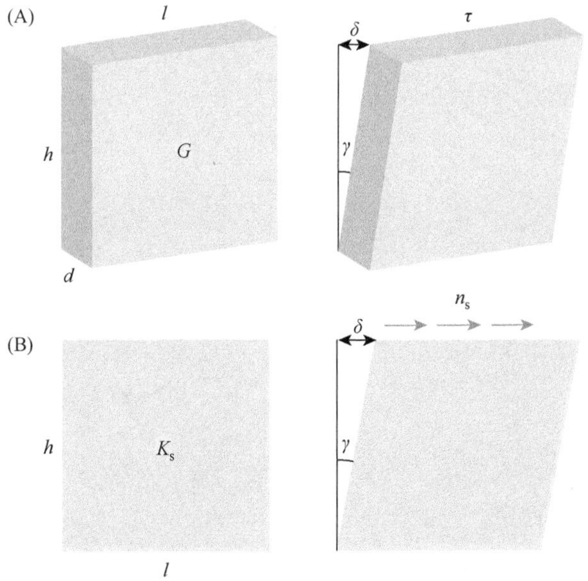

图 8.10　将受剪切应变的三维薄层结构视为二维结构的处理方法。（A）长、宽、厚分别为 l、h、d 的方块，剪切模量为 G，剪切应力为 τ，剪切应变为 γ，其顶面发生的小位移为 δ。（B）通过积分掉薄层三维结构的厚度，将其简化为二维结构，该结构的单位厚度剪切模量为 K_s，并在每单位长度 n_s 上受剪切应力而发生剪切应变 γ。

当角度很小时，可得到最后一行的小角度近似。式（8.48）表明，对于小的剪切形变来说，（工程）剪切应变就是与垂直方向形成的角度 γ。剪切模量 G 将剪切应力 τ 与（工程）剪切应变 γ 关联起来，有

$$\tau = G\gamma \tag{8.49}$$

通过类比式（8.33）可知，各向同性的线弹性材料在剪切应变 γ 下的应变能密度为

$$w = \frac{1}{2}G\gamma^2 \tag{8.50}$$

可推出

$$G = \frac{\partial^2 w}{\partial \gamma^2} \tag{8.51}$$

若假设厚度 d 极小，则可将该三维方块视为二维结构。定义单位长度剪切应力 n_s 来替代剪切应力（单位面积的力），则有

$$n_s = \tau d \tag{8.52}$$

假设整个厚度上的剪切应力恒定，则单位长度的剪切应力与工程剪切应变存在以下关系：

$$n_s = K_s\gamma \tag{8.53}$$

其中，K_s 为单位厚度的剪切模量，有

$$K_s = Gd \tag{8.54}$$

类似于式（8.50），面积应变能密度或每单位未形变面积（相对于体积）的应变能 w_a 为

$$w_a = \frac{1}{2}K_s\gamma^2 \tag{8.55}$$

对面积应变能密度求微分，得到剪切模量为

$$K_s = \frac{\partial^2 w_a}{\partial \gamma^2} \tag{8.56}$$

六重连通有利于抵抗剪切

由式（8.56）可以计算红细胞的细胞骨架在六重或四重连通情况下的 K_s。我们想先求出在给定剪切应变 γ 下总应变能 W 的变化量，用其除以形变前的面积得到 w_a，并通过式（8.56）得到 K_s。

为了得到面积应变能密度的关系式，首先我们需要对聚合物及其微结构进行建模。在一个细胞中，血影蛋白聚合物的伸直长度 $L = 200\text{nm}$，持续长度 $\ell_p = 15\text{nm}$，连接点之间相隔 75nm。由于 $\ell_p \ll L$，并且血影蛋白分子未完全伸展，因此可以将细胞骨架看成一个熵弹簧构成的网络进行分析，弹簧常数 $k_{sp} = (3k_B T)/(2(L\ell_p))$（见 7.4 小节），由可自由转动的交联点连接。

为了简化分析，我们只分析一个"单元细胞格"网络而不是整个网络。假设有一个由弹簧常数 k_{sp} 的弹簧构成的六重连通网络。如果我们使用弹簧组成的等边三角形弹簧作

为单元格细胞的网络，则从图 8.11 我们可以看到，每对相邻的三角形在两个连接点之间各贡献一根弹簧，从而使两连接点之间具有 2 根弹簧常数为 k_{sp} 的弹簧（等价于一根弹簧常数为 $2k_{sp}$ 的弹簧），因此我们将等边三角形边的弹簧常数修正为 $k_{sp}/2$。

现在假设弹簧组成的等边三角形每边长为 R_0，则等边三角形的高为

$$h = \sqrt{R_0^2 - \left(\frac{R_0}{2}\right)^2}$$

$$= \frac{\sqrt{3}R_0}{2} \tag{8.57}$$

使顶点发生一个小位移 δ，使三角形发生剪切应变 γ（图 8.12），则有

$$\tan\gamma = \frac{\delta}{h}$$

$$= \frac{2\delta}{\sqrt{3}R_0} \tag{8.58}$$

当 γ 极小时，有 $\tan\gamma \approx \gamma$，则从式（8.58）可有

$$\delta = \frac{\sqrt{3}R_0\gamma}{2} \tag{8.59}$$

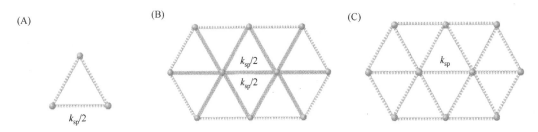

图 8.11　选择"单元细胞格"网络的合理性示意图。假设单元细胞格结构为一个等边三角形，其弹簧常数为 $k_{sp}/2$(A)。当该基本单元与相似的基本单元组合之后，连接点之间即有两条弹簧常数为 $k_{sp}/2$ 的弹簧（B）。等效之后为一个弹簧常数为 k_{sp} 的六重连通网络（C）。

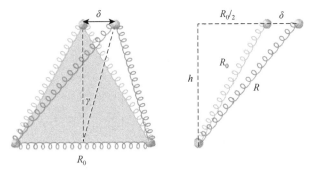

图 8.12　六重连通对称的简单模型。这个简单模型由弹簧的等边三角形组成，通过将等边三角形顶点发生一个小位移 δ，从而使三角形产生一个剪切应变 γ。

发生形变后，三角形的左右两边长分别伸长和缩短，而底边不发生变化。三角形左边弹簧的形变长度 R 在几何上等于

$$
\begin{aligned}
R &= \sqrt{h^2 + \left(\frac{R_0}{2} + \delta\right)^2} \\
&= \sqrt{\left(\frac{\sqrt{3}R_0}{2}\right)^2 + \left(\frac{R_0}{2} + \delta\right)^2} \\
&= \sqrt{R_0{}^2 + R_0\delta + \delta^2} \\
&= \sqrt{R_0{}^2 + \frac{R_0{}^2\delta}{R_0} + \frac{R_0{}^2\delta^2}{R_0{}^2}} \\
&= R_0\sqrt{1 + \frac{\delta}{R_0} + \frac{\delta^2}{R_0{}^2}}
\end{aligned}
\tag{8.60}
$$

由于 δ 非常小，因此忽略式（8.60）中 δ 的高次项，则有

$$
R \approx R_0\sqrt{1 + \frac{\delta}{R_0}}
\tag{8.61}
$$

另有

$$
\begin{aligned}
\left(1 + \frac{\delta}{2R_0}\right)^2 &= 1 + \frac{\delta}{R_0} + \frac{\delta^2}{4R_0{}^2} \\
&\approx 1 + \frac{\delta}{R_0}
\end{aligned}
\tag{8.62}
$$

因此联立式（8.61）与式（8.62），则可得

$$
\begin{aligned}
R &\approx R_0\sqrt{\left(1 + \frac{\delta}{2R_0}\right)^2} \\
&\approx R_0 + \frac{\delta}{2}
\end{aligned}
\tag{8.63}
$$

由式（8.63）可知，对于一阶，三角形左边长在形变后伸长 $\delta/2$，同理可推测，右边长会缩短相同的长度。对于弹簧常数为 k、原始长度为 R_0、新长度为 R 的弹簧来说，其应变能变化量 W_{sp} 为

$$
W_{\mathrm{sp}} = \frac{k\left(R - R_0\right)^2}{2}
\tag{8.64}
$$

总应变能变化量为三条边应变能变化量之和。假设网络弹簧常数为 $k_{\mathrm{sp}}/2$，则总应变能变化量 W 为

$$
W = W_{\mathrm{sp}}^{\mathrm{left}} + W_{\mathrm{sp}}^{\mathrm{right}} + W_{\mathrm{sp}}^{\mathrm{bottom}} = \frac{1}{2}\left(\frac{k_{\mathrm{sp}}}{2}\right)\left[\left(R_0 + \delta\big/2\right) - R_0\right]^2 + \frac{1}{2}\left(\frac{k_{\mathrm{sp}}}{2}\right)\left[\left(R_0 - \delta\big/2\right) - R_0\right]^2 + 0 = \frac{k_{\mathrm{sp}}\delta^2}{8}
$$

$$
\tag{8.65}
$$

则面积应变能密度为总应变能 W 除以三角形形变之前的面积，有

$$w_a = \frac{W^{left}}{A_{sp}} = \frac{\frac{k_{sp}\delta^2}{8}}{\frac{1}{2}R_0 h} = \frac{\frac{k_{sp}\delta^2}{8}}{\frac{1}{2}R_0 \frac{\sqrt{3}R_0}{2}} \tag{8.66}$$

将式（8.59）中 δ 与 γ 的关系式代入式（8.66），则可利用 γ 来表示面积应变能密度：

$$w_a = \frac{\sqrt{3}k_{sp}\gamma^2}{8} \tag{8.67}$$

则网络的剪切模量 K_s 为

$$K_s = \frac{\partial^2 w_a}{\partial \gamma^2} = \frac{\sqrt{3}k_{sp}}{4} \tag{8.68}$$

从式（8.68）能够发现一些有趣的现象。首先，剪切模量对网络纤维的数量、密度或体积分数没有明确的依赖性。这是由于六重连通结构需要纤维丝长度 L 与纤维密度之间具有固定关系。特别是，当我们将每个血影蛋白聚合物分子都视为一根长度为 L、截面积为 A 的杆，且假设细胞骨架网络/膜厚度为 d，则体积分数等比例于

$$\rho \sim (AL)/(L^2 d) \sim A/(Ld) \tag{8.69}$$

也就是说，体积分数与（$1/L$）呈线性关系。由于 $k_{sp} \sim 1/L$，因此 $K_s \sim \rho$。另一个有趣的发现是，我们对 K_s 的预测能够很好地与实验结果吻合。令 $b = 30\text{nm}$，$T = 300\text{K}$，$L = 200\text{nm}$，则可得 $K_s = 0.9\mu\text{N/m}$。通过实验测得的去除细胞膜的红细胞骨架平均剪切模量 $K_s = 2.4\mu\text{N/m}$。尽管实验结果比我们预测值约大三倍，但在数量级上二者是相符的。这其中的数值偏差可能来源于哪里？一种可能是我们将血影蛋白分子简化为了理想链。请记住，当 R 趋近于 L 时，真实纤维丝的刚度会增加，而理想链则不会。因此，只有当 $L \gg R$ 时，高斯近似才是最优化的，但对于红细胞的细胞骨架来说，L 仅略大于 R 的两倍长度。

四重连通对抗剪切的能力弱于六重连通

下面我们来计算四重连接的剪切模量 K_s。我们假设四重连通的单元细胞格为一个由弹簧构成的正方形格，每边的弹簧常数为 $k_{sp}/2$，长度为 R_0（图 8.13）。若使正方形顶面发生一个小位移 δ，顶边与底边长度不变，则左右两边边长为

$$R \approx \sqrt{R_0^2 + \delta^2} = R_0^2 \tag{8.70}$$

若忽略高次项 δ^2，则意味着对于一阶，左右两边的长度并未发生变化，也就是说应变能变化为 0，则 K_s 也为 0。出现这一结果是因为剪切的刚度来自弹簧长度的变化。也就是说，若弹簧的长度不发生变化，网络则不具有抵抗剪切的能力，即不具有有效刚度。

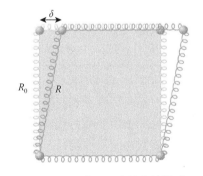

图 8.13 四重连通对称的简单模型。我们利用一个简单的正方形来模拟四重连通的弹簧网络，由于顶边发生微小位移 δ 而受剪切。

这一分析结果表明，在抵抗剪切的能力上，六重连通结构要优于四重连通结构，也有利于红细胞挤压通过狭小的毛细血管并在之后恢复其原始形态。

示例 8.2：四重连通结构的非线性

若对于式（8.70），保留二次项，结果会发生怎样的变化呢？

假设与正方形边长相比，发生的位移非常小，即 $\delta \ll R_0$，则有

$$R^2 = R_0^2 + \delta^2$$

因此

$$R = R_0 + \frac{\delta^2}{2R_0}$$

则总应变能 W 为

$$W = \frac{1}{2} \frac{k_{sp}}{2}(R - R_0)^2 + 0 + \frac{1}{2} \frac{k_{sp}}{2}(R - R_0)^2 + 0 = \frac{k_{sp}\delta^2}{8R_0^2}$$

来自上、下、左、右的贡献，并替换为 R，则应变能密度为总应变能除以面积：

$$w_a = \frac{1}{R_0^2} \frac{k_{sp}}{8} \frac{\delta^4}{R_0^2} = \frac{k_{sp}}{8}\gamma^4$$

其中剪切应变 γ 远小于 1，则剪切模量 K_s 为

$$K_s = \frac{3}{2} k_{sp}\gamma^2$$

若将上式与六重连通网络的表达式（8.68）相比，可以发现，四重连通结构的刚度非常小，一部分原因是 γ^2 项非常小。该剪切模量并不是一个常数，因为随着剪切应变的增大，剪切模量也会增大，但增大的幅度可忽略不计。

重要概念

- 建立聚合物网络模型的目的在于研究大量单根纤维丝的聚集行为，这种方法可用于在不同假设下对细胞行为进行建模。
- 尽管不能获得力学性质与网络参数的明确关系，但可以获得比例关系。例如，用细胞固体模型预测得出，在弯曲载荷主导下纤维丝弹性模量与密度之间呈平方关系，而在轴向载荷下两者呈线性关系。
- 张拉整体模型不存在弯曲，而是由抗压与抗拉结构组成的稳定结构。用该模型可预测出弹性模量与密度及预应力之间的线性关系，同时也预测出了"远距离作用"现象。

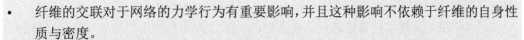

- 纤维的交联对于网络的力学行为有重要影响,并且这种影响不依赖于纤维的自身性质与密度。
- 通过应变能可以计算仿射材料的模量(即使不是各向同性的材料)。通过纤维的取向可以估计各向异性网络的行为。
- 聚合物的几何排布会影响网络结构抵抗形变的能力,六重连通(三角形)相比四重连通(正方形)在抵抗剪切时更稳固。

思考题

1. 对于一个柔性聚合物的类橡胶网络,请证明,当受单轴拉力时,使网络拉伸 l_x 长度所需的力为 $\rho A k T(\lambda - 1/\lambda^2)$。

2. 证明:对于微小应变,$\lim \lambda = 1 + \varepsilon$,并且 $\left(\lambda - \dfrac{1}{\lambda^2}\right) \approx 3\varepsilon$。

3. 计算初级纤毛的临界弯曲长度。该纤毛由 9 根微管组成,呈环状排列,如下图所示。假设相邻的微管之间互不相连,能独立发生屈曲。请说明计算时所设置的常数值,如杨氏模量、膜张力、微管的转动惯量。

4. 对于上题的例子,利用平行移轴定理证明:n 根微管的弯曲转动惯量为 $\dfrac{nR^4}{4}\left(n + \dfrac{2n^3}{\pi^2}\right)$。其中,假设每根微管都是固体杆件,半径为 r,且微管之间相互紧密交联,并假设有足够多的微管,使初级纤毛的周长近似于微管直径之和。

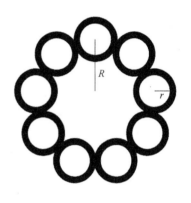

5. 利用第 4 题的结果计算初级纤毛的屈曲长度。

6. 假设有一个由立方体晶格构成的聚合物网络,立方体顶点为聚合物纤维丝的连接点。在温度 T 下,将每个聚合物看作 n 条库恩长度为 b 的理想链,进一步假设每个分子的平衡长度为 R_0,使 $R_0 = b\sqrt{2n/3}$,计算或证明以下问题:

(a) 计算网络的杨氏模量 E 及泊松比 ν。

(b) 当温度升高时,杨氏模量会如何变化,为什么?

(c) 假设聚合物的持续长度远大于其伸直长度,设其为杨氏模量 $E = 1\text{GPA}$、直径 10nm 的杆状结构,并在连接点处自由转动,此时(a)与(b)的结果会有何变化?

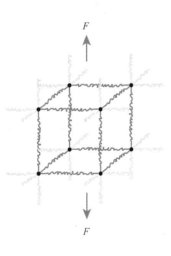

(d) 对于(c)得到的结果,你认为材料的杨氏模量与聚合物的杨氏模量及其体积分数的比例关系如何,请讨论,不需要计算。

(e) 若聚合物的连接点没有固定(它们的连接结合使得聚合物间形成的夹角固定),

则材料的剪切模量与聚合物的模量及体积分数间存在怎样的比例关系？

7. 计算四重连通与六重连通网络在正应力而非切应力作用下的力学行为，在正应力下，一种结构是否会优于另一种？假设正应力在两种连通网络上产生相似的应变。

8. 讨论以下关于支持或反对张拉整体模型理论的阐述。

（a）远距离作用的概念适用于嵌入墙中的简支梁。若在梁的自由端向下推按，则嵌入墙内的另一端必然产生反作用力。如果墙具有足够的弹性，则在距载荷施加点的较远处也会看到明显的形变。

（b）若割断活细胞内的一根肌动蛋白纤维丝，则该纤维会明显收缩，且细胞局部结构在短时间内也会发生变化，但是对于一个固定后的细胞，割断肌动蛋白纤维并不会产生任何显著变化。

9. 假设有一个各向同性的线弹性材料，其上发生一个三维形变（小形变），用应变、弹性模量 E 及泊松比表达其应变能密度。

10. 利用类似于以弯曲为主的细胞固体模型中的方法，推导式（8.8）和式（8.9）。

参考文献及注释

Boal D（2001）Mechanics of the Cell. Cambridge University Press. *该书对红细胞骨架力学进行了详细分析。本章对六重和四重连通性的分析基于该书。*

Byers TJ & Branton D（1985）Visualization of the protein associations in the erythrocyte membrane skeleton. Proc. Natl. Acad. Sci. USA 82，6153–6157. *该参考文献提供了红细胞血影蛋白骨架的优质图片，含有四重和六重连通性图像。*

Evans E & Yeung A（1989）Apparent viscosity and cortical tension of blood granulocytes determined by micropipette aspiration. Biophys. J.56，151–160. *该文章给出了用于丝状伪足屈曲分析时的膜张力估计。*

Kamm RD（2005）Molecular，Cellular，and Tissue Biomechanics（lecture notes from course number 20.310，Massachusetts Institute of Technology，Cambridge，MA）. *本章中的几种处理方法是基于 Kamm 博士为本研究生课程所作的讲义。具体包括细胞固体的等比例分析等问题。*

Kwon RY，Lew AJ & Jacobs CR（2008）A microstructurally informed model for the mechanical response of three-dimensional actin network. Comput. Meth. Biomech. Biomed. Eng.11，407–418. *该参考文献提供非各向异性仿射网络模型的一些细节描述，并对于非仿射形变模型进行了一定程度的扩展。*

Mejillano MR，Kojima S，Applewhite DA et al.（2004）Lamellipodial versus filopodial mode of the actin nanomachinery：pivotal role of the filament barbed end. Cell 118，363–373. *该参考文献评估了各种肌动蛋白结合蛋白对板状伪足和丝状伪足形成的作用，并提出了一个模型，即可以通过这些结合蛋白的调节来选择构成板状伪足或丝状伪足。*

Mogilner A & Rubinstein B（2005）The physics of filopodial protrusion. Biophys. J.89，782–795. *该文献提供了对于丝状伪足的力学和时空动力学的研究。本书中对于丝状伪足屈曲的分析基于该文献。*

Rubenstein B & Colby RH（2003）Polymer Physics. Oxford University Press. *该书提供了对橡胶网络弹性的详细介绍。*

Satcher RL & Dewey CF（1996）Theoretical estimates of mechanical properties of the endothelial cell cytoskeleton. Biophys. J.71，109–118. *该参考文献利用细胞固体理论估计了细胞骨架的弹性模量，详细介绍了在细胞固体模型中使用的一些比例分析和实验方法。*

Shao EY & Hochmuth RM（1996）Micropipette suction for measuring piconewton forces of adhesion and tether formation from neutrophil membranes. Biophys. J.71，2892–2901. *该参考文献估算了中性粒细胞内形成丝状伪足膜锚栓所需的力。*

Stamenovic' D & Coughlin MF（1999）The role of prestress and architecture of the cytoskeleton and deformability of cytoskeletal filaments in mechanics of adherent cells: a quantitative analysis. J. Theor. Biol. 201，63–74. *该参考文献是一篇分析细胞固体和张拉整体结构的优秀综述。本章关于张拉整体结构的比例关系的论述参考了该文章。*

Wang N，Naruse K，Stamenovic' D et al.（2001）Mechanical behavior in living cells consistent with the tensegrity model. Proc. Natl. Acad. Sci. U. S. A. 98，7765–7770. *该参考文献详细介绍了支持张拉整体结构假说的强有力的一个实验。*

Warren WE & Kraynik AM（1997）Linear elastic behavior of a lowdensity kelvin foam with open cells. J. Appl. Mech. 64，787–794. *该参考文献提供了一些有关细胞固体非常全面的数学分析。*

第 9 章　细胞膜力学

细胞膜不只是一个被动地将细胞质与外界环境隔开的"袋子"。细胞膜是一种非均质的、具有调节作用的屏障，细胞内外的被动与主动运输都通过细胞膜。细胞膜的机械完整性对其屏障功能非常重要。细胞膜的弯曲和拉伸集中参与了胞吐、小泡出芽、融合及病毒入侵等过程。同时，细胞膜中也包含了与胞外基质、其他细胞及溶液中的各种化合物相互作用的结构。细胞膜上嵌入的蛋白质实现了细胞内外信号间的传递。了解细胞膜的生物学及力学有利于加深我们对这一神奇的细胞结构复杂性的认识。本章我们将讨论细胞膜的结构、细胞膜二维性如何限制扩散，以及如何理解细胞膜的屏障作用，最后我们将讨论细胞膜的力学功能。

9.1　细胞膜生物学

水是一种极性分子

细胞存在于水相环境中，要了解细胞的结构与功能，首先需要了解分子，特别是细胞磷脂双分子层在水相环境中的表现。水分子具有电学极性，这对小分子来说很不寻常。两侧的氢原子并不是共线的，而是与氧原子形成约 105° 的夹角（H—O—H 夹角约 105°）。由于氧原子比氢原子的电负性更强，因此导致电荷的净迁移，由此产生的分子会在电荷不完全分离的基础上形成极性（图 9.1）。

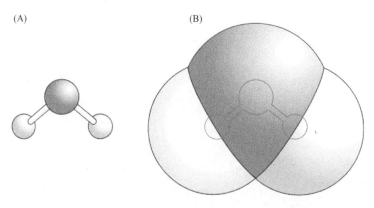

图 9.1　以典型的"球-棒"模型表示的水分子。（A）氧原子的上部有两对电子（未显示），这两对电子与两个氢原子大致位于一个四面体的一角。（B）实际水分子大小，水分子的"弯折"使其具有极性，在靠近氧原子附近具有负电荷。[引自 Alberts B，Johnson A，Lewis J et al.（2008）Molecular Biology of the Cell，5th ed. Garland Science.]

　　水分子间可以通过排列不同分子间的电荷而在其间形成氢键。这就使水具有许多独特性质,包括其高表面张力,水结冰时密度的下降,以及雪花的六边形对称性。需要注意的是,这些结合不是永久性的,水会不断地重新排列;然而在任何时刻,水分子的相互作用都会受氢键的影响。实际上,当水结冰时,游离的分子减少会使水难以重新排列,从而不能很好地“融合”在一起,而是倾向于形成固定的六边形晶体(这就是雪花往往是六边形的原因)。最终的结果是,水在结冰时体积发生膨胀,致使冰密度下降并漂浮在流动的水上。水中形成氢键的倾向使各种物质都能够溶解于水中。由于这种性质和水分子在地球上的普遍存在性,水又被称为广用溶剂。

细胞膜的形成依赖于与水相互作用

　　易溶于水的物质称为亲水性物质,而排斥水或被水排斥的物质称为疏水性物质。疏水性物质通常是非极性的,不易形成氢键。当疏水性物质处于水相环境中时,疏水分子通常会簇集或在分子间成键,最终被周围水所排斥。相反,亲水性分子通常带有极性,容易带上电荷并解离。复杂的分子可能会表现为某些域疏水,而某些域亲水,这种分子被认为是两亲性的。这种性质会引发多种生化行为,这是生物膜功能的根本,也是细胞生物学的基础。

　　疏水域通常是由重复的 CH_2 单元组成的长烃区域,而亲水域通常包含带电荷或极性区域。带电荷区域可能聚集阴离子(带负电荷)如磷酸盐和硫酸盐,也可能聚集阳离子(带正电荷)如胺类。极性基团可能位于侧链,如醇类和烷基类。很多生物膜结构包括细胞膜,均是由头部亲水及尾部疏水的磷脂构成的。在水相环境中,磷脂分子会进行自组装,将疏水的尾部远离水相,而亲水的头部与水相接触。随着磷脂分子浓度的增加,它们会自组装成较为复杂的结构以保护尾部。其中最简单的一种结构就是微团,它是一种球形结构,疏水尾端朝内与周围水环境隔离开,微团也可以呈椭圆甚至圆柱状。随磷脂分子浓度进一步增加,微团则会变得不稳定,形成亲水头部向外的分层结构。这就可以表示为一个双分子层,且少量的水(或其他溶于水的物质)可能会被包裹于其中,从而形成脂质体(图 9.2)。

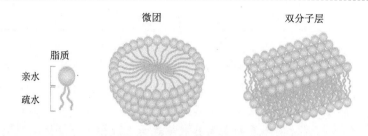

图 9.2　脂质的结构与浓度有关。当脂质分子的浓度增高时，脂质开始自组装成球形微团，从而使其疏水尾部远离水环境。在更高的浓度下，形成双分子层。

> **释注**
>
> 　　**微团的不稳定性**。当脂质分子浓度升高到分子间相互接触后，它们最初会聚合成更大的微团。疏水内核继续变大，最终变得太大而无法被支撑，失去稳定性从而形成双分子层。

脂质分子尾部的饱和度决定了膜的某些特性

　　磷脂分子的疏水域（非极性）尾部由两条长碳链组成（图 9.3）。通常情况下，一条碳链是饱和的，即每个碳原子都与两个氢原子、两个碳原子结合（两侧各一个）。而另一条碳链则包含一些不饱和碳原子，它们会和相邻碳原子间形成双键，因而每个碳原子仅能与一个氢原子结合。饱和碳链具有更高的黏性，并具有更高的自结合性（饱和脂肪如黄油，在室温多为固体，而不饱和脂肪如植物油，多为液体）。因此，通过控制脂质饱和度可以改变某些流体性质。与人造黄油部分氢化或部分饱和的方法相同，植物油可以在更高的温度下被改性成固体。

　　从力学角度来看，饱和度的重要性也与空间特性有关。一条完全饱和的烃链中会存在"z"形排列，但大体上是直的。也就是说与整体长度相比，"z"形的弯折程度非常小。此外，烃链内的键可以自由转动，允许其不断地进行堆积。而链中碳-碳双键的存在使得链能够形成较大的弯曲，但不能转动，因此限制了进一步的堆积。这种结构所决定的结果是，非饱和磷脂分子的对称不够紧密，减小了分子间作用的强度，使烃链具有较低的黏性和冰点。

细胞膜区分细胞内与细胞外

　　细胞膜是脂质双分子结构，又称为质膜，将细胞外生化环境与细胞内液体（也就是细胞质）从物理上隔绝开。但是，细胞膜（质膜）并不是一种完全屏障，某些分子能够通过细胞膜扩散。细胞膜的半渗透性对细胞行使正常功能非常重要。细胞膜的屏障功能在一定程度上由磷脂双分子层内的尾部疏水层决定，极性或带电荷分子通常不能通过疏水层。翻转酶（flippase）是一种能够增强细胞膜屏障作用的蛋白。这种蛋白能够将带负

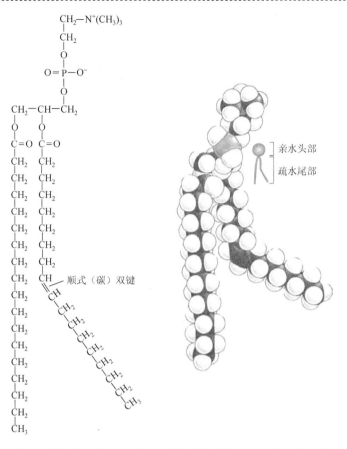

图 9.3 　细胞膜中的脂质由两条结合于一个极性头部的脂肪酸链构成。通常情况下，一条是饱和链，而另一条则是含有不同数量碳-碳双键的非饱和链。非饱和链尾部对细胞膜的流动性非常重要，部分原因是尾部的弯曲。[引自 Alberts，Johnson A，Lewis J et al.（2008）Molecular Biology of the Cell，5th ed. Garland Science.]

电荷的磷脂酰丝氨酸聚集在膜的内叶，从而形成一个附加的带电边界。细胞膜对特定物质的渗透性一般较难预测，但这通常是与分子的大小、电性及溶解度有关的函数。水分子能通过渗透作用穿过细胞膜（从低渗溶液缓慢进入高渗溶液）。一般情况下，细胞质是高渗溶液。水通道蛋白（aquaporin）是一种小蛋白质复合物，可以在细胞膜上形成微孔以促进水分子通过质膜。

细胞膜流动镶嵌模型描述了其物理性质

　　磷脂层的分子排布是由亲水头部对水的吸引及疏水尾部对水的排斥形成的，同时尾部之间也产生了相互吸引作用。尽管单个的磷脂分子能在双分子层中横向移动，但它想要向分子层外移动时就会遇到很大的阻力，因为这样会使其疏水的尾部暴露于水相中。从力学性质的角度来看，这种特性使细胞膜具有较低的剪切刚度，但对面的扩张具有较高的抵抗力。由于细胞膜的剪切刚度如此之低，本质上表现为膜平面内的流体。辛格

（Singer）与尼科尔森（Nicolson）在 1970 年提出可将细胞膜视为一种二维受限流体的观点，称为流动镶嵌模型。

流动镶嵌模型的实际意义是，在细胞膜内部，蛋白质等分子能够在二维平面上自由扩散，这大大简化并加速了蛋白质间的相互作用。同样，细胞膜上也具有分室化作用，能将蛋白质捕获在一个"室"或微域内。偶尔地，如果蛋白（从热扰动中）获取到足够的能量时，则能打破屏障，从而从一个域到达另一个域。这种现象仅能通过小分子跟踪技术及高速成像相机观察到。

> **释注**
>
> **流动镶嵌模型的力学**。在下面的章节中，我们将用公式来描述膜的面内剪切和面区域行为。这将使我们能够量化膜的流动性。

9.2 磷脂分子的自组装

接下来，我们的讨论将更加定量化，并关注细胞膜的形成、力学性质及功能。我们已经知道，当两亲性分子如磷脂分子，置于水相环境中超过一定浓度后，分子会聚集并自组装成有组织的结构，这个浓度称为临界微团浓度（critical micelle concentration，CMC）。实验表明，临界微团浓度对两亲性分子的结构高度敏感，而自组装的团簇（即球形微团或双分子层）也依赖于磷脂分子的结构。在本节中，我们将讨论临界微团浓度与团簇形状对磷脂多种分子属性的依赖性。

临界微团浓度依赖于两亲性分子的结构

实验证明，当在尾部增加碳原子使烃链延伸，或分子具有两条尾部而不是一条时，CMC 会显著降低。为什么会发生这种情况呢？理解这一现象的方法是使用一个只有两种理想状态的简化模型。一种状态是凝聚相，其中所有两亲性分子都是一个团簇的一部分，这个团簇被水分子和周围的水相所包围。另一种状态是两亲性分子个体以稀溶液的形式分散在水相中。我们可以近似地把它们的行为看作理想气体。尽管这种理想化的处理方法带来了一定的简化，但也牺牲了一些准确性。实际情况是，系统并不会呈现这两种极端情况，而是处于一种中间态，即一些分子聚集，而另一些分子分散。

我们首先考虑凝聚态，由一个烃链长 l 的单尾的磷脂分子微团组成，处于水相溶液中。链长 l 等于链中碳原子数量 n_c 与碳键长度 l_c 的乘积，即 $l = l_c n_c$。我们将凝聚态作为参考状态，其自由能 $\Psi = \Psi_{cond}$（凝聚态的自由能）。接下来，我们来计算分散水相状态下的自由能。在这种状态下，分子的疏水尾部暴露在水中，每个分子的能量都会有所增加，增加的量约为水分子与暴露在外的疏水性烃基区域的界面能。我们令 γ_{int} 为每单位长度烃链的界面能（这一能量-长度比由表面张力测量值与疏水区域有效半径的估算值近似得到）。那么对于每个分子，这一能量为

$$W = \gamma_{\text{int}}l = \gamma_{\text{int}}l_c n_c \tag{9.1}$$

为计算熵，我们假设这种状态下两亲性分子的分散状态同理想气体一样。对于理想气体来说，每个分子的熵 S_{ideal} 为

$$S_{\text{ideal}} = k_B \left\{ \frac{5}{2} - \ln \left[\frac{\rho \hbar^3}{(2\pi m k_B T)^{\frac{3}{2}}} \right] \right\} \tag{9.2}$$

式中，ρ 是每单位体积的分子数；m 是每个分子的质量；$\hbar$ 是普朗克常量。因此，分散状态下，每个分子的自由能 Ψ_{aq} 为

$$\Psi_{\text{aq}} = W - TS_{\text{ideal}} = \gamma_{\text{int}}l_c n_c - k_B T \left\{ \frac{5}{2} - \ln \left[\frac{\rho \hbar^3}{(2\pi m k_B T)^{\frac{3}{2}}} \right] \right\} \tag{9.3}$$

现在，我们试图确定在凝聚态与分散态间过渡时的密度 ρ，也就是 $\Psi_{\text{aq}} = \Psi_{\text{cond}}$ 时的密度。因此，当 $\Psi_{\text{aq}} = 0$ 时，凝聚态与分散态间发生转变，或当

$$\gamma_{\text{int}}l_c n_c = k_B T \left\{ \frac{5}{2} - \ln \left[\frac{\rho \hbar^3}{(2\pi m k_B T)^{\frac{3}{2}}} \right] \right\} \tag{9.4}$$

其中转换发生时的分子浓度 ρ 给出了分子凝聚发生的临界密度，求解 ρ，可得

$$\rho = A \mathrm{e}^{\left(\frac{5}{2} - \frac{\gamma_{\text{int}}l_c n_c}{k_B T} \right)} \tag{9.5}$$

其中，

$$A = (2\pi m k_B T)^{\frac{3}{2}} \hbar^{-3} \tag{9.6}$$

尽管质量 m 依赖于原子数 n_c，但对于 γ_{int}、l_c、n_c 这些生理参数来说，指数项通常比带有 n_c 的 A 下降得更快。因此，可以看出，对于恒定的 γ_{int} 和 l_c，碳原子数 n_c 的增加会减小聚集浓度。从直观上来看，这似乎是合理的，因为当疏水尾部变长时，分子与水之间的界面能也会增加，不利于其在能量上保持含水状态。同理，具有两条尾部的磷脂分子由于具有较高的界面能，其聚集密度较只有一条尾部的磷脂分子更低。与直观预测不同的是，n_c 的增加会显著地降低 ρ，而在实验中也证明了 n_c 对 ρ 预测的指数关系。具体来看，n_c 增加 x 个原子，则 ρ 就会降低为原来的 $1/\mathrm{e}^x$。如果我们仅将烃链延伸两个原子（如从 10 到 12），则会导致聚集密度下降为原来的 1/10 左右。

示例 9.1：磷脂聚集与尾部长度的关系

若某个脂质分子具有碳原子 $n_c = 8$ 的尾部，计算当 $n_c = 16$ 时，临界微团浓度的倍数变化。假设 $l_c = 0.1 \text{nm}$，$\gamma_{\text{int}} = 10 k_B T/\text{nm}$，具有 8-碳尾脂质的分子质量为 200g/mol。

首先，先计算出长链脂质分子的质量。碳的分子质量为 12g/mol，则增加 8 个碳原子后，脂质的分子质量为 $200 + (8 \times 12) = 300$g/mol。利用式（9.6），可以计算得

出，两个不同脂质 A 的倍数变化为（$200^{3/2}$）/（$300^{3/2}$）≈ 0.5。

此外，指数项的倍数变化为

$$\frac{e^{\left(\frac{5}{2}-\frac{8\gamma_{int}l_c}{k_BT}\right)}}{e^{\left(\frac{5}{2}-\frac{16\gamma_{int}l_c}{k_BT}\right)}} = e^8 \approx 3000$$

因此，我们可以得出，增加 8 个碳原子会使临界微团浓度降低为原来的 $1/$（3000×0.5）$= 1/1500$ 左右。

从分子堆积约束可推测聚集后的微团形状

在上一节中，我们分析了 CMC 对两亲性分子结构的依赖性，但是我们并没有考虑团簇的形状。原则上，通过自由能的计算，我们可以预测某些两亲性分子聚集形成的几何形状，但是这种计算较难用公式表示出来。尽管如此，通过分子堆积约束的情况，我们可以预测分子聚集的形状。

某一球形的微团，半径为 R，每个微团的有效头部表面积为 A_h，假设烃链的有效体积为 V_c。由于微团内部是疏水部分，不会存在可能包含水的空腔。因此微团的整个体积被烃链占据，则微团中的碳原子数 n 可以从面积得到：

$$n = \frac{4\pi R^2}{A_h} \tag{9.7}$$

或从体积得到：

$$n = \frac{4\pi R^2}{3V_c} \tag{9.8}$$

联立式（9.7）和式（9.8）可以发现，对于一个半径为 R、体积为 V_c、头部表面积为 A_h 的微团，存在以下的关系：

$$R = 3V_c / A_h \tag{9.9}$$

令烃链长度 $l = l_c n_c$，假设微团内部不能存在空腔（产生真空需要巨大的能量）。这意味着，微团的半径必须小于或等于烃链的长度，即 $R \leqslant l$，则式（9.9）可变为

$$A_h / A_e \geqslant 3 \tag{9.10}$$

式中，$A_e = V_c/l$，是疏水区域的有效横截面积。式（9.10）表明，基于堆积约束，一个球形微团必须具有一个比疏水区大 3 倍以上的头部有效面积。

对于磷脂逐渐减小的 A_h/A_e 值，随着 A_h/A_e 值趋近于 1，微团则会倾向于由球形转变为双层。假设一个大的平板双分子层的宽为 w、高为 h、厚为 t，则堆积该磷脂层所需的两亲性分子数可从表面积得到：

$$n = wh / A_h \tag{9.11}$$

或从体积得到：

$$n = wht / 2V_c \tag{9.12}$$

联立式（9.11）和式（9.12），有

$$A_h = 2V_c/t \qquad (9.13)$$

厚度 t 必定小于或等于两倍烃链的长度，即

$$t \leqslant 2l \qquad (9.14)$$

则有

$$\frac{V_c}{l} = A_0 \leqslant A_h \qquad (9.15)$$

式（9.15）表明，当烃链疏水区的有效面积与头部的有效面积接近时，基于堆积约束，更易形成双分子层的结构。

9.3　细胞膜的屏障功能

在本节中，我们将关注点从膜的形成转向细胞膜的功能研究。我们之前了解到，细胞膜的一个首要功能就是将细胞外环境与细胞质分隔开。但细胞膜仅是一种半透膜，选择性地使一些分子通过其扩散，那么细胞膜的屏障性能该如何定量评估呢？

在本节中，我们将利用扩散方程（从 5.6 节随机游走中推导而来）来分析细胞膜的屏障功能。爱因斯坦（Einstein）的重要贡献之一是建立了随机分子过程（随机游走）与净宏观网络或连续体行为（扩散方程）间的联系。由于熵及布朗运动的存在，随机游走在生物学中有很多的应用。在本节中，我们将利用连续体水平的描述来理解细胞中的分子运输机制，以及在该过程中细胞膜的作用。首先，我们先来回忆一下菲克第一扩散定律与菲克第二扩散定律。

扩散方程将浓度与单位面积的通量联系起来

扩散对于通过边界（如细胞膜）的粒子数来说意味着什么呢？利用连续体来描述通量（*flux*）（来自拉丁文 *fluxus*）J，表达式为

$$J = -D\frac{\partial C}{\partial x} \qquad (9.16)$$

式（9.16）是菲克第一扩散方程，可将其推演成更高维度，即

$$J = -D\nabla C \qquad (9.17)$$

式中，∇ 为梯度算子，定义为

$$\nabla(\bullet) = \left[\frac{\partial(\bullet)}{\partial x}, \frac{\partial(\bullet)}{\partial y}, \frac{\partial(\bullet)}{\partial z}\right]$$

> **释注**
>
> **"水槽"不只是一种抽象比喻**。将细胞比作一个水槽并不只有理论依据。细胞生物实验中所用的很多染料都经过了修饰，以使其能够穿过细胞膜，但也会被细胞内的

酶修饰以防止其逃逸出细胞。乙酰氧基甲酯（AM）修饰就是其中的一种，这种疏水性修饰能够允许荧光染料（如果足够小）进入细胞。一旦进入细胞内部，胞内的天然酯酶就会将这一疏水基团剪切掉，从而使荧光分子带电荷，并被细胞捕获。

扩展材料：通量与随机游走理论

可通过分析一个离散的随机游走过程中的通量来得到菲克第一扩散定律。在一维维度上，假设在位点 x 处有 $N(x)$ 个粒子，在位点 $x+d$ 处有 $N(x+d)$ 个粒子，为找到这两个位点间的通量，假设在时间间隔 Δt 内，x 位点的一半粒子向右移动（越过边界），位点 $x+d$ 的一半粒子向左移动（越过另一个边界）。如果我们对向右移动（沿 x 正向）的粒子数感兴趣，则每个时间步长向右移动的粒子数为 $0.5[N(x)-N(x+d)]$，为了获得通量（即一个速率），我们要除以时间的步长 Δt 及粒子相交通过面的面积，即

$$J = \frac{N(x)-N(x+d)}{2A_f\Delta t}$$

式中，A_f 是粒子相交通过面的面积，我们作出以下简化：

$$J = -\frac{d^2}{2\Delta t}\frac{1}{d}\left[\frac{N(x+d)-N(x)}{A_f d}\right]$$

中括号中的差值类似于浓度梯度，如果当 d 趋近于 0 时取极限，即获得菲克第一扩散方程[式（9.17）]，其中扩散系数 D 为 $d^2/2\Delta t$。

示例 9.2：离散扩散实例——捕获时间

假设粒子在遇到"水槽"之前是自由扩散的，在遇到"水槽"时，粒子即被捕获。那么，扩散粒子从特定起点到达"水槽"需要经历多久呢？

若一个分子沿 x 轴自由扩散，特定位点有一个"水槽"。一旦粒子到达该位置即被"捕获"，我们要知道该分子需要多长时间才能被捕获。在位点 x，令平均捕获时间为 $T_c(x)$。在离散随机游走的情况下，假设经历时间 Δt 后，分子出现在 $x+b$ 与 $x-b$ 的概率是相等的，则有以下递归关系：

$$T_c(x) = \Delta t + 0.5\left[T_c(x+b) + T_c(x-b)\right]$$

变形后，有

$$0 = 2\Delta t + \left[T_c(x+b) - T_c(x)\right] - \left[T_c(x) - T_c(x-b)\right]$$

$$0 = \frac{2\Delta t}{b} + \frac{1}{b}\left[T_c(x+b) - T_c(x)\right] - \frac{1}{b}\left[T_c(x) - T_c(x-b)\right]$$

令 b 趋近于 0，则有

$$0 = \frac{2\Delta t}{b^2} + \frac{1}{b}\left[\frac{\mathrm{d}T_c(x)}{\mathrm{d}x} - \frac{\mathrm{d}T_c(x-b)}{\mathrm{d}x}\right]$$

再次令 b 趋近于 0，有

$$0 = \frac{1}{D} + \frac{\mathrm{d}^2 T_c}{\mathrm{d}x^2}$$

上式表示了单个粒子扩散时间，在更高阶维度时，可将右边第二项 $d^2 T_c/dx^2$ 替换为适当维度的拉普拉斯算子。求解上式需要边界条件，在本例中，我们假设吸收器是一个半径为 a 的小球，处在半径为 b 的大球体中（$a \ll b$）。显然在吸收体表面，等待时间为 $0[T_c(a) = 0]$。在第二边界，T_c 具有零梯度。在已知体积上积分所得的平均等待时间为（这一计算过程读者可作为练习尝试推导）

$$\langle T_c \rangle = \frac{b^3}{3Da}$$

在二维圆形表面（直径 a）的一个粒子，平均捕获时间为

$$\langle T_c \rangle = \frac{b^2}{2D} \ln \left(\frac{b}{a} \right)$$

因此随着距离的增加，当反应限制在膜上进行时，动力学的扩散极限的增长要比在自由空间中慢得多。

菲克第二扩散方程表明空间浓度随时间变化的规律

在 5.6 节中，我们分析了粒子集合在离散时空中独立移动的情况。我们证明了如果单个分子在每个时间点向左或向右移动一个距离 b，则可得到一维扩散方程（或菲克第二扩散方程）：

$$\frac{dC}{dt} = D \frac{d^2 C}{dx^2} \tag{9.18}$$

式中，C 是粒子浓度；D 是扩散系数。将 D 和粒子的分子行为关联，可表示为

$$D = \frac{nb^2}{2\Delta t} \tag{9.19}$$

式中，Δt 是粒子移动的时间步长；b 是移动距离。可以将其扩展为高维，即

$$\frac{\partial C}{\partial t} = D\nabla^2 C \tag{9.20}$$

式中，∇^2 是拉普拉斯算子，定义为

$$\nabla^2 C = \frac{\partial^2 C}{\partial x^2} + \frac{\partial^2 C}{\partial y^2} + \frac{\partial^2 C}{\partial z^2} \tag{9.21}$$

菲克第二扩散方程表明，空间浓度是时间的函数。从本质上看，也就是粒子从高浓度向低浓度的净运输。运输速率不仅与浓度分布相关，还取决于扩散系数。这种粒子运输称为*通量*（源于拉丁语 *fluxus*，意为流量），也就是指单位面积通过的流量。

释注

不可渗透边界的捕获时间。一个不可渗透边界需要一个等待时间梯度的条件，看起来很令人费解。我们通过假设一个重复晶格的吸收器来尝试理解这种结果。假设，

在两个吸收器间的中点，由于粒子向两端移动的概率相等，因此不存在净流量，就可等价于一个不可渗透的边界。同样，在中点的等待时间也达到最大，因为粒子向任何方向的移动都会缩短到达某一吸收器的距离，因此中间点的等待时间可看作最大。这样就使该点的梯度为0。

示例9.3：连续扩散的例子——总通量

根据菲克第一扩散定律与菲克第二扩散定律，我们可以定量估算特定分子通过细胞膜时的扩散行为。比方说，可以对流量或通过某区域的积分通量进行定量。在本例中，我们首先假设某一特定水槽的外部所有空间充满粒子集合。计算当系统达到稳态时，单位时间内通过水槽边界的粒子数量。这类似于对某一物质具有渗透性的膜处于大量该物质中的情况。我们想要知道，一旦细胞消耗了这种物质，该物质分子通过细胞边界的数量。

为了简化计算，我们假设细胞是一个球体，半径为 a，当处于稳态时，可以利用菲克第二扩散方程，时间导数为0。在球坐标系内，方程可以表示为以下形式：

$$\frac{1}{R^2}\frac{\partial}{\partial R}\left(R^2\frac{\partial C}{\partial R}=0\right)$$

为模拟水槽，假设水槽表面的粒子浓度为 0，可以得到以下边界条件：$C(R=a)=0$ 以及 $C(R\to\infty)=C_0$。在球面坐标系中，菲克第一扩散方程[式（9.17）]可以表示为

$$J=-D\frac{\partial C}{\partial R}$$

具有以下形式的解：

$$J(R)=-DC_0\frac{a}{R^2}$$

通过球体的粒子净流量 $I=JA$，其中 A 为边界的面积，当 $R=a$ 时：

$$I=-DC_0\frac{a}{R^2}4\pi R^2=-4\pi DC_0 a$$

示例9.4：光漂白后的荧光恢复及分子运动

扩散原理可以用来分析生物显微镜实验中细胞内分子的运动情况。由于单个分子较难观察，因此较难确定某个特定受体是在膜上自由移动的还是被锚定在膜上。

其中，光漂白后的荧光恢复（fluorescence recovery after photobleaching，FRAP）就是一种可以提供上述一些信息的实验。在该技术中，目标蛋白被一个荧光分子标记，经过连续激发一个微小区域后，该区域的荧光分子会被"漂白"，也就是说荧光分子会失去其荧光特性，被"漂白"的区域会暗于其他区域。当荧光分子所结合的蛋白移动较快时，未被"漂白"的分子会扩散进入，那么被漂白的区域会重新变亮。另一种

情况下，若一个蛋白是被锚定的，也就是具有较低的迁移性，那么被"漂白"的区域则会持续黑暗。而阿克塞尔罗德（Axelrod）与韦布（Webb）实现了将这种现象定量化。他们的方法假设分子的移动是纯粹扩散的，即不存在对流，并且被光漂白的区域是圆盘形的，由菲克第二扩散方程有

$$\frac{\partial C(R,t)}{\partial t} = D\nabla^2 C$$

边界条件为 $C(\infty, t) = C_\infty$，对于初始荧光分布曲线，初始条件为 $C(R, 0) = C_0(R)$。通常，

$$C(R, 0) = C_0 e^{-T\varphi(R)}$$

式中，T 是时间间隔；$\varphi(R)$ 是按比例缩放的激光激发强度（当 $R > w$ 时，$\varphi = 0$，w 是圆盘半径，当 $R \leqslant w$ 时，φ 为常数，且其值取决于激光功率、一个比例因子及激光束的特征尺寸）。

我们想要获得扩散常数 D，但实际测量出的是荧光曲线：

$$F(t) = \int \alpha\varphi(R)C(R,t)\mathrm{d}A$$

式中，α 是图像衰减的修正比例因子，在整个光漂白区域积分。$F(t)$ 的解可以通过傅里叶变换与序列分析获得。若假设 $T\varphi(0)$ 远小于 1（轻微漂白），则方程的解为

$$F(t) = (\alpha P_0 C_0)\left[1 - \frac{T\varphi(0)}{2\left(1 + \dfrac{t}{\tau_\mathrm{d}}\right)}\right]$$

式中，P_0 是激光功率；$\tau_\mathrm{d} = w^2/4D$，是扩散的特征时间。通过测量 $F(t)$，可以获得蛋白质的扩散常数 D，或者如果对 D 有一个粗略概念，可以设计一个实验来计算 FRAP 的时间。

下面，我们来解析一个具体的例子，假设 $\alpha P_0 C_0 = 1$（荧光单位），$D = 10^{-11}\mathrm{m}^2/\mathrm{s}$，$T\varphi(0) = 0.1$，若光漂白区域为半径 $5\mu\mathrm{m}$ 的圆盘，试计算相对于 $F(0)$ 的光漂白区域的半衰期。

由于，$T\varphi(0) \ll 1$，因此利用 $F(t)$ 的解得到

$$F(t) = 1 - \frac{1}{20\left(1 + \dfrac{4tD}{w^2}\right)}$$

将上述各值代入，有

$$F(t) = 1 - \frac{1}{(20 + 32t)}$$

若 t 的单位为 s，则可以得到，$F(0) = 1 - \dfrac{1}{20} = \dfrac{19}{20}$（光漂白不是很强）。可通过求解下式获得半衰期：

$$\frac{39}{40} = 1 - \frac{1}{(20 + 32t)}$$

解得 $t = 5/8$ s，即略大于半秒。这个时间非常快，似乎对 FRAP 的模型并不适用。但当增加光照强度以漂白更多样本（此时该表达式则不再适用，需要通过另外的方式分析）或是减小光漂白区域后，该结果就会更加令人信服。

9.4　膜力学Ⅰ：平面内剪切应力及张力

之前我们已经从多个方面研究了膜的形成（两亲性分子的自组装）及膜的功能（屏障功能），接下来，我们将关注细胞膜的力学。正如我们讨论过的，由于能量的原因，每个脂质双分子层都存在一个固有最优微观结构，即脂质分子之间存在最佳间距。当这种构型被扰动时，就会破坏这种能量主导的微观结构。磷脂双分子层具有抵抗形变的固有特性，当膜的一部分被拉伸时，脂质分子会被拉开，此时需要水的存在以提供能量。当膜弯曲时，外层的分子被分开，而内层的分子则会被压缩，同样会储存形变能（应变能）（图 9.4）。在双分子膜内部，脂质分子能够相对自由地移动。因此，在本节，我们的目的就是建立能够描述细胞膜连续体行为的力学方程。由于本节涉及大量数学问题，我们会考虑利用更为复杂的系统来首先进行一些直观认识，然后再建立一般的控制方程。

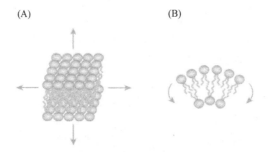

(A)　　　　　　　　(B)

图 9.4　受拉（A）或受压（B）膜的一个区域。

释注

利用微分几何描述壳状结构的数学表达。 我们将大多数分析都限制在"板状"结构上的原因是，在"充分发展"的分析中，方程需要建立在一个曲面坐标系中，而不是我们所熟悉的平面欧几里得坐标系。在曲面坐标系中的数学分析称为微分几何。在壳的力学分析与广义相对论中，微分几何的应用非常相似。其核心是对协变导数的定义，也就是对壳表面的曲面切线的定义。这是通过克里斯多菲符号（Christoffel symbol）来定义的。它们代表了导数中由于弯曲坐标空间而产生的导数的附加项，大大简化了复杂计算。当然，这就远超出了本书要讨论的范围。

将膜结构视为板状或壳状结构

膜的特征是其厚度相对于整个细胞非常薄，其脂质双分子层厚度约为 7nm，而细胞本身的尺寸则在微米级别。通过限制问题的维度，我们可以做一些动力学假设，这将大大简化一般三维连续介质力学的问题。换句话说，我们可以将膜近似为一个弯曲的二维结构，或者是一个壳状结构（如第 3 章）。我们可能更熟悉平板或平面二维结构。在本节中，为简单起见，除了在某些情况下分析球形例子（用 x 和 y 方向的半径描述形状）时，我们都会假设问题的域或子域均是平板。

如前所述，我们对于连续介质力学的分析涉及三个不同的部分：动力学、本构方程及平衡态。另外，对于材料模型，我们再次假设广义的胡克行为。对于平衡，我们将考虑两个不同的部分：一个是面内力，另一个是面外力。首先，我们先利用薄壳假设做运动学假设来开始对细胞膜力学的讨论。

> **扩展材料：爱因斯坦与曲面坐标系**
>
> 　　在数学中描述曲面坐标系中的行为很大程度上是由爱因斯坦发展推动的，目的是将广义相对论公式化。在公式中，由于质量的引力效应，空间实际上是弯曲的。爱因斯坦开发了一种符号系统（符号表示法），即用数字（1，2，3）表示坐标，而不是用字母（x，y，z）。在该坐标系中，引入指数（index）代表坐标，当两两出现时，就意味着加和。某一向量 v 的平方可表示为 $v_i v_i = v_1 v_1 + v_2 v_2 + v_3 v_3 = v_x v_x + v_y v_y + v_z v_z$。这种非常强大的表达能紧凑地表达复杂的向量与张量。由于任何对连续介质力学的更深层次处理超出了本书的范畴，因此通常会采用这样的坐标表示法。

运动学假设有助于描述形变

类似于处理梁的方法，我们引入了一个运动学构造（kinematic construct）来描述形变。在对梁的分析中，我们用垂直于中心轴的点的平面集合来做处理。对于壳结构来说，我们将对垂直于壳中线面的点的线性集合做同样的处理。我们的运动学假设如下：①保持直的状态；②不拉伸；③对于中线面保持垂直。

> **释注**
>
> 　　**基尔霍夫假设。**壳运动学假设也称基尔霍夫假设。垂直于壳层表面的线称为导线。

以上的运动学假设是一种描述壳形变的特定方法。而且，只有讨论由壳平面内的运动（x-y 平面）引起的形变和由横向位移及随后法线旋转引起的运动（图 9.5）时才是有意义的。这与我们在讨论线性元素时，将轴向形变与弯曲形变分别分析是一样的道理。将 x 与 y 方向的总形变分别定义为 u^{tot} 和 v^{tot}，代表了平面内位移与壳的中层面旋转引起的位移之和。我们的运动学假设相当于假设以特定形式形变，是梁运动学的简单延伸，表达如下：

$$u^{\mathrm{tot}}(x,y,z) = u(x,y) - z\frac{\mathrm{d}w}{\mathrm{d}x}$$

$$v^{\mathrm{tot}}(x,y,z) = v(x,y) - z\frac{\mathrm{d}w}{\mathrm{d}y} \tag{9.22}$$

$$w^{\mathrm{tot}}(x,y,z) = w(x,y)$$

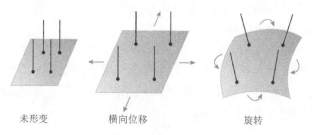

未形变　　　　　横向位移　　　　　　旋转

图9.5　壳结构力学的运动学假设。平面内的横向位移会使垂线移动，但彼此之间保持平行，而弯曲则使垂线发生转动。

根据式（3.49）、式（3.50）及式（3.53）可以求出应变：

$$\varepsilon_{xx} = \frac{\mathrm{d}u^{\mathrm{tot}}}{\mathrm{d}x} = \frac{\mathrm{d}u}{\mathrm{d}x} - z\frac{\mathrm{d}^2 w}{\mathrm{d}x^2} \qquad \varepsilon_{xy} = \frac{1}{2}\left(\frac{\mathrm{d}u^{\mathrm{tot}}}{\mathrm{d}y} + \frac{\mathrm{d}v^{\mathrm{tot}}}{\mathrm{d}x}\right) = \frac{1}{2}\left(\frac{\mathrm{d}u}{\mathrm{d}y} + \frac{\mathrm{d}v}{\mathrm{d}x}\right) - z\frac{\mathrm{d}^2 w}{\mathrm{d}x\mathrm{d}y}$$

$$\varepsilon_{yy} = \frac{\mathrm{d}v^{\mathrm{tot}}}{\mathrm{d}y} = \frac{\mathrm{d}v}{\mathrm{d}y} - z\frac{\mathrm{d}^2 w}{\mathrm{d}y^2} \qquad \varepsilon_{xz} = \frac{1}{2}\left(\frac{\mathrm{d}u^{\mathrm{tot}}}{\mathrm{d}z} + \frac{\mathrm{d}w^{\mathrm{tot}}}{\mathrm{d}x}\right) = \frac{1}{2}\left(\frac{\mathrm{d}u}{\mathrm{d}z} - z\frac{\mathrm{d}^2 w}{\mathrm{d}x\mathrm{d}z}\right) \tag{9.23}$$

$$\varepsilon_{zz} = \frac{\mathrm{d}w^{\mathrm{tot}}}{\mathrm{d}z} = 0 \qquad \varepsilon_{yz} = \frac{1}{2}\left(\frac{\mathrm{d}v^{\mathrm{tot}}}{\mathrm{d}z} + \frac{\mathrm{d}w^{\mathrm{tot}}}{\mathrm{d}y}\right) = \frac{1}{2}\left(\frac{\mathrm{d}u}{\mathrm{d}z} - z\frac{\mathrm{d}^2 w}{\mathrm{d}y\mathrm{d}z}\right)$$

上式中，我们运用了三个运动学假设中的两个——垂线保持直的状态，并且始终垂直于表面。但是这里，我们并没有作出不会拉伸的假设。这种情况意味着壳的厚度并不发生变化，因此设计 z 方向的任何应变项都应为0。我们已知 $\varepsilon_{zz} = 0$，但上述情况也使得 $\varepsilon_{zx} = \varepsilon_{zy} = 0$，因此有

$$\varepsilon_{xx} = \frac{\mathrm{d}u}{\mathrm{d}x} - z\frac{\mathrm{d}^2 w}{\mathrm{d}x^2} \qquad \varepsilon_{xy} = \frac{1}{2}\left(\frac{\mathrm{d}u}{\mathrm{d}y} + \frac{\mathrm{d}v}{\mathrm{d}x}\right) - z\frac{\mathrm{d}^2 w}{\mathrm{d}x\mathrm{d}y}$$

$$\varepsilon_{yy} = \frac{\mathrm{d}v}{\mathrm{d}y} - z\frac{\mathrm{d}^2 w}{\mathrm{d}y^2} \qquad \varepsilon_{xz} = 0 \tag{9.24}$$

$$\varepsilon_{zz} = 0 \qquad \varepsilon_{yz} = 0$$

值得注意的是，平面内的应变分量（ε_{xx}，ε_{yy}，ε_{zz}）包含两个部分：一部分在厚度上恒定，另一部分随厚度变化发生线性变化。这些分量与法线移动造成的应变 $\varepsilon_{\mathrm{ip}}$ 及法线旋转造成的应变 ε_{θ} 相对应（图9.6）。平面内的应变与壳平面内的张力和剪切相关，线性应变与平面外弯曲相关。因此，壳具有三个不同的形变模式：平面内拉伸（或压缩）、平面内剪切及弯曲。形变的总量则是这三种模式形变的线性叠加或总和。

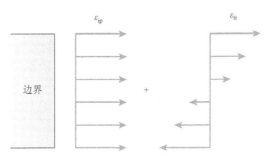

图 9.6 形变的模式分解。在之前运动学假设的前提下，壳的形变可以分解成两部分：一部分是在整个厚度中恒定的 ε_{ip}，另一部分随厚度变化发生线性变化的 ε_{θ}。

扩展材料：小旋转的假设

在这种发展中，我们假设形变足够小，能够满足无限小应变的测量。但是其中不明显的是，我们还假设了法线的旋转也是无限小的。通常来说，这种假设是有效假设，尤其对于细胞来说。而卡尔曼（Kármán）理论作出的假设是在极小应变的基础上，法线发生适度的旋转，这就会在应变中引入一个额外的二次项。

描述材料行为的本构模型

与之前的方法类似，我们首先假设广义的胡克材料响应[式（3.58）]，由于进行了运动学简化，因此具有以下特定形式的简要表达，即

$$\sigma_{xx} = 2\mu\varepsilon_{xx} + \lambda(\varepsilon_{xx} + \varepsilon_{yy})$$
$$\sigma_{yy} = 2\mu\varepsilon_{yy} + \lambda(\varepsilon_{xx} + \varepsilon_{yy}) \qquad (9.25)$$
$$\tau_{xy} = 2\mu\varepsilon_{xy}$$

由于已经规定了运动学行为，已知 u、v、w，可以确定应变，并通过胡克定律确定应力，接下来就是要确定平衡对应力的影响。

适用于平面内张力与剪切的简化平衡条件

当考虑运动学时，我们主要想到的是形变模式。同样，我们可以通过依次考虑不同的加载方式来分解我们对平衡的处理，特别是当这样有助于将面内加载与弯曲分离开时。我们首先来分析面内加载，面内加载的模型被局部限制在壳平面内，尽管壳有可能发生弯曲，但我们一般假设这种弯曲并没有能量、应力或力矩参与。这种情况看似罕见，实则不然。比如说，一个超市中非常薄的塑料袋，它非常薄（大约 30μm），轻微的触碰就会使其发生弯曲，但其产生的合力矩又非常小而可被忽略。此外，由于磷脂层表现出二维流体的性质，两层磷脂之间会互相滑动，这又进一步降低了抗弯阻力。

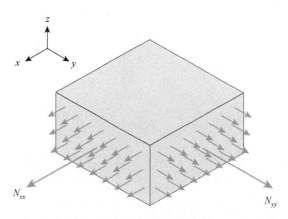

图 9.7 描述力 N_{xx} 与 N_{yy} 作用的膜上的微元。

我们会讨论平面内剪切与拉伸的情况，首先我们来看一个自由体的平衡问题。图 9.7 所示为受面内力作用的膜上的一个微元。

在第 3 章中我们知道，首先需要设定力而不是应力的平衡条件。因此，我们必须用应力来定义合力（resultant force）。合力是等效力，它是每个微元边界上应力的净作用产生的。请注意应力是单位面积上的作用力。与 3.2 节中的杆或柱的例子类似，每个单元边界的合力是边界区域上的应力积分。当然，其中也有一些重要的区别。首先，壳是二维的，因此我们需要引入 x 与 y 分量，并用下标表示。其次，与其处理边缘上的合力 N 进行分析，不如用边缘的宽度 b 除以 N，即 $n = N/b$ 更为简洁。单位长度（宽度）上的合力可以想象成 1.3 节中表面张力的一般化。我们将单位长度的合力定义为

$$n_{xx} = \int_{-h/2}^{h/2} \sigma_{xx}\mathrm{d}z \quad n_{yy} = \int_{-h/2}^{h/2} \sigma_{yy}\mathrm{d}z \quad n_{xy} = \int_{-h/2}^{h/2} \tau_{xy}\mathrm{d}z \qquad (9.26)$$

注意，在某些情况下（尤其是结构力学的文献中），合力也被称为合应力（stress resultant）。

释注

"膜"的两种含义。我们在 3.4 节结尾处提到，在结构力学术语中，能够抵抗弯矩的弯曲二维结构称为壳，而不能抵抗弯矩的称为膜。在生物学领域，这一术语则存在较大的区别。所以，我们需要注意上下文中对"壳"与"膜"的表述。在对膜进行力学分析时，可以看作对弦的二维分析的概括，对橡胶平板或鼓皮的分析就是这样的应用。

释注

压力假设。在本例分析中，我们假设只存在 z 方向的压力，即 $P_x = P_y = 0$。我们总是可以构建一个 x 与 y 均处于膜平面中的坐标系。我们忽略了法线旋转的影响，因为其会引入一个伴生力（follower force），从而使计算极大地复杂化。但是，只要旋转够小，我们就可以假设压力只作用在 z 方向。

有了以上定义，我们就可以通过建立一个自由体图来推导平衡条件。如图 9.8 所示，膜的一个单元（非加速的），平衡需要合力为 0。由于膜不是平的，因此合力不仅随 $\mathrm{d}x$ 和 $\mathrm{d}y$ 变化，也会随着 z 变化。

图 9.8 比我们以往的例子复杂。由于膜曲率的存在，因此需要考虑局部斜率。在 $x = 0$ 边缘处，表面在 y 方向的斜率为 dw/dy。在 $x = dx$ 处，我们需要将斜率的变化率考虑在内，其表面在 y 方向的斜率更为复杂，为 $dw/dy+(d^2w/dy^2)dy$。我们忽略 x 方向与 y 方向的总和效应，但 z 方向的总和效应不能忽略，有

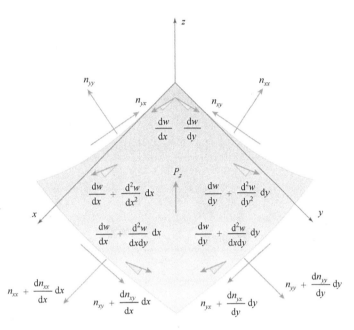

图 9.8　一个膜微元的自由体示意图。注意，由于膜可以弯曲，因此不局限在 x-y 平面。斜率及斜率的变化率标注在壳的内部。

$$\sum f_x \Rightarrow -n_{xx}dy + (n_{xx} + \frac{dn_{xx}}{dx}dx)dy - n_{yx}dx + \left(n_{yx} + \frac{dn_{yx}}{dy}dy\right)dx = 0$$

$$\sum f_y \Rightarrow -n_{yy}dx + (n_{yy} + \frac{dn_{yy}}{dy}dy)dx - n_{xy}dy + \left(n_{xy} + \frac{dn_{xy}}{dx}dx\right)dy = 0$$

$$\sum f_z \Rightarrow -n_{xx}dy\frac{dw}{dx} + (n_{xx} + \frac{dn_{xx}}{dx}dx)dy\left(\frac{dw}{dx} + \frac{d^2w}{dx^2}dx\right) - n_{xy}dy\frac{dw}{dy}$$

$$+ \left(n_{xy} + \frac{dn_{xy}}{dx}dx\right)dy\left(\frac{dw}{dy} + \frac{d^2w}{dxdy}dx\right) - n_{yy}dx\frac{dw}{dy} + \left(n_{yy} + \frac{dn_{yy}}{dy}dy\right)dx\left(\frac{dw}{dy} + \frac{d^2w}{dy^2}dy\right)$$

$$- n_{yx}dx\frac{dw}{dx} + \left(n_{yx} + \frac{dn_{yx}}{dy}dy\right)dx\left(\frac{dw}{dx} + \frac{d^2w}{dxdy}dy\right) + P_z dxdy = 0$$

$$(9.27)$$

除以 dx 与 dy，简化上式，可得

$$\sum f_x = 0 \Rightarrow \frac{dn_{xx}}{dx} + \frac{dn_{xy}}{dy} = 0$$

$$\sum f_y = 0 \Rightarrow \frac{\mathrm{d}n_{yx}}{\mathrm{d}x} + \frac{\mathrm{d}n_{yy}}{\mathrm{d}y} = 0$$

$$\sum f_z = 0 \Rightarrow \frac{\mathrm{d}\left(n_{xx}\frac{\mathrm{d}w}{\mathrm{d}x} + n_{xy}\frac{\mathrm{d}w}{\mathrm{d}y} \right)}{\mathrm{d}x} + \frac{\mathrm{d}\left(n_{xy}\frac{\mathrm{d}w}{\mathrm{d}x} + n_{yy}\frac{\mathrm{d}w}{\mathrm{d}y} \right)}{\mathrm{d}y} + P_z = 0 \tag{9.28}$$

式（9.28）的前两个等式与我们从式（3.46）得到的二维膜的压力平衡条件类似，而第 3 个等式则体现了横截方向的力平衡条件是如何将膜张力与压力相联系的，可得出如下等式：

$$n_{xx}\frac{\mathrm{d}^2 w}{\mathrm{d}x^2} + 2n_{xy}\frac{\mathrm{d}^2 w}{\mathrm{d}x\mathrm{d}y} + n_{yy}\frac{\mathrm{d}^2 w}{\mathrm{d}y^2} + P_z = 0 \tag{9.29}$$

与梁的情况一样，我们可以利用曲率表示式（9.29），但不同的是，在本例中有不同方向的曲率，即

$$n_{xx}\kappa_{xx} + 2n_{xy}\kappa_{xy} + n_{yy}\kappa_{yy} + P_z = 0 \tag{9.30}$$

其中，

$$\kappa_{xx} = \frac{\mathrm{d}^2 w}{\mathrm{d}x^2}, \quad \kappa_{xy} = \frac{\mathrm{d}^2 w}{\mathrm{d}x\mathrm{d}y}, \quad \kappa_{yy} = \frac{\mathrm{d}^2 w}{\mathrm{d}y^2} \tag{9.31}$$

总的来说，平衡需要满足以下合应力条件：

$$\frac{\mathrm{d}n_{xx}}{\mathrm{d}x} + \frac{\mathrm{d}n_{xy}}{\mathrm{d}y} = 0$$

$$\frac{\mathrm{d}n_{xy}}{\mathrm{d}x} + \frac{\mathrm{d}n_{yy}}{\mathrm{d}y} = 0 \tag{9.32}$$

$$n_{xx}\frac{\mathrm{d}^2 w}{\mathrm{d}x^2} + 2n_{xy}\frac{\mathrm{d}^2 w}{\mathrm{d}x\mathrm{d}y} + n_{yy}\frac{\mathrm{d}^2 w}{\mathrm{d}y^2} + P_z = 0$$

释注

力矩平衡。 当使用平衡等式时，我们并未考虑力矩总和。但实际上我们可以发现，平面内剪切合力是对称的，即 $n_{xy} = n_{yx}$，这正是由 z 轴方向的力矩总和为 0 所决定的。

为了加深对上述等式的理解，我们将通过两个具体的例子来研究这一表达式：一个是平面剪切，另一个是等双轴拉伸。

仅存在剪切情况的平衡简化

在剪切载荷的情况下，某一方向施加的拉力 n_{xx} 要大于垂直方向（y 方向）。其中最简单的情况就是"纯剪切"，这时 $n_{xx} = -n_{yy}$。在纯剪切发生时，最大的剪切出现在与载荷施加方向呈 45°角的方向，大小为 $(n_{xx}-n_{yy})/2$。即使在非纯剪切的情况下，只要 n_{xx} 与 n_{yy} 不

相等（若相等，则为等双轴拉伸，我们后面会讲到），都会存在一定大小的剪切应力。回想对于广义胡克材料的本构方程（3.57），剪切应变和应力与法向的应变和应力是解耦的（decoupled），这也就意味着剪切的行为（形变模式）可以被单独分析。甚至对于复杂的载荷，我们也可以通过去除等双轴组分量，来创造纯剪切的条件。

$$n_{xx} = n_{xx} - \left(\frac{n_{xx} - n_{yy}}{2}\right)$$

$$n_{yy} = n_{yy} - \left(\frac{n_{xx} + n_{yy}}{2}\right) \tag{9.33}$$

$$n_{xy} = n_{yx}$$

上式的平衡条件并不能提供很多有用的信息，它要求只有当剪切合力不变时，纯剪切才存在。但是，我们可以利用该本构方程获得一些信息，$\tau_{xy} = \gamma_{xy}$。由于 $n_{xy} = \tau_{xy}h$，我们可以通过合应力来重新表示：

$$n_{xy} = G\gamma_{xy}h = K_s\gamma_{xy} \tag{9.34}$$

我们引入了一个新的常数，膜剪切模量 $K_s = Gh$，其量纲是每单位长度的力。

那么细胞膜的剪切模量的值一般为多少？对于红细胞来说，细胞膜的剪切模量 $K_s = 6\times10^{-6}\sim9\times10^{-6}$ N/m $= 6\sim9$ pN/μm。为什么红细胞膜的剪切模量如此之小？我们之前讲到过，磷脂双分子层是由紧密排列的分子形成的，但在分子层平面内可以自由移动，这种现象有时被称为"二维流体"，这是由于膜像液体一样，当其暴露于剪切应力下时，膜会直接变换构型以抵消剪切。对于双分子层来说，我们通常可以忽略剪切的影响。构成细胞膜脂质的另一个性质是它们具有相对大的体积膨胀或体积模量。也就是说，它们是不可压缩的。在下面的分析中我们也将看到，脂质双层的面内体积模量也很高，这也进一步支持了膜的二维流体描述。

等双轴拉伸下的平衡简化

在等双轴拉伸作用下，膜在两个方向上所受到的拉力相等，即 $n_{xx} = n_{yy} = n$。当剪切应力消失时，$n_{xy} = 0$。我们进一步假设膜上各处的 n 是相等的，也就是说 n 与位置及方向无关。这个假设似乎有些武断，似乎只适用于非常具体的人为设定条件。但令人惊讶的是，在双分子膜结构中，这是一个非常常见和重要的条件。原因在于，n_{xx} 和 n_{yy} 中的任何不相等的分量都会在某个平面上引起剪切。但由于膜的低黏度及在剪切下的流动特性，膜会发生构型变化，使得其受到的剪切应力再次为零。因此，只要我们的边界条件适用于位移，那么各处的 n_{xy} 则均为零。在这种情况下，平衡条件[式（9.32）]要求 $\mathrm{d}n_{xx}/\mathrm{d}x = \mathrm{d}n_{yy}/\mathrm{d}y = 0$。膜张力必须保持恒定，或膜将低张力区域流到高张力区域，直到再次满足平衡条件。所以，上述假设实际上是对于分析脂质双分子层的行为非常好的假设，并且同样适用于其他二维流体，如肥皂泡等。

在上述特定情况下，我们可以大大简化对于平衡条件的描述。由于梯度为零，x 和 y 方向上的力平衡被自动满足。在横向（z）方向上，平衡问题则简化为我们在 1.3 节中所熟悉的拉普拉斯定律，但是其现在被推广用于不同方向上的曲率。

$$n\left(\frac{\mathrm{d}^2 w}{\mathrm{d}x^2} + \frac{\mathrm{d}^2 w}{\mathrm{d}y^2}\right) + P_z = 0 \tag{9.35}$$

注意，在 $n_{xy} = 0$ 的条件下，混合项已被舍弃，曲率与半径存在以下关系：

$$\frac{\mathrm{d}^2 w}{\mathrm{d}x^2} = \kappa_{xx} = \frac{1}{R_x}$$

$$\frac{\mathrm{d}^2 w}{\mathrm{d}y^2} = \kappa_{yy} = \frac{1}{R_y} \tag{9.36}$$

因此又有

$$P_z = -n\left(\frac{1}{R_x} + \frac{1}{R_y}\right) \tag{9.37}$$

若膜为球形，则可得到细胞的"油滴"模型[式（1.1）]：

$$\frac{2n}{R} + P_z = 0 \tag{9.38}$$

由于曲率与压强是沿着不同方向的，因此有 $P_z = -P$，则拉普拉斯定律通常表示为 $\frac{2n}{R} = P_z$。

面应变可作为双轴变形的度量

在 1.3 节中，通过微吸管吸吮实验，我们简要介绍了面应变和面积膨胀模量。当表征等双轴拉伸下的变形时，这些量特别相关。我们在这里作一些回顾，以便更完整地了解它们的由来。在等双轴拉伸下，膜上的任何点集都将变形为与初始形态类似的新状态，但面积会发生增加或减小。与我们对应变的定义（长度变化与原始长度的比率）相类似，我们可以定义面积应变为面积变化与原始面积的比值 $\Delta A/A$。通过分析每边长上尺寸为 L 的小方形单元，我们可以将面应变与线性应变相关联。将初始面积 $A = L^2$ 变形后，面积变为 $A + \Delta A = (L + \Delta L)^2$。通过线性应变来描述，因为 $\Delta L = \varepsilon L$，$A + \Delta A = (1 + \varepsilon)^2 L^2$，则有

$$\Delta A = (1 + \varepsilon)^2 L^2 - L^2 \tag{9.39}$$

以及

$$\frac{\Delta A}{A} = (1 + \varepsilon)^2 - 1 = 2\varepsilon + \varepsilon^2 = 2\varepsilon \tag{9.40}$$

假设涉及应变平方的项通常会远小于其他的项，可以忽略不计。

我们利用拉伸和面应变来定义等双轴拉伸的面膨胀模量：

$$K_A = \frac{n}{\Delta A/A} \tag{9.41}$$

式中，K_A 是膜对面内等双轴拉伸的阻抗度量。作为练习，读者可证明一下。K_A 可表示为杨氏模量和泊松比的函数：

$$K_A = \frac{Eh}{2(1-\nu)} \tag{9.42}$$

脂质双分子层的面积膨胀模量 K_A 通常为 0.1～1.0N/m。例如，红细胞的细胞膜面积膨胀模量约为 0.45N/m(= 450 000pN/μm)。这个值比膜剪切模量大许多个数量级。双层膜通常被视为实际不可拉伸膜，脂质双分子膜在破裂前通常只能耐受 4%～6%的面应变。膜具有较大的抗面积变化能力的原因，与当单个分子之间的间距增加时，脂质双分子层的疏水核心暴露于水所伴随的能量变化有关。测量 K_A 的实验方法将在 9.6 节中讨论。

9.5　膜力学Ⅱ：弯曲

在 9.4 节中，我们分析了不承受弯矩的二维曲面结构（即膜结构）的例子。现在我们要补充涉及弯曲的分析。二维结构可能是平的，如一个平板，也可能是弯曲的，如壳结构。

由于双分子层膜的流动性，膜的抗弯阻力在细胞典型的曲面条件下可以忽略不计。那我们为什么还要考虑弯矩的情况呢？实际上，细胞可以具有相当大的抗弯刚度。

我们想知道，红细胞如何保持其特有的双凹结构，而不是充当一种松弛的细胞质"袋"呢？

这个问题的答案是，细胞从支撑双分子层的膜下细胞骨架获得抗弯刚度。在红细胞中，聚合物血影蛋白（spectrin）网格直接存于细胞膜下。它通过周期性地包含锚蛋白而与双分子层结合（锚蛋白是一种连接蛋白，与跨膜蛋白相连）（图 9.9）。如 8.4 节中讨论的那样，血影蛋白网络具有典型的三角形对称形式（图 9.10）。

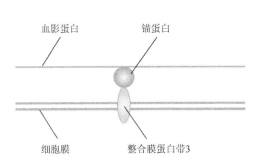

图 9.9　跨膜蛋白与连接蛋白复合物使细胞膜具有抗弯刚度。

图 9.10　红细胞膜下的血影蛋白骨架形成特有的三角形网格。锚蛋白和血影蛋白网格结构是红细胞特有的。但其他的哺乳动物非红细胞也通过与膜相关的肌动蛋白网络支撑其细胞膜双分子层。这层外周致密的肌动蛋白称为"皮层"肌动蛋白，通常形成四边形网格。

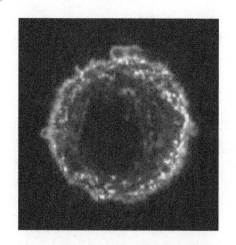

图 9.11 皮层肌动蛋白使细胞具有刚度。在该荧光共聚焦图片中，肌动蛋白在细胞边缘形成一条致密的条带。（由 Andrew Baik 礼赠，来自 X. Edward Guo 实验室。）

细胞获得抗弯刚度的另一种方式是通过被称为糖萼的蛋白聚糖。糖萼可以厚至 0.5μm，由长瓶刷状的分子组成，其高度分叉并具有高的负电荷密度。这使得糖萼分子间相互排斥并吸引水分子，从而使得糖萼具有高度抗弯的特点。在弯曲方面，双分子层主要作为化学屏障，而其结构完整性则由细胞骨架和糖萼决定（图 9.11）。

在弯曲中，膜运动学受其转动的控制

对于弯曲壳体的弯矩分析实际上是相当先进的，需要具备微分几何学和弯曲空间数学的知识。因此，我们对利用基尔霍夫板方程（Kirchhoff plate equation）描述的经典平板进行简化分析，这将会包含横向位移中的四阶微分方程。同样，平板方程是传统连续方程（运动学、本构方程和平衡方程）与合应力定义相结合的结果。从本质上来看，这是 3.2 节中讨论的梁弯曲例子的二维扩展。

让我们从运动学开始。我们介绍了基尔霍夫假设，还要将应变分解为两部分：一部分不随厚度发生变化，另一部分随厚度发生线性变化。前者不产生任何弯矩，所以可以从式（9.22）中减去。对于剩余的纯弯曲，根据运动学假设，我们利用 z 位移的斜率 w 给出了 u 和 v。

$$u = -z\frac{\mathrm{d}w}{\mathrm{d}x} \qquad v = -z\frac{\mathrm{d}w}{\mathrm{d}y} \tag{9.43}$$

通过式（9.43），我们可以根据连续体定义计算出应变，即式（3.48）、式（3.49）和式（3.52），可得

$$\varepsilon_{xx} = \frac{\partial u}{\partial x} = -\frac{\partial^2 w}{\partial x^2}z$$

$$\varepsilon_{yy} = \frac{\partial v}{\partial y} = -\frac{\partial^2 w}{\partial y^2}z \tag{9.44}$$

$$\varepsilon_{xy} = \frac{1}{2}\left(\frac{\partial u}{\partial y} + \frac{\partial v}{\partial x}\right) = -\frac{\partial^2 w}{\partial x \partial y}z$$

与之前一样，通过曲率的定义可得

$$\varepsilon_{xx} = \kappa_{xx}z \qquad \varepsilon_{yy} = \kappa_{yy}z \qquad \varepsilon_{xy} = \kappa_{xy}z \tag{9.45}$$

假设线弹性行为以建立本构模型

接下来，我们使用相关的本构方程，即描述应力和应变之间关系的方程。同样，我

们将假设一个广义胡克材料，并且材料属性和厚度恒定（均匀的）。而且，我们需要将平面内法向应力 σ_{xx} 和 σ_{yy} 及平面内剪切应力 σ_{xy} 与相应应变 ε 或曲率 κ 相关联。由于我们的运动学假设，z 方向的所有应变均为零，即 $\varepsilon_{zz} = \varepsilon_{xz} = \varepsilon_{yz} = 0$。

从式（3.57）可以得到

$$\sigma_{xx} = 2\mu\varepsilon_{xx} + \lambda\left(\varepsilon_{xx} + \varepsilon_{yy}\right) = 2\mu z\kappa_{xx} + \lambda z\left(\kappa_{xx} + \kappa_{yy}\right)$$

$$\sigma_{xx} = 2\mu\varepsilon_{yy} + \lambda\left(\varepsilon_{xx} + \varepsilon_{yy}\right) = 2\mu z\kappa_{yy} + \lambda z\left(\kappa_{xx} + \kappa_{yy}\right) \quad (9.46)$$

$$\tau_{xy} = 2\mu\varepsilon_{xy} = 2\mu\kappa_{xy}z$$

将平衡条件用于合力和力矩上

现在，我们开始使用平衡方程，但平衡并不能直接应用于应力或应变。因此，我们需要再次考虑合力（resultant force）。在只考虑弯曲的情况下，与 3.2 节中对梁的分析一样，需要推导应力弯矩。由于是在二维层面，因此相对于梁会稍复杂，但原理类似。对于梁，只有一个合力矩，但对于板有三个，分别表示为 m_{xx}、m_{yy} 和 m_{xy}，均通过将相应应力经过板的厚度积分获得，即

$$m_{xx}(x,y) = \int_{-h/2}^{h/2} \sigma_{xx}(x,y,z)z\mathrm{d}z \quad m_{yy}(x,y) = \int_{-h/2}^{h/2} \sigma_{yy}(x,y,z)z\mathrm{d}z \quad m_{xy}(x,y) = \int_{-h/2}^{h/2} \sigma_{xy}(x,y,z)z\mathrm{d}z$$

$$(9.47)$$

定义了合力矩之后，从平衡条件中能获得什么信息呢？分析一个受力矩作用的微小单元，比受面内合力要稍显复杂，但在概念上是一样的。在图 9.12 中，双箭头标注了板内一个微小单元的边缘和边缘处的力矩。

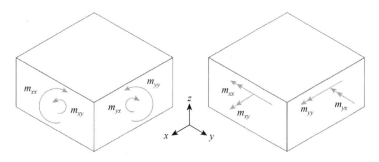

图 9.12　表面边缘上的合力矩。直接标注（左图）或双箭头表示（右图）。双箭头表示遵循右手规则指示后的箭头轴力矩。

释注
　　合力矩的单位与力的单位相同。对于分散的合力，其单位是单位长度的力，类似于表面张力。通常，力矩的单位是力乘以长度。因此，分布力矩的单位是每单位长度的力与单位长度的乘积，也就是力。

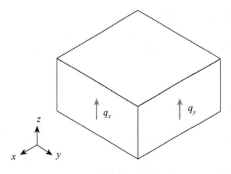

图 9.13 表面边缘分布的剪切合力。

与梁的例子一样，如果不考虑剪切应力，我们就无法满足弯矩的平衡条件。因此必须引入之前忽略的另一个合力，即横向剪切应力。之前忽略它，是因为它在膜力学中不发挥作用，但在平板中，横向剪切应力非常重要。横向剪切应力是由 x-z 方向和 y-z 方向剪切应力产生的 z 方向力（图 9.13）。

通过在厚度上积分可以从数学角度上定义剪切合力，即

$$q_x(x,y) = \int_{-h/2}^{h/2} \sigma_{xz}(x,y,z)z\,\mathrm{d}z \qquad q_y(x,y) = \int_{-h/2}^{h/2} \sigma_{yz}(x,y,z)z\,\mathrm{d}z \qquad (9.48)$$

定义了横向剪切应力之后，可以开始应用平衡方程。在膜分析中，我们使用力平衡来推导出控制方程，并利用绕 z 轴的力矩平衡来显示对称条件。对于板的弯曲，则需要增加 x 和 y 轴的力矩平衡。此外，由于 x 与 y 轴上没有力，因此原先 x 和 y 方向上的力平衡条件不再适用。让我们从 z 方向上的力平衡开始。从图 9.14 可以推导出 z 方向上的力平衡条件。经过简单的换算（除以 $\mathrm{d}x$ 和 $\mathrm{d}y$，并消除项），有

$$\frac{\mathrm{d}q_x}{\mathrm{d}x} + \frac{\mathrm{d}q_y}{\mathrm{d}y} + P_z = 0 \qquad (9.49)$$

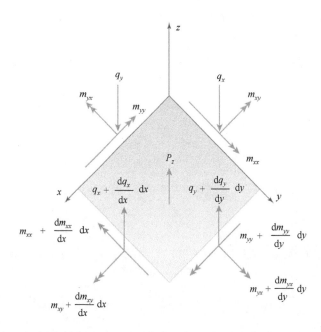

图 9.14 描述各部位剪切合力和力矩的自由体示意图。注意，表面边缘上的合力矩用双箭头符号表示。

对于力矩，类似有

$$\sum M_x = 0 \Rightarrow \frac{\mathrm{d}m_{xx}}{\mathrm{d}x} + \frac{\mathrm{d}m_{yx}}{\mathrm{d}y} - q_x = 0$$

$$\sum M_y = 0 \Rightarrow \frac{\mathrm{d}m_{yy}}{\mathrm{d}y} + \frac{\mathrm{d}m_{xy}}{\mathrm{d}x} - q_y = 0 \tag{9.50}$$

此外，利用 z 轴的力矩条件可得 $m_{yx} = m_{xy}$。

上面则是板的平衡方程，是一组耦合的一阶微分方程。通常，我们可以用一个高阶微分方程来代替一组耦合的低阶微分方程。在这里，我们通过消除横向剪切分量，可以在力矩中找到一个二阶方程。作为练习，请推导由式（9.49）和式（9.50）得到以下公式：

$$\frac{\mathrm{d}^2 m_{xx}}{\mathrm{d}x^2} + 2\frac{\mathrm{d}^2 m_{xy}}{\mathrm{d}x\mathrm{d}y} + \frac{\mathrm{d}^2 m_{yy}}{\mathrm{d}y^2} + P_z = 0 \tag{9.51}$$

式（9.50）是关于板的分布力矩和压力的经典平衡方程。

现在，关于建立板弯曲的控制方程的所有分量都已得出。首先，将力矩的定义[式（9.47）]与本构定律[式（9.46）]相结合，结合积分的结果为

$$m_{xx} = \int_{-h/2}^{h/2} \sigma_{xx} z\mathrm{d}z = K_B(\kappa_{xx} + \nu\kappa_{yy})$$

$$m_{yy} = \int_{-h/2}^{h/2} \sigma_{yy} z\mathrm{d}z = K_B(\kappa_{yy} + \nu\kappa_{xx}) \tag{9.52}$$

$$m_{xy} = \int_{-h/2}^{h/2} \sigma_{xy} z\mathrm{d}z = K_B\frac{1-\nu^2}{1+\nu}\kappa_{xy}$$

其中，

$$K_B = \frac{Eh^2}{12(1-\nu^2)} \tag{9.53}$$

将这个新的曲率表达的力矩插入式（9.51），得到

$$P_z = K_B\left(\frac{\mathrm{d}^2\kappa_{xx}}{\mathrm{d}x^2} + 2\frac{\mathrm{d}^2\kappa_{xy}}{\mathrm{d}x\mathrm{d}y} + \frac{\mathrm{d}^2\kappa_{yy}}{\mathrm{d}y^2}\right) \tag{9.54}$$

或由位移表达的力矩得到

$$P_z = K_B\left(\frac{\mathrm{d}^4 w}{\mathrm{d}x^4} + 2\frac{\mathrm{d}^4 w}{\mathrm{d}x^2\mathrm{d}y^2} + \frac{\mathrm{d}^4 w}{\mathrm{d}y^4}\right) \tag{9.55}$$

式（9.55）是描述板弯曲的四阶微分方程，描述了横向位移与所施加的压力间的关系。

以上，我们就完成了对板弯曲方程的推导。接下来，我们来直观地认识一下细胞水平的弯曲。脂质双分子层如红细胞膜的抗弯刚度 K_B 为 10^{-19}N/m 的数量级，这是一个非常低的值，而 K_A 的数量级为 0.1N/m 或 1N/m。当然它们的单元不同，尽管如此，在典型弯曲和膨胀力之间仍存在大约 20 个数量级的差异。我们知道，剪切刚度 K_S 约为 10^{-6}N/m，抗弯刚度比剪切刚度小了 13 个数量级。我们能理解这种情况的存在，因为我们知道细胞膜弯曲的阻力是来自膜相关的结构蛋白，而不是双分子层，而血影蛋白或皮层肌动蛋白的存在会使 K_B 显著提高。

张力和弯曲，哪个力是主导力？

之前，我们所做的分析都是将面内载荷和弯曲作为两个单独的条件来处理。在现实情况下，两者是同时发生的。但在许多情况下，其中的一个将会作为主要的力。为了更清楚地表示这种情况，我们将两种载荷表述为组合载荷：

$$n\left(\frac{\mathrm{d}^2 w}{\mathrm{d}x^2} + \frac{\mathrm{d}^2 w}{\mathrm{d}y^2}\right) + K_B\left(\frac{\mathrm{d}^4 w}{\mathrm{d}x^4} + \frac{\mathrm{d}^4 w}{\mathrm{d}x^2 \mathrm{d}y^2} + \frac{\mathrm{d}^4 w}{\mathrm{d}y^4}\right) + P_z = 0 \tag{9.56}$$

通常情况下，上述方程很难或不可能获得解析解，但数值解是可实现的。我们还能确定主要载荷模式，并根据主要载荷进行简化。我们可以估计各项产生的力大致的大小、n 引起的膜表面张力及 K_B 引起的抗弯刚度。假设 w 是在特征长度 λ 上发生的横向位移，膜项将随着 nw/λ^2 成比例变化。类似地，弯曲项将与 $K_B w/\lambda^4$ 成比例，两个量之比 $K_B/(n\lambda^2)$ 能够指示在特定情况下的主导力，如下：

$$\frac{K_B}{n\lambda^2} \ll 1 \Rightarrow 张力主导$$
$$\frac{K_B}{n\lambda^2} \gg 1 \Rightarrow 弯曲主导 \tag{9.57}$$

对于典型的细胞来说，基本参数可能为 $K_B = 10^{-18}\mathrm{N/m}$，$n = 5 \times 10^{-5}\mathrm{N/m}$，$\lambda = 1\mu\mathrm{m}$。因此，$K_B/(n\lambda^2) = 0.02$，这表明面内载荷比弯曲更重要。

9.6 抗弯刚度的测量

我们以膜材料性能的测量来结束本章讨论。在 1.3 节中，我们知道微吸管可用于测量脂质囊泡或细胞的面积膨胀模量 K_A。那是否可以使用类似的方法来测量抗弯刚度 K_B？答案是肯定的，并且还可以方便地同时测量两种性质。为了了解如何利用微吸管确定抗弯刚度，我们必须重新回忆一下热波动的概念。

膜也经历类似聚合物的热波动

在 7.3 节中，我们介绍了聚合物热波动的概念，并且知道了熵在它们的力学行为中发挥着重要作用。同样地，膜也经历了这样的波动。在聚合物中，我们利用持续长度来表征这些热波动，持续长度是指聚合物片段在热力影响下保持相对直的特征长度。回顾一下这个概念，我们通过取向相关函数 $f(s) = \langle \cos\Delta\theta(s) \rangle$ 得出持续长度，其中 $\theta(s)$ 是聚合物与假想水平线的夹角，且 $\theta(s) = \theta(s) - \theta(0)$ [参考式（7.14）]。而且有

$$\langle \cos\Delta\theta(s) \rangle = \mathrm{e}^{\left(\frac{-s}{\ell_p}\right)} \tag{9.58}$$

当 s 变大时，取向相关函数将指数性地从 1 递减到 0。在将持续长度与对梁的连续描

述相关联的过程中，我们发现，持续长度与其抗弯刚度 EI 相关，有以下关系：

$$\ell_p = \frac{EI}{k_B T} \qquad (9.59)$$

对于物体的表面，如膜，也可以将取向相关函数进行修饰后来描述热起伏。而且膜上两个不同的点 r_1 和 r_2 的位置差异可以通过这些点处的法线点积 $n(r_1) \cdot n(r_2)$ 来表征。若令 $\Delta r = \| r_1 - r_2 \|$，那么膜持续长度则为

$$\langle n(r_1) \cdot n(r_2) \rangle = e^{\left(\frac{-\Delta r}{\ell_p}\right)} \qquad (9.60)$$

膜的持续长度也能与连续体模型有关，而且有

$$\ell_p \sim b e^{\frac{4\pi K_B}{3 k_B T}} \qquad (9.61)$$

式中，b 是与膜内分子间距相关的特征长度比例。b 的推导超出了我们讨论的范围，但博尔（Boal）（2001）已提供了详细的推导过程。与聚合物一样，膜的持续长度随着抗弯曲性的增加和温度的降低而增加。但与聚合物不同的是，ℓ_p 与这些参数呈指数性相关，而非线性相关。

膜在张力作用下变直

与聚合物一样，膜的热起伏受抗弯刚度影响。对于多聚物，"卷曲"与"直"的构型可以通过端点间长度和伸直长度之间的差异来表征。此外，我们发现，"卷曲"的构型是"熵有利"的。然而通过施加力，可以将多聚物拉伸。类似地，在膜中，"皱褶"构型也是"熵有利"的，而皱褶也可以通过施加张力使其变平整。其中存在着定量关系。

假设有一个由 xy 平面的高度函数 $h(x, y)$ 定义的曲面，假设曲面表面没有重叠，也就是说，每个点 (x, y) 上的 h 是唯一的。设 A 为曲面的等高线面积（contour area，真实区域），A_{proj} 为 xy 平面的投影面积，则 A_{proj} 由张力、n、抗弯刚度 K_B 决定，有

$$A_{proj}(n) = A - \frac{A k_B T}{8 \pi K_B} \ln \left(\frac{\dfrac{\pi^2}{b^2} + \dfrac{n}{K_B}}{\dfrac{\pi^2}{A} + \dfrac{n}{K_B}} \right) \qquad (9.62)$$

注意，当 $k_B T / K_B$ 趋近于 0 时，A_{proj} 趋近于 0，表明在温度为零或抗弯刚度无穷大时不会有皱褶产生。当 n/K_B 任意大时，A_{proj} 在极限上也趋近于 0。

因此，我们就可以计算出在无张力参考状态下增加投影面积所需的张力，即

$$A_{proj}(n) - A_{proj}(0) = \frac{A k_B T}{8 \pi K_B} \ln \left(\frac{1 + \dfrac{nA}{\pi^2 K_B}}{1 + \dfrac{n b^2 \pi^2}{\pi^2 K_B}} \right) \qquad (9.63)$$

或

$$\frac{\Delta A}{A} = \frac{k_B T}{8\pi K_B} \ln\left(1 + \frac{nA}{\pi^2 K_B}\right) \tag{9.64}$$

式中，$\Delta A = A_{proj}(n) - A_{proj}(0)$。我们已经假设 $A \gg b^2$（b^2 为分子间距离的平方）。上述表达式给出了在特定张力 n 下与平滑热起伏相关的"有效"面应变。该式可以与面积膨胀模量（即与分子间距离增加相关的应变）决定的零点面应变相叠加，即

$$\frac{\Delta A}{A} = \frac{k_B T}{8\pi K_B} \ln\left(1 + \frac{nA}{\pi^2 K_B}\right) + \frac{n}{K_A} \tag{9.65}$$

示例 9.5：同时测量 K_B 和 K_A

在高张力与低张力的极限下，式（9.65）会变成什么形式呢，如何使用它来确定 K_A 和 K_B 呢？

在低张力状态下，式（9.65）变为

$$\frac{\Delta A}{A} \approx \frac{k_B T}{8\pi K_B} \ln\left(1 + \frac{nA}{\pi^2 K_B}\right)$$

在高张力状态下，n 远大于 $\ln(n)$，因此当 n 趋近于 0 时，有

$$\frac{\Delta A}{A} \approx \frac{n}{K_A}$$

考虑这样一个实验，一个脂囊泡被微吸管吸入。在没有张力的情况下，熵力使膜产生皱褶。施加低张力时，熵力被克服，皱褶变得平滑，该变化可由上文的低张力表达式给出，面应变与 $\ln(n)$ 呈线性关系，拟合斜率求出 K_B。一旦膜被拉紧，刚度会显著增加，这是由双分子层中脂质分子间距离增加引起的力所造成的。其变化可由高张力表达式给出，可以发现面应变与 n 呈线性关系，拟合曲线后可得 K_A。

扩展材料：利用吸管测量面积膨胀模量

另一种测量面积膨胀模量的方法是利用小口径吸管。膜的渗透压可以表示为溶质浓度与温度的函数：

$$P_{osmotic} = k_B T \sum C_i$$

式中，C_i 是存在的每种物质的摩尔浓度。根据拉普拉斯定律，可以将 $P_{osmotic}$ 与 n 相关联，并且可以通过吸入移液管中膜的量来确定面积的扩展。

重要概念

- 细胞膜磷脂的两亲性质使它们能自组装成双分子层。磷脂的堆积行为有助于结构的形成。膜内的微域能增强化学动力学（chemical kinetics）。
- 饱和与不饱和脂肪酸链有助于确定膜的性质。
- 流体镶嵌模型描述了双分子层的二维流体行为。

- 膜是半透性的，并且具有临界屏障功能，该功能可以用扩散方程描述。
- 膜的连续力学行为可以分解为面内和弯曲分量。平面内行为可以进一步分解成等双轴和剪切响应。
- 推导的模量，包括K_A、K_S和K_B，分别表征面积、剪切和抗弯刚度。
- $K_B/n\lambda^2$的值能表明受张力主导或受弯曲主导。
- 双分子层在剪切和弯曲方面表现为柔性，但是相对于面积张力表现为刚性。
- 熵介导的膜波动可以用统计学来描述，并与连续体性质有关。

思考题

1. （a）在一维，随机游走的粒子的均方位移随着时间t的平方根而变化。那么在二维或三维尺度上，均方位移会随时间怎么变化？为什么？

（b）假设对于给定的扩散系数，将扩散速度定义为均方根位移除以时间。在这样的条件下，当t趋近于0时会发生什么？如何判断实验数据是否受该问题影响？

2. 一般情况下，对于水中的典型小分子，扩散系数$D \approx 10^{-5} cm^2/s$。小离子通常通过扩散穿过通道。假设在给定的时间内，通道宽度仅够单个离子穿过，那么：

（a）假设通道长度等于细胞膜厚度，请估计在没有其他离子干扰的情况下，离子穿过通道所需的时间。

（b）假设有一个等比放大的宏观细胞，半径大约为1m。那么一个同样的微小离子穿过这个宏观通道所需要的时间是多少呢？扩散是宏观过程的有效机制吗？

3. 假设在空间中，无穷大的墙上有一个半径为a的孔。假设远离圆孔一侧的物质浓度为C_0，另一侧任意点浓度均为零，则给定通过该孔的自由扩散分子流通量$I = 4DaC_0$（D是扩散系数）。这可以作为膜中单个通道的模型（假设通道半径a远远小于细胞半径b），我们可以得出穿过球体的自由扩散分子流通量$I = 4\pi DC_0 b$，那么：

（a）假设细胞表面有n个通道，当n很小时，进入细胞的总分子流通量是多少？

（b）当整个球体为流通量I_0的"水槽"时，那么n个通道（对于任何n个通道）的总流通量$I = I_0/(1+\pi b/na)$。这与（a）的答案一致吗？请说明原因。

（c）利用（b）中提供的信息，设计半径$b = 10\mu m$的细胞（水槽），含有n个半径$a = 1nm$的通道，求n使得所有通道的流通量是细胞流通量的一半（假设整个细胞表面是一个水槽）。在计算通道的总面积时，可以忽略局部曲率。而后请计算细胞表面被通道覆盖的面积分数。从这个结果可以得出细胞通过通道扩散获得所需化合物能力的什么信息？

4. 假想有一个可溶物质在很薄的血管中传递的情况。血管内径为R_1，内皮层使血管半径增加到R_2，然后外层（基质）进一步将半径增加到R_3。若溶质通过内皮层的扩散系数为D_1，通过外基质的扩散系数为D_2，假设血液浓度在血管内侧为常数C_0，血管外侧为0（溶质瞬时耗尽），请计算血管中总（恒定态）溶质通量。计算中使用扩散方程的圆柱体形式。

5. 与第4题相同的设定，将血管建模为内径为R_1和外径为R_3的中空圆柱，由扩散

系数为 D 的一种材料构成，流出血管的流通量相同，请利用 D_1、D_2 及给定的参数表达 D。

6. 假设有一个药物递送系统，由一个内径为 R、壁厚为 h 和壁扩散系数为 D 的小球组成。假设内部药物浓度为恒定值 C，球体外的浓度各处均为零（即刻消耗），则：

（a）计算流向球体外的总药物通量。

（b）假设有一个与上述球体相同厚度 h 和相同表面积的平板面，此外，假设浓度和扩散系数与上述设置也类似，请计算通过平板面的总药物通量。

（c）根据其他参数建立 h 和 R 的表达式，使得（a）和（b）的结果之差小于 1%。根据所建立的表达式判断，膜作为"壁"的典型细胞的大小是否合格？

7. 假定细胞膜具有固定的厚度 h，某可溶物质的扩散系数为 D。将细胞膜局部模拟为平面壁，外部溶质浓度为 C，细胞内部的任意位置浓度为 0（即刻消耗），请完成：

（a）建立稳态下膜内浓度的表达式，定义使用的边界条件，绘制浓度曲线。

（b）到达稳态后，细胞的扩散系数变为 $D'<D$（如关闭一些通道），到达新的稳态后，列出可能的随着扩散系数 D' 变化而变化的情况，假设其他参数均保持相同。

8. 存在有限数量的容器，容器之间由几何形状完全相同的膜分开。设置每个容器中溶质的初始浓度（并假设在容器中，浓度是均匀的）及每个膜的扩散系数（保持恒定）。请找到合适的容器和膜，使得容器具有最高初始溶质浓度以能在某个时间点（平衡前）接收溶质流。

9. 请说明 $\langle T_c \rangle = \dfrac{b^3}{3Da}$ 是示例 9.2 中指定的条件 $\langle T_c \rangle = \dfrac{1}{D} + \dfrac{d^2 T_c}{dx^2}$ 的解。

10. 将细胞假想为一个厚度为 h、扩散系数为 D 的平面壁，由于离细胞非常近，可将其视为半无限介质，使得细胞在 $x=0$ 处开始并增加到无穷大。最初，各点处的溶质浓度均为 0。在 $t=0$ 时，细胞外的溶质浓度突然增加到 $C_0>0$，假设在细胞内部，在 $x\to\infty$ 处，浓度 C 恒定为 0。

（a）写出该情况下 $t>0$ 时的菲克第二扩散定律。

（b）定义新变量 α，使得 $\alpha = \dfrac{x}{\sqrt{4Dt}}$。

用 α 重新表达（a）中得到的方程，并证明该方程可表达为 $\dfrac{\partial^2 C}{\partial \alpha^2} = 2\alpha \dfrac{\partial C}{\partial \alpha} = 0$。注意，该过程中可能需要使用链式法则（chain rule）。

（c）利用与（a）相同的约束条件，找出（b）中新方程的边界条件。

（d）利用在（c）中的边界条件，求出（b）中微分方程的解。可以利用误差函数[erf(x)]表示解。

（e）当 t 接近无穷时，溶质通量极限会是怎样的？是否与稳态扩散通量相同？说明原因。

（f）有以下描述："（d）中随时间变化的浓度曲线所得解表明，若有两种不同扩散系数的材料，而其他条件与原始问题陈述中相同，则两种材料的浓度分布将是相同的，只在时间上发生偏移。也就是说，$t>0$ 时，两种材料发生不同浓度分布的情况将不会发生。"请对此说出你支持或反对此观点的原因。

11. 若只利用表面张力，能否使处于地球上的毛细管中的水爬升 1km 呢？其中，可以控制管的直径（不必是常数）、管相对于垂直方向的角度（但是仅计算垂直高度），以及末端被水浸没的深度（但仅计算高于水面的高度）。可以假设水是一个连续体，所以可以使毛细管的直径任意小，而不必担心分子效应（甚至直径可以小于水分子）。如果这是可实现的，请问毛细管是什么形状的？

12. 假设有一个水滴，轻微压缩使其形成一个椭圆体（扁球体），当释放压缩力时，则水滴趋于回到球形，而不进一步发生扩张，请使用自由体图论证。

13. 已知脂质双分子层由氢化程度不同的脂肪酸组成，完全饱和的脂质链是相对直的（实际上是 "Z" 字形），你认为不饱和脂链区域比饱和脂链区域具有更高或更低的黏度吗？主要包含部分氢化脂肪酸的区域又是怎样的情况呢？

14. 证明关系式 $\dfrac{\mathrm{d}\left(n_{xx}\dfrac{\mathrm{d}n_{xx}}{\mathrm{d}x} + n_{xy}\dfrac{\mathrm{d}w}{\mathrm{d}y}\right)}{\mathrm{d}x} + \dfrac{\mathrm{d}\left(n_{xy}\dfrac{\mathrm{d}w}{\mathrm{d}x} + n_{yy}\dfrac{\mathrm{d}w}{\mathrm{d}y}\right)}{\mathrm{d}y} + P_z = n_{xx}\dfrac{\mathrm{d}^2w}{\mathrm{d}x^2} + 2n_{xy}\dfrac{\mathrm{d}^2w}{\mathrm{d}x\mathrm{d}y} +$

$n_{yy}\dfrac{\mathrm{d}^2w}{\mathrm{d}y^2} + P_z$。

15. 在本书中，我们提到了双分子层破裂时的典型应变。使用本书中给出的合理参数值，估算直径 1μm 的细胞可以承受的最大膜张力和胞质压力的范围。

16. 分析红细胞的皮层，建立一个模型来预测一个简单矩形晶格中排列的血影蛋白交联聚合物的二维阵列膜力学行为。晶格间距为 L_e，每个聚合物的持续长度为 ℓ_p，伸直长度为 L，直径为 d。

利用光镊，研究人员发现，血影蛋白的持续长度为 10nm。此外，每个血影蛋白分子的伸直长度为 200nm，L_e 约为 70nm。

（a）假设变形很小，那么多聚物会处于什么状态（理想链、半柔性聚合物、连续体），为什么？什么模型适合描述它们的行为？

（b）为所建立模型推导膜面积膨胀模量 K_A 的表达式。

17. 证明 $\tau_{xy} = G\gamma_{xy} = \dfrac{E}{[2(1+\nu)]\gamma_{xy}}$ 以及 $K_s = Gh = \dfrac{Eh}{2(1+\nu)}$。

18. 利用膜厚度、杨氏模量和泊松比推导膜面积膨胀系数的表达式。

19. 证明式（9.49）和式（9.50）可组合得到板的平衡方程。

20. 在本书中已经说明，由于细胞骨架提供的支撑，双分子层的抗弯刚度 K_B 比细胞的抗弯刚度小得多。进行文献检索，并写一份简短的报告（不超过四分之一到一半纸），以支持或驳斥这种说法。

21. 假设存在一个膜厚度为 10nm，由杨氏模量为 108Pa 的不可压缩材料制成的 1μm 细胞。估计使细胞从初始塌陷状态（高度/直径，即高径比为 0.2）膨胀到直径大约等于 10μm（高径比为 1）的细胞膨胀所需的压力。（这大致相当于红细胞从其正常状态变为球形的变化。）假设抗弯刚度与拉力两者中，抗弯刚度为主导。

22. 假设有在一个方向上受力矩的平板（$M_{xx} = M$，$M_{yy} = M_{xy} = 0$）。

这与我们在第 3 章中分析的梁弯曲问题类似，我们发现，

$$M = EI \frac{\mathrm{d}^2 W}{\mathrm{d}x^2}$$

对于平板，是否具有相同的方程？如果不是，为什么有所不同？要使板理论重现梁的方程，需要怎样的进一步假设？

23. 证明 $K_B = \dfrac{Eh^3}{12(1-v^2)}$。

24. 证明，力矩-曲率关系[式（9.52）]和力矩平衡公式[式（9.51）]联立可以推导出基于位移的经典平板弯曲方程：

$$P_z = K_B \left(\frac{\mathrm{d}^2 \kappa_{xx}}{\mathrm{d}x^2} + 2 \frac{\mathrm{d}^2 \kappa_{xy}}{\mathrm{d}x\mathrm{d}y} + \frac{\mathrm{d}^2 \kappa_{yy}}{\mathrm{d}y^2} \right)$$

参考文献及注释

Axelrod D，Koppel DE，Schlessinger J et al.（1976）Mobility measurement by analysis of fluorescence photobleaching recovery kinetics. Biophys. J. 16，1055–1069. *该研究包含了光漂白后荧光恢复的基本理论基础，用来表征二维系统中的扩散。*

Berg HC（1983）Random Walks in Biology. Princeton University Press. *该书给出了一系列可以通过随机游走分析的广泛生物学问题。具体来说，本书中对于扩散的分析来源于该书。*

Boal D（2001）Mechanics of the Cell. Cambridge University Press. *这是一本关于细胞力学的优秀书籍，其中涉及许多对壳力学的深入分析。其中对于膜行为的统计分析对本章尤为重要。*

Evans E & Rawicz W（1990）Entropy-driven tension and bending elasticity in condensed-fluid membranes. Phys. Rev. Lett. 64，2094–2097. *该参考文献给出了与在给定张力下消除热波动相关的"有效"面应变的表达式。*

Helfrich W（1975）Out-of-plane fluctuations of lipid bilayers. Z. Naturforschung. C 30，841–842. *该参考文献是证明膜的平面外波动导致有效面积的减少和改变拉伸弹性的早期研究文献。其中给出了给定张力 n 和抗弯刚度条件下投影表面积的表达式。*

Kamm RD（2005）Molecular，Cellular，and Tissue Biomechanics（lecture notes from course number 20.310，Massachusetts Institute of Technology，Cambridge，MA）. *本章中的几个分析是基于该研究生课程讲义。具体包括板与壳的平面内和弯曲行为及一些问题等。*

Kooppel DE，Axelrod D，Schlessinger J et al.（1976）Dynamics of fluorescence marker concentration as a probe of mobility. Biophys J.16，1315–1329. *早期对于 FRAP 用于测量细胞膜横向扩散的描述。*

Simons K & van Meer G（1988）Lipid sorting in epithelial cells. Biochemistry 27，6197–6202. *本参考文献包含对于脂膜微域的早期描述。*

Singer SJ & Sackmann E（1972）The fluid mosaic model of the structure of cell membranes. Science 175，720–731. *该文献是对细胞膜流体镶嵌模型的最早描述之一。*

Timoshenko S & Woinowsky-Krieger S（1959）Theory of Plates and Shells. Engineering Society Monographs. *该书描述了有关板壳力学的数学理论。*

第 10 章 黏附、迁移和收缩

到目前为止，我们关注的主要是细胞生物力学，换句话说，是对细胞的力学行为的研究。在这些研究中，我们用理论和实验力学的方法来更好地理解细胞及其结构成分的力学行为，最终我们将利用这些知识来了解力学如何调控细胞功能。现在，我们做一个概念上的转变，将关注点从细胞生物力学转移到细胞力学生物学上来。换句话说，就是从生物学角度探讨力的产生、施加和感知如何引起细胞的生物学功能改变。由于力学在许多生理和病理过程中发挥着关键作用，我们在这里并不能完全描述清楚细胞力学生物学的完整过程。在本章中，为给读者打下一个牢固的基础，我们将主要介绍细胞的三个重要生物功能：黏附、迁移和收缩，这些功能主要受到力学的调控。

10.1 黏　　附

细胞能够与基底发生黏附

我们这一章从讨论细胞-基底的黏附（adhesion）开始。黏附对于许多生物过程至关重要，包括组织黏聚（cohesion）、修复、炎症反应和生长。黏附对于工程应用也很重要。例如，在新型构建体种植细胞以植入体内。

最典型的细胞-基底黏附分子是整合素。正如在 2.2 节中首次描述的那样，整合素是紧密结合在质膜上的细胞外基质蛋白受体。它们是由 α 亚基和 β 亚基组成的二聚体，每个亚基都存在几种亚型，亚型类型用下标表示。不同的亚型二聚化允许整合素的胞外组分结合不同的细胞外基质组分，如胶原或纤连蛋白。例如，整合素 $\alpha_5\beta_1$ 由一个 α_5 亚基和一个 β_1 亚基组成，是纤连蛋白受体，特异性靶向纤连蛋白中的精氨酸-甘氨酸-天冬氨酸（RGD）肽序列。整合素的细胞内组分通常通过一个或多个中间分子以间接方式与细胞骨架形成结构偶联。整合素的细胞内组分也可能是酶活性的主要部位。

整合素可以组装成离散的斑块，称为黏着斑。当它们组装时，产生一种细胞内分子复合物，这种复合物由许多蛋白质组成，每种蛋白质都在细胞内生化信号转导中起着多种作用，并与肌动蛋白细胞骨架形成结构联系（图 10.1）。目前还不清楚多重式黏附（multiple focal attachment）相比分散式黏附是否更为优越（如果有的话）。然而，它们的形成和破坏是受到严格调控的。也有研究表明，微管可以在微管前端破坏局部黏着斑。尽管黏着斑各组分的确切作用未明确，但可以肯定的是各组分在黏附、活化和维持力学能力方面起着不同的作用。由于它们在维持结构完整性和胞内信号转导中都起重要作用，因此被视为力转导感受器的主要候选对象（见 11.2 节）。

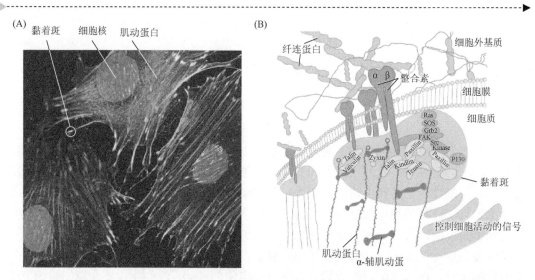

图 10.1　黏着斑是参与细胞-基底黏附的分子复合物。（A）贴壁细胞黏着斑的显微照片。圆圈所示为免疫染色的黏着斑踝蛋白，肌动蛋白细胞骨架和细胞核也被染色。（B）黏着斑示意图，展示了组成这个分子复合物的多个关键蛋白。复合物中的蛋白具有多种作用，包括充当细胞内信号分子及与肌动蛋白细胞骨架形成结构连接。Talin. 踝蛋白；Vinculin. 一种黏着斑蛋白；Zyxin. 斑联蛋白；Paxillin. 桩蛋白；Kindlin. 一种黏着斑蛋白；Tensin. 张力蛋白；Kinase. 激酶。（B 改编自 Kamm R & Lang M Molecular，Cellular，and Tissue Biomechanics. Massachusetts Institute of Technology.）

流体剪切可用于间接测量黏附强度

显然，黏附在细胞功能中起着重要作用。因此，量化黏附强度（adhesion strength）是非常有意义的。可以直接或者间接地评估黏附强度。间接测量虽然不能量化将细胞从特定基底分离所需的实际力，但可以对多个样本的黏附强度进行比较。

间接测量黏附力的一种方法是测量从表面分离贴壁细胞所需的流体剪切应力水平。如果施加的剪切应力足够大，细胞将开始分离。正如第 6 章示例 6.4 所述的，对均一细胞群施加空间变化剪切应力的一种方法是通过从中心入口径向扩散的集中流（锥板黏度计）来实现的。细胞离中心越远，其处流速越低，细胞受到的剪切应力越小。如果将细胞接种在盖玻片上并置于径向流动腔中，则会出现一个细胞被清除后形成的圆形区域，该区域的半径大小与盖玻片上细胞的黏附力成反比。

平行板流动腔也可用于间接测量黏附力。回顾 4.2 节，可获得在无限宽的平行板内的流动剖面（flow profile），平行板流动腔底部的表面剪切应力 τ 为

$$\tau = \frac{\mu V_0}{h} \tag{10.1}$$

式中，V_0 是在表面上方 h 高度处的速度；μ 是流体黏度。对于压力驱动的平行板配置，式（10.1）变为

$$\tau = \frac{6\mu Q}{bh^2} \tag{10.2}$$

式中，Q 是体积流量；b 是腔室宽度；h 是腔室高度。通过随时间增加流速，或构建空间

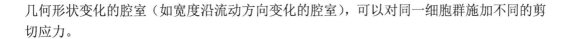

几何形状变化的腔室（如宽度沿流动方向变化的腔室），可以对同一细胞群施加不同的剪切应力。

> **释注**
>
> 　　**细胞黏附与肌营养不良**。另一种普遍存在的细胞黏附蛋白是糖蛋白——*肌营养不良蛋白聚糖（dystroglycan）*。肌营养不良蛋白聚糖具有 α、β、γ 和 δ 亚基。在骨骼肌中，β 亚基通过肌营养不良蛋白与肌动蛋白结合，肌营养不良蛋白聚糖复合物从而起到跨膜连接细胞外基质和细胞骨架的作用。导致肌营养不良蛋白与肌动蛋白结合受损的突变会导致肌肉萎缩性疾病——肌营养不良。

> **释注**
>
> 　　**洗板（plate washing）**。间接测量黏附力的简便方法是洗板。将相同数目的细胞接种在多孔培养板中，允许细胞黏附一段时间（通常很短，如 30min），然后洗涤数次，计数每个孔中剩余的细胞数。

分离力可通过直接的细胞操作来测量

　　与使用流体剪切应力间接评估黏附强度相反，细胞从黏附的底面分离所需的力也可以通过直接的细胞操作来测量。一种方法是使用微吸管吸吮技术（图 10.2A）。微吸管内的抽吸压力可用来抓持细胞，使之与感兴趣表面（如官能化珠子）接触。在细胞与感兴趣表面结合后，将细胞从所结合表面拉离，利用力传感器可测量将细胞与表面分离所需的临界力。还可利用两个微吸管代替一个吸管来测量细胞-细胞间的黏附力（图 10.2B），使两个细胞彼此接触形成细胞间黏附，然后测量分离两个细胞所需的力。这种技术对不需贴壁即能发挥正常功能的悬浮细胞（如白细胞）特别有用。

　　对于贴壁细胞，缺乏基底和铺展形态会影响与黏附相关的过程。因此，在未铺展形态时测定的分离力可能并不代表生理条件下的。为解决这个问题，可以使用微板进行操作（图 10.2C）。

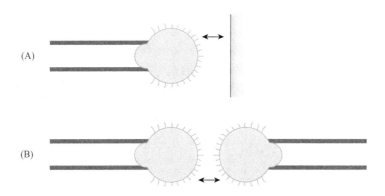

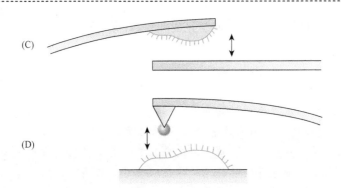

图 10.2　单微吸管（A）、双微吸管（B）、微板（C）和原子力显微镜（D）测量黏附力的示意图。箭头表示将细胞与探针或与另一个细胞附着/分离的方向。

微板操作类似于微吸管。不同于微吸管用真空来抓持细胞，微板用微岛使细胞黏附于其上。该技术可通过增加另一个微板进行操作来测量细胞-细胞间的黏附。但是破坏细胞与细胞之间黏附所需的力必须小于分离细胞与基底之间黏附所需的力。与微板类似，原子力显微镜可通过内置的悬臂测量细胞的黏附力，对悬臂梁末端进行管能化以促进与细胞的黏附（图 10.2D）。

另一种方案是使用微吸管和显微操作从基底剥离黏附细胞的边缘，然后将细胞拉起。这个方案的优点是能更直接地测量细胞-基底的黏附力。然而，剥离法更适合依序测量单个分子的黏附力而不是整个细胞的黏附力。我们将在下一节中定量分析这一点。

> **释注**
>
> **分散酶可用于测量细胞间的分离情况。**分散酶解法是一种测量细胞间黏附的特定方法。细胞接种后生长至融合，然后使用分散酶将其从基底剥离。分散酶通常作用于细胞-基底之间相互作用的受体，而不作用于细胞-细胞之间的受体。结果是细胞成片状从基底分离，然后剧烈摇混细胞，剪切应力将细胞片分成更小的聚集体。聚集体的大小可以反映细胞-细胞之间的黏附程度。

表面张力/液滴模型可用于描述简单的黏附

我们现在将焦点从实验测量黏附强度转移到细胞-基底黏附的数学模型上来。正如我们将看到的，这类模型可以深入了解诸如影响整体黏附强度的因素、细胞如何通过黏附分子的表达调控其形态等力学生物学功能。本节将从讨论液滴与固体表面接触的黏附能开始。在 1.3 节中，我们已讨论过液滴模型的应用，其中提到微吸管抽吸过程中一些细胞表现为具有特定表面张力的液滴。在本节中，我们将看到液滴模型还可以与基于力或能量的黏附模型结合，以深入了解剥离行为之类的过程。

要开始我们的处理，需要考虑部分润湿表面的液滴，如图 10.3 所示。回想一下，表面张力是由两个不同相界面处的分子不平衡引起的。在液滴的边缘，固体、液体和气体相之间将存在三个表面张力：一个与固体-气体界面相切（ n_{SG} ），一个与固体-液体界面相切（ n_{SL} ），一个与液体-气体界面相切（ n_{LG} ）。假设液滴处于平衡，我们可以在液滴边缘进行水平方向力的平衡：

$$-n_{SG} + n_{SL} + n_{LG} \cos\theta = 0 \qquad (10.3)$$

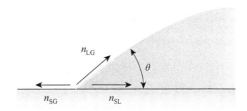

图 10.3　部分润湿表面的液滴的表面张力。该示意图描绘了液滴和基底之间的接触点。在这一点上，固体、液体和气体相之间存在三个表面张力：一个与固体-气体界面相切（ n_{SG} ），一个与固体-液体界面相切（ n_{SL} ），一个与液体-气体界面相切（ n_{LG} ）。气液界面与基底之间的夹角（即膜与表面之间的夹角）为 θ 。

我们现在设法计算从表面"抬起"液滴所需的能量。在物理上，表面能是产生新表面所需的能量，是由于产生新表面时分子间键的破坏所产生的。对于液体，表面张力（单位为每单位长度的力）和表面能量密度（单位面积的表面能，其单位也是每单位长度的力）是相同的。黏附的能量密度 J_{LG} 为

$$J_{LG} = n_{LG} + n_{SG} - n_{SL} \qquad (10.4)$$

将式（10.3）代入式（10.4），则式（10.4）可重写为

$$J = n(1 + \cos\theta) \qquad (10.5)$$

式中， $J = J_{LG}$ ， $n = n_{LG}$ 。式（10.5）有时也被称为杨氏方程或杨-杜普雷（Young-Dupré）方程，由其可知，从表面"抬起"液滴所需的能量密度仅取决于两个因素，即表面张力 n 和膜与表面形成的角度。

通过直接考虑膜受体内的内力，可以推导出与式（10.5）类似的关系，从中可以看出黏附能量密度 J 和膜张力 n 之间的关系：

$$\frac{\rho_b F_R L}{2} = n(1 + \cos\theta) \qquad (10.6)$$

式中， ρ_b 是受体键的密度； F_R 是破坏受体-配体键的力； L 是受体被力 F_R 拉伸时的临界键长。请注意，这实质上是杨氏方程[式（10.5）]的重新表述。

从式（10.6）可以预测细胞控制其扩展程度的能力。将处于黏附平衡时的细胞视为平面上的半球形，则可以将细胞视为液滴，接触角为 $\pi/2$ ，膜张力 $n = J_0$ （专指当接触角为 $\pi/2$ 时的黏附能量密度）。

由式（10.5）可知，黏附能量密度 $J = J_0$ 。有人可能认为，为了向更扁平的薄饼状铺展，细胞需要无限地增加黏附能量密度。而事实并非如此。如果将黏附能量密度增加至 q 倍，则式（10.6）变为

$$qJ_0 = n(1 + \cos\theta) \qquad (10.7)$$

但因为 $n = J_0$ ，式（10.7）可以简化为

$$q = 1 + \cos\theta \qquad (10.8)$$

这意味着 q 最大为 2，此时 θ 等于零。换句话说，双倍的能量黏附密度就足以将细胞铺展到膜张力所允许的最大程度。这个例子表明，细胞可能仅需要调节少量黏附能量密度，就可以产生实质性的扩展变化[如通过调整其受体键的密度，如式（10.6）]。

扩展材料：杨氏方程可以从能量角度来推断

式（10.5）是结合力平衡和能量计算推导出的，也可以仅使用能量计算导出这种关系。将液滴视为半径为 R 的截断球体，角度为 θ（图 10.4）。顶角为 θ 的"锥体"将截断我们用来模拟液滴的球体部分，其接触角也为 θ。根据式（10.4）中给出的黏附能量密度关系，液滴的能量 E 则为

$$E = \left(n_{SL} - n_{SG}\right) A_{SL} + N_{LG} A_{LG} \qquad (10.9)$$

其中

$$A_{SL} = \pi R^2 \sin^2\theta \qquad (10.10)$$

是与液滴接触的平面面积。

$$A_{LG} = 2\pi R^2 (1 - \cos\theta) \qquad (10.11)$$

是"圆顶状"液-气界面的总面积。为了获得式（10.3），可以使用这样一个事实，即在平衡状态下，能量相对于 A_{SL} 没有变化，

$$\frac{\partial E}{\partial A_{SL}} = 0 \qquad (10.12)$$

结合式（10.9）～式（10.11），并求解式（10.12），直接得到式（10.3）。

图 10.4　近似为截断球体的水滴。截角或锥体顶角为 θ，该角度也是液滴与表面的接触角。固-液界面的面积在液滴的"下方"，液-气界面的面积是液滴的"上表面"。

使用连续介质力学对黏附的剥离进行建模

在上一节中，我们研究了黏附能量密度对膜表面张力和几何形状的依赖性。在分析

中，我们假设细胞从表面的分离是瞬间发生的。然而，当细胞从表面分离时，该过程通常不会瞬间完成，而是逐渐发生的。这个剥离过程可以极大地改变将细胞从其基底分离所需的力。先看一下紧邻黏附部分的一小部分膜的受力图（图 10.5）。

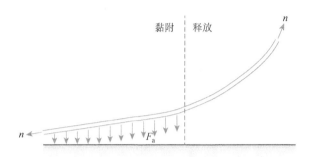

图 10.5　膜的一部分从表面剥离。左边的区域仍然附着，而右边的区域已经被释放。力相关的平衡发生在膜张力 n、单位长度的黏附力 F_a 和内部弯矩之间。

正如我们在过去所做的，我们可以为图 10.3 创建一个受力分析图。但是，我们已经分析了一个更一般的情况。请注意，这种情况完全类似于由分布压力引起的板弯曲。回顾式（9.37）：

$$n\left(\frac{\mathrm{d}^2 w}{\mathrm{d}x^2}+\frac{\mathrm{d}^2 w}{\mathrm{d}y^2}\right)+K_{\mathrm{B}}\left(\frac{\mathrm{d}^4 w}{\mathrm{d}x^4}+\frac{\mathrm{d}^4 w}{\mathrm{d}x^2\mathrm{d}y^2}+\frac{\mathrm{d}^4 w}{\mathrm{d}y^4}\right)+F_{\mathrm{a}}=0 \tag{10.13}$$

式中，K_{B} 是弯曲模量，用 F_{a} 替换 p_z 以表示黏附力。假设剥离发生在 x 方向，则有

$$n\left(\frac{\mathrm{d}^2 w}{\mathrm{d}x^2}\right)+K_{\mathrm{B}}\left(\frac{\mathrm{d}^4 w}{\mathrm{d}x^4}\right)+F_{\mathrm{a}}=0 \tag{10.14}$$

我们可以用简单的线性弹簧样行为来模拟黏附力，使得单键中的力可由下式得出：

$$F_{\mathrm{b}}=\begin{cases}\left(\dfrac{F_{\mathrm{m}}}{l_{\mathrm{m}}}\right)w & 0<w<l_{\mathrm{m}}\\[2mm] 0 & w<0,w>l_{\mathrm{m}}\end{cases} \tag{10.15}$$

式中，F_{b} 是单键的力；F_{m} 是键断裂之前产生的最大力；l_{m} 是最大力时键的长度；w 是位移（图 10.6）。如果 $w>l_{\mathrm{m}}$，则键已断裂且不再能维持力。接下来，我们观察到总黏附力只是各个单键力的总和：

$$F_{\mathrm{a}}=n_{\mathrm{b}}F_{\mathrm{b}} \tag{10.16}$$

式中，n_{b} 是将细胞附着于表面的键的面密度。将黏附能量密度定义为

$$J=\frac{n_{\mathrm{b}}F_{\mathrm{m}}l_{\mathrm{m}}}{2} \tag{10.17}$$

这是将单位面积内的所有键从零伸展到其最大长度所做的功。

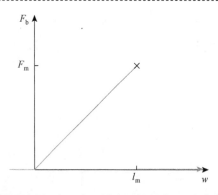

图 10.6　以线性弹簧为模型的黏附力图。当 y 小于最大延伸长度 l_m 时，键作为弹簧常数为 F_m / l_m 的弹簧起作用。然而，在 l_m 处，键断裂后，力不复存在。与典型的弹簧不同，键不能被压缩，因此如果 w 小于零，也不产生力。

引入这一能量，通过适当的代入，可将黏附力密度改写为

$$F_a = n_b \left(\frac{F_m}{l_m} \right) y = \left(\frac{2J}{l_m} \right) \left(\frac{w}{l_m} \right) = \left(\frac{2J}{l_m^2} \right) w \tag{10.18}$$

将其代入式（10.14），我们得到一个仅表示 w 的附着力的表达式，其余项基于物理参数。虽然这个模型相当明确，可以（且已经）用于模拟细胞剥离，但它依赖于通常难以测量的已知参数。因此，许多黏附研究更倾向于依赖与直接力学测量进行严格比较，而不是与参数化模型拟合。此外，结合强度取决于预应力的水平，而这在该方法中被省略了。

> **扩展材料：黏附的能量密度**
>
> 　为了确定黏附的能量密度，我们首先使用功等于力乘以距离这一关系，且该功完全计入黏附能量密度。然而，力不恒定，根据式（10.15），它随着长度的变化而变化。因此，单键的功是力-位移曲线的积分，或对于经典弹簧 $W = 0.5 \times k \times x^2$。在我们的例子中，弹簧常数 k 是斜率（F_m / l_m），x 是弹簧最大长度 l_m，代入上式得到 $W = 0.5 \times F_m \times l_m$。因为这是针对单键，我们可以通过乘以单位面积的键数 n_b 将其转换为所需的能量密度：$W = 0.5 \times n_b \times F_m \times l_m = J$。

通过考虑应变能可以获得黏附能量密度

之前，我们通过考虑与液滴相关的表面张力及二维连续体的剥离来获得黏附能量密度。另一种方法是考虑黏附后的应变能，因为与黏附相关的能量必须用来克服与细胞形变相关的能量。

假定一个半径为 R 的球形细胞，黏附后的细胞大部分保持球形形态，除了与表面接触的基底区域（图 10.7），在此区域，细胞和基底接触形成一个半径为 a 的圆形区域，且认为 a 远小 R。假定细胞形变仅由于黏附过程而发生。

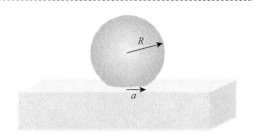

图 10.7 与平面接触的大部分呈球形的细胞。细胞半径为 R。在接触面,细胞和基底接触形成的圆形接触区域半径为 a。假定 a 远小于 R。

现在考虑将细胞建模为具有杨氏模量 E 的均匀的各向同性线弹性连续体,根据赫兹(Hertz)接触理论(见 6.1 节),与该形变相关的应变能量 W_{def} 为

$$W_{\text{def}} \propto \frac{Ea^5}{R^2} \qquad (10.19)$$

黏附能量 W_{adh} 为

$$W_{\text{adh}} \propto Ja^2 \qquad (10.20)$$

式中,J 是黏附能量密度。如果假设应变能量与黏附能量平衡,那么 $W_{\text{def}} \sim W_{\text{adh}}$。可将式(10.19)和式(10.20)中右侧表达式联系起来:

$$\frac{Ea^5}{R^2} \propto Ja^2 \qquad (10.21)$$

可以转化为

$$a \propto \sqrt[3]{\frac{JR^2}{E}} \qquad (10.22)$$

这仅仅是比例关系,并且仅对黏附发生时相对小的细胞形变有效。尽管如此,它仍使我们可以预测一些有趣的缩放行为(scaling behavior)。如果细胞半径减小 1/2,而所有其他参数保持不变,那么黏附接触时会是什么情况?R 减小 1/2 会使黏附接触的半径约减小为原来的 5/8。如果弹性模量增加 2 倍,则黏附接触半径约减小为原来的 10/13。我们可以看到,细胞的接触半径对其半径变化比刚度的变化更敏感,这是一个有点意想不到的结果。

炎症中白细胞的靶向涉及短暂而稳定的细胞间黏附的形成

我们通过分析细胞间黏附机制来总结关于黏附的讨论。细胞-细胞黏附涉及多种生物过程。例如,细胞间黏附对于在组织内形成不可渗透或半渗透的细胞衬层是必需的。它们也是促进细胞间直接通信的结构形成所需的,如*缝隙连接*,其为一种特化的通道,允许信号分子流从一个细胞流向另一个细胞。众所周知,细胞-细胞黏附是由许多跨膜蛋白介导的,包括钙黏蛋白、连接黏附分子、一些整合素和桥粒蛋白,每种蛋白都与其他很多蛋白相关。

与细胞间黏附相关的最具特征的过程之一是在炎症期间白细胞与血管壁的相互作

用。白细胞是身体对感染产生免疫应答反应的关键参与者，它们和血液一起在循环系统中流动，能够快速进入身体几乎所有组织和隔室。但我们还将看到，它们能够迅速离开血液并通过细胞间黏附介导的过程靶向至特定位置（图 10.8）。

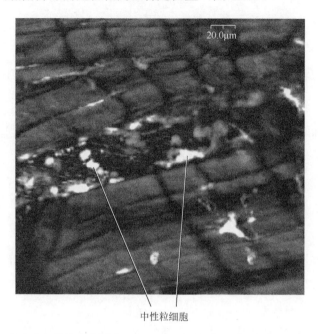

图 10.8　中性粒细胞通过血管的在体图像。处于滚动和附着不同阶段的中性粒细胞。（由 Gustavo Menezes 提供。）

可以观察到中性粒细胞与血管壁相互作用时形成两种不同的黏附（图 10.9）。第一步，内皮细胞被*激活*，内皮细胞被激活的标志是一类称为*选择素*的表达，这些受体可与覆盖白细胞表面的糖蛋白结合。中性粒细胞遇到活化的内皮细胞后，通过选择素与后者保持接触。然而，选择素结合的亲和力较小，不足以完全抵抗血流动力学阻力，于是中性粒细胞就开始沿着内皮层滚动，伴随着选择素结合的瞬时形成与分离。

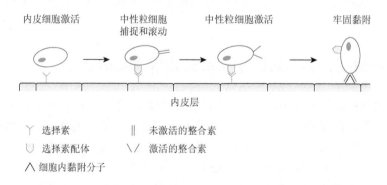

图 10.9　炎症反应期间血管中的中性粒细胞黏附阶段示意图。

第二步，中性粒细胞被内皮细胞释放的信号激活。中性粒细胞膜上整合素的表达标志着中性粒细胞被激活。不同于选择素与细胞糖蛋白层的结合，整合素介导的细胞间黏附更强，甚至可以终止中性粒细胞的滚动，形成所谓的"*牢固*"黏附。在这个终止期间，可以观察到一些锚栓结构（tether）的形成（图 10.10），这些锚栓具有微小弹性，可帮助阻滞中性粒细胞。停滞后，中性粒细胞便迁移到内皮细胞间的连接处进行细胞旁路迁移，在细胞之间挤出离开血流。

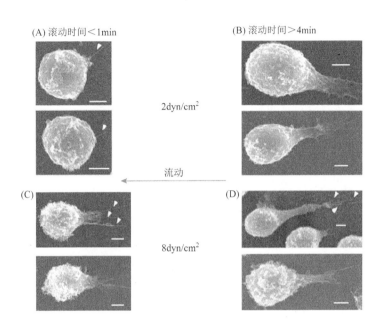

图 10.10　在不同流体剪切应力下，中性粒细胞束缚在膜表面表达 P-选择素的内皮细胞上。（A）和（C）为接触时间＜1min 的锚栓形成，（B）和（D）为接触时间＞4min 的锚栓形成，锚栓形成得更充分。[改编自 Ramachandran V et al.（2004）Proc. Natl. Acad. Sci. USA，已获美国国家科学院（National Academy of Sciences）许可。]

> **释注**
>
> 　　选择素的命名。三种类型的选择素是以其首次被表征的细胞类型命名的。E-选择素存在于内皮细胞表面；L-选择素存在于白细胞上；P-选择素最初是在血小板上被发现的，但后来发现内皮细胞也可表达。三者的共同特点是都能与靶细胞表面糖蛋白层中的糖分子结合。

质量作用定律描述受体-配体结合的动力学

　　鉴于中性粒细胞黏附于内皮细胞层涉及两种类型的相互作用，即选择素介导的瞬时短暂结合和整合素介导的更稳定结合。我们现在寻求一种来表征这些相互作用之间的动力学差异。我们将从采用化学动力学的描述性方法开始。配体-受体对处于结合（B）或解离（L＋R）状态。将结合速率视为反应的"正向"或"＋"方向，则结合速率常数为

k_+，解离速率常数为 k_-。反应可以写成类似反应式（7.1）的式子：

$$L+R \underset{k_-}{\overset{k_+}{\rightleftharpoons}} B \qquad (10.23)$$

正如我们在 7.2 节中所看到的，这种反应的动力学可以通过所谓的"*质量作用定律*"来定量描述。具体来说，通过计算反应物随机碰撞的速率、从统计力学中获得的假设，即反应发生的速率与速率常数和反应物浓度呈线性相关。以两种反应物为例，正向反应速率为

$$k_+[L][R] \qquad (10.24)$$

逆向反应速率为

$$k_-[B] \qquad (10.25)$$

其中方括号表示浓度。如果反应处于或接近平衡，则正向和逆向反应速率几乎相同，或

$$k_+[L][R] = k_-[B] \qquad (10.26)$$

*平衡常数*或*解离常数*被定义为两个反应常数的比率，类似于式（7.4）：

$$K_d = \frac{k_-}{k_+} = \frac{[L][R]}{[B]} \qquad (10.27)$$

解离常数有一个特征，即当配体的浓度等于 K_d 时，将结合一半的受体。这可以通过下面公式计算结合受体的比例来更好地理解：

$$\%_{bound} = \frac{[B]}{[B]+[R]} = \frac{[B]\frac{[L]}{[B]}}{[B]\frac{[L]}{[B]}+[R]\frac{[L]}{[B]}} = \frac{[L]}{[L]+K_d} \qquad (10.28)$$

注意当 $[L]=K_d$ 时，$\%_{bound}=50\%$。式（10.28）的曲线见图 10.11。

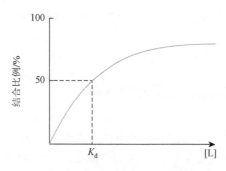

图 10.11　结合反应物百分比与配体浓度的函数关系图。当配体浓度为 K_d 时，正好一半的受体将处于结合状态。

贝尔模型描述力对解离速率的影响

尽管解离常数是一种描述键合体长时间行为的有效方法，但没有考虑到力的影响。考虑力诱导的单个受体-配体对之间键断裂的动力学，可以使用诸如显微操作或原子力显微镜的方法来描述。在识别一个单键后，可以用一种所谓的力夹来施加可控的力，这样可生成力-位移曲线（图 10.12）。在单个分子的尺度上，熵的影响变得极为重要。如果我们要探测单个配体-受体间的相互作用，即使在没有施加力的情况下，热力最终也将导致两个分子之间的键解离。通常，键存在的时间随着作用力的增加而减小。

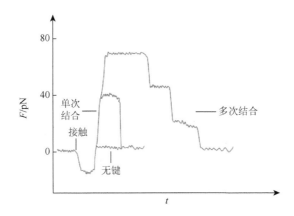

图 10.12　来自单分子结合实验的典型力-位移曲线。注意，最初需要一些力将受体和配体推到一起。随后当结合开始被拉开时，出现了一个之前不存在的张力。如果力与接触之前的相同，则没有键形成。或者，如果黏附在一系列步骤后失败，则表明形成了多个结合键。一旦单个键被识别，研究者就可以施加固定的力并检测键的寿命。

1978 年，乔治·贝尔（George Bell）提出了一个理论来描述力如何影响解离速率。他假设一个键受到力时，一旦键断裂，受体和配体彼此移动太远以至于不能重新结合（换句话说，$k_+ = 0$），这意味着相关动力学可以仅由解离速率 k_- 描述，而不依赖于 k_+。接下来，他假设力对键的断裂具有指数级的影响，这样在存在跨键力时，解离速率为

$$k_- = k_-^0 e^{\frac{\sigma F}{k_B T}} \tag{10.29}$$

式中，k_-^0 是在没有力的情况下的解离速率；k_B 是玻尔兹曼常量；T 是热力学温度；σ 是表征力影响的常数。注意，这种关系的形式非常类似于在 5.5 节中导出的波尔兹曼概率，因为指数中的分母具有能量单位，所以 σF 也具有能量单位，因此 σ 一定具有长度单位。实际上，可以看出 σ 是与其最小势能构型相关的键的延伸（bond extension）。式（10.29）也可表示为

$$k_- = k_-^0 e^{\frac{F}{F_B}}, \quad F_B = \frac{k_B T}{\sigma} \tag{10.30}$$

F_B 作为键强度的一种特征度量，尽管不是传统意义上的计量（但因为在任何力水平上都会发生键的解离，因此 F_B 更是力对键解离的动力学影响的量度）。值得注意的是，在贝尔模型中，结合分子浓度的时间响应也可以通过指数关系来描述。具体来说，由于仅考虑键破裂并且不允许重新结合：

$$\frac{d[B]}{dt} = -k_-[B] \tag{10.31}$$

该微分方程的解是以下形式的指数：

$$[B(t)] = [B(0)]e^{-k_-t} \tag{10.32}$$

贝尔模型中实际上有两个指数，一个描述力对解离速率的影响，另一个描述[B]的时间响应。

剪切应力在达到一定阈值前增强中性粒细胞的黏附

从目前为止的讨论，可以预计结合键被破坏的速率会随着受力的增加而增加。实际上，对于大多数结合键来说，就是这种情况。换句话说，也就是 $k_- \propto F$。然而，在中性粒细胞黏附和滚动的定量检测实验中，结果却出乎意料。随着流量增加，观察到细胞实际上黏附得更好。这体现在黏附细胞的数量和每个细胞的锚栓数量随流量的增加而增加，以及滚动速度随流量的增加而减小（图 10.13）。事实上，当壁剪切应力增加达到一定数值之前，黏附力似乎都呈线性增加。超过此剪切阈值，黏附力则再次像预期的那样随流量（增加）而线性减小。

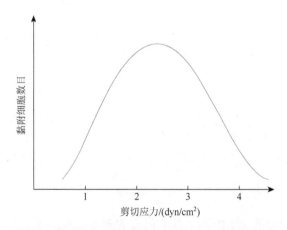

图 10.13　中性粒细胞黏附和滚动过程中黏附细胞数目与剪切应力的关系图。到达一定的剪切应力之前，黏附细胞的数量随着剪切应力的增加而增加。

有一段时间，剪切阈值现象出现的背后机制是未知的，但它似乎在提示*捕捉键*（*catch bond*）的存在。"捕捉键"这个术语意味着键的结合或者"抓住"（catch）需要一定的拉力。如果没有拉力，键的结合和脱离是趋向于随机的。这可能类似于日常生活中用手指勾起一个购物袋。也许受体结合涉及钩状分子的结合？实验表明这样的键在单分子水

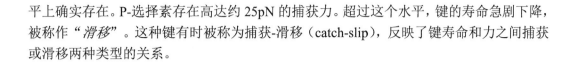

平上确实存在。P-选择素存在高达约 25pN 的捕获力。超过这个水平，键的寿命急剧下降，被称作*"滑移"*。这种键有时被称为捕获-滑移（catch-slip），反映了键寿命和力之间捕获或滑移两种类型的关系。

10.2 迁　　移

体内和体外细胞迁移的研究

细胞迁移是细胞基本行为之一，对免疫、再生、修复、炎症和癌等过程极为重要。在体外检测中，通过聚合物凝胶监测细胞活动是一种非常有效的归纳法。然而，*体内*实验正变得越来越普遍。一项对心脏移植患者做的研究中，在需要移植的重症心脏衰竭患者中，有 8 名男性患者移植了女性捐赠者的心脏。男性患者死亡后（大多在一年内，有一些在将近 2 年后），检测其来自女性心脏的 Y 染色体，发现器官中有相当一部分细胞（最高到 10%，取决于细胞类型）来自男性受体（器官转变为了"嵌合组织"，图 10.14）。尽管这些细胞的来源未知，但是这样的改变可以影响其他生理过程，包括迁移。

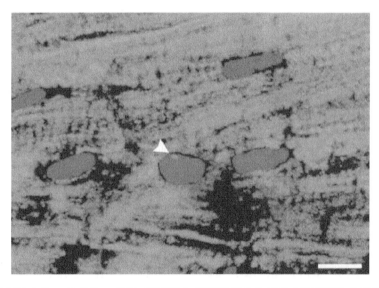

图 10.14　心脏切片中的 Y 染色体。亮斑（见箭头）是通过原位杂交技术检测到的移植到男性患者*体内*的女性心脏中的 Y 染色体。[来自 Quaini F et al.（2002）. New Engl. J. Med. 346. 获得麻省医学协会的许可。]

细胞运动的几个步骤

在讨论分析细胞运动的定量方法之前，必须首先介绍一下这一过程的生物学背景。细胞运动通常可以分为 4 个步骤：突出（protrusion）、附着、移位（translocation）和释放

（图 10.15）。第一步，细胞从当前位置向外延伸出富含肌动蛋白的突起，即*突出*。按大体形态通常可将这些突起分为几类。例如，片状伪足是平的、宽阔的、面纱状延伸物，在爬行细胞的前缘处含有高度分支的肌动蛋白网络；在 8.4 节中所学的丝状伪足是指状延伸物，其中还有交联的肌动蛋白束。伸出的过程可被看作细胞"感觉"新表面并"确定"运动方向的探索过程。第二步是*附着*，在细胞延伸物与接触表面形成稳定黏附时发生，可作为后续运动的锚定点。尽管这种附着一般是稳定的，但不必是永久的，因为观察到这种黏附通常是暂时的，会在第三步移位之后消失。第三步，细胞向附着方向移动，即*移位*。由于这一过程涉及大量的细胞运动，因此其通常以大量的肌动蛋白-肌球蛋白收缩活动为特征。第四步是*释放*，或细胞尾端的脱离。这种释放通常与附着期间形成的黏附消除有关，但有时是强行的。如果细胞的运动比尾端附着点的释放快，则细胞可能折断而留下少量细胞物质。虽然我们将细胞运动描述为 4 个连续的步骤，但值得注意的是，细胞在任何给定时间都可能经历不止一个步骤。

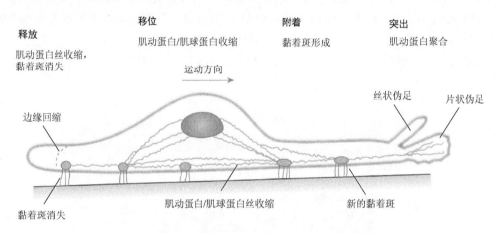

图 10.15　细胞迁移主要步骤示意图。此图中细胞向右移动。

肌动蛋白聚合体驱动突出

细胞内力的产生对于细胞运动至关重要，特别是在突起和移位过程中。移位被认为主要受肌动蛋白-肌球蛋白收缩的激活控制，我们将在 10.3 节中详细讨论这一过程。然而，驱动细胞突起的分子机制还不清楚。

在图 10.16 中，示意图描绘了被认为是片状伪足突起的主要分子介质。该过程的关键成员是 Arp2/3 复合物，其由两个主要分子 Arp2 和 Arp3 及其他几个结合分子组成。有趣的是，Arp[肌动蛋白相关蛋白（actin-related protein）的缩写]在结构上类似于肌动蛋白，并可作为新微丝产生和延伸的成核位点。在片状伪足中，Arp2/3 复合物用于在已有肌动蛋白丝上引发新的肌动蛋白分支，从而形成分支肌动蛋白网络。肌动蛋白延伸的多个位点使形成的突起保持相对一致的生长模式。我们将在下一节中看到，虽然通常认为肌动蛋白分支可以通过聚合作用将膜向前推动，但其确切的物理发生机制仍不够清楚。

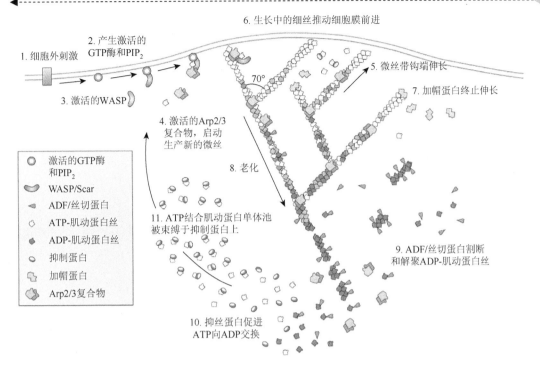

图10.16 片状伪足中细胞膜突出的步骤.模型中,外部刺激(1)激活GTP酶(2),后者激活Wiskott-Aldrich综合征蛋白(WASP)(3)。该复合物(3)激活 Arp2/3 复合物(4),导致在已有的肌动蛋白丝上形成新的肌动蛋白分支。这种新形成的肌动蛋白分支是通过在微丝带钩端(5)聚合从而与抑制蛋白结合的肌动蛋白单体池(a pool of profilin-bound actin monomer)中生长出来的,从而推动细胞膜前进(6)。加帽蛋白(7)与聚合肌动蛋白丝的生长端相结合终止后者的伸长。老化的 ADP 结合微丝(8)被肌动蛋白解聚因子(ADF)/丝切蛋白(9)切断。解聚的肌动蛋白与 ADP 分离从而与 ATP 结合(10),ATP-肌动蛋白重新结合抑丝蛋白,更新可用于组装的 ATP 结合肌动蛋白单体池(11)。[改编自 Pollard TD(2003)Nature. 442.]

前缘肌动蛋白的聚合：布朗运动的参与？

肌动蛋白在前缘聚合形成突起这一能力的主要问题是,当有膜物理阻挡时,单体是如何被加入微丝末端的？尽管聚合肌动蛋白微丝可能产生足够的力使细胞膜局部变形,但这无法解释如何在微丝末端和膜之间形成能使单体添加到微丝生长端的物理空间。

有几种机制用于解释肌动蛋白单体如何被添加在突起的膜前缘。其中一种机制通常被称为布朗棘轮（图 10.17）,熵力使细胞膜局部发生小的热波动,如果在前缘有可用的游离肌动蛋白单体池,当膜向前移动时暂时产生的空间则允许聚合物延伸。这种聚合可以防止膜向后回移。随着棘轮过程的重复,所产生的肌动蛋白聚合会导致形成突起。

另一种假说的发展与布朗棘轮有关,认为是肌动蛋白微丝本身而不是细胞膜发生热波动。微丝在端点间长度上随机波动。当端点间长度略微减小（通过弯曲）时,可以暂时产生允许聚合物延伸的空间（图10.18）。当微丝伸直时,产生的突出力使细胞膜延展。

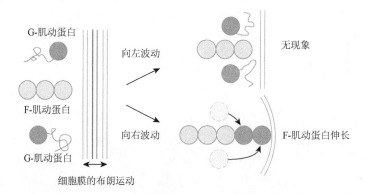

图 10.17　布朗棘轮取决于热波动。当膜随机波动时，如果其移动靠近肌动蛋白微丝端部，由于肌动蛋白单体被膜阻隔，因此不会发生任何变化。当膜移开并形成一个间隙时，肌动蛋白单体可延长肌动蛋白丝，产生局部突起。

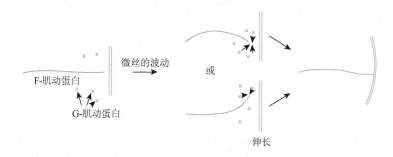

图 10.18　聚合热波动引起的膜突起。在这种机制中，膜大多被认为是静态的，而肌动蛋白丝则发生热波动，引起微丝弯曲。这种弯曲使微丝尖端处产生更多空间，使聚合延长微丝。随后，当微丝再次变直时，其产生引起细胞膜突出的力。

> **释注**
>
> 　　**有人偷走了我的肌动蛋白！** 单核细胞增生李斯特菌是一种胞内细菌，会导致李斯特菌病，是与食源性病原体相关的最常见致死病因。作为细胞内细菌，其驻留在另一细胞的细胞质中，相对隐蔽而避开免疫系统。为了最大化其在细胞内移动的能力，细菌已经形成了一种机制，"劫持"细胞中的肌动蛋白聚合机制并且骑在其诱导的聚合肌动蛋白波上。这种聚合肌动蛋白通常可以被视为细菌背后的"彗尾"结构，聚合的肌动蛋白将细菌推送到膜处并产生一个突起。如果感染的细胞与另一细胞相邻，则细菌可以通过内吞作用或类似机制进入第二个细胞。这种传播方法的优势是细菌可以从一个细胞转移到另一个细胞，而不必离开细胞内环境。

细胞运动可由外部因素引导

　　我们将细胞迁移过程视为一个漫无目的的过程。然而很清楚的是，细胞迁移可以定向到特定位置。引导细胞迁移的化合物称为*趋化因子*。如果趋化因子存在化学梯度，那么细胞可以感受到这些梯度并引导细胞向源头移动。引导细胞向趋化因子迁移的最突出例子之一就是中性粒细胞靶向病原体。病原体释放的化合物被中性粒细胞识别为外源物，被激活的中性粒细胞爬出并靶向到局部的病原体。在接触病原体后，中性粒细胞将其吞噬，消除趋化因子的来源。

虽然驱动化学吸引的物理和分子机制尚未完全建立，但是已有几种机制被提出。有人提出，细胞可以通过从细胞一端到另一端的受体的差别活化来感受跨细胞表面的局部化学梯度。通常认为细胞仅为几十微米，这意味着必须能区分从细胞一端到另一端激活时产生的很小的差异。这是一个巨大挑战，方向感应机制可能尚不清楚。

另一种可能的机制是细胞随机地在许多不同方向上移动一定的距离，使其在相当大的区域内采样局部趋化因子浓度。尚不知道细胞在向浓度降低方向移动时是否会自我纠正，或者它们是否感知到浓度增加从而可能在另一个方向上得到改善。重要的是要注意，这样的机制需要一定程度的随机迁移，表明有时它们的定向会是不正确的。相反，大多数*体外*实验表明，在合适的条件下，细胞会相当准确地向趋化因子的源头移动（图 10.19）。

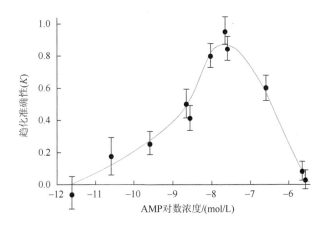

图 10.19　阿米巴变形虫化学趋化的 "准确性"与趋化剂（cAMP）浓度关系图。准确度在 0 和 1 之间，0 表示随机运动，1 表示完全定向运动。细胞显示出在适当浓度下相当准确地向趋化剂来源移动的能力。注意双相响应：在较高浓度下，可能存在足够多的趋化剂与所有细胞受体结合，从而使细胞对存在的化学梯度 "致盲"。[改编自 Fisher PR, Merld R, & Gerisch G, (1989) J. Cell Biol., Rockefeller University Press.]

细胞迁移可用速度和持续时间来描述

在研究细胞定向迁移过程时，一个问题是我们如何描述一个细胞在空间中迁移时倾向于沿着同一方向移动的程度？使用类似于描述扩散颗粒（5.6 节）或波动聚合物（7.4 节）的方法来描述细胞轨迹。细胞轨迹可以用持续时间（P）和速度（S）来量化（图 10.20）。在细胞迁移的情况中，速度是指细胞能够移动多快，而持续时间是指细胞在给定方向上移动所用的时间。也就是说，细胞可能表现出大的总位移，但净移动却很少，这通常与低持续时间相关。

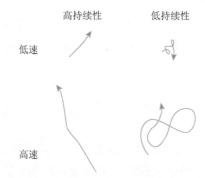

图 10.20　持续性与速度的示意图。箭头踪迹显示在给定时间段不同细胞的轨迹。速度是衡量细胞移动快慢的指标。持续性与其在一个方向上持续移动的可能性有关。

　　为了更好地理解持续时间对细胞迁移的影响，设想一个细胞在一个维度上迁移的速度为 S，每单位时间的方向变化为 λ。细胞的某一方向持续时间（定义为每次方向变化的时间）$P = 1/\lambda$。从随机游走模型可以得出，控制细胞均方距离的时间依赖性的微分方程 $\langle d^2 \rangle$ 为

$$\frac{\partial^2 \langle d^2 \rangle}{\partial t^2} + \frac{2}{P}\frac{\partial \langle d^2 \rangle}{\partial t} = 2S \qquad (10.33)$$

式（10.33）的特定解是

$$\langle d^2 \rangle = S^2 Pt + C_1 + C_2 e^{-2t/P} \qquad (10.34)$$

其中，通过应用初始条件，找到常数 $C_1 = -C_2 = -2S^2 P^2$。当 $t = 0$ 时，$\langle d^2 \rangle = 0$，$\dfrac{\mathrm{d}\langle d^2 \rangle}{\mathrm{d}t} = 0$（细胞最初无偏向性）。在二维中，

$$\langle d^2 \rangle = S^2 [Pt - P^2(1 - e^{-t/P})] \qquad (10.35)$$

注意在 $t \gg P$ 的限制中，

$$\langle d^2 \rangle = 2S^2 Pt = 2Dt \qquad (10.36)$$

式中，$D = S^2 P$，其单位是 m^2/s，可被认为是细胞的有效"扩散系数"。

　　为了通过实验确定 S 和 P 的值，可以获取不同时间间隔的不同细胞的多个细胞路径，计算每个时间间隔的平均均方距离。建立这些数据后，可使用标准最小二乘拟合算法来计算速度和持续性。在这种方法中，假设每个细胞都在相似的数学模式下迁移。图 10.21 给出了多种细胞类型的速度和持续性的关系。

细胞迁移过程中的方向偏差可从细胞轨迹中获得

　　持续时间可以用于直接比较不同细胞类型的迁移行为。其局限是，没考虑在趋化因子作用下细胞行进的方向是否存在偏差。我们如何量化这种趋势呢？

　　相对简单的方法是在设定的时间间隔内确定细胞的位置，在点之间拟合直线段，确

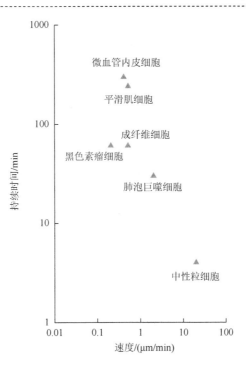

图 10.21　不同类型细胞的速度-持续性关系。注意，速度和持续性之间大致呈负相关。还应注意的是，中性粒细胞具有高速度和低持续时间，表明其需要快速移动以到达感染部位，且需快速改变方向以靶向病原体。[改编自 Lauffenburger D & Linderman JJ（1993）. With permission from Oxford University Press, New York.]

定从一个线段到另一个线段的角度变化。随后，可计算所有线段的平均角度变化。该量化方法可以用于区分细胞迁移过程中的向左或向右偏移。也可作为一种相当简单的方法来获得细胞迁移速度和粗略的持续性。

示例 10.1：两种不同细胞的迁移路径

　　图 10.22 所示为两个细胞的轨迹，两者都从（1，0）出发，但一个细胞沿 x 轴（细胞 1）移动，而另一个不是（细胞 2）。确定每个细胞的平均速度，并定量显示细胞 2 在其迁移中存在向左的偏移。

　　首先，细胞速度在细胞轨迹上不是恒定的。对于每个连续时间段 δt，细胞 1 移动 1 个单位，然后移动 0.8 个单位，再移动 1.1 个单位。因此，细胞 1 的平均速度为 $2.9/3\delta t = 0.97/\delta t$。同法，确定细胞 2 的平均速度，为 $0.99/\delta t$，细胞 2 的速度略高于细胞 1 的速度。

　　现在通过计算细胞在每个连续时间间隔所产生的角度变化来证明细胞 2 有向左的偏移，在此过程中，我们定义一个角度，即与上一次时间迭代相关联线段间的角度。负角度表示向左的方向变化，正角度表示向右的方向变化。对于细胞 2，当 $0 < t < 2\delta t$ 时，角度为 $-102°$，当 $1 < t < 3\delta t$ 时，角度为 $-99.2°$，则平均角度为 $-100.6°$。较大的值和负号表示其迁移显著向左偏。

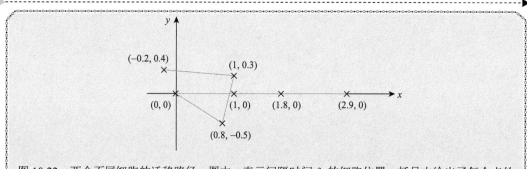

图 10.22 两个不同细胞的迁移路径。图中 x 表示间隔时间 δt 的细胞位置。括号中给出了每个点的 (x, y) 坐标值。

10.3 收　　缩

本章最后一节将讨论细胞内收缩力的产生。说到细胞收缩，首先想到的例子是肌肉细胞，其具有产生收缩力的特有结构。然而，非肌肉细胞也具有产生收缩力的能力，如在细胞移动期间或产生牵拉力时。本节概述了肌肉细胞和非肌肉细胞中产生收缩力的分子结构，以及两种情况下力的测量实验方法。我们还将提出基于分子层面的收缩数学模型，使我们能够对一系列观察到的现象进行力学分析。

肌肉细胞是产生收缩力的特化细胞

细胞力生成最重要的例子之一是细胞群体在肌肉内产生力。本节中，将先介绍心肌如何产生力，再介绍了解骨骼肌的情况。心肌和骨骼肌都是*横纹肌*，所有其他肌肉，包括（位于）血管、胃肠道和呼吸道的都是*平滑肌*。横纹肌纤维的基本收缩单位称为*肌节*（图 10.23），它由几个关键结构组成，包括 Z 线（这是非收缩结构蛋白）、形成粗丝的肌球蛋白丝束和锚定到 Z 盘的肌动蛋白丝。在横纹肌中，肌节的 Z 盘和 M 线（位于相邻的 Z 盘之间）整齐排列，使肌肉呈带状外观。在平滑肌中没有这种排列，通常平滑肌会承受更大的弹性拉伸。

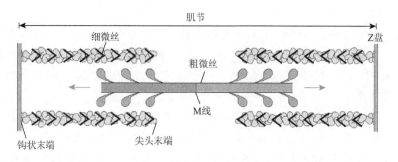

图 10.23　肌纤维基本收缩单位——肌节示意图。Z 盘（通常在肌肉图片中可见）固定肌动蛋白丝。肌球蛋白丝束（粗丝）及伸出的肌球蛋白头（在两端朝向相反方向）被束缚在肌动蛋白（细）丝之间。

[改编自 Bray D（2000）Garland Science，New York.]

早期通过研究心脏功能了解肌肉功能

从 20 世纪初,早在我们了解肌动蛋白-肌球蛋白力产生的分子机制或骨骼肌生理学之前,人们就从对心脏泵血功能的认识开始理解肌肉作为力量产生的基础。1914 年,生理学家欧内斯特·斯塔林(Ernest Starling)预测了力和肌节长度之间的关系,他认为"从静止到活动状态过程中释放的机械能与纤维长度成函数关系"。利用从完整心脏收集的数据,Ernest Starling 构建了心动周期图。他意识到,心舒张充盈期,心肌纤维被动拉伸;而在心收缩射血期,心肌纤维主动收缩。因此,体积可用纤维长度表示,而压力可用纤维张力表示。根据弗兰克-斯塔林(Frank-Starling)定律(或许更确切地说,Frank-Starling 机制),心脏充盈量的增加(体现在较大的舒张容积)导致心肌纤维更多的拉伸、更强劲的射血和更高的收缩压。这使他意识到,肌节能产生的张力必定随其初始拉伸或长度的增加而增加(图 10.24)。

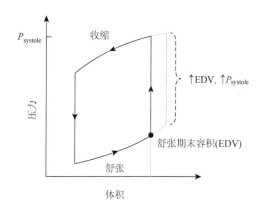

图 10.24　心动周期示意图。Frank-Starling 定律表明,随着舒张期更多的充盈引起的心脏搏出量的增加,肌肉以更大的力收缩,导致更高的收缩压。蓝线表示较高的 EDV,引起更高的收缩压 $P_{systole}$。

骨骼肌系统产生行走和迁移的力

由于分离骨骼肌相对简单,因此对肌肉收缩和肌动蛋白-肌球蛋白相互作用的了解大多都来源于骨骼肌的研究。利用分离的肌肉,可量化兴奋产生的肌力、相对长度和收缩速度。肌肉张力保持不变而长度改变(肌肉支撑或举起固定质量的作用)的收缩为*等张收缩*。等张收缩分为*向心性*(肌肉变短)和*离心性*(肌肉变长)。肌肉保持固定长度的收缩为等长收缩。单个电刺激产生被称为"*抽动*"的瞬时力;连续刺激可引发强直收缩,产生*最大张力*。

长度和速度是影响肌力产生的两个最重要的力学参数(图 10.25)。肌肉产生的力取决于长度,肌肉过度拉伸或缩短时产生力的能力会减弱。至于速度,当肌肉不能再收缩时会产生最大力,最大收缩力随速度的增大而减小。

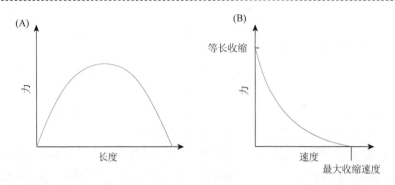

图 10.25 长度和速度决定肌肉产生力的能力。（A）力与长度的关系图，可以观察到力对长度的双向依赖性。（B）力与速度的关系图。产生的力随速度的下降而增加。在等长收缩或肌肉长度固定时，产生最大力。力为零时，达到最大收缩速度。

希尔方程描述了肌力和速度之间的关系

肌力和速度之间的经典双曲关系称为希尔方程，如下。

$$(F + a)(v + b) = k \tag{10.37}$$

式中，F 是力；v 是速度；a、b 和 k 是常数。该方程描述了力-速度关系的关键部分。随着力的增加，速度降低。速度为零时力最大，反之亦然，力为零时达到最大收缩速度。在这两个极值间，该关系呈现为双曲线，与实验数据十分吻合。

有趣的是，希尔并没有通过直接测量力和缩短速度来得出这一著名方程。实际上，他测量的是肌肉收缩时所释放的热量。这些测量基于他的观察，即肌肉释放的热量与缩短距离 x_{sh} 成比例，比例常数为"a"。接下来，他考虑了收缩过程中肌肉释放的总能量 E_1。该能量包含两部分，即热量释放（缩短距离乘以比例常数）和机械做功（力乘以缩短距离），或者说

$$E_1 = Fx_{sh} + ax_{sh} \tag{10.38}$$

通过实验发现，能量释放的速率随着力呈线性下降：

$$(F + a)\frac{dx_{sh}}{dt} = (F + a)v = -bF + c \tag{10.39}$$

这一发现可以很容易重新整理得到

$$(F + a)(v + b) = c + ab = k \tag{10.40}$$

> **释注**
> **希尔的测量。** 英国生理学家阿奇博尔德·希尔（Archibald Hill）收集了详细数据来描述肌力、长度和速度之间的关系。通过量化肌肉收缩释放的热量达到 10^{-3}℃ 的精度来进行这些测量，还提出了以他名字命名的量化肌力和收缩速度之间关系的方程。就科学贡献而言，他于 1938 年发表的论文是经典之作，且其优美的文笔又极具时代特点。

非肌肉细胞可以在应力纤维内产生收缩力

现在我们将焦点从肌肉收缩力的产生转移到非肌肉细胞上。虽然其基本的分子机制类似，但结构的分子组成和组织又有很大不同。*应力纤维*是又长又粗的肌动蛋白束，最初在黏性表面培养的细胞中被鉴定出来，分布于细胞内部，连接黏着斑。应力纤维参与细胞运动，在缓慢迁移的细胞中可以观察到其沿运动方向排列。但令人惊讶的是，在快速移动的表皮角质形成细胞中，应力纤维则横向排列。已知它们具有重要的生理功能，如参与成纤维细胞介导的伤口闭合，以及内皮细胞介导的血管完整性保持。应力纤维可通过生化或生物力学刺激诱导形成。

通过实验可以证明，应力纤维能产生收缩力并导致预应力和预应变。将细胞培养在柔性基底上，此基底已经在一个方向上进行了预拉伸（图 10.26），应力纤维的方向相同。之后少量放松基底的拉伸，使得应力纤维的收缩应变小于其预应变时，则纤维将保持"直"形。但是，如果释放应变变大，致使其超过应力纤维的预应变，则纤维将呈现"波纹"或"弯曲"状。另一种证实应力纤维中存在预应力的方法是利用高功率激光器切断应力纤维，或破坏锚定应力纤维的黏着斑。在这两种情况下，可观察到应力纤维的自由端收缩，再次证明应力纤维处于预应变中。

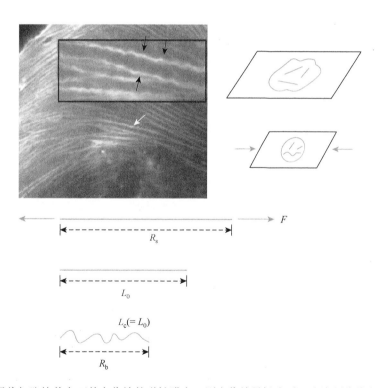

图 10.26 如果将细胞培养在可单向收缩的弹性膜上，则当收缩足够大时，应力纤维将发生弯曲。将张力下纤维的长度表示为 R_s，直的但不受力的纤维长度为 L_0。一旦发生弯曲，纤维端点间的长度为 R_b 和曲线长度 L_c。[改编自 Costa KD，Hucker WJ & Yin FC（2002）. Cell Motil. Cytoskeleton. 52.]

应力纤维的预应变可以通过屈曲行为来测量

应力纤维的弯曲可以用于评估预应变的水平。图 10.26 中的实验，考虑到应力纤维方向与基底预拉伸方向相同，假定该应力纤维是直的，端点间长度为 R_s。缓慢收缩基底，减小纤维中的预应力。在发现应力纤维呈现"弯曲"之前，我们立即测量其端点间长度 L_0，即不存在预应力的情况下曲线的长度。当我们进一步收缩应力纤维时，应力纤维呈现"屈曲"形态，此时端点间长度 R_b 小于 L_0。利用这些物理量，可以得到纤维的预拉伸 λ_f 为

$$\lambda_f = \frac{R_s}{L_0} \tag{10.41}$$

预应变为 $1-\lambda_f$。值得注意的是，λ_f 的另一种计算方法不需要确定的 R_s。考虑到我们知道 R_b 和基底的拉伸比 λ_s，λ_s 与 R_s 和 R_b 的关系为

$$\lambda_s = \frac{R_s}{R_b} \tag{10.42}$$

接下来我们将*曲折度 T* 定义为

$$T = \frac{R_b}{L_0} \tag{10.43}$$

然后 λ_f 可以等效地确定为

$$\lambda_f = T\lambda_s \tag{10.44}$$

利用这种方法，体外培养的人内皮细胞的应力纤维预应变据估计高达 25%（尽管其具有高度异质性）。

> **释注**
> 　　**应力纤维的收缩力**。具有预应力的应力纤维收缩力可用牵引力显微镜和原子力显微镜进行定量测量。据报道，张力约为 4nN。

肌球蛋白横桥在肌动蛋白束内产生滑动力

在以往章节中，我们讨论了肌肉和非肌肉细胞中可产生收缩力的各种结构。在这些情况中，尽管在分子组成和组织上的结构不同，但负责驱动收缩的基本分子机制相同，即肌球蛋白沿肌动蛋白运动。肌动蛋白和肌球蛋白一起组成了一个细胞力生成系统，这对于众多的细胞和组织至关重要。鉴于肌肉细胞和非肌肉细胞都具有利用肌动蛋白和肌球蛋白产生收缩力的能力，那力是怎么产生的呢？尽管已经确定了肌球蛋白作为分子马达，在沿肌动蛋白移动的过程中将化学能转化为机械做功，但许多细节仍尚待阐明。肌

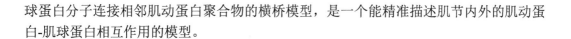

球蛋白分子连接相邻肌动蛋白聚合物的横桥模型，是一个能精准描述肌节内外的肌动蛋白-肌球蛋白相互作用的模型。

释注

　　肌球蛋白变体。肌球蛋白不是一种，而是一个巨大的*超家族*。有超过 40 种不同的基因和约 100 种不同的蛋白质产物，分为 18 个主要变体，即类型。这种巨大的多样性通常是各种剪接变体的结果。Ⅱ 型肌球蛋白是在肌肉中发现的类型，该肌球蛋白的尾部允许其形成聚合体微丝。其他肌球蛋白为单体。由于肌球蛋白首先是在肌肉中被发现的，因此其他肌球蛋白被称为*非传统肌球蛋白*。大多数变异出现于尾部区域，与结合不同"货物"或组装纤维相关，而头部区域倾向于更加保守。除了 Ⅵ 型肌球蛋白是向后移动的，所有其他的肌球蛋白都向肌动蛋白的正向(＋)端或 B 端(barbed end)移动。

　　在横桥模型中，肌球蛋白分子经历了几个不同的阶段或构型（图 10.27）。该过程本质上是周期性的，并在完成（功能）时，肌球蛋白会恢复到其初始构型。在第一阶段，肌球蛋白与肌动蛋白紧密结合，其 ADP/ATP（腺苷二磷酸/腺苷三磷酸）的结合域未被占用。因为不能发生滑动或运动，所以这一状态被称为*僵直*状态（*rigor* state）。在第二阶段，为了解除僵直状态，肌球蛋白必须结合一个 ATP 分子。这种情况发生时，肌球蛋白从肌动蛋白上脱离，ATP 被水解成 ADP，释放化学能，使肌球蛋白改变构象成所谓的"*翘起*"（*cocked*）构型。这种构型的标志是肌球蛋白头已经朝向肌动蛋白聚合物的负向（−）端或 B 端移动。

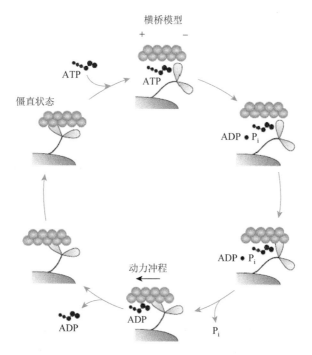

图 10.27　横桥模型中的肌球蛋白构型。在这种情况下，肌动蛋白分子从右向左滑动。

在第三阶段，肌球蛋白重新结合到肌动蛋白上，但因为它处于翘起构型，它在一个更加负向（−）端的位置重新结合。在第四阶段，肌动蛋白的重新结合诱导肌球蛋白释放磷酸基，同时引发一个*动力冲程*（*power stroke*），使肌球蛋白的构型复原（uncocked），并在该过程中将肌动蛋白分子拖向肌球蛋白横桥的中心。动力冲程是产生机械功的地方。在第五阶段和最后阶段，释放 ADP，使肌球蛋白回到僵直状态。

肌球蛋白分子共同工作产生滑动

在肌动蛋白-肌球蛋白收缩过程中，值得注意的是，肌球蛋白头并不能在沿聚合物的任一地方结合。实际上，每个肌动蛋白亚基只有一个与肌球蛋白头结合的位点。正如我们在 7.1 节中学到的，肌动蛋白亚基以螺旋结构聚合，测量该螺旋的*螺距*（Δ）为 36nm；换句话说，聚合物沿其长度每 36nm 完成一圈螺旋。有趣的是，当肌球蛋白分子翘起（cocked）准备一个动力冲程时，伸展的距离 δ 仅约为 5nm。由于结合位点在每个完全的扭转中只出现了一次，因此肌球蛋白分子不可能在横桥循环中更远的位置抓住另一个结合位点。对于这种矛盾的一个简单解释是，许多肌球蛋白分子必须一起工作才能产生滑动。在任一时间点，大多数不与肌动蛋白结合，只有少数连接并拉动肌动蛋白分子，类似于千足虫的腿。

这种合作行为提示，任何一个肌球蛋白分子大部分时间结合 ATP，而不与肌动蛋白结合。例如，设定每个周期中肌球蛋白不结合肌动蛋白的平均时间为 t_{off}，肌球蛋白结合肌动蛋白的时间为 t_{on}。我们可以估算出肌球蛋白结合的时间分数（t_{on}/t_{total}），称其为负载比 r_{duty}，假设它与 δ 和 Δ 成正比：

$$r_{duty} = \frac{\delta}{\Delta} = \frac{5nm}{36nm} = 0.14 \qquad (10.45)$$

然而，即使这样，也似乎需要比实际观察到的更频繁地与肌动蛋白结合，实际上肌球蛋白似乎是一种相当"懒惰"的分子。这一说法的基本原理是考虑了整个肌动蛋白-肌球蛋白束产生力的能力，总张力应近似为横桥数量乘以每个横桥产生的力。可估计出横桥的数量，且每个横桥平均时力是 t_{on} 和 t_{off} 的函数：

$$\langle F \rangle = \frac{t_{on}\langle F_{on} \rangle + t_{off}\langle F_{off} \rangle}{t_{on} + t_{off}} \qquad (10.46)$$

然而，当肌球蛋白不结合肌动蛋白时产生的力为零（$\langle F_{off} \rangle = 0$）。因此，

$$\langle F \rangle = \frac{t_{on}}{t_{on} + t_{off}}\langle F_{on} \rangle = r_{duty}\langle F_{on} \rangle \qquad (10.47)$$

或者

$$r_{duty} = \frac{\delta}{\Delta} = \frac{t_{on}}{t_{on} + t_{off}} = \frac{\langle F \rangle}{\langle F_{on} \rangle} \qquad (10.48)$$

释注

　　缺乏 ATP 会引发僵直。这是体内 ATP 合成突然停止时会发生的一种常见现象。肌动蛋白-肌球蛋白的相互作用将终止于以下两个步骤之一：在动力冲程之前，或紧接在动力冲程之后，肌球蛋白头脱离之前。在任一情况下，可能存在一些残余收缩，耗尽可用的 ATP 储备，随后由于肌动蛋白-肌球蛋白相互作用被锁定在某个位置而未能松弛。发生这种情况的一个例子就是死亡后的僵直。可用的 ATP 供应耗尽会使肌肉收缩锁定在某个位置，此时身体可能会感觉僵硬。

动力冲程模型是肌动蛋白-肌球蛋白相互作用的力学模型

　　基于已知的肌动蛋白-肌球蛋白收缩机制，我们现在分析这一过程的力学问题。为此，我们使用*动力冲程*模型定量描述分子力学。该模型将肌球蛋白头视为简单的线性弹簧（图 10.28），有效弹簧常数为 k_m。该模型考虑了肌球蛋白弹簧三种可能的位置。松弛位置是力为零的位置。当弹簧向前移动距离 δ_+，随后与肌动蛋白结合，弹簧翘起（cocked）。最后，该模型不假定肌动蛋白在零力位置释放，而是假设弹簧可以在释放之前被压缩一定量 δ_- 而越过零力位置。这种现象有时被称为*拖动*（图 10.29）。

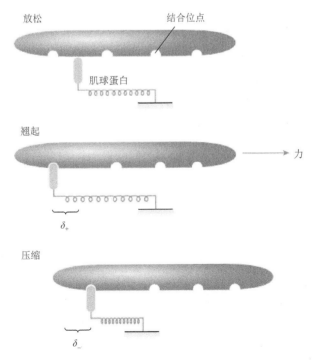

图 10.28　三个动力冲程模型构型示意图。在放松位置，没有力，肌球蛋白不与肌动蛋白结合。肌球蛋白被建模为一根简单的线性弹簧。在翘起时，弹簧向前移动距离 δ_+，并对肌动蛋白丝施加 $k_m\delta_+$ 的力。在"压缩"位置，弹簧在释放肌动蛋白之前被压缩越过零位置至 δ_- 处。

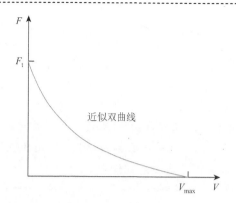

图 10.29 动力冲程模型预测的力-速度关系。虽然不是严格的双曲线，但对于物理参数的生理值，动力冲程模型已经接近于希尔方程的预测。

现在计算由弹簧产生的平均力。回想一下，$\langle F_{on} \rangle$ 是在一个横桥周期肌球蛋白结合肌动蛋白时的平均力，这个力发生在弹簧从第一个结合位置 δ_+ 移动，经过零点到达解绑位置 δ_- 时。平均力为

$$\langle F_{on} \rangle = \frac{k_m(\delta_+ - \delta_-)}{2} \tag{10.49}$$

结合负载比表达式，并观察总冲程距离 $\delta = \delta_+ + \delta_-$，可得到

$$\begin{aligned}
\langle F \rangle &= r_{duty} \langle F_{on} \rangle \\
&= \frac{\delta}{2} \frac{k_m}{2} (\delta_+ - \delta_-) \\
&= \frac{k_m}{2\Delta} (\delta_+ + \delta_-)(\delta_+ - \delta_-) \\
&= \underbrace{\frac{k_m}{2\Delta} \delta_+^2}_{F_+} - \underbrace{\frac{k_m}{2\Delta} \delta_-^2}_{F_-}
\end{aligned} \tag{10.50}$$

其中第一项是正弹性力 F_+，第二项是负阻力（negative drag force）F_-。

> **释注**
>
> **著名的 Huxley 家族。** 安德鲁·赫胥黎（Andrew Huxley）爵士发展了动力冲程模型，建立了方程的范例，这是定量理解肌动蛋白-肌球蛋白力的基础。然而，这个贡献却因他关于神经传导的霍奇金·赫胥黎模型（Hodgkin-Huxley model）的工作而黯然失色，因为霍奇金·赫胥黎模型，他于 1963 年获得了诺贝尔生理学或医学奖。该模型建立了动作电位的概念，并提出了离子通道的存在。值得注意的是，他的同父异母兄弟奥尔德斯·赫胥黎（Aldous Huxley）也非常出名，著有阐述科学进步中非人道方面的文章，是 *Brave New World* 的作者。

让我们更详细地考虑式（10.50）的形式，看看是否可以将其与滑动速度相关联。式子的第一项取决于肌球蛋白头翘起时向前移动的距离。正如前所描述的，大多数肌球蛋

白头基团已经与 ATP 结合，并在任何时间点都可以翘起，所以这不会取决于速度。另外，式子的第二项取决于肌球蛋白头在释放前超过零力位置的距离，换句话说就是在每个周期内肌球蛋白弹簧被压缩的距离，这个量取决于滑动速度。事实上，这个压缩距离随速度线性增加。如果我们引入新参数释放时间 t_r，可以得到

$$\langle F \rangle = F_+ - \frac{k_m}{2\Delta}(vt_r)^2 \tag{10.51}$$

请注意，第一项是肌球蛋白能够产生的最大的正力。它是一个常数，只取决于结构参数。另外注意，最大的力出现在速度为零时，这与停止力的概念一致，在该点处第二项（牵拉力）也为零。动力冲程模型与我们已经观察到的力-速度行为的一些重要特征是一致的，即速度为零时存在最大力，以及当力为零时有最大收缩速度。然而，用该模型预测的牵拉力随着滑动速度的平方而增加。通过查看式（10.51），我们可以看到该预测与希尔模型预测不一致，希尔模型与速度平方无依赖性。为解决这个问题，我们再次考虑参数 Δ，即肌动蛋白上肌球蛋白结合位点间的距离。正如我们前面提到的，Δ 可能的最小值是位点的物理间距，将其称为 d_s。根据负载比的讨论，我们期望 Δ 超过 d_s 一定量，但肌球蛋白头和肌动蛋白-结合位点必须在某一点对齐。因此，

$$\Delta = nd_s \tag{10.52}$$

式中，n 是整数。为估计 n 的值，可以考虑每个结合位点有一个宽度为 w_{bs} 的有效"最佳点"。如果想要结合，肌球蛋白头就需要在该宽度内，且可结合时间与速度成反比，则与结合位点形成结合的时间为

$$t_{bs} = \frac{w_{bs}}{v} \tag{10.53}$$

此外，我们假设当肌球蛋白在最佳点时，它将以恒定速率 k_+ 结合肌动蛋白，使得

$$\frac{d[M]}{dt} = -k_+[M] \tag{10.54}$$

注意，式（10.54）完全类似于式（10.31），其描述了贝尔模型中黏附连接的时间变化。如前所述，式（10.54）的解为以下形式的指数：

$$[M](t) = [M](0)e^{-k_+t} \tag{10.55}$$

从肌球蛋白分子单体的角度来看，在可结合时间中从解离状态转变为结合状态的概率是

$$\begin{aligned} p(t_{bs}) &= 1 - e^{-k_+t_{bs}} \\ &= 1 - e^{-k_+\frac{w_{bs}}{v}} \end{aligned} \tag{10.56}$$

肌球蛋白头在一定时间内结合的概率是指数形式。为找到这期间的总概率，我们必须从 0 到 t_{bs} 积分：

$$p(t_{bs}) = \int_0^{t_{bs}} k_+ e^{-k_+t}dt = \left. \left(-e^{-k_+t}\right) \right|_0^{t_{bs}} = 1 - e^{-k_+t_{bs}} \tag{10.57}$$

从这个表达式可以看到，如果速度非常高，这个概率会变得相当小，肌球蛋白头会经过许多潜在的结合位点但不结合。在这种极限情况下，$\Delta \gg d$ 且 n 很大。换句话说，也

就是相当少的结合位点会被占据。由于每个结合位点与下一结合位点的间距为 δ，且被占据位点之间的距离为 Δ，则给定肌球蛋白头被结合的概率可以由下式给出：

$$p(t_{bs}) = \frac{1}{n} = \frac{d_s}{\Delta} \tag{10.58}$$

令式（10.56）等于式（10.58），得到

$$\Delta = \frac{d_s}{1 - e^{-k_+ \frac{w_{bs}}{v}}} \tag{10.59}$$

和

$$\begin{aligned}
F &= \frac{k_m}{2\Delta}\left(\delta_+^2 - \delta_-^2\right) \\
&= \frac{k_m \delta_+^2}{2\Delta}\left(1 - \frac{\delta_-^2}{\delta_+^2}\right) \\
&= \frac{k_m \delta_+^2}{2d_s}\left(1 - e^{-k_+ \frac{w_{bs}}{v}}\right)\left(1 - \frac{v^2 t_-^2}{\delta_+^2}\right)
\end{aligned} \tag{10.60}$$

式（10.59）给出了类似于希尔实验观察到的双曲线关系行为。为了更具体地显示这个特点，需要考虑参数的一些实际值。肌球蛋白的预测 k_m 大约为 $5\text{pN}/\text{nm}$，$t_- = 0.6\text{ms}$。如所讨论的，分子结构表明结合位点间隔距离 $d_s = 36\text{nm}$，肌球蛋白的冲程距离 δ_+ 为 5nm。k_+ 项会随着 ATP 浓度而变化，但是从统计学力学的角度，如果存在大量 ATP，理论上最大极限值是 ATP 遭遇肌球蛋白结合位点的速率（约 21s^{-1}）。w_{bs} 难以测量，但理论最大值仍然是结合位点间距 d_s。从图 10.29 可以看出，对于这些参数，力速度曲线不是精确的双曲线，但在生理范围内，它是相当接近的。

重要概念

- 细胞黏附涉及多种蛋白质相互作用以形成一些结构，如细胞-基质黏附中的黏着斑和细胞-细胞黏附中类似的黏附斑块。
- 如果不知道受体数量和能量的情况下，很难精确模拟黏附力。然而，基于黏附能和表面张力的集总参数模型（lumped parameter model）可提供很多信息。
- 在炎症中，中性粒细胞黏附于血管内皮的过程包括内皮细胞活化、选择素介导的滚动、中性粒细胞活化和整合蛋白介导的牢固黏附的不同阶段。
- 贝尔模型描述了力对结合动力学的影响，其中力的解离速率（off-rate with force）以指数形式增加。
- 捕获键（catch bond）随负载呈现黏附力增加。一旦力达到某一阈值，捕获滑动键的黏附力将降低。
- 细胞迁移可在*体内*观察到，但更易在*体外*量化。细胞的净迁移是速度和持久性的结果，可以通过细胞轨迹分别进行量化。

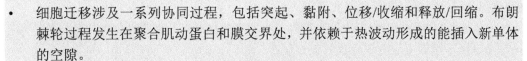

- 细胞迁移涉及一系列协同过程，包括突起、黏附、位移/收缩和释放/回缩。布朗棘轮过程发生在聚合肌动蛋白和膜交界处，并依赖于热波动形成的能插入新单体的空隙。

- 肌动蛋白-肌球蛋白相互作用以 ATP 依赖性方式产生细胞力。它们负责在平滑肌、横纹肌及非肌肉细胞的应力纤维和细胞运动过程中产生力。

- 希尔方程描述了力和速度之间的反双曲线关系。

- 横桥模型描述了肌球蛋白在将 ATP 转化为力时所经历的循环状态。肌球蛋白的负载比是其与肌动蛋白结合时间的分数，这个值非常低。

- 动力冲程模型通过将肌球蛋白视为简单的弹簧（在翘起时缩短），在分子水平上描述了肌动蛋白-肌球蛋白相互作用的机制。它根据翘起距离、牵拉力、肌动蛋白结合位点的大小及频率来预测力-速度关系。

思考题

1. 在细胞迁移过程中，细胞的做功通常耗散到细胞内外的黏性损失中。在体外，细胞外的黏度通常比细胞质低得多，因此可以忽略细胞外的损失。将细胞视为高度 h 和半径 R 的薄饼，并将细胞质视为黏度 μ 和密度 ρ 的不可压缩牛顿流体。细胞以单位面积的黏附力 F_a 附着到基底上（可以假定细胞基底表面均匀）。如果细胞的速度 v 恒定，根据其他参数导出 v 的表达式，并确定如果细胞少许变薄（h 减小）时，该细胞将移动得更快还是更慢。

2. 如下图所示，考虑一个贴附在表面的细胞。除了平坦的接触区域，细胞是具有半径 R 的球形。利用一个剪切应力装置，通过逐步增加施加到细胞上的剪切应力来确定细胞对表面的黏附强度。单位面积的黏附力表示为 F_a，在黏附区域上大致均匀地施加这个力，该黏附区域直径大约为 R_a。剪切应力装置包括一个腔室，其上平面以速度 v 移动，且速度缓慢增加，这使得流动模式可被认为是在任何时间完全发展的库埃特流（Couette flow）。腔室高度为 h。在某一临界速度 v_c 下，细胞脱离。

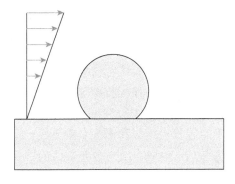

流体具有黏度 μ 和密度 ρ，流动可被认为是层流。基于所提供的参数，使用基于（a）尺寸分析和（b）（比例）力矩平衡的比例关系，导出 v_c 的表达式。（c）表明从（b）获得的表达式可通过（a）的函数形式导出。

3. 讨论肌动蛋白-肌球蛋白的收缩时，我们简要描述了在僵直期间发生的情况。现在通过考虑以下因素来更详细地理解该过程：

（a）在收缩周期的哪个阶段发生僵直？

（b）为什么这会使身体僵硬？如果只是躺在那里而不移动，僵硬程度是否比尸体小？但肌肉是否不在同一位置？

（c）在短暂的时间之后，僵直消散。这发生得足够快，以至于专家有时可以根据身体僵硬来判定死亡发生在何时。为什么死后僵直会消散？

4. （a）从式（10.14）$\left[EI\dfrac{\mathrm{d}^4 w}{\mathrm{d}x^4} + F_a = n\left(\dfrac{\mathrm{d}^2 y}{\mathrm{d}x^2}\right) \right]$，确定临界剥离长度（沿着膜），该处膜的弯曲分量大致与膜的拉伸分量平衡。

（b）假设拉伸比弯曲更显著，推导出细胞剥离时的膜张力表达式。

5. （a）绘制具有速度和持久性的 4 种组合（两个变量分别高或低的组合）细胞的样本轨迹。或以图 10.20 作参考，讨论不同组合间的差异。

（b）假设细胞以恒定速度沿着正弦波[$y=\sin(2\pi t)$]移动。如果每半秒（0.5s）采样一次，细胞的速度和持续时间是多少？如果每十分之一秒（0.1s）采样一次呢？

6. 考虑一个球形细胞。如果用一个平面分割球体，会得到两部分，如下所示（为清楚起见，标记为 B 的部分已经被反转）。

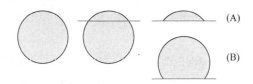

（A）

（B）

细胞 A 部分和细胞 B 部分黏附能的比率可表示为 $\tan^2\dfrac{\theta}{2}$，其中 θ 是细胞组分 A 与表面的接触角，可以将细胞组分当作无受体相互作用的液滴。

7. 根据几何参数和式（6.5）的形式，导出式（10.19）。

8. 考虑细胞迁移过程，并关注应用于膜或肌动蛋白微丝（或两者）的布朗棘轮模型。当温度升高或降低时，预期细胞迁移会发生什么变化？为什么发热有利于中性粒细胞？

9. 从最佳点推导得出单个肌球蛋白头结合的概率[式（10.56）]。

10. 根据希尔方程参数 a、b 和 k，最大收缩速度是多少？

11. 青蛙肌肉希尔参数的典型值 $a=37.49\text{mN/mm}^2$，$b=0.317\text{mm/s}$，$k=47.14\text{mN/mm}^2\text{s}$。绘制预测的力-速度曲线并确定等长收缩力和最大收缩速度。

12. 对于动力冲程模型[式（10.59）]，画一个典型值的力-速度图。最大速度是多少？计算功 $\langle F\rangle\Delta$，作用距离 δ 和以滑动速度 v 表示的占空比函数 $r_{\text{duty}}=(\delta/\Delta)$。

13. 考虑应力纤维肌动蛋白-肌球蛋白活性。用激光切断纤维时会发生什么？δ_+ 和 δ_- 如何变化？牵拉会发生什么？

参考文献及注解

Ananthakrishnan R & Ehrlicher A（2007）Forces behind cell movement. Int. J. Biol. Sci. 3（5）：303–317. *这篇文章很好地概述了细胞黏附和迁移，因为它们共同作用于细胞的移动。*

Bell GI（1978）Models for the specific adhesion of cells to cells. Science 200：618–627. *贝尔关于力对黏着的影响模型的最初报告。*

Boal D（2002）Mechanics of the Cell. Cambridge：Cambridge University Press. *Boal 的书涵盖了细胞力学很多数学方面的问题，包括本章中介绍的一些黏附推导。*

Costa KD，Hucker WJ & Yin FC（2002）Buckling of actin stress fibers：a new wrinkle in the cytoskeletal tapestry. Cell Motil. Cytoskel. 52：266–274. *这篇文章是通过在柔性基质上培养细胞确定应力纤维预应力的方法来源。*

Deguchi S，Ohashi T & Sato M（2005）Evaluation of tension in actin bundle of endothelial cells based on preexisting strain and tensile properties measurements. Mol. Cell. Biomech. 2：125–133. *利用悬臂直接测量应力纤维预应力。*

Dembo M，Torney DC，Saxman K & et al.（1988）The reaction limited kinetics of membrane-to-surface adhesion and detachment. Proc. R. Soc. Lond. B. 234：55–83. *一些最早的明确证据表明可能存在捕获键。*

Dillard DA & Pocius AV（2002）The Mechanics of Adhesion. Elsevier Science. *Dillard 的文章提供了一些关于黏附的数学背景。它补充了 Kendall 的一部分材料，但也与之重叠。Dillard 的材料包括 10.1 节中关于 JKR 的讨论。*

Evans EA（1985）Detailed mechanics of membrane-membrane adhesion and separation Ⅰ & Ⅱ. Biophys. J. 48：175–192. *微量移液管细胞-细胞黏附实验和剥离分析的早期报告。*

Evans EA & Calderwood DA（2007）Forces and bond dynamics in cell adhesion. Science 316：1148–1153. *综述了力在细胞黏附中的作用。*

Finger EB，Puri KD，Alon R et al.（1996）Adhesion through L-selectin requires a threshold hydrodynamic shear. Nature 379：266–268. *通过选择素结合的细胞滚动的定量表征。*

Hill AV（1938）The heat of shortening and dynamics constants of muscles. Proc. R. Soc. Lond. B 126：136–195. *这篇论文描述了最初的希尔实验，描述了对 1×10^{-3}℃ 温度变化的测量。它开创性地介绍了希尔模型。*

Holmes JW（2006）Teaching from classic papers：Hill's model of muscle contraction. Adv. Physiol. Edu. 10：67–72. *描述了一个基于模拟的教学模块，该模块带领学生经历希尔的原始推理过程，最终使他们能够制定自己的模型。*

Howard J（2001）Mechanics of Motor Proteins and the Cytoskeleton. Sunderland，Mass：Sinauer Associates. *关于细胞骨架聚合和力学的一个很好的介绍。这本书为细胞骨架的力学和运动蛋白力的产生打下了坚实的基础。大部分对横桥模型的开发及一些问题都是从这本书中改编的。*

Huxley AF（1957）Muscle structure and theories of contration. Prog. Biophys. Biophys. Chem. 7：255–318. *《肌肉结构和反作用的理论》，以分子参数为基础的力产生的动力冲程模型的原始表述。*

Huxley AF & Niedergerke R（1954）Structural changes in muscle during contraction：interference microscopy of living muscle fibres. Nature 173：971–973. *早期对肌肉条纹的描述及它们如何随收缩而变化。*

Johnson KL（1985）Contact Mechanics. Cambridge：Cambridge University Press. *为赫兹接触和其他机械学中的接触问题提供了良好的参考。*

Kamm RD and Lang M（2006）Molecular，Cellular，and Tissue Biomechanics（course material from course number 20.310，Massachusetts Institute of Technology，Cambridge，MA available online at http://ocw.mit.edu）. *这门课程涵盖了生物力学的基本原理，包括比例分析和工程分析，应用于生物分子、细胞和组织。该课程的许多材料都是本章中许多主题的灵感来源。一些讲座材料可以在 OpenCourseWare 中找到。*

Kendall K（2001）Molecular Adhesion and Its Applications. New York：Kluwer Academic/Plenum Publishers. *这本教科书介绍了许多关于黏附的基础知识，其中有一个关于细胞黏附的章节。本书中介绍了黏附的一些基本规律。*

Lauffenburger D & Linderman JJ（1993）Receptors：Models for Binding，Trafficking and Signaling. New York：Oxford University Press. *这篇文章涵盖了细胞相互作用、迁移、黏附和信号传递的生物学与数学知识。本章介绍的速度-持久性关系和膜*

剥离，部分是基于该书的材料。

Maheshwari G & Lauffenburger DA（1998）Deconstructing（and reconstructing）cell migration. Micro. Res. Tech. 43：358–368. 这篇期刊文章回顾了细胞迁移的许多方面，包括化学梯度、路径追踪和涉及细胞运动的各种步骤。

Marshall BT，Long M，Piper JW et al.（2003）Direct observation of catch bonds involving cell-adhesion molecules. Nature 423：190–193. 最近直接观察到捕获键的存在。

Pollard TD（2002）The cytoskeleton，cellular motility and the reductionist agenda. Nature 422：741–745. 这篇洞察力文章（类似于重点综述）讨论了已知的关于细胞骨架在描述细胞移动性方面的作用。

Pollard TD，Blanchoin L & Dyche Mullins R（2000）Molecular mechanisms controlling actin filament dynamics in nonmuscle cells. Annu. Rev. Biophys. Biomol. Struct. 29：545–576. Pollard 的综述文章讨论了在经历迁移的细胞前沿背景下肌动蛋白重塑和动力学的各个方面。

Ramachandran V，Williams M，Yago T，et al.（2004）Dynamic alterations of membrane tethers stabilize leukocyte rolling on P-selectin. Proc. Natl. Acad. Sci. USA 101：13519–13524. 这篇研究文章描述了白细胞接触涂有 P-选择素的表面时的行为。该文章讨论了细胞的速度和锚栓结构的形成。

Tanner K，Boudreau A，Bissell MJ & Kumar S（2010）Dissecting regional variations in stress fiber mechanics in living cells with laser nanosurgery. Biophys. J. 99，2775–2783. 这篇文章描述了使用高功率激光器来破坏应力纤维。

Tees DF & Goetz DJ（2003）Leukocyte adhesion：an exquisite balance of hydrodynamic and molecular forces. News Physiol. Sci. 18：186–190. 综述了白细胞中流动和黏附力的平衡与相互作用。

第 11 章　细胞力学转导

本章节我们关注力学信号转导的过程，即细胞将力学刺激转换成特异性细胞反应的过程。在生物学中，细胞信号*转导*通常被定义为细胞感受和响应化学刺激的过程。例如，配体与细胞受体结合可导致该受体的构象发生变化，引发一系列信号级联反应，最终改变细胞的功能。力学转导可以被视为与化学信号转导完全类似的过程，即机械力的施加可能会导致力学感知分子的构象发生变化，进而激活细胞内信号通路途径，使细胞功能发生改变。如 1.1 节所讨论的，众多组织器官的发育与正常功能均依赖于细胞对外在力学信号的感知，这一过程的中断与多种重要疾病的发生或发展有关。

现在我们来讨论一下多种细胞中的力学转导机制。本章分为 4 部分，对应细胞力学转导的发生顺序。第一，细胞必须受到力学载荷，即力要从环境传递到细胞水平。第二，力必须由力敏感分子检测到，也就是这些载荷必须传递给可被其激活（经历构象变化）的分子或分子的复合体。第三，这些分子的构象变化必须足以激活细胞内信号通路（图 11.1）。第四，发生一系列细胞内信号转导事件，最终导致细胞功能发生变化。本章第一部分，综述了调节细胞功能的各类型的力学刺激，第二部分讨论了已提出的能将力学刺激传递给假定的力学敏感分子的多种结构。在第三部分，讨论力-诱导蛋白质的构象变化，将机械力转化为生化信号的可能途径。在第四部分，讨论了细胞内信号通路最终改变细胞功能的机制，得出本章的结论。我们将会发现，这是一个活跃的研究领域，许多分子生物学方面（的概念）尚未完全被定义。

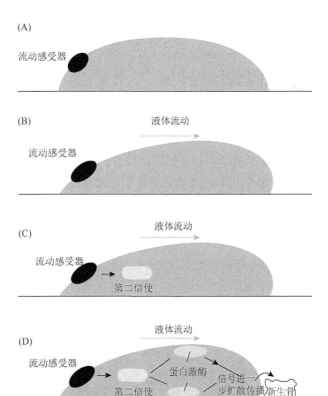

图 11.1　流体流动下的骨细胞示意图，显示力学转导发生的 4 个基本步骤。（A）第一步，载荷从环境传递到细胞。（B）第二步，载荷传递到"流体感知"分子，导致构象发生变化。（C）第三步，通过改变第二信使分子的水平引发细胞内信号转导级联反应。（D）第四步，细胞内信号转导导致细胞功能发生改变，特别是新骨形成功能。

> **释注**
>
>   力学转导的发生不依赖于细胞的存在。在组织水平的力转导不一定需要细胞的力学转导。骨具有压电特性，因此有人假设骨骼对力学载荷的适应性可能是由骨细胞的电感应介导的。另一种非细胞依赖机制涉及细胞外基质蛋白，如纤连蛋白，力学加载可引起其解折叠（unfolding）而暴露隐蔽的结合位点。

11.1 力 学 信 号

我们从那些已被证实的可以改变细胞功能的力学信号开始对细胞力学信号转导进行讨论。在 6.3 节中，我们将流体流动作为一种细胞调节信号进行了介绍。机体中充满了流体，包括空气、血液和脑脊液等。充满流体的组织和器官受到力学载荷时，会产生压力梯度、流体流动，使其中的细胞受到多种物理信号的作用，这些信号包括营养物质和（或）信号分子的运输改变、流动电位（streaming potential）和流体剪切应力。在接下来的学习中，我们将会发现，在各种组织中，甚至包括那些液体传输功能不是其主要功能的组织中，细胞都可以感知并响应流体流动。

血管内皮受到血液介导的剪切应力

血管系统是人们最早将液流视为调节其细胞行为的重要信号的系统之一。在很大程度上，这是由于*内皮细胞*（内衬于血管的细胞）在响应液体剪切应力时会表现出明显的、可观察到的形态学变化。尤其当其暴露于稳定流动时，会呈现沿流动方向排列的形态（图 11.2），但这可能取决于细胞在脉管系统内的位置，从心脏瓣膜分离的内皮细胞则倾向垂直于剪切应力方向进行排列（图 11.3）。*体外*内皮细胞响应流动的研究表明，流体剪切不仅可以调节细胞的形态，还能调节其他多种调控因子的水平，如血管扩张剂/收缩剂和生长因子。有研究表明，再循环或"受扰动"的流体会导致单层（细胞）被破坏和细胞分裂改变，这与人类的动脉粥样硬化斑块形成部位相关（图 11.4），提示动

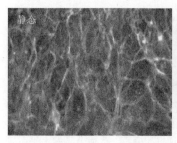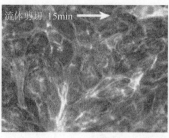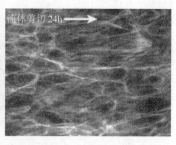

图 11.2 肺内皮细胞肌动蛋白细胞骨架对流动的适应。图中的细胞经鬼笔环肽荧光染色，鬼笔环肽可结合肌动蛋白。液流作用下，细胞首先迅速增强肌动蛋白的细胞骨架，如中间图所示，然后在流动方向上逐渐重排细胞骨架，改变整体形态。[引自 Birokov KG et al.（2002）Am. J. Respir. Cell Mol. Biol. 464.]

脉粥样硬化的发生可能与不稳定的血流相关，这一假设得到*体外*和*体内*实验的充分支持。扰动流倾向于发生在血管分叉处，这些分叉往往是斑块形成的地方，波动的流体剪切应力可能促进了动脉粥样硬化的发生和发展。

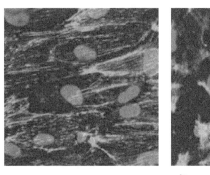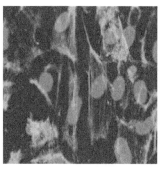

流体剪切方向

图 11.3　暴露于液流的上皮细胞。取自猪主动脉（左）和主动脉瓣（右）的细胞于 20dyn/cm^2 剪切流中培养 48h。它们表现出截然不同的重排特点，这表明细胞的来源是力学生物力响应中的关键因素。

[引自 Butcher JT et al.（2004）Arterioscler. Thromb. Vasc. Biol. 24.]

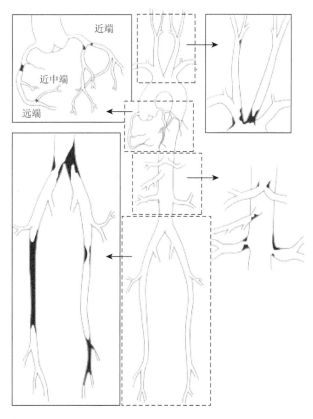

图 11.4　分叉附近的区域更易于发生动脉粥样硬化（黑色阴影）。多个研究表明，由于在这些区域附近存在再循环或其他扰动流模式，内皮细胞的行为发生改变，导致了动脉粥样硬化的形成。

管腔内衬上皮细胞受到液流剪切

　　与内衬于血管的内皮细胞相似，管腔内衬的上皮细胞，如衬于肾小管的上皮细胞，也经受流体剪切应力。在肾中，上皮细胞感知尿液流的能力是正常肾功能的基础。肾流量感知与以肾囊肿形成为特征的多囊肾病（PKD）之间的联系将在 11.2 节中讨论。流量感知也被认为与维持肝健康有关。胆管细胞，即排列在肝胆管腔内的上皮细胞，暴露于胆汁的被动运动中，这些细胞感知与响应液流的机制与肾的类似。

肌肉骨骼组织中的液体流动

　　液体流动还可以调节不以液体传输为主要功能的组织中的细胞。骨组织含有充满液体的空隙（*陷窝*）和通道（*小管*）形成的网络。在骨陷窝中存在着称为*骨细胞*（osteocyte）

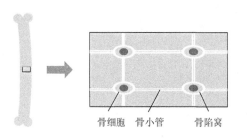

骨细胞　骨小管　　骨陷窝

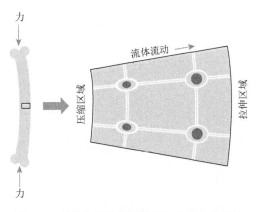

的骨组织细胞（bone cell），骨细胞伸出细长的突起经骨小管与邻近的骨细胞相联系。与日常负荷相关的机械载荷（爬行、行走、跑步等运动)会在骨陷窝-小管系统内产生压力梯度，驱动流体从压缩区域流向拉伸区域（图 11.5），从而使骨细胞受到流体剪切应力。与管腔流的感知相比，骨细胞感知流量的最大不同在于，前者（血管或肾小管内）更容易被观察到，而骨液流的实验测量却非常难，这与骨陷窝-小管系统微小的液体空间（0.1～1μm）对相关测量技术的限制相关。但光漂白后荧光修复技术（FRAP）可以为我们提供一些新的认识（图 11.6）。在该方法中，将荧光示踪剂注射到动物体内，使其在骨陷窝-小管系统内达到平衡状态。暴露骨表面后，使用激光共聚焦显微镜对单个骨陷窝进行光漂白，周围腔隙中的未漂白示踪剂分子的填充会使光漂白骨陷窝中的荧光逐渐恢复。在流动存在的情况下，*对流传输*（示踪剂的运动由液体携带）增强了填充作用。可以通过比

图 11.5　骨的机械载荷引起骨细胞所在的骨陷窝-小管系统内的间隙流流动。当骨受到负荷时，流体从压缩区域流到拉伸区域。

较存在或不存在载荷的情况下示踪剂的传输速率来确定流动是否发生。此外，也可以利用数学建模估计对流速度。在体外培养骨组织细胞的一些实验表明，细胞可以感知和响应日常活动产生的液流强度。肌骨系统内的液流不仅仅存在于骨组织，与骨一样，关节软骨是力学敏感组织，可以适应其承受的负荷。在软骨内，软骨细胞包埋于由蛋白聚糖、胶原和水组成的细胞外基质中。在力学载荷下，会产生各种物理信号，如静水压、基质应变和液体流动。在培养的软骨细胞及灌注的软骨和组织工程构建结构中进行的几项实验表明，液体流动是软骨组织代谢的有效调节因素。

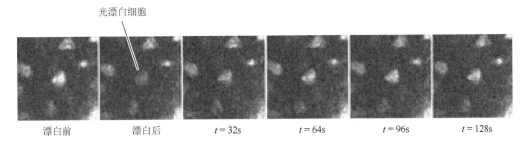

光漂白细胞

| 漂白前 | 漂白后 | $t = 32s$ | $t = 64s$ | $t = 96s$ | $t = 128s$ |

图 11.6 小鼠股骨内单个陷窝光漂白后的荧光恢复。机械载荷存在的情况下，通过监测荧光恢复率（recovery rate）是否增加，以确定是否有流体流动引起的染料运输的增强。

胚胎发育过程中液流可调控左-右不对称的形成

目前为止，我们讨论了液流在成体中调节组织和器官的作用，但在发育过程中，液流的调控作用也很重要。哺乳动物胚胎中，液流的产生及随后的感知对于左-右不对称的建立极其关键。在原肠胚形成期间，胚胎表面会出现三角形凹陷，称为*结*（*node*）。结表面的细胞呈纤毛状，其中一些纤毛可以运动（图 11.7）。这些纤毛以涡旋形式运动，使胚胎外液产生左向流动（称为*结流*）。结左边缘上的细胞可以感知这种结流，从而引发不对称的细胞内 Ca^{2+} 信号。若叠加右向流（在流动腔中向胚胎加载）可以逆转左-右不对称性，使身体的左侧和右侧发生交换，这部分内容将在本章后面进行深入讨论。

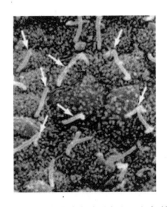

图 11.7 胚胎结内初级纤毛（白色箭头所指）的电镜照片。这些细胞感知流动，这对于胚胎建立左/右方向至关重要。[引自 Nonaka S et al.（1998）Cell. 95.]

扩展材料：流体剪切应力或化学传输？

流体剪切使细胞暴露于多种不同的物理信号中，通常需要区分这些信号中的哪些信号驱动了流体诱导的细胞反应。流体剪切也使细胞暴露于对流化学传输中，换句话说，通过流体运动来运输营养物和（或）信号分子。液流还使细胞暴露于流体剪切应力，这些信号是耦合的，所以我们要如何确定细胞究竟是受到化学传输还是流体剪切的刺激？

在保持流动速率恒定下改变剪切应力参数，或反过来，这是一种能将平行板流动腔中的化学运输独立出来的方法。从式（10.2）中我们可以得出，腔室中，剪切应力 τ 与流动速率（flow rate）相关，即

$$\tau = \frac{6\mu Q}{bh^2} \qquad (11.1)$$

式中，Q 是流速；μ 是流体黏度；b 是流动腔宽度；h 是流动腔高度。式（11.1）表明，通过调节流动介质的黏度（通过向流动介质中加入中性葡聚糖来实现）可以使细胞在不同的流速下受到相同的剪切应力。流体黏度加倍而流动速率减半、黏度减半而流动速率加倍可以产生同样大小的剪切应力。如果细胞的响应随着流速而不是剪切应力的增加而增加，则细胞是对化学运输有响应。如果细胞的响应随着剪切应力而不是流速的增加而增加，则表明细胞响应的是流体剪切。

应变和基质变形的作用

现在，我们将注意力从流体剪切转移到基底或基质应变，关注其作为调节信号的功能。正如我们在 3.2 节中所了解到的，当固体材料承载（或承受应力）时，它就会变形并发生应变。当基质变形时，包埋于这些组织中的细胞会在基质黏附的位点处受力而产生应变（图 11.8），我们将列举一些例子，其中基底或基质的应变在生物过程中充当了关键介质。

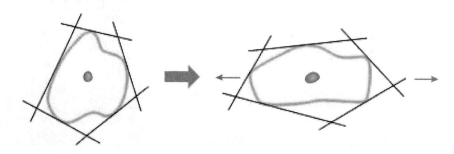

图 11.8　细胞与基质的机械偶联（coupling）。因为细胞与细胞外周基质的连接紧密，所以基质的变形会将载荷传递到其中的细胞，使细胞发生应变。

心血管系统中平滑肌细胞和心肌细胞承受应变

之前我们了解到，在血管内，内皮细胞可以感知并响应血液流动产生的流体动力，而应变是心血管系统内另一种调节信号。血压的脉动性变化会在血管壁内产生振荡性拉伸，其主要细胞是血管平滑肌细胞，正常情况下，这些细胞不直接与血液接触，但它们对拉伸很敏感。机械拉伸可改变血管平滑肌细胞中的多种功能，如细胞排列、迁移、增

殖和凋亡。拉伸还可以调节一些旁分泌和内分泌因子的分泌与产生。

心肌细胞也受到拉伸的刺激。高血压下，拉伸刺激增加，并被认为会导致心脏肥大，因此阐明相关的调控途径可能具有治疗意义。我们知道，压载过大会导致心肌细胞受到的机械刺激改变而肥大，从长远来看这是不健康的。目前治疗着重于防止过大的压力载荷，但并不总能很好地实现，更好地理解该通路如何被力学激活，可能会为药物抑制高血压引起的肥大提供新的靶位。

肌肉骨骼系统中细胞应变取决于组织的刚度

肌肉骨骼系统在运动时起到支撑和产生力的功能，因此组织内的细胞也会承受机械应变。关节软骨在步行期间会经受周期性压缩，使其基质和内部的软骨细胞发生变形。这种载荷在生理学上具有重要意义，所以人们做了大量努力通过实验和数值（模拟）来表征这些变形。软骨细胞的局部力学环境在很大程度上取决于软骨细胞与细胞外周基质（pericellular matrix）的相互作用，后者含有大量的Ⅵ型胶原蛋白和蛋白聚糖[软骨细胞和细胞外周基质有时被合称为软骨单位（chondron）]。已有研究证实，软骨被压时，软骨细胞的形状和体积都会发生变化。这些变形是不均一的，很大程度上是由于细胞和细胞外周基质之间的刚度不匹配。

> **释注**
> 　　**平滑肌细胞响应液体剪切。**有研究显示，剪切应力可以抑制平滑肌细胞的迁移和增殖。*在体内，内皮细胞可将所承受的剪切应力直接传递到其下方的平滑肌细胞。*由于平滑肌和内皮细胞相互接触并可能相互接收和传递机械与生化刺激，因此利用共培养的力学转导研究是一种不错的方法。同样，检测内皮细胞对拉伸的响应同样是一个活跃的研究领域。已证明，拉伸和剪切应力可能是竞争因素；当内皮细胞经受这两种不同的机械刺激时，内皮细胞会以"不确定"的方式进行定向。

肺和膀胱是受牵张调节的中空弹性器官

肺和膀胱这些弹性的中空器官，对形变的感知对于其行使正常功能也是至关重要的。在肺部，呼吸对基质产生周期性牵张。*体外*实验显示，牵张可以调节肺细胞生长、细胞骨架重塑、信号分子激活和磷脂分泌；在膀胱储尿阶段，牵张可以刺激传入神经元；膀胱上皮对牵张同样敏感，在力学刺激下，其会释放出腺苷三磷酸（ATP）、乙酰胆碱和一氧化氮。阐明这些力学敏感途径可能会为治疗肺或膀胱功能障碍提供潜在的药理学靶点。

细胞响应静水压

除了流体剪切和基底应变，细胞还可以感知和响应静水压。骨、关节软骨、椎间盘和心血管系统中的细胞均暴露于周期性变化的静水压中。与流体剪切和基底应变相比，关于细胞感知压力机制方面的研究要少得多。这可能因为细胞是液体填充的结构，它们在压力下的可压缩性通常很小。据估计，红细胞在受到 10MPa 压强时，细胞体积仅发生约 0.1% 的变化（注意，通常收缩压峰值 120mmHg 相当于 0.02MPa，约低三个数量级）。这也有可能是由于有些细胞对生理性压力不敏感。在骨髓腔内，压强通常大约为 10mmHg，但在冲击负荷期间可以大约是 100mmHg。然而，一些*体外*研究表明，骨组织细胞对这种压力没有反应。有趣的是，尽管细胞对生理压力明显不敏感，但几乎所有细胞在高静水压（＞100MPa）下都会发生类似的细胞骨架结构和形态改变。这个时候的细胞骨架会迅速解散（disassemble），细胞变圆。在许多情况下，细胞凋亡途径被激活，发生细胞死亡。

扩展材料："寄生流"

在基底拉伸实验时，细胞必须浸在培养液中，所以一定程度的流体流动[有时称为"寄生流"（parasitic flow）]是不可避免的。这时特别要注意使寄生流最小化，因为它会严重混淆实验结果。典型的例子可以在骨力学转导中找到。骨是相对较硬的材料，因此它的应变相对较小：为数百到数千微应变（缩写为 με）。目前科学界的共识是，在*体外*，这么微小的应变通常不足以刺激骨组织细胞，但这种观点并不总是被接受。多年来，1000με 的应变才被认为足以刺激骨组织细胞，因为体外细胞应变的发生是基于弯曲（图 11.9A）。弯曲导致基底有大位移，因此这些系统中产生了大量的寄生流。尤其是，培养液中的位移越快，细胞受到的流体剪切水平越高。

为了区分基底应变与流体流动的影响，研究人员利用了四点弯曲试验过程中应变对基底厚度的依赖性。梁的四点弯曲方程（beam-deflection equation）为

$$\varepsilon = \frac{td}{\alpha}(L - 1.33\alpha) \tag{11.2}$$

式中，ε 是基底表面的应变；t 是基底厚度；d 是位移；L 是内支撑之间的长度；α 是内支撑点和外支撑点之间的长度。通过将细胞接种在不同厚度的载玻片上，研究人员能够在保持位移速率（和寄生流流动）恒定的情况下加载不同的应变，反之亦然。他们发现细胞对应变的变化不敏感，但对位移速率高度敏感。这表明细胞响应的是流体流动而不是基底应变。由于这些和其他类似的研究，已经开发了使寄生流最小化的细胞拉伸替代方法（图 11.9B）。

图 11.9 体外基底应变产生的模式。（A）将细胞接种在进行四点弯曲的基底上，细胞在培养液中有很大程度的移动，使它们暴露于寄生流。（B）以减少寄生流的方式使细胞承受基底应变。

11.2　感知力学信号的细胞器和结构

上一节中，我们回顾了各种类型的机械刺激，它们在各种组织器官的细胞中作为调节信号。现在在我们将焦点转移到涉及机械力感知的细胞结构和细胞器，接下来几节的内容是之前讨论过的*体外*简化方法的直接结果。细胞具备非常特殊的结构，可以促进载荷传递，我们从最完美的结构——内耳的毛细胞开始进行讨论。请注意，本节的内容比其他节的生物性更强，而定量化的讨论更少。

静纤毛是耳的力学信号感受器

内耳是哺乳动物体内最典型的机械敏感结构之一，其功能是将物理振动转化为产生听力的电化学神经冲动。鼓膜接收声波并将振动传递到三块听骨（*锤骨、砧骨和镫骨*），后者将振动传递到*耳蜗*（图 11.10）。在耳蜗内存在的基底膜对多种频率具有敏感性。对于给定的频率，该膜的特定部分发生共振，比其他部分产生更强的运动（频率为 20Hz～20kHz）。在耳蜗内存在力学感受细胞（毛细胞），可以将膜波动转换成神经冲动。毛细胞已进化出一种特殊的结构来感知这种运动。成束的静纤毛[毛束（hair bundle）]从顶端表面突出并通过耦合结构连接在一起。最长的静纤毛直接与膜接触。当膜与声音共振时，静纤毛束发生偏转从而导致阳离子进入静纤毛。这些细胞的力学感应是非常迅速的。有研究显示，青蛙耳蜗毛细胞能够在 40μs 内产生神经冲动，相比之下，视网膜中的视觉诱发电位出现的时间约为数十毫秒，慢了几个数量级。

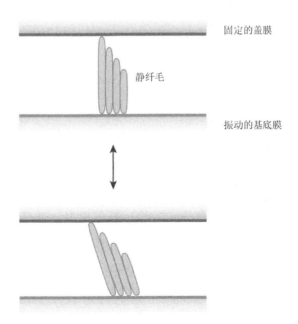

固定的盖膜

静纤毛

振动的基底膜

图 11.10　内耳毛细胞。内耳毛细胞负责听觉，它们将耳蜗基底膜的振动转化为神经冲动。

示例 11.1：毛细胞束的偏转（deflection）

图 11.10 中显示了毛细胞束，回想图 1.1 中的端部联结与机械打开膜的离子通道。已测得毛细胞束的刚度约为 500μN/m，可以估算出打开顶部通道所需的力。激活通道需要一定的位移，即从闭合到打开构型，这个位移目前尚不能直接测量到。5nm 是一个合理的猜测，在数量级上可能比较准确。由于已测量到毛细胞束的刚度约为 500μN/m，因此对尖端力的合理估计应为 2.5pN。经过对比可得，单个整合素蛋白分子的结合力为几十 pN。

感受触觉的特异性结构

触觉是由力传递到皮肤产生的感觉体验，是人类能够体验环境的 5 种主要感觉之一。在这 5 种感觉中，人类对触觉的细胞分子学机制了解得最少。触觉由特异性神经末梢的机械变形引起，在被毛发覆盖的皮肤中，椭圆形的梅克尔细胞包裹在毛囊周围，毛发的运动可以激活这些感受细胞（图 11.11）。神经末梢有的是游离的，有的被触觉小体（迈斯纳小体）包裹。迈斯纳小体就是一类传导轻触觉的神经末梢。它们由扁平支持细胞构成，这些细胞排列成水平片层并被结缔组织包封，在迈斯纳小体内，单个神经纤维在薄片之间蜿蜒。还有其他类似的结构，包括参与感觉振动的帕奇尼小体，以及对皮肤拉伸作出缓慢响应的鲁菲尼小体。

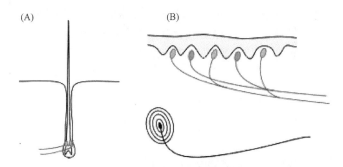

图 11.11 触摸的力学感知。有毛发（A）和无毛发（B）皮肤中触觉的力学感知结构与细胞均涉及神经，这些神经终止于特化的效应细胞中。其中包括感受缓慢适应性压力的梅克尔细胞（Merkel cell，灰色）、感受快速振动的帕奇尼小体（Pacinian corpuscle，黑色）和对轻微接触敏感的迈斯纳小体（Meissner corpuscle，深灰色）。

无处不在但功能神秘的初级纤毛

在非感觉细胞中，初级纤毛是一种非常适用于力学感知的结构，它是一种从质膜表面突出到细胞外环境中的棒状结构。初级纤毛几乎存在于所有的细胞，尽管在世纪之交时就有了对初级纤毛的描述，但是直到最近，初级纤毛的功能才开始得到阐明。与运动纤毛不同，初级纤毛单根存在且不能自主运动，但与运动纤毛相同的是，初级纤毛也是基于以*轴丝*为核心的微管。初级纤毛的轴丝由 9 个微管双联体组成，但其中央缺少运动纤毛所具有的一对微管，从而被描述为具有"9＋0"（运动纤毛是"9＋2"）的微管结构。初级纤毛具有独特的位置，通过延伸到达细胞外空间，并且具有允许流动诱导弯曲的机械特性，发挥着力学感知的作用。有研究者已经证明初级纤毛在流体流动下被动地发生弯曲，并在流动停止后会恢复（图 11.12）。利用微吸管吸吮技术能使肾上皮细胞的初级纤毛发生弯曲，并使肾上皮细胞内 Ca^{2+} 浓度升高。初级纤毛被认为是肾、肝、骨、血管和胚胎结中的流体感受器。

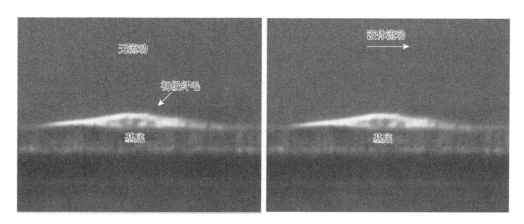

图 11.12　流动导致初级纤毛弯曲。在无流动（上图）和有液体流动（下图）情况下，从骨细胞及其初级纤毛的侧视图可观察到纤毛在流动下的变形。[摘自 Gelen A（2011）Cellular and Biomolecular Mechanics and Mechanobiology. Copyright permission Springer Science，New York.]

流动引起的变形导致膜张力产生，后者可打开牵张离子通道。目前有研究正尝试确定位于纤毛上的通道，其中一种就是多囊蛋白-1/2 复合物。多囊蛋白-1 是由基因 *PKD1* 编码的整合膜蛋白，多囊蛋白-2 是一种阳离子通道，由基因 *PKD2* 编码，并与多囊蛋白-1 构成异二聚体。*PKD1* 和 *PKD2* 的突变均会导致常染色体显性遗传多囊肾病（PKD）。多囊蛋白-1 和多囊蛋白-2 在肾初级纤毛中呈共分布，且多囊蛋白-1 和多囊蛋白-2 的功能丧失会破坏肾细胞对流动的感知，提示多囊蛋白复合物功能障碍引起的力学感知异常可能是 PKD 的病因。

细胞黏附可感知并传递力

黏附位点（adhesion site）或黏着斑被认为是一种机械感觉感知结构，因为它们在应变和流体剪切下都受到高应力。大多数结缔组织主要由诸如胶原或纤连蛋白的结构聚合物组成，包埋在这些组织内的细胞通过分散的黏附位点[有时称黏着斑（focal contact 或 focal adhesion）]锚定于该纤维网络中。如果纤维网络发生变形，细胞也随之变形，载荷会通过黏着斑从胞外基质网络传递到细胞（图 11.8）。各种连接蛋白（linker protein）将细胞黏着斑通过机械方式连接到细胞骨架上，这样在液体剪切过程中，载荷将从细胞顶表面通过细胞骨架传递到细胞-基底黏附点（参见图 11.1）。

黏附复合物中，几种直接参与受力途径的蛋白质同时也具有信号转导功能。这样的蛋白质易由力诱导发生构象变化，将机械力转换成细胞内生物化学信号。这些蛋白包括黏着斑激酶、黏着斑蛋白（vinculin）、踝蛋白（talin）、张力蛋白（tensin）和桩蛋白（paxillin）等。

细胞间黏附也被认为是力学转导的位点，因为它们结合了信号分子，并且可能是高应力位点。细胞间连接对内皮细胞尤为重要，它们形成紧密的屏障以防止血管渗漏。在这些细胞中，血小板内皮细胞黏附因子 1（PECAM-1）定位于细胞间连接处，并且在受到剪切应力时快速活化。还有证据表明，钙黏着蛋白（黏附连接的主要成分）和血管内皮生长因子受体 2（VEGFR-2，VEGF 的受体）与 PECAM-1 形成复合物，该复合物可被流体剪切激活。

细胞骨架可感知机械载荷

如 7.1 节所述，细胞骨架由三个组分组成：肌动蛋白丝（微丝）、微管和中间纤维。在这些组分中，肌动蛋白细胞骨架作为力学感知结构受到了广泛关注。肌动蛋白骨架可能通过多种方式进行力学感知。首先，它可能间接发挥作用，将载荷传递到力学转导部位。当细胞暴露于液流时，细胞骨架将剪切应力传递到力转导位点，如黏着斑，后者在力诱导下发生构象变化。或者，有研究者提出肌动蛋白骨架将载荷传递到细胞核并直接操控 DNA，暴露先前隐藏的转录位点以启动转录因子或其他蛋白质的合成，从而发挥力学感知功能。已有研究提示诸如核膜血影重复蛋白（nuclear envelope spectrin-repeat protein，Nesprin）和核纤层蛋白的核基质蛋白是感知某些力学载荷所必需的。

就直接力学感知而言，细胞骨架本身可作为一种能将机械力转化为生化信号的结构。载荷可能导致骨架中结构的滑动或变形，释放被困于其中的信号分子或暴露（或隐藏）酶活性位点。实际上，已经发现几种信号分子及其他结构分子与肌动蛋白细胞骨架相关。细胞骨架网络在负荷下发生的结构重排，通过使两个分子靠近或远离，可以导致细胞内信号转导的激活或失活（图 11.13）。已有研究表明，微管受到外部压缩载荷时会发生屈曲，导致 ATP 帽子（ATP cap）

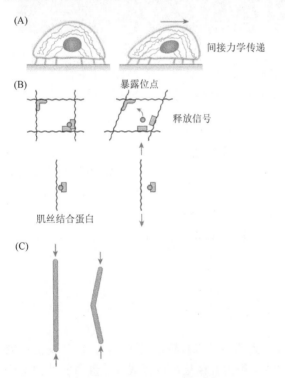

图 11.13　细胞骨架网络在力学转导中的潜在作用。包括（A）间接力传递；（B）信号结构域的暴露（或隐藏），载荷下信号分子的释放（或捕获）；（C）简单屈曲引起的解聚。力学转导涉及将物理信号转化为生化信号，这样细胞骨架自然成为候选者，因为其将结构和信号作用结合在一起了。

图中标注：（A）间接力学传递；（B）暴露位点、释放信号、肌丝结合蛋白；（C）

丢失，使微管结构开始解聚。许多细胞骨架转导机制尚处于理论阶段，还未得到广泛认同。但这是一个引人注目的研究方向，因为很少有这么多如此靠近的蛋白质同时具有信号和结构功能。

示例 11.2：微管屈曲

一种基于微管的力学转导模型认为，外部施加力引起的微管弯曲触发了细胞内信号转导。这种机制可以感知到多大的压力？为了估算灵敏度的上限，考虑一个对于外部压力有响应的细胞。忽略细胞质的影响，设想压力由微管网络承担，后者从核周区域向细胞周边辐射，就像自行车车轮的辐条。屈曲载荷由式（3.38）得出，为

$$F_b = \frac{\pi^2 EI}{L^2} \tag{11.3}$$

微管弯曲刚度的实验测量值变化较大，为 $1\sim200\text{pN}/\mu\text{m}^2$。根据直径 $10\mu\text{m}$ 细胞的典型数值（表 3.3），可推导出每个分子的屈曲载荷，为

$$F_b = \frac{3.142^2 \times 360 \times 10^{-25}\,\text{Nm}^2}{(10 \times 10^{-6}\,\text{m})^2} \approx 3.5\text{pN} \tag{11.4}$$

假如在细胞中有 1000 根微管，那么产生的压力是

$$P_b = \frac{14\text{nN}}{4\pi(5 \times 10^{-6}\,\text{m})^2} \approx 45\text{Pa} \tag{11.5}$$

对比一下尺度，标准的血压为数十毫米汞柱或千帕斯卡的数量级。微管屈曲有可能是一种极其敏感的力学感知机制，当然，实际上这是可感知压力的理论下限。细胞质的流体加压会带来大量的外部载荷。

力学感知涉及细胞表面的糖蛋白

在 9.5 节中简要提到，糖萼是一层与膜结合的大分子层，存在于几种细胞中，是弯曲刚度的来源。其组成和厚度取决于组织种类，在相似的组织中还取决于位置。它是由蛋白聚糖网络、糖胺聚糖侧链及来自周围流体中的相关结合蛋白构成的。从物理上讲，它非常适合发挥力学感知的作用，因为它可充当细胞外液与细胞膜/细胞骨架之间的界面，特别是在响应流体流动的细胞中。此外，由于蛋白聚糖及其众多的侧链突出到腔区域，它们有可能在剪切流下发生偏转。通过与顶膜/细胞骨架关联，它们可以通过向细胞传递力而间接起到力学转导的作用。此外，糖萼也可能通过使膜免受剪切应力而降低细胞对流体流动的敏感性。迄今为止，有关糖萼在流体感知中作用的研究主要集中在内皮细胞上。

尽管糖萼的研究主要集中在内皮细胞力学转导领域，但膜相关蛋白和糖蛋白也已经被提出作为骨中力学转导的促进因子。在骨陷窝-小管系统中，骨细胞突起（osteocyte process）被细胞外周基质（pericellular matrix）包围，后者的组成被认为与内皮糖萼相似

（图 11.14），在流体流动下，在细胞外周基质上产生拖曳力（阻力），该力被传递到细胞表面。理论计算预测，这些力远高于仅由液体剪切产生的力。

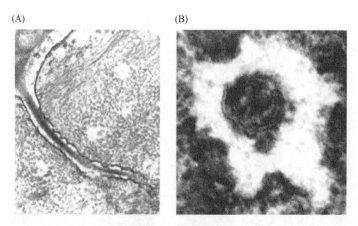

（A）　　　　　　　　　　　（B）

图 11.14　骨中骨细胞突起的细胞外周基质的纵向（A）和横向（B）视图。细胞突起和矿化骨组织均为暗色。两者之间浅色部分的空间被糖蛋白凝胶及离散的连接蛋白（linker protein）填充。（由多伦多大学 Lidan You 提供。）

细胞膜非常适合感知力学负荷

细胞骨架力学感知的证据还不充分，但膜在力学感知中的作用已得到了较好的研究。膜包含特定的结构，使其具有环境敏感性的同时，能保持细胞内组分的完整性，因此是力学转导发生的理想位点。双分子层是具有特定厚度（约 7nm）的疏水层，任何具有相同厚度的疏水域（即跨膜区域）的蛋白质都可嵌于膜内。一些蛋白质，如受体，在细胞外侧和内侧均有结合或激活结构域，配体从一侧结合或解离时发生的构象变化促进了通过细胞膜的信号转导。类似地，受到力学负荷后，脂质双分子层的物理和化学性质的变化可能通过诱导膜蛋白的构象变化而在力学转导中发挥关键作用。

膜张力是目前已经研究得较多的一种力学感知机制，众所周知，膜张力增加了离子通道打开的可能性。利用将膜片钳或双脂层碎片固定于微吸管末端的技术已对*牵拉-激活的通道*进行了详细研究。改变微吸管的压力可以调节膜片的区域应变（areal strain），同时通过测量电导来测定通道的打开和关闭。

除了张力，力学感知还可能涉及膜的其他物理性质的改变。剪切诱导的膜的变化可通过增强/抑制信号分子之间的相互作用引发力学信号转导。一些研究表明，液体流动可改变膜流动性。膜流动性是指膜的黏度变化，其变化可能由局部离子瞬变及蛋白质聚集引起，膜流动性的改变可以诱导跨膜蛋白的构象变化，或使膜蛋白的相互作用速率发生变化。特别是，由于具有跨膜结构域的蛋白漂浮在细胞膜内，可以认为它们被限制在二维空间内。这种限制极大地改变了它们的化学动力学。被限制于二维空间中，较之于三维的胞质中，蛋白质之间更容易相遇和相互作用。力学诱导的膜流动性变化可能会改变该空间内的正常相互作用，或允许新的蛋白质群聚集，从而突破经典的区域分隔。

最后，膜结合蛋白也可以直接作为力学信号受体，而不受膜物理性能的影响。已有研究显示，即使在没有任何其他潜在力转导分子的情况下，流体剪切也足以激活异三聚体 G 蛋白重构成脂质体。如 2.2 节所述，G-蛋白偶联受体是与 G-蛋白连接的跨膜受体，被激活后，受体发生构象变化，鸟苷三磷酸（GTP）替换 G-蛋白上的鸟苷二磷酸（GDP），从而激活 G-蛋白。

> **释注**
>
> **跨膜区**。跨膜区通常是 α 螺旋结构，可以通过从遗传序列中寻找一系列正确长度的疏水性氨基酸来识别，这是从序列信息估计蛋白质结构和功能的关键步骤。在多个跨膜结构域的情况下，蛋白质将自身折叠，每次跨膜都会形成一个细胞内环或细胞外环。如果跨膜蛋白具有奇数个跨膜结构域，则蛋白的羧基（C）端和氨基（N）端将位于膜的对侧。如果蛋白质具有偶数个跨膜结构域，则 C 端和 N 端会位于细胞内或细胞外膜的同一侧。

> **释注**
>
> **小 GTP 酶调节细胞骨架行为**。G-蛋白是 GTP 酶的一种特殊类型，另一类 GTP 酶与许多力学生物学功能相关，包括小 GTP 酶，由 Rho、Rac、Rap 等组成。这些小 GTP 酶在与 GTP 结合时被激活。各类 GTP 酶的敲除或突变会导致细胞形态、肌动蛋白结构、迁移能力、扩散和黏附的改变。尽管这些分子参与了与运动和黏附有关的多种通路的调控，但这些小 GTP 酶在力学转导途径中的作用尚不清楚。

脂筏影响膜内蛋白质的行为

如前所述，膜内的蛋白质在二维空间内受到的限制使其相互作用动力学增强。这些相互作用甚至可以通过膜固有的异质性得到进一步增强。脂质双分子层中存在独立的相或结构域，这样的微区域大小为 20～200nm，它的出现是因为存在胆固醇和其他被称为鞘脂的脂质。20 世纪 70 年代，这些微区被命名为*脂筏*。胆固醇的疏水尾部结构与其余膜磷脂略有不同，具体来说，它们的尾域相对较长，导致胆固醇自身聚集成比磷脂流动性低的微区域，悬浮在脂筏中的蛋白质倾向于保留在其中，难以侧向出入脂筏。由于局部具有较高的反应物浓度，被限制在脂筏中的蛋白质的反应速率可以更高。此类型的脂筏被称为平面脂筏，以与由于*小窝蛋白*（*caveolin*）作用而发生的第二类脂筏相区别。小窝蛋白是一种胞质具有 C 端和 N 端的小蛋白，末端连接导致曲率增加（图 11.15）。在膜中富含小窝蛋白的区域中发生的膜的微小内陷，被称为小窝（拉丁语为"小洞穴"）。虽然尚未确定具体机制，但已经有证据证明两种形式的脂筏都可以在多种细胞类型中介导力学转导。类似于之前描述的机制，已有研究提出，机械力可以改变脂筏的物理化学性质，导致驻留其中的单个信号分子的直接活化或促进分子之间的相互作用。

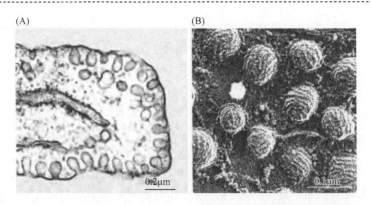

图 11.15　细胞膜薄片（A）和冷冻样本（B）的电子显微照片。小窝蛋白使膜弯曲形成折叠区域。这些微结构域在膜内形成改变了化学动力学的亚区域。[引自 Anderson RGW（1998）Annu. Rev. Biochem. 67.]

> **释注**
>
> 　　**膜结构**。脂筏不是细胞膜内的唯一结构，膜内屏障会与肌动蛋白细胞骨架相互作用。肌动蛋白骨架位于膜下表面并对膜有支持作用的部分有时被称为皮层细胞骨架。它通过锚定蛋白周期性地附着到膜上。此外，还存在大的细胞间信号转导结构，如突触、间隙连接及被称为桥粒的细胞间力学连接。此外，还有细胞-基底的相互作用。例如，黏着斑和半桥粒参与细胞与表面的黏附。

11.3　细胞内信号的引发

　　在 11.1 节中，我们讨论了细胞受到的机械刺激的类型，在 11.2 节中讨论了细胞中将载荷从环境传递给力学敏感分子的结构。本节重点介绍力学转导的最后一步——载荷诱导的蛋白质构象变化和细胞内信号级联放大的产生。同时，将讨论机械力转化为生物化学信号在分子水平上的两种可能机制，即机械敏感离子通道的打开和隐蔽结合位点的暴露。

离子通道可以具备机械敏感性

　　许多膜结合蛋白参与细胞质和细胞外环境之间的分子交换。离子通道是一种蛋白质的复合物，其在细胞膜上形成小通道以便于离子流动。通道可以根据分子的种类、大小、电荷和化学相互作用进行选择性通过。通道仅允许离子沿其化学梯度的方向（从高浓度到低浓度）通过，在这个意义上而言，它们是被动运输机制。例如，氢、钙、钠、氯和钾经由离子通道运输。通道可以*门控*，通过改变构型从打开状态变为关闭状态然后再复原。许多生化因素可以影响通道的门控特性。正如我们在本章中提到的，力学信号可以改变通道行为，从而使力转换成生化事件。而且，机械敏感离子通道是一种膜结合的成孔蛋白，其响应机械力而打开。在听觉和触碰响应中的机械-神经感知中几乎都是机械门控离子通道，并且在几种感觉细胞中也介导了力学感知。

机械敏感离子通道的鉴定通常有两种实验方法。第一种方法是将膜张力施加到含有待测通道的细胞膜或分离的膜片上。这种方法首次证明了细菌大电导机械敏感通道（MscL）的力学门控特性，该通道是最明确的机械敏感通道之一。已有研究显示，当携带该通道细菌的外部和内部之间存在很大的压力不平衡时，大电导通道 MscL 打开并允许细菌抛弃一些内容物以释放压力。第二种方法是，在特定的触摸反应（如轻柔触碰或压力感知）改变中，筛选随机产生的遗传突变。通过诸如连锁作图的方法鉴定引起应答改变的特定突变基因。通过筛选发现的力学感知突变体的例子，包括*秀丽隐杆线虫*中对触碰不敏感突变体、缺乏刚毛力学感知的*黑腹果蝇*突变体及斑马鱼的侧线力学感知突变体。目前已经确定三类机械敏感离子通道可介导机械-神经感知，包括上皮钠通道（ENaC）、瞬时受体电位（TRP）通道和两孔域钾通道蛋白。

从概念上讲，膜张力因其简单性而作为离子通道打开的可能机制是非常有吸引力的。离子通道嵌入双分子层的二维环境中，面内膜张力可能直接拉动构成通道的蛋白质而使其打开。当然在此量级上，需要考虑熵的影响。通常根据通道两种构型（打开或关闭）中一种的概率来描述通道动力学，两种构型之间的转换需要过渡能（transition energy）或活化能。在检测单个通道的实验中可以直接观察到开放和闭合的过渡，多个通道的聚集效应也能够叠加以调节膜电导。

释注

　　泵。我们了解到通道是离子的被动转运体，允许它们按化学梯度的方向流动。为了使离子逆浓度梯度转运，就需要被称为*泵*或*转运蛋白*的活性蛋白，这些蛋白质维持活性需要化学能，这种能量可以是 ATP 的形式，也可以是由其他分子沿化学梯度移动的同时提供，后者有时称为*交换器*（exchanger）。

示例 11.3：膜张力是否足以打开离子通道？

　　为了确定双分子层张力是否是调控离子通道开放的可能机制，要评估在膜表面张力下打开通道需要的做功量。已知丙甲菌素（alamethicin）通道从闭合转换到打开时，其有效的二维面积会增加。如果通道上膜张力为 n，那么通道开启的做功为

$$W = n\Delta A \tag{11.6}$$

式中，ΔA 是变化的面积。接下来，我们可以估计面积的变化，已知硫氧还蛋白是一种可以通过 alamethicin 通道的分子，半径约为 3.5nm。面积变化的下限则为

$$\Delta A = \pi r^2 = 38.5\text{nm}^2 \tag{11.7}$$

在 1.5 节中，我们估算中性粒细胞中的表面张力约为 35pN/μm，相关的功为

$$W = 38.5\text{nm}^2 \times (10^{-9}\text{m/nm})^2 \times 35\text{pN/μm}$$
$$\times (10^{-12}\text{N/pN})(\text{μm}/10^{-6}\text{m}) = 1.35 \times 10^{-21}\text{J} \tag{11.8}$$

或约一个泽普焦耳（zeptojoule, zJ）。尽管这是一个微小的能量，但是它与通道激活所需的能量是同一量级，据估计在 $14 k_B T$ 或 50zJ 左右。因此，特别是在较高的膜张力下，这可能是一个重要的机械转导机制。

疏水失配允许膜通道的机械门控

　　涉及膜通道机械门控的蛋白质-双分子相互作用的另一个复杂性体现在*疏水失配*（hydrophobic mismatche）。这种现象涉及蛋白质嵌入后细胞膜的机械变形。当膜蛋白疏水区的厚度不同于双分子层膜的厚度时，它将引起局部变形，包括脂链的挤压、拉伸和（或）倾斜（图 11.16），这可以有效地使脂质与蛋白质偶联。在这种情况下，双分子层的平面内拉伸将导致膜厚度的变化，这可能改变膜蛋白的构象。与这个假设相吻合的是，一些通道处于开放状态时会变短，从而更好地适应由于拉伸而变薄的膜。实验证据已显示，当某些通道处于比较薄的双分子层中时，它们更可能处于开放构型。

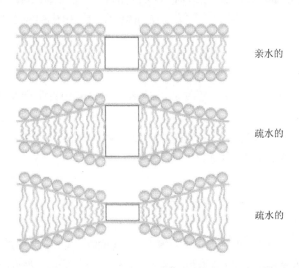

亲水的

疏水的

疏水的

图 11.16　疏水失配。当插入与膜具有相同厚度的疏水蛋白或蛋白质结构域时，能量处于稳定状态。但如果蛋白较长或较短时，双分子层会扭曲，自由能会有所增加。

示例 11.4：膜变薄有助于通道开放吗？

　　我们来估算一下膜变薄引起的自由能增加及膜结合蛋白暴露的疏水区域。

　　考虑疏水失配离子通道机制的能量，当疏水蛋白从有机溶剂转移到水性环境中时，自由能增加与暴露面积成比例，大约为 $17mJ/m^2$。因此，用于打开通道的能量大致等于因疏水表面暴露而增加的自由能。再次考虑上限，膜最大程度变薄的情况将在细胞*溶解极限*或膜刚好被拉伸到断裂点时发生，对应于大约 3% 的区域应变（areal strain）。但为了保持体积一定，对于 5nm 厚的膜来说，膜需要变薄 3% 或 0.15nm。接下来需要确定有多少蛋白质疏水区域暴露。对于 MscL 通道来说，大致为直径 5nm 的圆柱形。因此，将有 $2.4nm^2$ 的面积暴露于水中，增加 40zJ 的自由能，这与通道活化能相当。

扩展材料：双分子层的不可压缩性使膜在拉伸时变薄

施加高达 100 个大气压（$10^7 N/m^2$）的静水压（$\sigma_{xx} = \sigma_{yy} = \sigma_{zz}$），对脂质密度没有显著影响。静水压引起的压缩性用体积模量 E_B 来量化，E_B 是流体静压应力与膨胀应变的比：

$$E_B = \frac{\sigma_h}{\varepsilon_d} \tag{11.9}$$

其中

$$\sigma_h = \frac{\sigma_{xx} + \sigma_{yy} + \sigma_{zz}}{3} \text{ 和 } \varepsilon_d = \frac{\varepsilon_{xx} + \varepsilon_{yy} + \varepsilon_{zz}}{3} \tag{11.10}$$

可以得出体积模量的估算值，约为数量级 $10^{10} N/m^2$。本质上，对于生理压力，双分子层是不可压缩的。因此，导致膜面积增加的任何平面内拉伸都会伴随着厚度的相应减小。

机械力可以暴露隐蔽的结合位点

除了力诱导膜离子通道的激活，另一种可能转导机械载荷的分子机制是力诱导的隐秘（即隐藏）结合位点暴露。设想一个蛋白质偶联着或位于负荷承载结构之中，如黏着斑或细胞骨架。当细胞受到载荷时，机械力传递到蛋白质并且引起构象变化（如部分展开），从而暴露出能发生化学反应的新结合位并发生化学反应（图 11.17）。（蛋白质中）一些结构模块（structural motif）的存在以一种可预测且力依赖的方式促进力诱导的构象变化。已经发现，将整合蛋白连接到细胞骨架的蛋白质[在受到流剪和（或）拉伸时易受到较大的应力]具有重复的结构*模块*（如 α-辅肌动蛋白和踝蛋白）。这些模块的机械稳定性将决定蛋白质在力作用下解开的顺序，较不稳定的模块会先于稳定的模块展开。这些模块在机械稳定性上的差异导致隐蔽结合位点随着载荷的增加而有顺序地暴露。在载荷增加时发生这种有顺序的构象变化的分子使得细胞能感知力的大小。

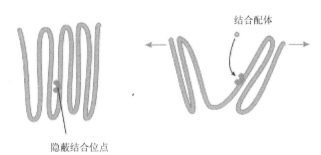

图 11.17　隐蔽结合位点充当力学转导器。力诱导的蛋白质展开可以暴露出隐蔽的结合位点，使得它们变得具有酶活性或与其配体结合。

贝尔方程描述蛋白质展开的动力学

蛋白质折叠和展开发生在非常小的长度范围内，因此需要考虑熵效应。实际上，折叠和展开的随机性大于确定性。在 10.1 节中，我们描述了如何使用贝尔模型来描述黏附的断裂和破坏。无独有偶，贝尔方程也可以有效地描述蛋白质的展开。具体来说，展开的动力学速率由下式给出：

$$k = k_0 e^{\frac{F\Delta x}{k_B T}} \tag{11.11}$$

式中，k_0 是未负载蛋白质的展开率；F 是力；Δx 与展开蛋白质的伸展相关，但应更准确地称其为有效*能量势垒宽度*。

荧光检测分子构象变化

通过上述机制，力诱导构象变化的能力主要利用两种方法进行研究。第一种方法利用*分子动力学*直接模拟展开过程中发生的分子重排，第二种方法是使用基因编码的荧光传感器进行实验来研究这些现象。在这种方法中，通过将两种不同的荧光蛋白融合到一个机械感知蛋白上来构建生物传感器。选择的两种荧光蛋白，一个分子（*供体*）的发射光谱与另一个分子（*受体*）的激发光谱重叠。如果蛋白质彼此足够接近，并且供体分子被激发，则发生称为弗斯特（*Förster*）*共振能量转移*（FRET）的物理现象。具体来说，供体与受体非辐射耦合，导致受体的激发。对于任何供体-受体对，FRET 的效率取决于两者之间的距离及它们相对于彼此的取向（通常 FRET 发生于 10nm 或更小的距离）。通过监测载荷下细胞中 FRET 效率（受体-供体发射强度之比）的变化，可以探测机械力是否可以转变为目标蛋白的构象变化（图 11.18）。

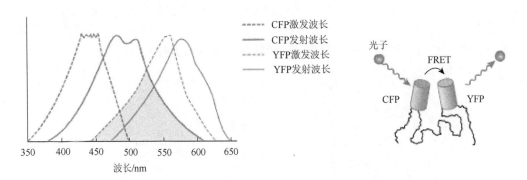

图 11.18　荧光共振能量转移（FRET）生物传感器的荧光可以通过接近或转向来实现。对于 FRET 生物传感器的构建，必须选择荧光蛋白，使得一个分子（CFP，青色荧光蛋白）的发射光谱与另一个分子（YFP，黄色荧光蛋白）的激发光谱重叠。FRET 效率的变化取决于两个分子之间的相对距离和方向。

11.4　细胞功能的改变

在最初的力学转导分子事件之后，蛋白质这些构象的变化最终要导致细胞功能发生改变，则必须启动细胞内生化信号级联放大。在 2.2 节中，我们概述了细胞内信号转导机制和通路，其中有许多是由力学刺激激活的。通常，对特定信号通路的研究很大程度上是由选定细胞的生理相关性驱动的。在血管内皮力学转导中，我们可能对最终调节血管紧张度的通路感兴趣。在骨细胞中，我们可能对导致矿化增加的通路感兴趣。有很多综述详细介绍了机械调节的细胞内信号转导途径（其中多是特定于某些细胞或组织类型），我们将不在这里赘述。我们更着重对机械刺激的响应，这些在许多细胞类型中都很常见。我们注意到，这里提到的研究结果虽然并不非常特殊，但的确都是非常活跃的研究领域。

> **释注**
>
> 　**酶会牵拉它们的底物**。众所周知，酶在与底物结合时会牵拉底物，从而催化潜在的反应。因此，牵拉酶的底物可能可以调节酶的活性。这样的话，机械力就被假想为一种能够独立调节酶活性的隐藏结合位点。然而，其中的机制尚不清楚。

机械应力导致细胞内钙增加

细胞内钙信号转导是机械转导中最常研究的细胞内信号系统之一。在机械转导过程中，钙信号转导在可兴奋细胞（换句话说，能传播动作电位的细胞如神经和心肌细胞）和不可兴奋细胞（上皮细胞、骨细胞、软骨细胞等）中都很重要。其在机械转导中被广泛研究的一个原因是，它是普遍存在的第二信使分子，能够引起广泛的影响，可以作用于许多不同的下游信号转导分子途径。

细胞内 Ca^{2+} 信号可以通过使用 Ca^{2+} 荧光指示剂（钙离子*载体*或*螯合剂*）实时显示。*在体外*，这类染料可以相对容易地进入细胞中，与荧光成像技术的结合使细胞响应力学刺激时细胞内 Ca^{2+} 波的出现和扩散、传播变得可视化。通常细胞内钙信号转导的机械激活非常迅速（一般在初始机械刺激之后几秒钟），且钙波可以快速（毫秒量级）遍布整个细胞。机械诱导的细胞内 Ca^{2+} 升高被认为是由于细胞膜中机械敏感钙通道的快速打开，或从细胞内 Ca^{2+} 储备释放钙而介导的。一旦升高，细胞内钙将继续激活其他下游通路。

> **释注**
>
> 　**细胞内钙和细胞力学**。各种与机械力产生或抵抗相关的过程都依赖于细胞内钙。肌肉收缩取决于钙与肌钙蛋白/原肌球蛋白系统的相互作用，从而发生肌动蛋白-肌球蛋白收缩。此外，某些细胞黏附也需要钙，如钙依赖性黏附分子钙黏着蛋白。

像 Ca^{2+}一样，一氧化氮、三磷酸肌醇和环磷酸腺苷都是机械应力感知涉及的第二信使分子

尽管细胞内钙信号转导是第二信使系统中研究最多的，但是其他几种第二信使分子在受到机械刺激后也会发生快速变化。回顾 2.2 节，第二信使大致分为三类：与细胞膜相关的疏水性分子、溶解的气体和不能自由穿过脂膜的分子。与 Ca^{2+}一样，*环磷酸腺苷*（cAMP）属于最后一类第二信使。cAMP 是在*腺苷酸环化酶*催化下由 ATP 合成的。腺苷酸环化酶的激活通常与 G-蛋白-偶联受体的激活相关。cAMP 水平也可以由降解 cAMP 的环核苷酸磷酸二酯酶调节。已有研究显示，多种细胞暴露于力学载荷后，cAMP 水平会得到快速调节。腺苷酸环化酶有几种不同的亚型，其表达具有高度组织特异性，这些亚型的活性可以通过 Ca^{2+}调节，使得 Ca^{2+}和 cAMP 通路之间发生相互作用。

> **释注**
>
> 　　**离子载体和螯合剂。**离子载体使离子通过疏水屏障（如双分子层）转移，通常在其中不溶，离子载体通常将离子包在极性内部，同时将疏水外部暴露在外侧。螯合剂通常与金属离子形成多个稳定键，使它们无法发挥正常的功能或作用，它源于希腊语"龙虾爪"（lobster claw）——Chelè。

回想 2.2 节的内容，三磷酸肌醇（IP_3）是与细胞膜相关的第二信使分子，由磷脂酶 C（一种位于质膜中的磷脂）水解 4,5-二磷酸磷脂酰肌醇（PIP_2）生成。磷脂酶 C 将 PIP_2 切割成 IP_3 后，IP_3 扩散到内质网，并与 IP_3 受体结合而引发胞内钙的释放。多个研究表明，IP_3 介导了机械刺激引发的胞内 Ca^{2+} 释放。

可溶性气体一氧化氮也是有效的第二信使，因其能够迅速在细胞质中扩散并穿过脂质膜。剪切诱导的内皮细胞和骨细胞中一氧化氮的产生已被广泛观察到。一氧化氮是由一氧化氮合酶（NOS）催化生成的。在哺乳动物中，NOS 的内皮亚型 eNOS（也称为 NOS-3）是血管紧张的主要调节剂。特别是，eNOS 催化产生的一氧化氮是有效的血管扩张剂，可舒张血管内的平滑肌。

值得注意的是，上述的第二信使分子常常被用作评估特定蛋白质力学感知作用的最初检测指标。一般来说，当检测细胞对刺激做出快速反应时，通过抑制的策略能更直接地显示某个分子是否具有力学感知功能。而在长时间暴露于机械负载后，许多分子常发生相互作用，因此很难解释抑制特定分子对力学感知的影响是因为该分子本身具有直接力学感知功能，还是仅仅是处于信号通路的"下游"某处。

> **释注**
>
> 　　**并行激活的信号通路。**虽然已经有研究表明在多种细胞中，钙介导了机械感知，但是在很多情况下，在完全抑制载荷诱导的胞内 Ca^{2+} 激活时，这些细胞仍能表现出对载荷做出响应的能力。这表明还有其他与 Ca^{2+} 反应并行发挥作用的信号转导机制。

机械刺激后丝裂原活化蛋白激酶活性发生改变

在第二信使的下游，涉及磷酸化和去磷酸化的蛋白间的信号级联可能至关重要（参见 2.2 节）。在机械刺激后几分钟内，一种特别重要的信号转导机制是丝裂原活化蛋白激酶（MAP 激酶）群的激活。MAP 激酶磷酸化对大多数刺激（包括机械刺激）的响应是高度动态的，会在刺激后立即发生，并保持磷酸化状态几分钟。胞外信号调节激酶 1 和 2（ERK1/2）是一种已得到充分研究的 MAP 激酶，能够调节细胞的生长和分化。另一种为 c-Jun 氨基端激酶（JNK），也被称为应力-激活蛋白激酶。注意，在本书中"应力-激活"是指系统应力（如热冲击或化学冲击），不一定是机械应力。由于 JNK 参与细胞凋亡和炎症，在研究慢性病症中备受关注，比如动脉粥样硬化这样的慢性炎症（类似于金属生锈是缓慢的燃烧过程）。

MAP 激酶能够直接激活转录因子，即直接控制基因转录的 DNA-结合蛋白。已知 ERK1/2 能激活转录因子 Elk1。有研究显示，JNK 可激活多种转录因子，包括 c-Jun、Elk1、SMAD4、ATF2 和 NFAT1。由于具有快速激活和直接调节转录因子的能力，MAP 激酶非常适合参与早期基因表达所涉及的途径。实际上，在*初级反应基因*（*primary response gene*）的表达中已涉及 MAP 激酶途径的几个成分，换句话说，刺激发生不久后，基因表达就发生了改变，并且其不需要从头合成蛋白质。

> **释注**
>
> **MAP 激酶和细胞生长。**顾名思义，MAP 激酶可以被促增殖信号（*有丝分裂原*）激活。尽管 MAP 激酶的激活与细胞生长和分裂相关，但在某些情况下，机械刺激的细胞可能表现出快速的 MAP 激酶活化，但增殖方面的下游反应无改变。决定力学诱导 MAP 激酶活化能否导致组织生长的因素尚不清楚，仍是待阐明的重要问题，因为在某些情况下，这种生长是不被期望的。当衬在脉管系统中的平滑肌细胞暴露于变化的机械应力时，它们可能会响应性地增殖，导致不被期望的血管壁增厚。

机械刺激的细胞释放前列腺素

细胞对机械刺激的另一种特征性反应是释放前列腺素。前列腺素是一种脂质化合物，由脂肪酸在酶促作用下衍生而成，并能介导一些细胞功能。前列腺素有几种类型，其中前列腺素 E_2（PGE_2）在细胞力学转导中被研究得最深入。PGE_2 由来源于膜磷脂的花生四烯酸生成。花生四烯酸在环氧合酶（COX）作用下转化为前列腺素 G_2，随后转化为前列腺素 H_2，最后前列腺素 H_2 异构化为具有生物活性的 PGE_2。COX 存在*结构型*（COX-1）和*诱导型*（COX-2）两种类型，被认为是 PGE 合成过程中的限速酶。有研究已经表明，机械刺激可激活 *COX2* 基因表达、提高 COX-2 蛋白水平及诱导 PGE_2 释放到细胞外环境中。PGE_2 释放后，可通过结合细胞表面 PGE_2 的受体（如 PGE_2 受体 EP_2）以自分泌方式或在其他细胞中引发信号级联放大。

机械力诱导细胞的形态变化

以上讨论的早期生化反应的级联会最终导致下游的细胞功能改变，较容易观察到的是细胞形态的改变。已有广泛的研究证明，当细胞受到基底拉伸或流体剪切作用（通常维持较长一段时间，大约数小时或数天）时，可以主动重塑细胞骨架并改变形状。如 11.1 节所述，经液体流动的内皮细胞会沿流动方向排列，这些细胞也会垂直于单轴拉伸的方向排列。其他细胞，如平滑肌细胞和成纤维细胞，可能显示出平行于或垂直于主要拉伸方向的排列，这取决于细胞的类型、基板条件和拉伸的具体性质（如应变百分比和加载频率）。

在某些情况下，细胞在形态上没有明显的变化，但可能已经发生了显著的骨架重塑。在许多细胞中可以观察到机械诱导的肌动蛋白应力纤维的形成。这些应力纤维可以表现出与拉伸或流动的主要方向相关的优先排列走向，有人提出这些排列走向可以使细胞内的应激最小化（图 11.19）。

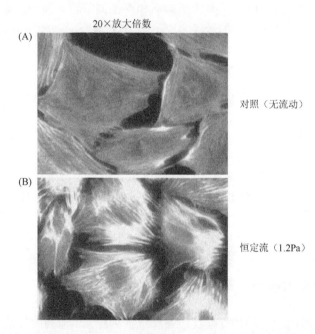

图 11.19　受流体剪切的骨细胞中肌动蛋白细胞骨架的荧光染色。将细胞保持在静态对照条件（A）或恒定流（B）中以显示流动诱导的应力纤维形成。注意这种诱导形成的应力纤维并无任何方向性。[引自 Malone AM et al.（2007）Am. J. Physiol. Cell Physiol.]

机械刺激诱导细胞外基质重塑

在 1.1 节中，我们了解了响应机械刺激而发生局部基质重塑的几个例子。例如，当骨细胞未受到适当的力学刺激时，骨形成停止并开始骨吸收。另一个例子是软骨细胞受到力学刺激发生变化后骨关节炎的发生。基于这些例子可以得出，在基质的产生和降解途径中，力学调控是特别重要的。一个主要的降解机制是通过对基质金属蛋白酶（降解基质分子的蛋白质）的调节。通常，机械应力被认为在细胞中引起"保护性"反应（下调基质金属蛋白酶），使细胞外环境在结构上得到加强，这可以使加载到细胞内部的机械载荷降低。然而，这种保护性反应不一定在生理意义上有益，对于承受高血压的心脏，可能会引起纤维化。在这种情况下，心脏会变僵硬，从而增加了心肌的工作负荷。

细胞活力和细胞凋亡通过不同的过程调节

细胞活力是机械刺激可以改变的另一个细胞功能指标。细胞死亡可以通过两个不同的过程发生，即坏死或凋亡。坏死是指由细胞损伤而引起的细胞死亡，可认为是不可预期或意外的过程。相反，凋亡是由程序性事件导致的细胞死亡。与坏死不同，凋亡是正常的预编程事件，并不引起炎症反应。在多种细胞类型中已证明机械刺激可以影响细胞凋亡。研究显示，流体剪切可以减少内皮细胞的凋亡，尽管这取决于流动的形式。已经有研究人员发现，扰动流或振荡剪切在减少细胞凋亡方面不如恒定剪切或脉动剪切有效。

重要概念

- 细胞对力学信号的感知或细胞力学转导对生理学的许多方面和疾病的认识至关重要。涉及 4 个不同的阶段：将组织或器官水平的载荷转换成细胞水平的物理信号；机械敏感分子通过构象变化感知力；激活细胞内信号转导系统；改变细胞代谢。
- 很多细胞水平的物理信号是细胞代谢有力的调节因子，包括流体流动、拉伸和压力。
- 特化的可兴奋细胞介导了触觉和听觉。它们是被广泛认知的机械感知细胞，通常具有高度敏感的细胞结构，因而具有高度的敏感性。
- 在非兴奋性的细胞中，诸如糖萼、细胞膜、细胞骨架、黏着斑、细胞核和初级纤毛等结构被认为是力学感知的潜在位点。
- 机械敏感离子通道是一类重要的机械敏感分子。它们可以对膜张力及由疏水性失配引起的膜变薄做出响应。
- 其他蛋白质可以通过弯曲、展开及暴露隐蔽结合位点来改变其酶促潜力。FRET 是一种对这些变化有效的荧光检测方法。
- 包括 IP_3、cAMP 和 Ca^{2+} 信号等在内的第二信使转导由机械信号激活，引起蛋白信号级联反应（如 MAPK 信号通路）和细胞间信号转导（如 PGE_2）的激活。最终这些信号级联反应导致基因表达的改变、细胞外基质的修饰和细胞活力的变化。

思考题

1. 如果膜结合蛋白具有一个直径 2nm、长度 5nm 的圆柱形疏水区域，则可估计出从双分子层中去除其所需要的力。可以通过假定拉力所做的机械功等于由疏水区域暴露于水所引起的自由能变化来实现。另外，假设 5nm 的位移足够去除蛋白质。

2. 在示例 11.1 中弯曲的毛束，偏转尖端需要多少能量？这是否足以克服一个通道的激活能量？

3. 图 11.11 描述了弯曲的初级纤毛，根据该图估计纤毛基部周围的膜变形和应变大小。可以假设纤毛直径为 200nm。最后，使用第 8 章思考题的问题 4 的结果来估算出需要对纤毛尖端施加多大的力才能产生这样的弯曲。

4. 细胞骨架的作用之一是将细胞核与细胞其他部分相连。这种传递被认为与细胞力学转导有关。如果细胞受到外部施加的变形，请描述以下情况下，细胞核如何变形：①细胞骨架被移除，②细胞质作为连续的固体，本身没有细胞骨架，或③细胞骨架作为一个张拉结构，具有正常细胞质。具体来说，将核变形的大小与整个细胞的大小相比较，情况如何？

5. 离子通道有时由离子本身的通过来控制开和关。具体来说，离子流过时，它们可能失去电导。一种假定的机制是，离子的通过能提供能量以关闭通道。一价离子沿电梯度通过通道时会产生多少能量？这与通道活化能相比如何？假定典型的静息电位为 −70mV。

6. 在示例 11.3 中，从关闭转换到打开构型的通道自由能变化估计为 $14k_BT$。利用玻尔兹曼方程，预测通道仅由于热波动而打开的时间占比。如果考虑离子通道打开引起的膜张力所做的功，这种变化将如何？假定细胞破裂或溶解应变（3%）和典型的面积膨胀模量 K_A 为 0.5N/m。

7. 对于面积膨胀模量 K_A 为 1.0N/m 的双分子层，横向刚度是多少？换句话说，对于通过厚度施加的力，其力-变形曲线的斜率是多少？

参考文献及注释

Anderson RG（1998）The caveolae membrane system. Annu. Rev. Biochem. 67：199–225. *对细胞陷窝的细胞生物学进行综合评估。*

Birukov KG，Birukova AA，Dudek SM et al.（2002）Shear stress mediated cytoskeletal remodeling and cortactin translocation in pulmonary endothelial cells. Am. J. Respir. Cell Mol. Biol. 26:453–464. *本期杂志的研究文章描述了肺内皮细胞对应激剪应力的反应。该研究还描述了流体剪切下某些 GTP 酶及早期力学通路的响应。*

Brown TD，Bottlang M，Pedersen DR & Banes AJ（1998）Loading paradigms—intentional and unintentional—for cell culture mechanostimulus. Am. J. Med. Sci. 316：162–168. *用于研究体外应变反应基于弯曲的系统中寄生流的数值分析。*

Chalfe M（2009）Neurosensory mechanotransduction. Nat. Rev. Mol. Cell. Biol. 10：44–52. *感官细胞中机械感知的分子和细胞机制的综合评估。*

Chancellor TJ，Lee J，Thodeti CK &Lele T（2010）Actomyosin tension exerted on the nucleus through Nesprin-1 connections influences endothelial cell adhesion，migration，and cylic strain-induced reorientation. Biophys. J. 99：115–123. *提供核载荷*

和核基质蛋白在机械转导中作用的最新证据。

Corey DP & Hudspeth AJ（1979）Response latency of vertebrate hair cells. Biophys. J. 26：499–506.*关于毛细胞力学感应的分子机制的早期数据，特别是令人难以置信的快速反应时间。*

DeBakey ME，Lawrie GM &Glaeser DH（1985）Patterns of atherosclerosis and their surgical signifcance. Ann. Surg. 201：115–131. *该杂志文章介绍了常见的动脉粥样硬化病变发展部位的分析，如临床检查中所述。该文章进一步讨论了动脉粥样硬化的临床方面，包括疾病的分类、进展和复发。*

Ernstrom GG &Chalfe M（2002）Genetics of sensory mechanotransduction. Annu. Rev. Genet. 36：411–53.*从遗传学角度，特别是在感觉细胞中检测机械转导。*

Eyckmans J，Boudou T，Yu X et al.（2011）A hitchiker's guide to mechanobiology. Dev. Cell 21：35–47.*非感觉细胞上的力学转导机制的总结。*

Gefen A（2011）Cellular and Biomolecular Mechanics and Mechanobiology. Berlin，Heidelberg：Springer Berlin Heidelberg. *描述细胞和分子力学与机械生物学的最新进展。*

Hamill OP &Martinac B（2001）Molecular basis of mechanotransduction in living cells. Physiol. Rev. 81：685–740.*关于膜和通道的分子机械转导机制的综述；疏水失配和通道-膜耦合材料的主要来源。*

Jacobs CR，Temiyasathit S & Castillo AB（2010）Osteocyte mechanobiology and pericellular mechanics. Annu. Rev. Biomed. Eng. 12：369–400.*提供对骨细胞中机械结构和机制的全面综述。*

Knothe Tate ML，Steck R，Forwood MR &Niederer P（2000）*In vivo* demonstration of load-induced fluid flow in the rat tibia and its potential implications for processes associated with functional adaptation. J. Exp. Biol. 203：737–745.*描述了骨中负荷引起的流量的定量。*

Kooppel DE，Axelrod D，Schlessinger J et al.（1976）Dynamics of fluorescence marker concentration as a probe of mobility. Biophys. J. 16：1315–1329.*光漂白后的荧光恢复的早期描述用于测量细胞膜中的横向扩散。*

Kung C（2005）A possible unifying principle for mechanosensation. Nature 436：647–654.*简要介绍机械敏感离子通道在触觉和听觉中的作用。*

Malone AM，Batra NN，Shivaram G et al.（2007）The role of actin cytoskeleton in oscillatory fluid flow-induced signaling in MC3T3-E1 osteoblast. Am. J. Physiol. Cell Physiol. 292：C1830–C1836. *在暴露于静态和动态流体流的细胞中证明差异细胞骨架重塑。*

Nauli SM，Alenghat FJ，Luo Y et al.（2003）Polycystins 1 and 2 mediate mechanosensation in the primary cilium of kidney cells. Nat. Genet. 33：129–137. *关于多囊蛋白的讨论及其在初级基于纤维的机械感测中的推定作用。*

Nishiyama M，Shimoda Y，Hasumi M et al.（2010）Microtubule depolymerization at high pressure. Ann. N. Y. Acad. Sci. 1189：86–90.*证明高静水压可以诱导体外微管解聚。*

Nonaka S，Tanaka Y，Okada Y et al.（1998）Randomization of left-right asymmetry due to loss of nodal cilia generating leftward flow of extraembryonic fluid in mice lacking KIF3B motor protein. Cell 95：829–837. *一项重要的研究表明节点纤毛产生的液流对于左右侧发育确定至关重要。*

Olsen B（2005）Nearly all cells in vertebrates and many cells in invertebrates contain primary cilia. Matrix Biol. 24：449–450. *关于初级纤毛无处不在的证据及其潜在的生理功能的评论。*

Owan I，Burr DB，Turner CH et al.（1997）Mechanotransduction in bone：osteoblasts are more responsive to fluid forces than mechanical strain. Am. J. Physiol. 273（3 Pt 1）：C810–815.*提供了经受四点弯曲的成骨细胞对流体流动而不是底物应变的证据。*

Qin YX，Lin W & Rubin C（2002）The pathway of bone fluid flow as defined by *in vivo* intramedullary pressure and streaming potential measurements. Ann. Biomed. Eng. 30：693–702. *一些早期的证据证明骨骼机械生物学中关键的细胞水平物理信号。*

Reilly GC，Haut TR，Yellowley CE et al.（2003）Fluid flow induced PGE$_2$ release by bone cells is reduced by glycocalyx degradation where as calcium signals are not. Biorheology 40：591–603. *提供了一些唯一的证据表明，细胞糖萼在骨细胞中对机械传感至关重要。*

Simons K & van Meer G（1988）Lipid sorting in epithelial cells. Biochemistry 27：6197–6202. *描述早期脂质膜中的微区域。*

Tabouillot T，Muddana HS & Butler PJ（2011）Endothelial cell membrane sensitivity to shear stress is lipid domain dependent. Cell. Mol. Bioeng. 4：169–181. *有直接证据表明双层的微区，包括筏和穴状结构，都被流体剪切应力改变了，并且潜在地参与力学感应。*

Vogel V & Sheetz M（2006）Local force and geometry sensing regulate cell functions. Nat. Rev. Mol. Cell. Biol. 7：265–275. *提供对潜在机制的简要回顾，通过该机制力诱导的构象变化可能导致隐蔽结合位点的暴露。*

Wang Y，McNamara LM，Schafler MB &Weinbaum S（2007）A model for the role of integrins in flow induced mechanotransduction in osteocytes. Proc. Natl Acad. Sci. USA 104：15941–15946. *描述了一种整合素对液流的机械响应机制。*

缩　写

第 1 章

IRDS	infant respiratory distress syndrome	婴儿呼吸窘迫综合征
RBC	red blood cell	红细胞

第 2 章

AFM	atomic force microscopy	原子力显微镜
cAMP	cyclic adenosine monophosphate	环磷酸腺苷
cGMP	cyclic guanosine monophosphate	环磷酸鸟苷
DAG	diacylglycerol	甘油二酯
IP_3	inositol triphosphate	三磷酸肌醇
NO	nitric oxide	一氧化氮
CO	carbon monoxide	一氧化碳
ER	endoplasmic reticulum	内质网
GDP	guanosine diphosphate	鸟苷二磷酸
GEF	guanine nucleotide exchange factor	鸟苷酸交换因子
GPCR	G-protein-coupled receptor	G 蛋白偶联受体
GTP	guanosine triphosphate	鸟苷三磷酸
DAPI	4′, 6-diamidino-2-phenylindole	4′, 6-二脒基-2-苯基吲哚
GFP	green fluorescent protein	绿色荧光蛋白
STM	scanning tunneling microscopy	扫描隧道显微术
SDS	sodium dodecylsulfate	十二烷基硫酸钠
PAGE	polyacrylamide gel electrophoresis	聚丙烯酰胺凝胶电泳
PCR	polymerase chain reaction	聚合酶链反应
siRNA	small inhibitory RNA	小抑制性 RNA
SSR	site-specific recombinase	位点特异性重组酶
Cre	cyclic recombinase	循环重组酶

第 4 章

SI	Système International d'Unités	国际单位制

第 6 章

AFM	atomic force microscopy	原子力显微镜
TFM	traction force microscopy	牵引力显微镜
PDMS	polydimethylsiloxane	聚二甲基硅氧烷

第 7 章

ADP	adenosine diphosphate	腺苷二磷酸
ATP	adenosine triphosphate	腺苷三磷酸
FJC	freely jointed chain	自由连接链
GDP	guanosine diphosphate	鸟苷二磷酸
GTP	guanosine triphosphate	鸟苷三磷酸
MF	microfilament	微丝
MT	microtubule	微管
WLC	wormlike chain	蠕虫链

第 9 章

AM	acetoxymethyl	乙酰氧基甲酯
CMC	critical micelle concentration	临界微团浓度
FRAP	fluorescence recovery after photobleaching	光漂白后的荧光恢复

第 10 章

RGD	arginine-glycine-aspartate	精氨酸-甘氨酸-天冬氨酸
VCAM	vascular cellular adhesion molecule	血管细胞黏附分子
ICAM	intercellular adhesion molecule	细胞间黏附分子
NCAM	nerve cellular adhesion molecule	神经细胞黏附分子
Arp	actin-related protein	肌动蛋白相关蛋白

第 11 章

VEGFR-2	vascular endothelial growth factor receptor 2	血管内皮生长因子受体 2
PIP_2	phosphatidylinositol 4, 5-bisphosphate	4, 5-二磷酸磷脂酰肌醇
PKD	polycystic kidney disease	多囊肾病
ATP	adenosine triphosphate	腺苷三磷酸

GTP	guanosine triphosphate	鸟苷三磷酸
GDP	guanosine diphosphate	鸟苷二磷酸
MscL	mechanosensitive channel of large conductance	大电导的机械敏感通道
ENaC	epithelial sodium channel	上皮钠通道
TRP	transient receptor potential	瞬时受体电位
FRET	Förster resonance energy transfer	弗斯特共振能量转移
cAMP	cyclic adenosine monophosphate	环磷酸腺苷
IP_3	inositol triphosphate	三磷酸肌醇
NOS	nitric oxide synthase	一氧化氮合酶
eNOS	endothelial isoform of nitric oxide synthase	内皮亚型的一氧化氮合酶
MAP	mitogen-activated protein	丝裂原活化蛋白
ERK1/2	extracellular-signal-regulated kinase 1 and 2	胞外信号调节激酶 1 和 2
JNK	c-Jun N-terminal kinase	c-Jun 氨基端激酶
PGE_2	prostaglandin E_2	前列腺素 E_2
COX	cyclooxygenase	环氧合酶
EP_2	prostaglandin receptor for PGE_2	PGE_2 受体
CFP	cyan fluorescent protein	青色荧光蛋白
YFP	yellow fluorescent protein	黄色荧光蛋白

变量及含义

第 1 章

σ	拉应力
A	形变表观表面积
A_o	未形变表观表面积
d	膜厚
ΔP	$P_{大气压} - P_{移液管内压}$
F_p	压力合力
F_t	张力合力
L_{pro}	突出的长度
n	表面张力
P_{atm}	大气压强
P_{cell}	细胞内压强
P_i	内压强
P_o	外压强
P_{pip}	微吸管内压强
R	压力容器半径
R_a	细胞一端半径
R_b	细胞另一端半径
R_o	未形变半径
R_{pip}	微吸管半径
R_{pro}	细胞突出半径
V	体积

第 3 章

α	角加速度
γ	剪切应变
δ	横向位移
ΔL	圆柱伸长量
ΔR	圆弧半径变化
ΔS	梁长度变化

ε	应变
$\boldsymbol{\varepsilon}$	应变向量
ε_a	轴向应变
ε_t	横向应变
$\varepsilon_{xy}, \varepsilon_{yx}, \varepsilon_{xz}$	应变分量
θ	扭转角
θ_{xx}	旋转角
κ	局部曲率
λ	伸长比
ν	泊松比
φ	特征值
σ	应力
$\boldsymbol{\sigma}$	应力向量
$\sigma_{yx}, \sigma_{zx}, \sigma_{zy}$	应力分量
τ	剪切应力
a	加速度
$\boldsymbol{a}$	变形向量
A	面积
$\boldsymbol{A}$	未变形向量
$\boldsymbol{C}$	右柯西-格林变形张量
E	杨氏模量
$\boldsymbol{E}$	格林-拉格朗日应变
F	力
$\boldsymbol{F}$	变形梯度
G	剪切模量
h	梁宽度
I	惯性二次矩
$\boldsymbol{I}$	单位（矩阵）
J	极惯性矩
k	弹簧常数
L	长度
M	力矩

m	质量	G^*	复剪切模量
P	压强	h	高度
$\boldsymbol{P'}$	变换后向量	i	虚数单位 $\sqrt{-1}$
$\boldsymbol{P}$	初始向量	k	弹簧常数
$\boldsymbol{Q}$	旋转矩阵	L	长度
R	半径	m	质量
$\boldsymbol{RU}$ 或 $\boldsymbol{VR}$	极分解的旋转和伸长分量	n	表面张力
$\boldsymbol{S_x}$	合力	P	压强
S_{x_x}	合力分量	Re	雷诺数
S_{x_y}	合力分量	t	时间
S_{x_z}	合力分量	u	流体速度
u, v, w	位移	x, y, z	空间坐标
$\boldsymbol{v}$	特征向量	V	流体速度
v_1, v_2, v_3	主方向		
w	梁位移		
x	弹性变形		
$\boldsymbol{x}$	变形后向量		
$\boldsymbol{X}$	未变形向量		
x, y, z	直角坐标轴		

第 4 章

α	常标度指数
β	常黏度因子
δ	滞后相位
γ	剪切应变
γ^*	复剪切应变
μ	黏度
μ_{eff}	有效黏度
ω	频率
ρ	密度
σ	应力矢量
τ^*	复剪切应力
τ	剪切应力
ξ	结构阻尼系数
E	弹性模量或存储模量
E^*	复模量
g	重力加速度

第 5 章

σ	应力矢量
τ	剪切应力
A	横截面积
β	$1/k_B T$
b	每步的步长，库恩（Kuhn）长度
D	扩散率
ϵ	每"发夹"弯曲所需的能量
E	杨氏模量
k	弹簧常数
k_B	玻尔兹曼常量
L	伸直长度
m	微观态
N	表面张力
n, n_+	抛掷次数，正面朝上的抛掷次数
N	粒子数
N_h	"发夹"位点数
Ω	微观态状态密度
$p(m)$	微观态 m 的概率
q	热量
$Q_s(m_s)$	微观态 m_s 的能量

$Q_b(m_b)$	热库微观态 m_b 的能量		λ	光的波长
R	端点间长度		n	表面张力
S	熵		n_b, n_m	折射率
t	时间		R	半径
T	温度		$\boldsymbol{R}$	旋转张量
V	体积		Re	雷诺数
ω	势能		t	时间
W	内能		$\boldsymbol{U}$	拉伸张量
Ψ	亥姆霍兹自由能		V	速度
z	单配分函数		w	位移
Z	配分函数		$\boldsymbol{x}$	变形向量
			$\boldsymbol{X}$	未变形向量

第6章

α	角度			
δ	滞后相位			
ε	应变			
ε_{xy}, ε_{yx}, ε_{xz}	应变分量			
η	黏性摩擦系数			
λ	拉伸比			
μ	动力黏度			
ν	泊松比			
ρ	密度			
τ	时间常数 η_2/k			
τ	剪切应力			
υ	运动黏度			
ω	角速度			
c	光速			
$\boldsymbol{C}$	右柯西-格林形变张量			
$\boldsymbol{F}$	变形梯度			
$\boldsymbol{G}(\boldsymbol{r})$	格林函数			
$\boldsymbol{v}$	特征向量			
h	高度			
I	捕获光的强度			
$\boldsymbol{I}$	单位张量			
k	弹簧常数			
k_B	波尔兹曼常量			
L	长度			

第7章

θ	角度
$\boldsymbol{\sigma}$	应力向量
Ψ	自由能
$\Omega(\boldsymbol{R})$	显微态的状态密度
b	库恩长度
$\langle \cos\Delta\theta(s) \rangle$	取向相关函数
E	杨氏模量
I	转动惯量
k	弹簧常数
k_B	玻尔兹曼常量
k_{on}, k_{off}	反应速率
K	解离常数
ℓ_p	持续长度
$\mathscr{L}$	朗之万函数
L	伸直长度
p	概率
p_{loop}	成环概率
Q_{loop}	成环能量
R	端点间长度或半径
r_i	段向量
$\boldsymbol{R}$	端点间向量
s	弧长
S	熵

t	时间	γ	剪切应变
v	伸长/收缩率	γ_{int}	界面能
$x，y，z$	$x，y，z$ 方向	ε	应变
z	单配分函数	θ	角度
Z	配分函数	λ	特征长度

第8章

γ	剪切应变
δ	横向位移
λ	拉伸比
ρ_n	单位体积的聚合物数量（体积密度）
ρ_{vol}	体积分数
$\boldsymbol{\sigma}$	应力向量
τ	剪切应力
Ψ	自由能
w_a	面积应变能密度
A	面积
d	厚度
E	杨氏模量
F	力
G	剪切模量
I	惯性矩
k_B	玻尔兹曼常量
k_{sp}	弹簧常数
K_s	剪切模量
ℓ_p	持续长度
L	长度
$\boldsymbol{r}$	向量
$\boldsymbol{R}$	向量
t	时间
V	体积
w	应变能密度
$x，y，z$	空间坐标

第9章

α	比例因子

ρ	单位体积分子数
σ	法向应力向量
τ	剪切应力
$\varphi(R)$	激发强度
Ψ	自由能
$\hbar$	普朗克常量
A	面积
C	浓度
D	扩散系数
E	杨氏模量
EI	抗弯刚度
G	剪切模量
J	通量
k_B	玻尔兹曼常量
K_A	面积膨胀模量
K_B	抗弯刚度
K_S	剪切刚度
l	烃链长度
l_c	碳键长度
ℓ_p	持续长度
L	长度/维度
m	分子力矩/质量
$M，m$	力距
n	力和表面张力
n_c	碳原子数量
N	数量
P	压强
P_0	激光功率
R	半径
S	熵
t	厚度/时间
T	温度
$u^{tot}，v^{tot}$	总变形

w	横向位移/宽度/圆盘半径
W	能量
$x,\ y,\ z$	空间坐标

第 10 章

γ	剪切应变
Δt	时间间隔
Δ	肌动蛋白螺旋的螺距
θ	膜与表面之间的夹角
λ_s	基底的拉伸比
μ	流体黏度
ρ	密度
$\boldsymbol{\sigma}$	应力矢量
τ	剪切应力
a	常数
d_s	结合位点间距
D	扩散系数
E	杨氏模量或能量
F	力
F_-	负阻力
F_+	正弹性力
h	高度
J	黏附能量密度
k	弹簧常数
k_-	解离速率常数
k_+	结合速率常数
k_B	玻尔兹曼常量
k_d	平衡常数
K_B	弯曲模量
n	膜张力或表面张力
n_b	键的面密度
p	概率
R	半径或端点间长度
S	速度
t	时间
t_{off}	在每个周期中肌球蛋白不

	结合肌动蛋白的平均时间
t_{on}	在每个周期中肌球蛋白结
	合肌动蛋白的平均时间
t_r	释放时间
T	热力学温度或者曲折度
v/V	速度
w	位移
w_{bs}	结合部位"最佳点"的宽度
W	状态密度或功
W_{adh}	黏附能量
W_{def}	与形变相关的应变能量
x	弹簧的最大长度
$x,\ y,\ z$	空间坐标
x_{sh}	缩短距离

第 11 章

ε	应变，应力
$\boldsymbol{\sigma}$	应力向量
τ	剪切应力
ΔA	面积变化
Δx	有效能量势垒宽度
A	面积
d	位移
E_B	体积模量
F	力
F_b	屈曲载荷
k	动力学速率
k_B	玻尔兹曼常量
K_A	面积膨胀模量
n	表面张力
P	压强
Q	流速
r	半径
W	状态密度或功
$x,\ y,\ z$	空间坐标